Mehr

Differenzierungsangebote

Das Wort „Mehr“ und die Farbe Grün weisen auf Vertiefungen, Erweiterungen und Ergänzungen hin. Das können ganze Seiten sein oder nur Abschnitte oder einzelne Versuche. Mit „Mehr“ ausgezeichnete Inhalte können verpflichtender Lehrplanstoff sein.

Wie einfach (oder schwierig) eine Aufgabe zu lösen ist, erkennst du an einem Symbol:

□ einfach ◪ mittel ■ schwierig

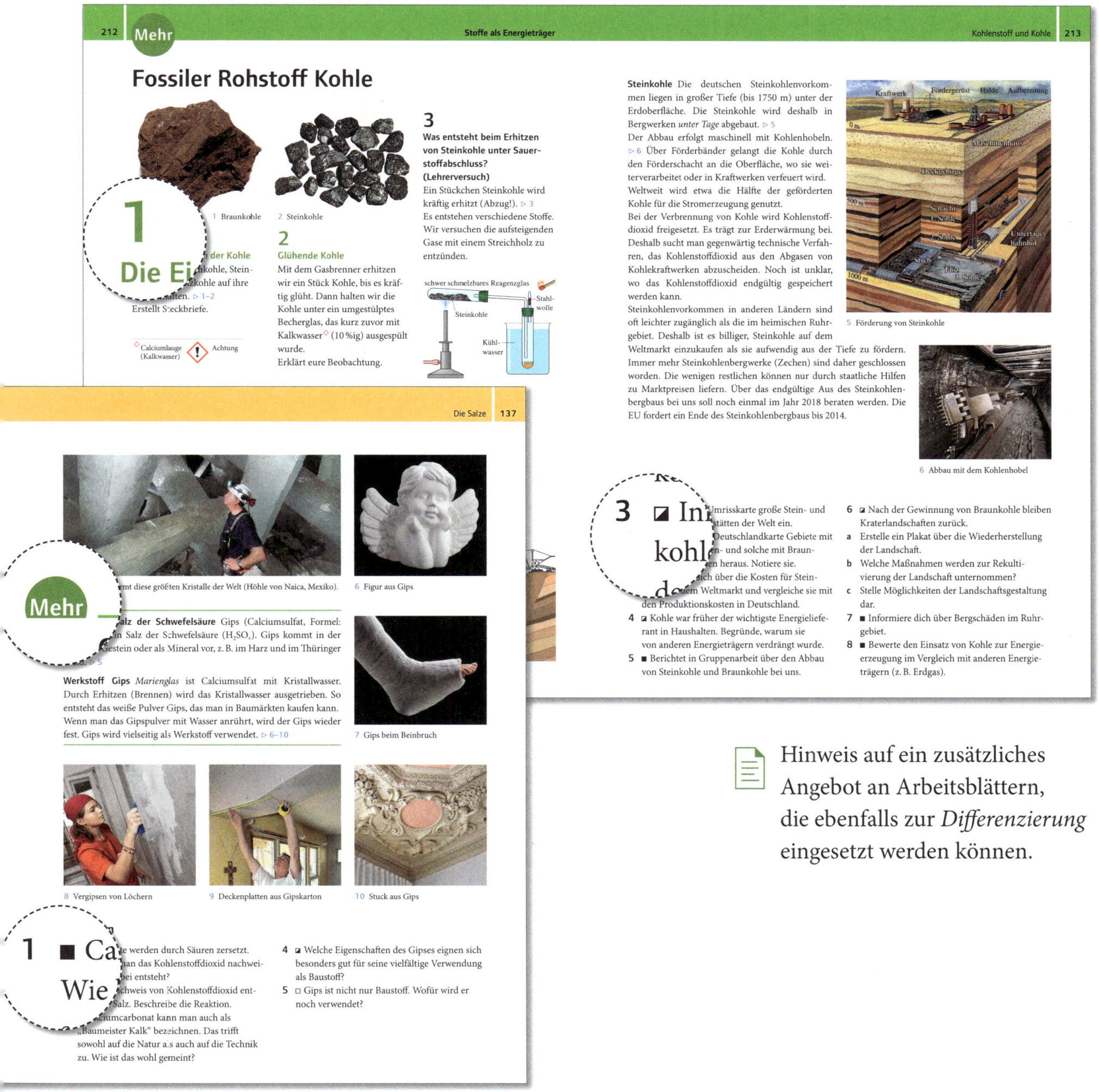

212 Mehr Stoffe als Energieträger

Fossiler Rohstoff Kohle

1 Braunkohle

2 Steinkohle

1 Die Ei… der Kohle

…kohle, Stein… …kohle auf ihre …ten. ▷ 1–2
Erstellt Steckbriefe.

◇ Calciumlauge (Kalkwasser) Achtung

2 Glühende Kohle

Mit dem Gasbrenner erhitzen wir ein Stück Kohle, bis es kräftig glüht. Dann halten wir die Kohle unter ein umgestülptes Becherglas, das kurz zuvor mit Kalkwasser◇ (10 %ig) ausgespült wurde.
Erklärt eure Beobachtung.

3 Was entsteht beim Erhitzen von Steinkohle unter Sauerstoffabschluss? (Lehrerversuch)

Ein Stückchen Steinkohle wird kräftig erhitzt (Abzug!). ▷ 3
Es entstehen verschiedene Stoffe. Wir versuchen die aufsteigenden Gase mit einem Streichholz zu entzünden.

Kohlenstoff und Kohle 213

Steinkohle Die deutschen Steinkohlenvorkommen liegen in großer Tiefe (bis 1750 m) unter der Erdoberfläche. Die Steinkohle wird deshalb in Bergwerken *unter Tage* abgebaut. ▷ 5
Der Abbau erfolgt maschinell mit Kohlenhobeln. ▷ 6 Über Förderbänder gelangt die Kohle durch den Förderschacht an die Oberfläche, wo sie weiterverarbeitet oder in Kraftwerken verfeuert wird.
Weltweit wird etwa die Hälfte der geförderten Kohle für die Stromerzeugung genutzt.
Bei der Verbrennung von Kohle wird Kohlenstoffdioxid freigesetzt. Es trägt zur Erderwärmung bei. Deshalb sucht man gegenwärtig technische Verfahren, das Kohlenstoffdioxid aus den Abgasen von Kohlekraftwerken abzuscheiden. Noch ist unklar, wo das Kohlenstoffdioxid endgültig gespeichert werden kann.
Steinkohlenvorkommen in anderen Ländern sind oft leichter zugänglich als die im heimischen Ruhrgebiet. Deshalb ist es billiger, Steinkohle auf dem Weltmarkt einzukaufen als sie aufwendig aus der Tiefe zu fördern. Immer mehr Steinkohlenbergwerke (Zechen) sind daher geschlossen worden. Die wenigen restlichen können nur durch staatliche Hilfen zu Marktpreisen liefern. Über das endgültige Aus des Steinkohlenbergbaus bei uns soll noch einmal im Jahr 2018 beraten werden. Die EU fordert ein Ende des Steinkohlenbergbaus bis 2014.

5 Förderung von Steinkohle

6 Abbau mit dem Kohlenhobel

3 ◪ In… …Umrisskarte große Stein- und …stätten der Welt ein. … Deutschlandkarte Gebiete mit …n- und solche mit Braunkohle… …en heraus. Notiere sie. …ich über die Kosten für Stein… …em Weltmarkt und vergleiche sie mit den Produktionskosten in Deutschland.
4 ◪ Kohle war früher der wichtigste Energielieferant in Haushalten. Begründe, warum sie von anderen Energieträgern verdrängt wurde.
5 ■ Berichtet in Gruppenarbeit über den Abbau von Steinkohle und Braunkohle bei uns.
6 ◪ Nach der Gewinnung von Braunkohle bleiben Kraterlandschaften zurück.
a Erstelle ein Plakat über die Wiederherstellung der Landschaft.
b Welche Maßnahmen werden zur Rekultivierung der Landschaft unternommen?
c Stelle Möglichkeiten der Landschaftsgestaltung dar.
7 ■ Informiere dich über Bergschäden im Ruhrgebiet.
8 ■ Bewerte den Einsatz von Kohle zur Energieerzeugung im Vergleich mit anderen Energieträgern (z. B. Erdgas).

Die Salze 137

…mt diese größten Kristalle der Welt (Höhle von Naica, Mexiko).

6 Figur aus Gips

Mehr

…alz der Schwefelsäure Gips (Calciumsulfat, Formel: … …in Salz der Schwefelsäure (H_2SO_4). Gips kommt in der … Gestein oder als Mineral vor, z. B. im Harz und im Thüringer …d. ▷ 5

Werkstoff Gips *Marienglas* ist Calciumsulfat mit Kristallwasser. Durch Erhitzen (Brennen) wird das Kristallwasser ausgetrieben. So entsteht das weiße Pulver Gips, das man in Baumärkten kaufen kann. Wenn man das Gipspulver mit Wasser anrührt, wird der Gips wieder fest. Gips wird vielseitig als Werkstoff verwendet. ▷ 6–10

7 Gips beim Beinbruch

8 Vergipsen von Löchern

9 Deckenplatten aus Gipskarton

10 Stuck aus Gips

1 ■ Ca… …te werden durch Säuren zersetzt. Wie … …an das Kohlenstoffdioxid nachweisen, …bei entsteht? …chweis von Kohlenstoffdioxid ent… …Salz. Beschreibe die Reaktion. …ciumcarbonat kann man auch als „Baumeister Kalk“ bezeichnen. Das trifft sowohl auf die Natur als auch auf die Technik zu. Wie ist das wohl gemeint?
4 ◪ Welche Eigenschaften des Gipses eignen sich besonders gut für seine vielfältige Verwendung als Baustoff?
5 □ Gips ist nicht nur Baustoff. Wofür wird er noch verwendet?

Hinweis auf ein zusätzliches Angebot an Arbeitsblättern, die ebenfalls zur *Differenzierung* eingesetzt werden können.

Natur und Technik

Chemie

Grundausgabe

Erarbeitet von: Siegfried Bresler, Bielefeld; Bernd Heepmann, Herford;
Dr. Heinz Obst, Delitzsch; Marlies Ramien, Oldenburg; Wilhelm Schröder, Herford;
Bernd Trockel, Dorsten sowie Jan Beyer, Plettenberg

Beratung: Kurt Becker, Linden; Elke Dröge, Dortmund;
Dr. Andreas Götze, Paderborn; Rolf Hoffmann, Bonn;
Cornelia Pätzelt, Halle; Roswitha Weber, Lüdenscheid

Redaktion: Helmut Dreißig, Thomas Gattermann

Grafik: Ulrike Braun, Berlin; Rainer Götze, Berlin; Gabriele Heinisch, Berlin;
Yvonne Koglin, Berlin; Jörg Mair, München; Matthias Pflügner, Berlin
Gesamtkonzept: Buchgestaltung +
Technische Umsetzung: Cornelia Gründer, corngreen, Leipzig

www.cornelsen.de

www.cornelsen.de/NuT-Chemie
Unter dieser Adresse befinden sich multimediale Zusatzangebote.
So kommst du zur gewünschten Seite im Internet:
1. Webseite www.cornelsen.de/NuT-Chemie aufrufen
2. Buchkennung NTCH015493 und Mediencode (z. B. 32-1) eingeben.

Dieses Werk enthält Vorschläge und Anleitungen für Untersuchungen und Experimente. Vor jedem Experiment sind mögliche Gefahrenquellen zu besprechen. Beim Experimentieren sind die Richtlinien zur Sicherheit im naturwissenschaftlichen Unterricht einzuhalten.

Alle Drucke dieser Auflage sind inhaltlich unverändert und können im Unterricht nebeneinander verwendet werden.

Druck: Stürtz GmbH, Würzburg

ISBN 978-3-06-015493-7

Inhalt gedruckt auf säurefreiem Papier aus nachhaltiger Forstwirtschaft.

Natur und Technik

Chemie

Grundausgabe

mit Differenzierungsangebot

Ausgabe N

7–10

Cornelsen

Inhaltsverzeichnis

Stoffe und ihre Eigenschaften 6

[Z] = Zusatzstoff

Luft und Wasser 64

Säuren, Laugen und Salze im Alltag 98

Elemente und ihre Ordnung 144

Ionen und chemische Bindungen 166

Elektrische Energie aus chemischen Reaktionen 188

Stoffe als Energieträger 204

Produkte der Chemie 242

Anhang 274

Stoffe und ihre Eigenschaften

Wir sind umgeben von einer kaum zählbaren Menge unterschiedlicher *Stoffe*.

In diesem Einführungskapitel zur Chemie wirst du lernen oder dich erinnern:

- wie man Stoffe an ihren Eigenschaften erkennen und unterscheiden kann
- mit welchen Methoden man die Eigenschaften untersuchen kann
- dass sich der Zustand *(Aggregatzustand)* von Stoffen – und damit ihre Eigenschaften – bei Erwärmung und Abkühlung ändern kann
- dass man Stoffe mit ähnlichen Eigenschaften zu Stoffgruppen zusammenfasst
- wie man mithilfe eines Modells (dem *Teilchenmodell*) viele Beobachtungen und Erscheinungen erklären kann
- wie beim Verbrennen aus dem Brennstoff andere Stoffe werden
- dass die Stoffe aus Teilchen aufgebaut sind

1 Der gleiche *Körper* (Stuhl) aus unterschiedli

2 „Klein = leicht“ … „groß = schwer“?

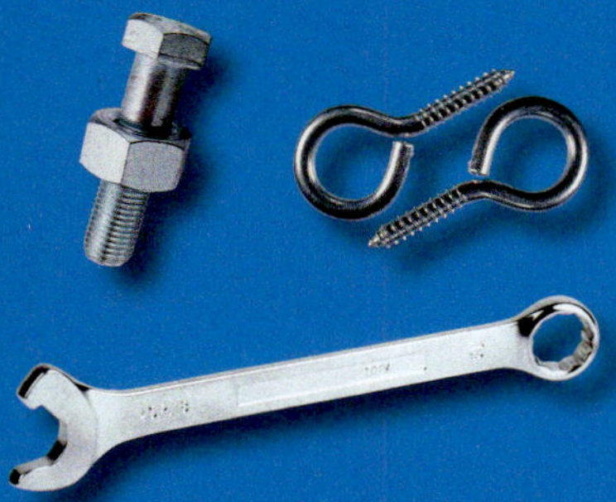

3 Stoff für viele Werkzeuge

Achtung!

Achtet beim Experimentieren auf die Sicherheitsbestimmungen. Ihr findet sie im Anhang dieses Buches.

toff

al

offen

4 So können wir uns den Bau von festen Stoffen vorstellen.

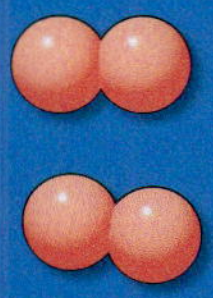

5 … und so den von Gasen.

6 Was bleibt von dem Brennstoff übrig?

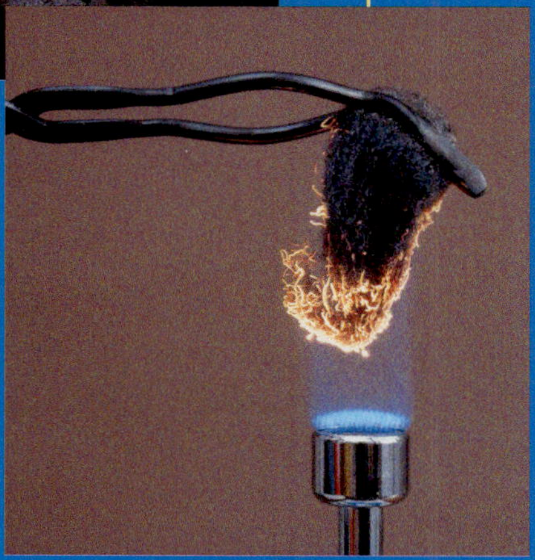

7 Eisenwolle in der Brennerflamme – was passiert?

Körper, Stoffe, Teilchen – zur Erinnerung

Den Stoffen auf der Spur

1 "Wir untersuchen Stoffe – durch Versuche."

1

Stoffe erkennen – mit den Sinnen

a Versucht Stoffe mit den Sinnesorganen zu unterscheiden. *Nicht probieren oder schmecken!* Wählt aus jeder Gruppe einen Stoff aus:
- Mehl, Puderzucker, Salz, Grieß, Reis, Brausepulver
- Zitronensaft, Apfelsinensaft, Apfelsaft, Salzwasser, Essigwasser
- Eisen, Kupfer, Aluminium, Silber
- Seide, Wolle, Glaswolle
- Holz, Kohlenstoff
- Styropor, Glas

Beschreibt, an welchen Eigenschaften ihr den Stoff erkennt und welche Sinnesorgane ihr jeweils einsetzt. *Beispiel Glas:* durchsichtig, hart; Auge, Tastsinn

b Versucht für die Stoffgruppen Namen zu finden.

c Sammelt weitere Stoffe für eure Stoffgruppen.

2

Stoffe erkennen – durch Versuche

Ihr braucht geeignete Geräte aus der Sammlung und Proben von Stoffen: Glas, Eisen, Holz, Papier, Kunststoff, Aluminium, Zucker, Wachs, Salz …

a Überlegt euch Versuche zu folgenden Stoffeigenschaften:
- hart/weich
- schmelzbar/nicht schmelzbar
- magnetisch/nicht magnetisch
- in Wasser löslich/nicht löslich
- brennbar/nicht brennbar
- elektrisch leitend/nicht leitend

b Schreibt zu *einem* Stoffeigenschaftspaar ein Versuchsprotokoll.

3

Die Dichte – eine wichtige Stoffeigenschaft

a Was ist schwerer: Salz, Zucker oder Milch? Plant einen Versuch mit Geräten aus dem Haushalt. Beschreibt, wie ihr vorgehen wollt.

b Wie schwer ist ein Liter Wasser? Auch diese Frage könnt ihr mit Haushaltsgeräten untersuchen. *Tipp:* Denkt an das Gewicht (die Masse) des Gefäßes.

c Ermittelt die Dichte eines unregelmäßigen Körpers. Geht dabei nach Bild ▷ 2 vor.

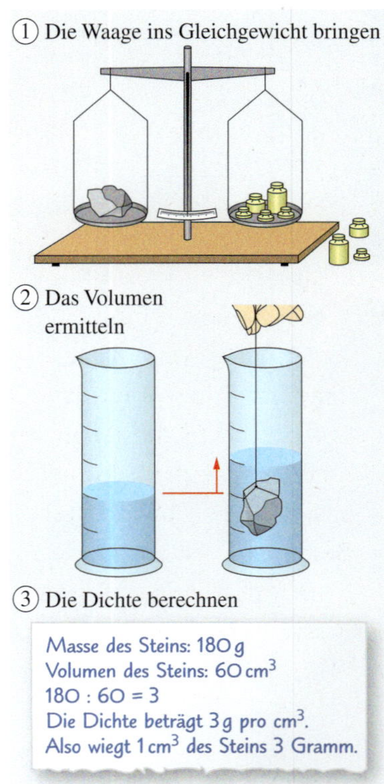

2 Die Dichte wird ermittelt.

4

Aus Eis wird …?

Wir erhitzen zerkleinertes Eis, bis das entstandene Wasser siedet. ▷ 3

a Beschreibt, was ihr beobachtet: „Zuerst sind nur Eisstückchen im Glas. Dann …“

b Haltet eine brennende Kerze über das siedende Wasser. Was geschieht? Sucht nach einer Erklärung dafür.

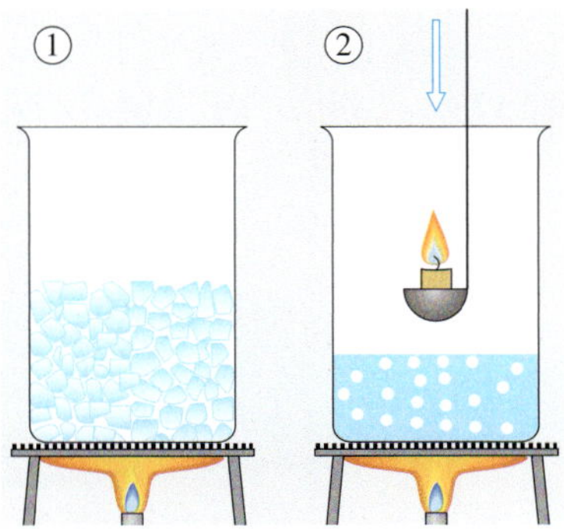

3

5

Nicht nur Wasser verändert seinen Zustand …

Unbedingt Schutzbrille aufsetzen!

a Gebt ein kleines Stück Wachs in einen Verbrennungslöffel. Haltet den Löffel über die Brennerflamme.
Das geschmolzene Wachs gießt ihr in ein Schälchen mit Wasser.

b Wiederholt den Versuch mit einem zweiten Wachsstückchen.
Erhitzt es nach dem Schmelzen weiter. Was könnt ihr beobachten?

c Schmelzt etwas Zinn in einer Eisenpfanne. Das Zinn wird auf ein Holzbrett gegossen. Beschreibt eure Beobachtung.

6

Nachweis von Kohlenstoffdioxid bei der Verbrennung

Ein Stückchen Holzkohle (z. B. Zeichenkohle) wird in einer Brennerflamme bis zum Glühen erhitzt und dann mit einer Pinzette in das Verbrennungsrohr eingeführt. ▷ 4

a Überlegt nun: Kann die rechts entweichende Luft noch dieselbe sein wie die links hineingepumpte?

b Prüft das entweichende Gas mit Kalkwasser◇.

c Vergleicht die Ausgangsstoffe der Verbrennung mit den Endprodukten.

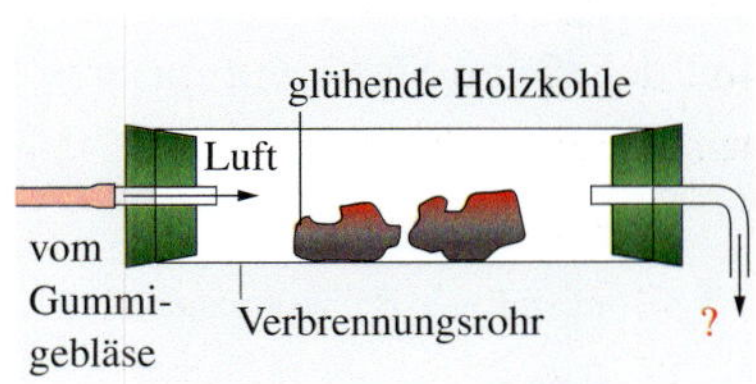

4

7

Die Zustandsänderungen von Wasser

a Vielleicht erhaltet ihr ein Arbeitsblatt. Wenn nicht, übertragt Bild ▷ 5 ins Heft und beschriftet die grauen Pfeile: verdampfen, schmelzen, erstarren, kondensieren.

b Beschreibt, was jeweils mit dem Wasser im Becherglas passiert: (1) „Das Eis …“ (2) … (3) … (4) …

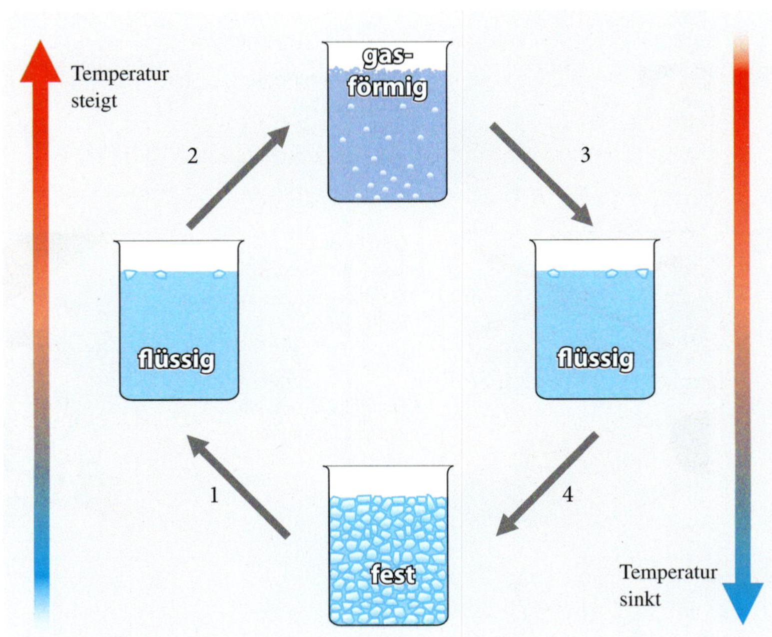

5

◇ Kalkwasser  Achtung

Stoffeigenschaften und Stoffgruppen

Körper und Stoff – erinnerst du dich noch? In der Naturwissenschaft haben viele Wörter eine andere Bedeutung als in der Alltagssprache. Dazu gehören auch die Begriffe *Körper* und *Stoff*.
Als *Körper* bezeichnet man alle Gegenstände und Lebewesen (Menschen, Tiere, Pflanzen).
Körper nennt man alles, was einen Raum einnimmt.
Stoffe nennt man nicht nur das, woraus Kleider, Hosen … hergestellt werden. Viele Körper bestehen aus mehreren Stoffen. ▷ 1–4
Stoff nennt man alles, woraus Körper bestehen.

Körper: Becher
Stoff: Keramik

1

Körper: Becher
Stoff: Kunststoff

2

Stoffgruppen Es gibt eine kaum zählbare Menge an unterschiedlichen Stoffen. Nach ihrem Aggregatzustand kann man sie in Gruppen einteilen z. B. in *feste, flüssige* und *gasförmige Stoffe*:
- *Feste Stoffe:* Eisen, Kupfer, Glas, Kunststoff, Holz …
- *Flüssige Stoffe (Flüssigkeiten):* Wasser, Öl, Spiritus …
- *Gasförmige Stoffe (Gase):* Luft, Sauerstoff, Biogas …

3

Körper: Luftballon
Stoffe: Gummi (Hülle), Luft (Inhalt)

Stoffeigenschaften Wir können die unterschiedlichen Eigenschaften der vielen Stoffe *mit unseren Sinnen* ▷ 4 erkennen oder *durch Versuche* herausfinden: ▷ 5

mit unseren Sinnesorganen:

Ⓐ 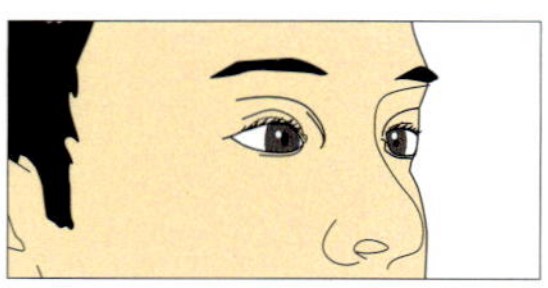

- Farbe
- Glanz
- Zustand (fest, flüssig, gasförmig)

Ⓑ 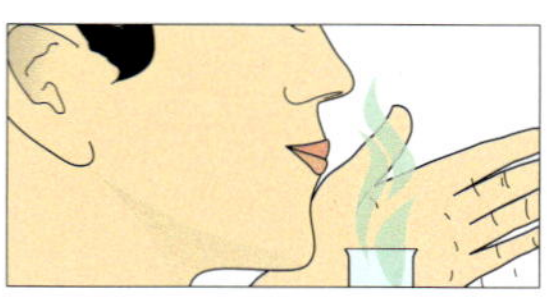

- Geruch (stechend, geruchlos...)
  Vorsicht: Bei unbekannter Flüssigkeit nur zufächeln!

Ⓒ 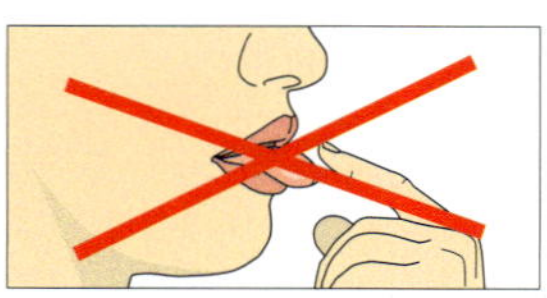

- Geschmack
  Vorsicht: Nie den Geschmack eines fremden Stoffs prüfen!

Ⓓ 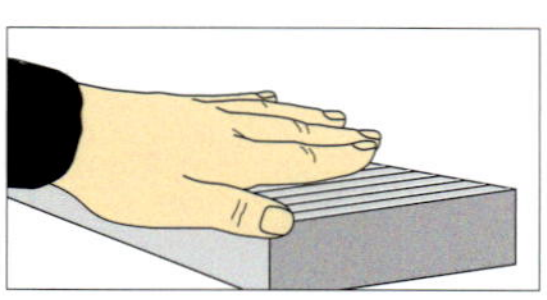

- Oberfläche (rau, glatt...)
  Manche Stoffe reizen die Haut!

Ⓔ 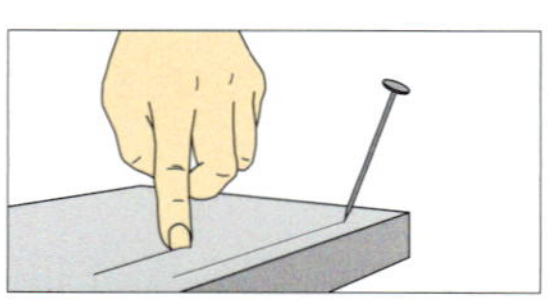

- Härte

4

durch Versuche:

- Löslichkeit des Stoffs

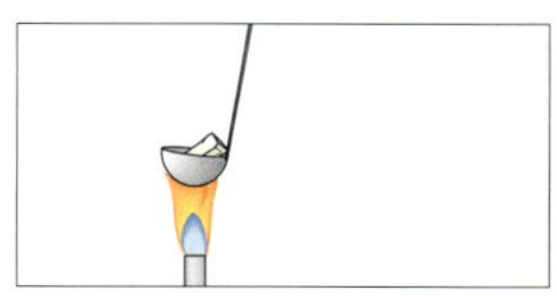

- Schmelzbarkeit (leicht schmelzbar...)
- Brennbarkeit

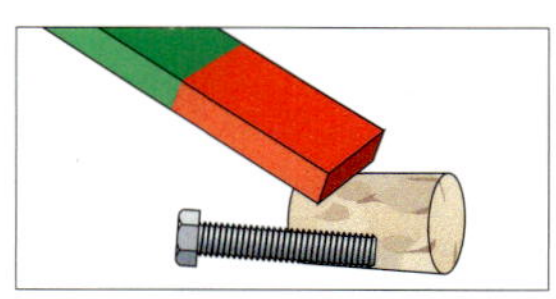

- magnetisch
- nicht magnetisch

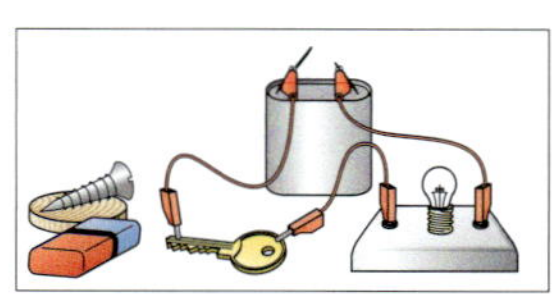

- elektrischer Leiter
- Nichtleiter

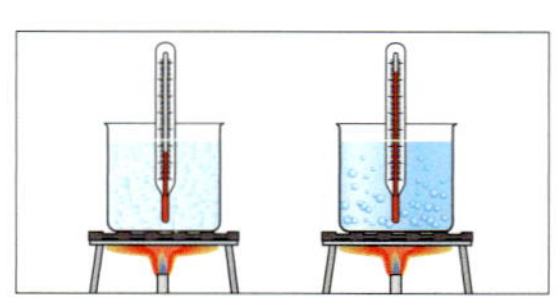

- Schmelztemperatur
- Siedetemperatur

5

die Stoffgruppe
die Dichte

Die Dichte – eine besondere Stoffeigenschaft Die Stoffgruppe der Metalle hat gemeinsame Eigenschaften: Alle Metalle sind elektrische Leiter und haben eine glänzende Oberfläche. In anderen Eigenschaften unterscheiden sie sich: Sie sind z. B. unterschiedlich schwer.
Um herauszufinden, ob Gold schwerer ist als Silber, kann man Körper mit gleichem Volumen wiegen. ▷ 6 Man sagt:
Gold hat eine größere Dichte als Silber, weil 1 cm³ Gold mehr Masse hat als 1 cm³ Silber.
1 cm³ Gold wiegt 19,3 g;
seine *Dichte* beträgt 19,3 g pro cm³ ($19{,}3\,\frac{g}{cm^3}$).
1 cm³ Silber wiegt 10,5 g;
seine *Dichte* beträgt 10,5 g pro cm³ ($10{,}5\,\frac{g}{cm^3}$).
Jeder Stoff hat eine andere Dichte. Sie ist also ein wichtiges Erkennungsmerkmal für einen Stoff.

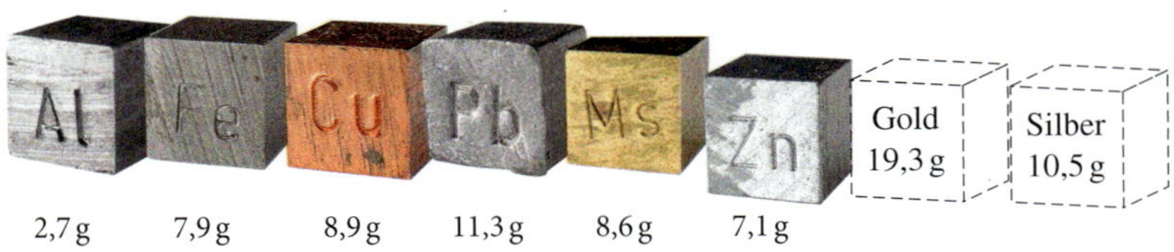

6 Würfel (1 cm³) aus Aluminium, Eisen, Kupfer, Blei, Messing und Zink

Dichte einiger Stoffe

Stoffe	Dichte in $\frac{g}{cm^3}$
Holz (je nach Holzart)	0,4–0,9
Alkohol	0,9
Eis (bei 0 °C)	0,9
Gummi	0,9–1,0
Wasser (4 °C)	1,0
Kunststoff (PVC)	ca. 1,4
Glas	ca. 2,4
Aluminium	2,7
Zink	7,1
Eisen	7,9
Messing	8,6
Kupfer	8,9
Silber	10,5
Blei	11,3
Gold	19,3
Platin	21,5
Luft	1,3 $\frac{g}{L}$

Aufgaben

1 Schüler einer Klasse sollten „Stoffe“ an die Tafel schreiben. Da ist nicht alles richtig! ▷ 7

a □ Schreibe diejenigen auf, die wirklich Stoffe sind.

Eisen Glas Essig Holz Papier Blech Styropor
Büroklammer Apfelsaft Brett Watte Wasser
Kupfer Kette Silber Benzin Mehl Baum Zinn
Seifenlauge Diamant Draht Butter Baumwolle Kerze

7

b □ Suche drei Stoffe heraus und schreibe auf, welche Körper man daraus herstellen kann.

c ■ Teile die Stoffe in sinnvolle Gruppen ein und suche dazu Überschriften. Beispiel: Metalle …

d ■ Suche noch weitere Stoffe, die zu den Gruppen gehören.

2 □ Beschreibe, was man im Alltag und in der Fachsprache unter Stoff versteht.

3 □ Welche Sinne werden in Bild ▷ 4 genutzt, um Stoffeigenschaften zu erkennen?
Schreibe z. B. so: „Mit den Augen kann man …“

4 ◪ Was wird in den Versuchen untersucht? ▷ 5
Beispiel: „Es wird untersucht,
ob sich ein Stoff in Wasser löst, ob ein Stoff …“

5 □ Nenne je 2 Stoffe mit folgenden Eigenschaften:
fest/brennbar, fest/leitet elektrischen Strom, fest/kein Metall, flüssig/trinkbar, flüssig/brennbar, gasförmig/brennbar.

6 ◪ Eine Kugel aus Aluminium und eine aus Blei haben das gleiche Volumen. Sie werden nacheinander in ein Glas Wasser gelegt. Bei welcher Kugel steigt der Wasserspiegel höher? Erkläre!

7 ◪ Die Dichtetabelle oben gibt für Holz keinen bestimmten Wert an. Warum nicht?

8 ■ Vergleiche die Dichte von Eis mit der von Wasser. Wie wirkt sich der Unterschied beim Gefrieren von Wasser aus?

9 ■ Sandra hat 3 gleich große Kugeln. Zwei wiegen je 100 g, eine wiegt 90 g. Durch eine einzige Wägung mit der Balkenwaage soll Sandra herausbekommen, welches die Kugeln gleicher Masse sind …

Aggregatzustände und Teilchenmodell

Fest – flüssig – gasförmig Wenn man Wasser stark erhitzt, wird es zu Dampf – es wird *gasförmig*. Wenn man es stark abkühlt, wird es zu Eis – es wird *fest*.
Die drei unterschiedlichen Zustände *fest, flüssig* und *gasförmig* nennt man *Aggregatzustände*. ▷ 1 Sie sind abhängig von der *Temperatur*:
unter 0 °C: Wasser ist fest (Eis).
zwischen 0 °C und 100 °C: Wasser ist flüssig.
über 100 °C: Wasser ist gasförmig (Wasserdampf).

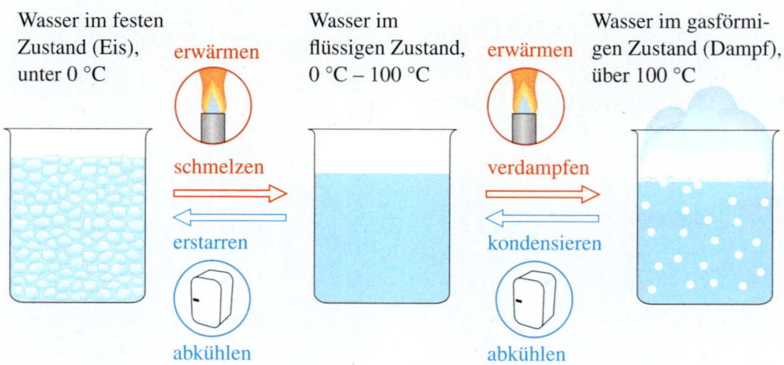

1 Zustandsänderungen von Wasser

Wie das Wasser können auch die meisten anderen Stoffe in 3 Aggregatzuständen vorkommen. ▷ 2 Bei den Übergängen von einem Aggregatzustand in den anderen ändern sich die Stoffe nicht: *Eisen bleibt Eisen und Wachs bleibt Wachs.* Im Gegensatz dazu entstehen *andere* Stoffe, wenn Eisen rostet oder Wachs verbrennt *(Stoffänderung)*.
Die Temperaturen, bei denen die Zustandsänderungen stattfinden, heißen *Schmelztemperatur* (wenn ein fester Stoff flüssig wird) und *Siedetemperatur* (wenn ein flüssiger Stoff gasförmig wird).
Die meisten Stoffe können in drei Zuständen vorkommen, den *Aggregatzuständen fest, flüssig* und *gasförmig*. Alle Stoffe haben unterschiedliche *Schmelz-* und *Siedetemperaturen*.

Mehr

Zustandsänderungen und Energie Versuche haben gezeigt: Wasser kann nicht heißer werden als 100 °C – wenn man es auch noch so lange und stark erhitzt. Die zugeführte Energie bewirkt dann, dass sich der Aggregatzustand des Wassers ändert.
Wenn Wasser längere Zeit im Freien steht, *verdunstet* es. Auch dann geht es in den gasförmigen Aggregatzustand über. Die dafür notwendige Energie entzieht es seiner Umgebung. Das kannst du z. B. spüren, wenn du dich nach dem Baden nicht gleich abtrocknest: Dann beginnst du zu frieren, weil das Wasser deinem Körper die zum Verdunsten nötige Energie entzieht.

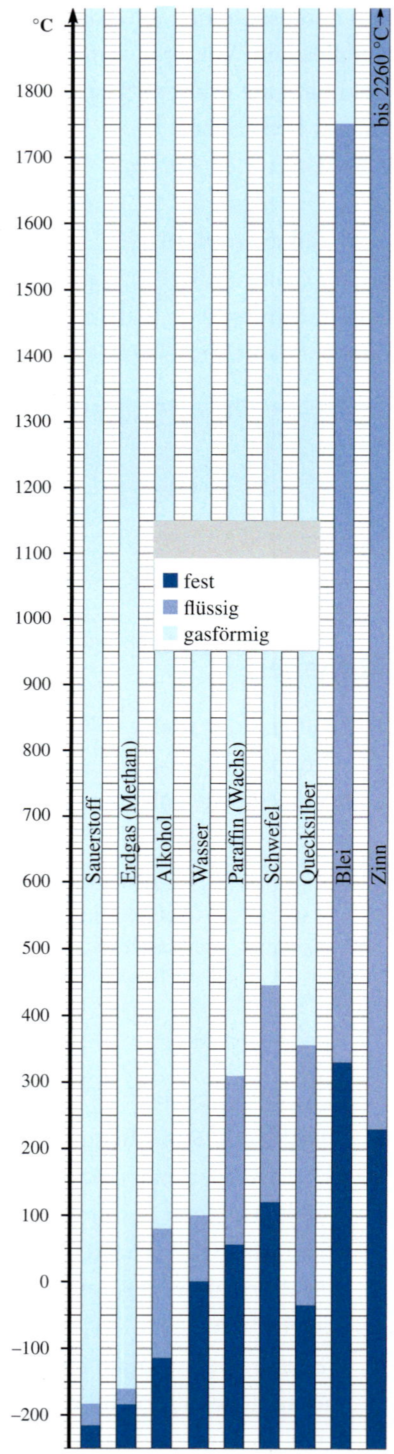

2 Aggregatzustände einiger Stoffe (Darstellung als Säulendiagramm)

der Aggregatzustand
das Teilchenmodell

Die Aggregatzustände im Teilchenmodell Mithilfe des *Teilchenmodells* kann man erklären, wie wir uns die drei Aggregatzustände vorstellen können und warum sie von der Temperatur abhängig sind. ▷ 3–5

Wir stellen uns vor, dass alle Stoffe aus kleinsten, für uns unsichtbaren Teilchen aufgebaut sind.

Diese Teilchen sind so winzig, dass man sie auch mit starken Mikroskopen nicht sehen kann. Wir stellen sie uns als ganz kleine Kügelchen vor.

Stoffe in festem Zustand

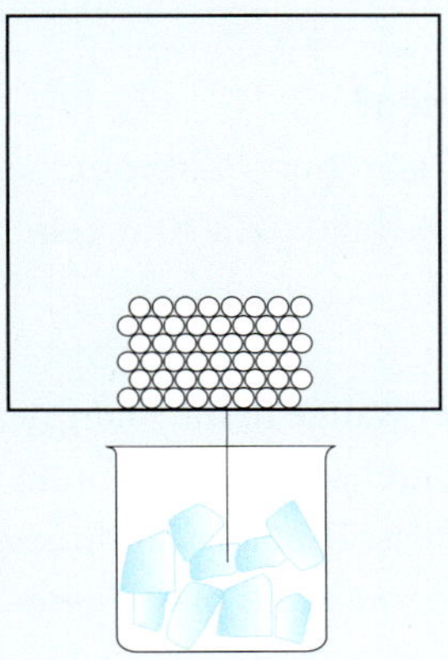

3 Eis

- Die Teilchen liegen dicht zusammen und haben einen starken Zusammenhalt.
- Die Teilchen können sich nur sehr wenig bewegen und ihren Platz nicht verlassen.

Stoffe in flüssigem Zustand

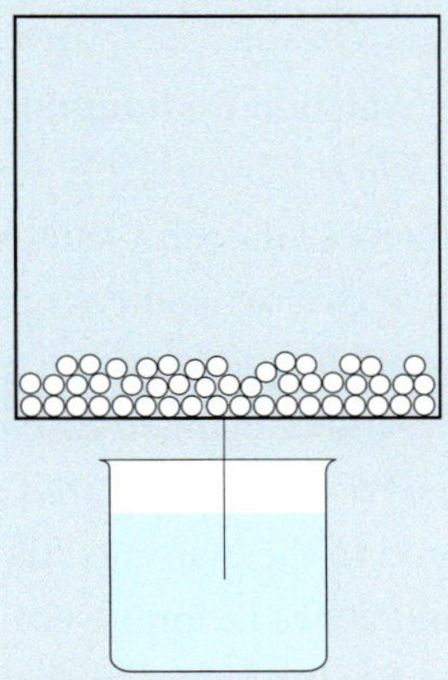

4 Wasser

- Der Zusammenhalt der Teilchen ist geringer als im festen Zustand.
- Die Teilchen haben keine festen Plätze. Sie können sich gegeneinander verschieben.

Stoffe in gasförmigem Zustand

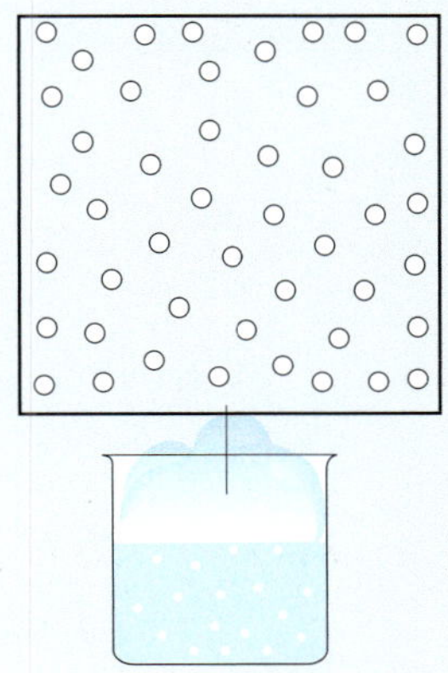

5 Wasserdampf

- Die Teilchen besitzen keinen Zusammenhalt mehr.
- Die Teilchen bewegen sich heftig. Sie verteilen sich auf den ganzen Raum, der ihnen zur Verfügung steht.

→ *Erwärmt man Eis, bewegen sich die Teilchen immer stärker. Das Eis schmilzt. Die zugeführte Energie führt zur Änderung des Aggregatzustands.*

→ *Erwärmt man weiter, bewegen sich die Teilchen noch heftiger. Bei der Siedetemperatur reißen sie sich voneinander los. Die zugeführte Energie bewirkt die Änderung des Aggregatzustands.*

Aufgaben

1 □ In welchen Temperaturbereichen sind Wachs und Blei fest, flüssig oder gasförmig? Lies die Werte aus dem Diagramm ab. ▷ 2

2 ■ Denk dir ein „Teilchenspiel“ aus, in dem Schülerinnen und Schüler je ein Teilchen darstellen. Wie könnten sie die Zustände „fest“, „flüssig“ und „gasförmig“ spielen?

3 ◪ Bei welchem Zustand ist der Zusammenhalt zwischen den Teilchen am größten? Wann haben sie den kleinsten Abstand?

4 ◪ Wasser in einer Schale wird auf die Fensterbank gestellt. Erkläre mit dem Modell, warum es mit der Zeit weniger wird. Woher stammt die zum Verdunsten notwendige Energie?

Chemische Reaktionen

Wir verbrennen Metalle – Lernstationen

Gefahrenhinweise

- → Achtung: Explosionsgefahr!
- → Metallbrände lassen sich weder mit Wasser noch mit Kohlenstoffdioxid löschen!
- → Nicht die Schutzbrille vergessen!

1

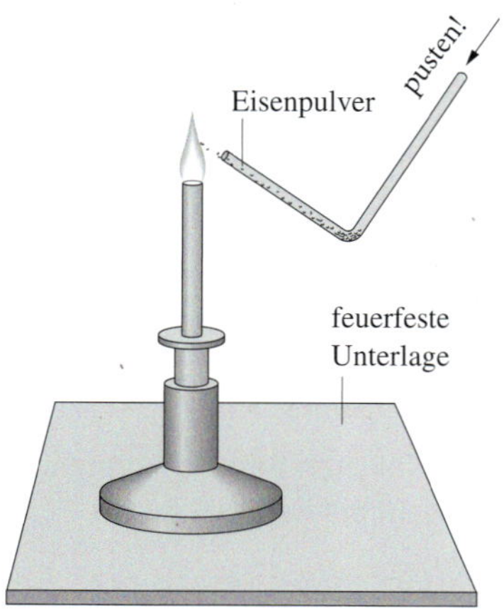

Unter welchen Bedingungen brennt Eisen?

Materialien: Schutzbrille, Tiegelzange, Gasbrenner, Glasröhrchen, gewinkeltes Glasrohr, feuerfeste Unterlage; blank geschmirgelter Eisennagel, Eisenwolle, Eisenpulver

Versuchsdurchführung:

a Haltet den blanken Eisennagel mit der Zange in die Flamme.

b Ersetzt den Nagel durch Eisenwolle und haltet sie mit ihrem Rand in die Flamme. Blast mit dem Glasröhrchen Luft hinzu.

c Füllt etwas Eisenpulver in das *Glasröhrchen* und blast es vorsichtig durch die Brennerflamme.

Notiert euch, wie sich Eisennagel, Eisenwolle und Eisenpulver in der Flamme verhalten.

Auswertung: Erklärt das Versuchsergebnis.

2

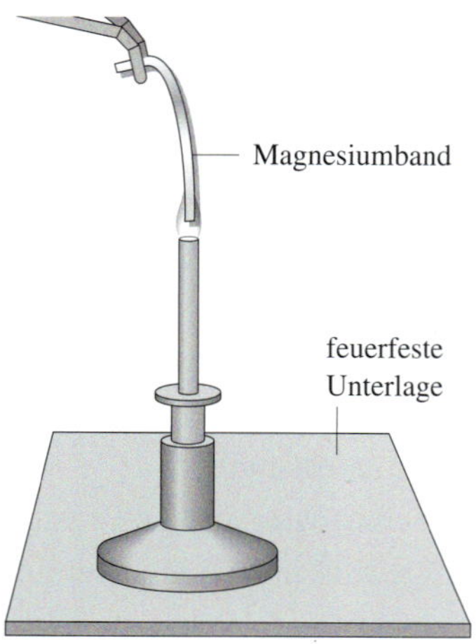

Wie brennt Magnesium?

Materialien: Schutzbrille, Tiegelzange, Gasbrenner, feuerfeste Unterlage; Magnesium

Versuchsdurchführung:

a Schaut euch ein Stück Magnesiumband an.

b Haltet es mit der Zange in die Flamme. Achtung: Nicht in die Flamme sehen!
Notiert, wie der untersuchte Stoff vorher und nachher aussieht.

c Vergleicht das Versuchsergebnis mit dem Magnesiumband.

Auswertung: Schreibt auf, welche Reaktion stattgefunden hat (Wortgleichung).
Versucht das Versuchsergebnis zu erklären.

3

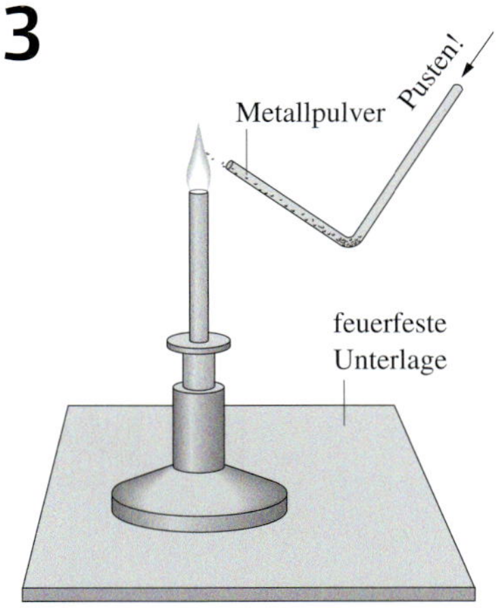

Wie verbrennen unterschiedliche Metalle?

Materialien: Schutzbrille, Gasbrenner, gewinkeltes Glasröhrchen, feuerfeste Unterlage; Eisenpulver, Magnesiumpulver, Kupferpulver

Versuchsdurchführung:

Füllt etwas Metallpulver in das Röhrchen und blast es vorsichtig in die nicht leuchtende Brennerflamme.

Notiert eure Beobachtungen.

Auswertung: Berichtet über die Unterschiede zwischen den einzelnen Metallen.

Erstellt eine Reihenfolge der Metalle nach der Heftigkeit ihrer Reaktion mit dem Sauerstoff der Luft.

4

Ändert Eisenwolle beim Verbrennen ihr Gewicht?

Materialien: Schutzbrille, Digitalwaage, Gasbrenner, Abdampfschale, Tiegelzange, feuerfeste Unterlage; Eisenwolle

Versuchsdurchführung:

a Legt etwas Eisenwolle in die Abdampfschale und bestimmt die Masse von Schale und Eisenwolle (1). Haltet die Eisenwolle mit der Zange in die Brennerflamme und entzündet sie (2). Haltet sie so, dass herabfallende Eisenwolle in die Schale fällt.

b Legt die Eisenwolle nach dem Brennen in die Schale und lasst sie etwas abkühlen. Danach bestimmt ihr erneut die Masse der Schale mit der nun verbrannten Eisenwolle (3).

Notiert eure Beobachtungen.

Auswertung: Sucht nach einer Erklärung für die Veränderung der Masse.

5

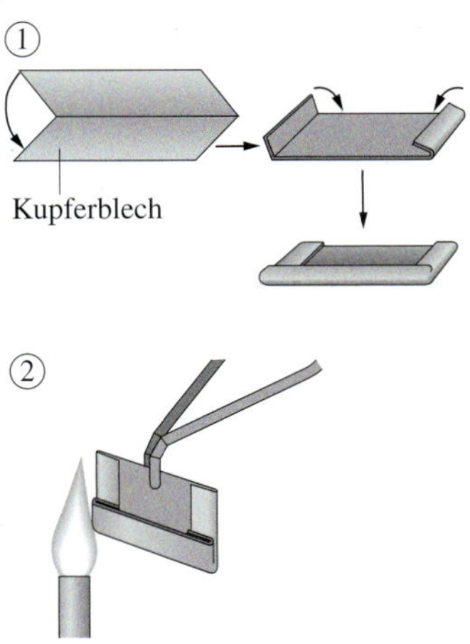

Der glühende Kupferbrief

Materialien: Schutzbrille, Tiegelzange, Gasbrenner, feuerfeste Unterlage, Spatel oder Kunststofflöffel; Kupferblech

Versuchsdurchführung:

a Faltet das Blech zusammen. Knickt die offenen Ränder um (1).

b Haltet den Brief mit der Zange in die nicht leuchtende Brennerflamme (2). Erhitzt ihn bis zur Rotglut.

c Lasst den Brief abkühlen und öffnet ihn.

Auswertung: Erklärt das unterschiedliche Aussehen von Außen- und Innenfläche des Kupferblechs.

Schabt den Belag vorsichtig ab.

Woraus könnte er bestehen?

Voraussetzungen für die Verbrennung

Die Entzündungstemperatur und andere Voraussetzungen Damit ein Feuer brennen kann, reicht es nicht, dass ein *brennbarer Stoff* vorhanden ist. Der Brennstoff entzündet sich nur, wenn eine bestimmte Temperatur erreicht ist. Diese *Entzündungstemperatur* der Stoffe ist sehr verschieden. Bei einem Streichholzkopf reichen bereits 60 °C, bei Holz braucht man 300 °C und bei Kohle sogar 600 °C. ▷ 1 Es spielt auch eine Rolle, wie fein der brennbare Stoff „zerteilt" ist: Kleine Holzspäne lassen sich leichter entzünden als große Holzscheite.
Die meisten Stoffe entwickeln Dämpfe, bevor sie sich entzünden. Die Flammen, die wir dann sehen können, sind brennende Gase. Holzkohlen auf dem Grill verbrennen aber ohne sichtbare Flamme.
Ohne *Zufuhr von Frischluft* gibt es kein Feuer. Lässt man ein Feuer in einem abgeschlossenen Gefäß brennen, wird nur ein kleiner Teil der gesamten Luft verbraucht. Danach geht das Feuer aus.

Ein Feuer brennt, wenn ein *Brennstoff* vorhanden ist, *Luft* da ist und die *Entzündungstemperatur* des Brennstoffs überschritten wird. ▷ 2

16-1

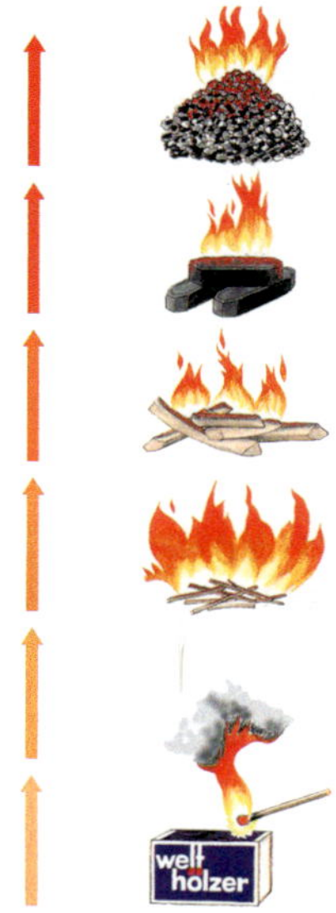

1 Stufenzündung

2

Die Hauptbestandteile der Luft Die Luft besteht fast nur aus *Sauerstoff* (ca. ein Fünftel) und Stickstoff (ca. vier Fünftel). Sauerstoff ist nötig, damit ein Stoff brennt. Mit der *Glimmspanprobe* kann man reinen Sauerstoff nachweisen. ▷ 3 Ein glimmender Span flammt in Sauerstoff wieder hell auf – in Luft glüht er nur.
Stickstoff „erstickt" Flammen. Ohne Stickstoff in der Luft würden schon kleinste Funken zu verheerenden Bränden führen.

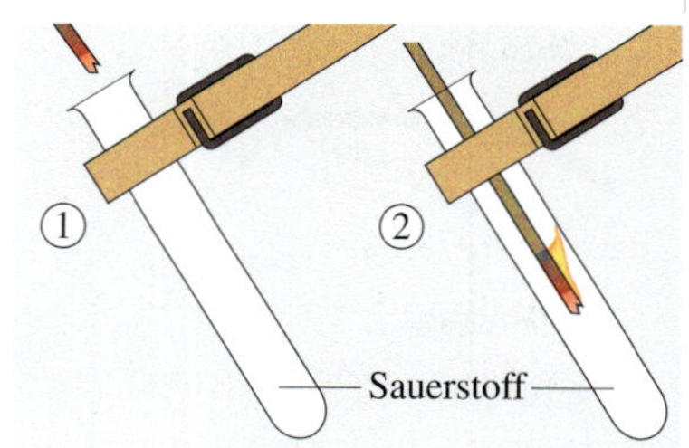

3 Sauerstoffnachweis

Aufgaben

1 □ Was ist nötig, damit ein Feuer brennt?

2 ◪ Kohle kann man mit einem Streichholz nicht so einfach entzünden. Wie muss man vorgehen? Begründe deine Überlegung.

3 ◪ Keine Frage, was auf Bild ▷ 4 schneller brennen würde – aber weißt du auch, warum? …

4 □ Nenne die Hauptbestandteile der Luft. Welche Rolle spielen sie bei der Verbrennung?

5 ◪ Was geschieht wohl bei diesem Versuch nach jeweils zwei Minuten? ▷ 5–7

4

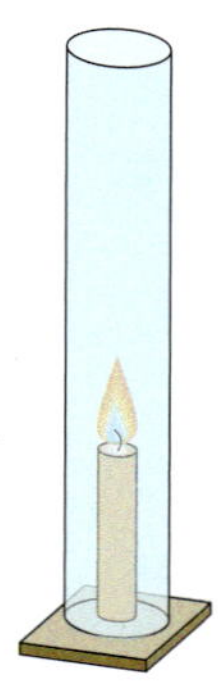
5

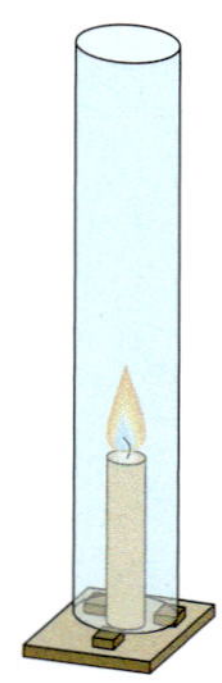
6

7

die Entzündungstemperatur
die chemische Reaktion
das Reaktionsschema
die Verbrennung
die Wortgleichung
der Zerteilungsgrad

Verbrennungen liefern neue Stoffe und Energie

Kohlenstoffdioxid Wenn Holz, Kerzenwachs oder einige andere Brennstoffe verbrennen, entsteht ein Gas: Kohlenstoffdioxid. Leitet man dieses Gas durch Kalkwasser, so trübt sich das Kalkwasser.
Mit Kalkwasser kann man daher Kohlenstoffdioxid nachweisen.

Verbrennungen sind chemische Reaktionen Kohlenstoff ist ein Bestandteil vieler Brennstoffe. Du erkennst es z. B. am Rußen von Flammen. Wenn dieser Kohlenstoff an der Luft oder in Sauerstoff verbrennt, entsteht Kohlenstoffdioxid. Das ist eine *chemische Reaktion.*
Bei hoher Temperatur reagieren Kohlenstoff und Sauerstoff miteinander. Dabei entsteht ein neuer Stoff: Kohlenstoffdioxid. Er hat andere Eigenschaften als die Stoffe Kohlenstoff und Sauerstoff.
Bei chemischen Reaktionen werden chemische Stoffe unter Beteiligung von Energie in andere umgewandelt. Die Reaktionsprodukte haben andere Eigenschaften als die Ausgangsstoffe.
Das kann man als *Wortgleichung* beschreiben:

Ausgangsstoffe ⟶ *Reaktionsprodukte*

In unserem Beispiel schreiben wir so:
Kohlenstoff + Sauerstoff ⟶ Kohlenstoffdioxid.
Der Pfeil bedeutet „reagiert zu". Es handelt sich also um keine Gleichung. Deshalb spricht man auch von einem „Reaktionsschema".

Mehr

Chemische Reaktionen und Energie Damit Kohlenstoff und Sauerstoff miteinander reagieren können, muss der Kohlenstoff entzündet, also „aktiv" werden. Deshalb muss man erst noch *Aktivierungsenergie* zuführen. Man spricht von einer *Aktivierung* der Ausgangsstoffe. ▷ 8
Bei der anschließenden Reaktion von Kohlenstoff mit Sauerstoff wird Wärme an die Umgebung abgegeben. Reaktionen wie das Verbrennen von Holz, Kohle oder anderen Brennstoffen sind demnach „energieabgebende (exotherme) Reaktionen".
Brennstoffe sind Energieträger. Sie enthalten *chemische Energie.* Bei der Verbrennung der Brennstoffe wird ein Teil dieser Energie in Wärme umgewandelt. Sie wird an die Umgebung abgegeben. Die Reaktionsprodukte besitzen deshalb weniger chemische Energie als die Ausgangsstoffe. ▷ 9
Bei chemischen Reaktionen erfolgen Energieumwandlungen. Bei energieabgebenden Reaktionen geht Wärme an die Umgebung über.

8 Das Aktivieren kann man mit dem Anschieben eines Autos vergleichen.

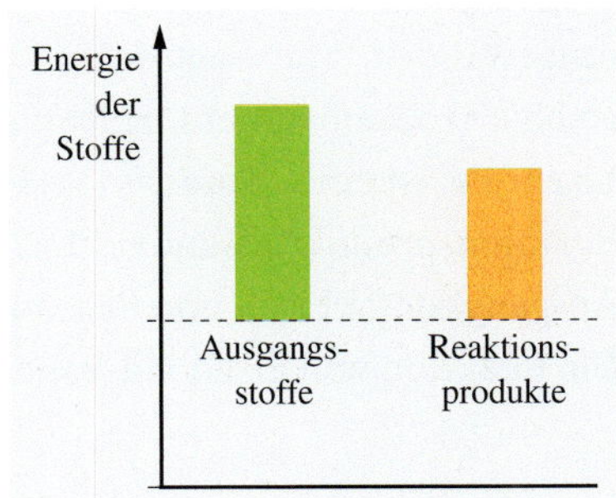

9 Energiediagramm einer Energie abgebenden (exothermen) Reaktion

Aufgaben

1 □ Woran erkennst du eine chemische Reaktion?

2 □ Chemische Reaktion oder nicht? Begründe.
a Schmelzen von Wachs
b Abbrennen einer Kerze

3 □ Nenne Beispiele, von denen du annimmst, dass es chemische Reaktionen sind.

4 ◪ Vergleiche das Gefrieren von Wasser mit dem Hartwerden von Kalkmörtel.

Die Verbrennung – genauer betrachtet

Eisen brennt Wenn wir fein verteiltes Eisen (Eisenpulver oder Eisenwolle) in eine Flamme halten oder blasen, glüht es durch. ▷ 1 Wir erhalten einen blauschwarzen, neuen Stoff.
Aus dem grauen, metallischen Eisen und dem farblosen, gasförmigen Sauerstoff der Luft wird ein blauschwarzer, neuer Stoff. Dieser Stoff heißt *Eisenoxid*.
Bei der Verbrennung von Eisen läuft eine chemische Reaktion ab. Dabei findet eine Stoffumwandlung statt.
(Die Bezeichnung „-oxid" ist von *oxygenium*, dem lateinischen Namen für Sauerstoff, abgeleitet.)

1

Wie bei der Verbrennung von Kohlenstoff, bei der Kohlenstoffdioxid als neuer Stoff entsteht, kann man auch die Reaktion von Eisen mit Sauerstoff kurz und übersichtlich beschreiben.
Wortgleichung (Reaktionsschema):
Eisen + Sauerstoff ⟶ Eisenoxid
(Ausgangsstoffe) (Reaktionsprodukt)
Sprechweise: „Eisen und Sauerstoff reagieren zu Eisenoxid."

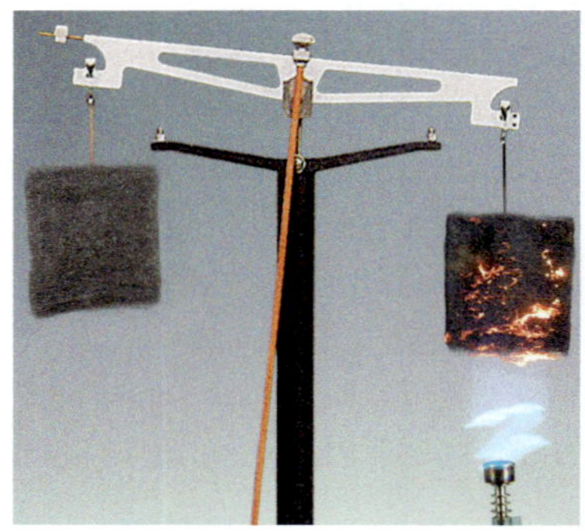

2

Wie wir uns die Änderung der Masse erklären Im Gegensatz zum gasförmigen Kohlenstoffdioxid ist Eisenoxid fest. Es kann gewogen werden. Dabei stellt man fest:
Die Masse des Verbrennungsprodukts Eisenoxid ist größer als die des Eisens vor der Verbrennung. ▷ 2
Zu dem Eisen ist noch Sauerstoff aus der Luft hinzugekommen.

Die Oxidation – eine chemische Reaktion Eisen und Sauerstoff reagieren bei hoher Temperatur miteinander; sie werden zu Eisenoxid umgewandelt. Man sagt dazu: Das Eisen wird *oxidiert*; die Reaktion ist eine *Oxidation* oder *Oxidbildung*.
Eisenoxid ist eine *chemische Verbindung* von Eisen mit Sauerstoff. Das Reaktionsprodukt Eisenoxid hat andere Eigenschaften als die beiden Ausgangsstoffe Eisen und Sauerstoff. ▷ 3
Die Reaktion von Eisen mit Sauerstoff ist eine Oxidation.

Ausgangsstoffe				Reaktionsprodukt
Eisen	+	**Sauerstoff**	⟶	**Eisenoxid**
silbergrau, metallisch glänzend, hart, fest		*farblos, gasförmig*		*blauschwarz, spröde, fest*

3

die Aktivierungsenergie
das Eisenoxid
das Metalloxid
die Oxidation
die Stoffumwandlung

Aus Metallen werden Metalloxide Wie Versuche mit unterschiedlichen Metallen zeigen, können auch andere Metalle mit Sauerstoff reagieren. Dabei entsteht immer ein *Metalloxid*.
Aus dem silbergrauen Magnesium wird weißes Magnesiumoxid. ▷ 4
Du kennst es als Magnesia aus dem Sportunterricht.
Magnesium + Sauerstoff ⟶ Magnesiumoxid
Aus dem rotbraunen Kupfer wird schwarzes Kupferoxid. ▷ 5
Kupfer + Sauerstoff ⟶ Kupferoxid
Auch diese Reaktionen sind Oxidationen und die entstandenen *Oxide* sind *chemische Verbindungen*.
Allgemeine Wortgleichung:
Metall + Sauerstoff ⟶ Metalloxid

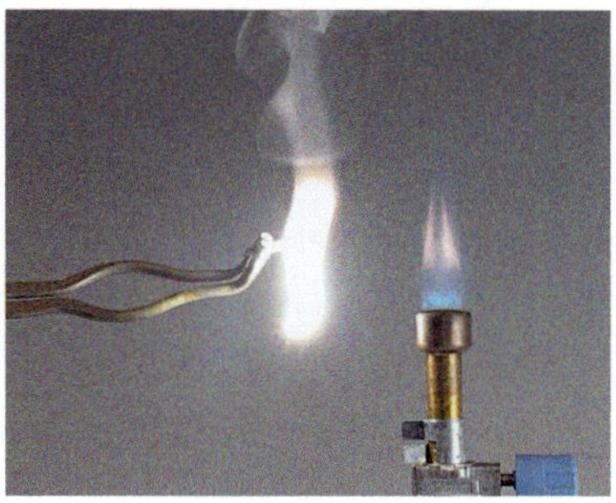
4

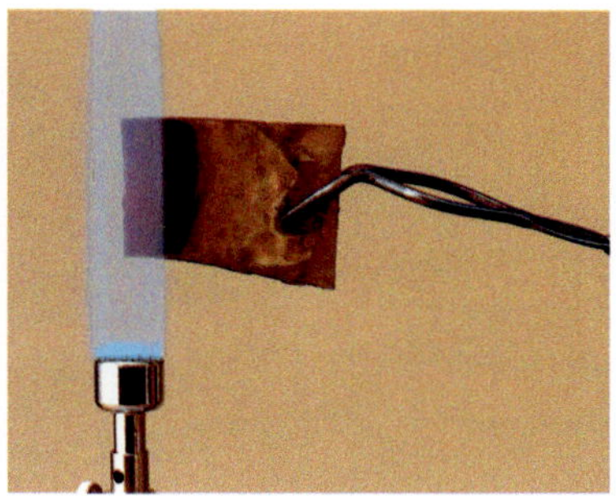
5

Mehr

Oxidation und Energie Wenn Magnesium für kurze Zeit kräftig erhitzt wird, entzündet es sich. Es verbrennt nun hell leuchtend, ohne dass weiter erhitzt werden muss. ▷ 4
Im Gegensatz zur Verbrennung von Holz und Kohle ist bei der Verbrennung der meisten Metalle keine Flamme zu sehen. Das Aufglühen zeigt, dass bei den Oxidationen Energie abgegeben wird. ▷ 6
Wie du weißt, beginnen aber diese Reaktionen erst, nachdem durch das Erwärmen von außen her Energie (Aktivierungsenergie) zugeführt wurde. Man sagt dazu: „Das Metall wird aktiviert."

6 Eisenpulver in der Flamme

Aufgaben

1 ◪ Wenn Eisenpulver in eine Flamme geblasen wird, entsteht ein neuer Stoff. ▷ 6
Begründe diese Behauptung.

2 □ Bei den Lernstationen auf der vorherigen Doppelseite finden Oxidationen statt.
a Warum kann man das sagen?
b Schreibe zu jeder dieser Reaktionen die Wortgleichung auf.

3 ◪ Die Oxidation ist eine chemische Reaktion. Begründe diese Aussage.

4 ■ „Ein Metall muss erst aktiviert werden." Erläutere diese Aussage.

5 □ Eisen + Sauerstoff ⟶ Eisenoxid.
Erläutere, was diese Wortgleichung aussagt. Verwende dabei die Begriffe *Ausgangsstoff, Reaktionsprodukt und reagiert zu.*

6 ◪ In einem Versuch werden 6,5 g Zink verbrannt. Das Reaktionsprodukt ist um 1,6 g schwerer als das Zink vor dem Verbrennen. Erkläre das Ergebnis.

Bau der Stoffe und chemische Reaktionen

Atome und Moleküle, Elemente und Verbindungen Die kleinsten Teilchen, aus denen Metalle aufgebaut sind, heißen *Atome*. Metalle bestehen aus *einer einzigen* Atomsorte: Eisen aus Eisenatomen und Magnesium aus Magnesiumatomen. Das kann man durch *Modelle* darstellen. ▷ 1

Stoffe, die aus nur einer Atomsorte bestehen, bezeichnet man als *chemische Elemente*.

Wenn Magnesium mit Sauerstoff reagiert, vereinigen sich Atome des Magnesiums mit Atomen des Sauerstoffs.

Das entstehende Magnesiumoxid besteht also aus zweierlei Atomsorten: aus Magnesiumatomen und aus Sauerstoffatomen. ▷ 2–3 Diese Atome sind *fest miteinander verbunden*. Sie sind nicht nur vermischt wie etwa Zuckerteilchen mit Mehl im Kuchenteig.

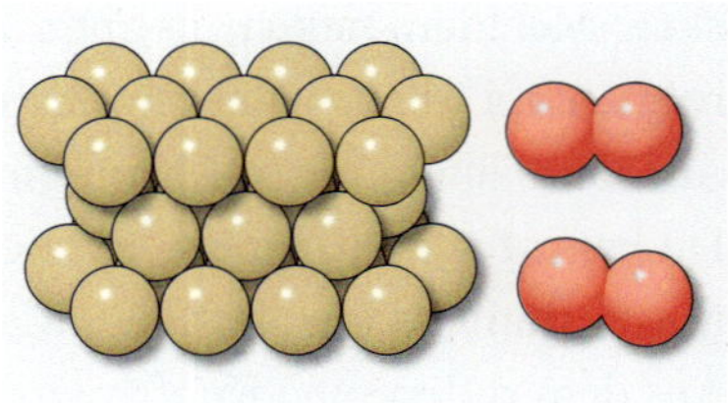

1 Elemente (Metall, Sauerstoff)

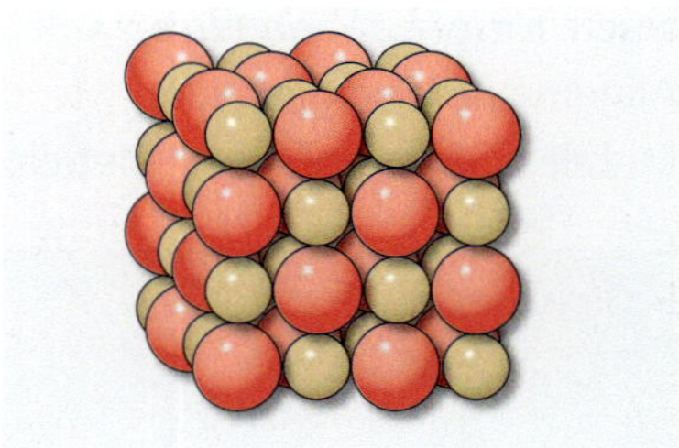

2 Verbindung (Metalloxid)

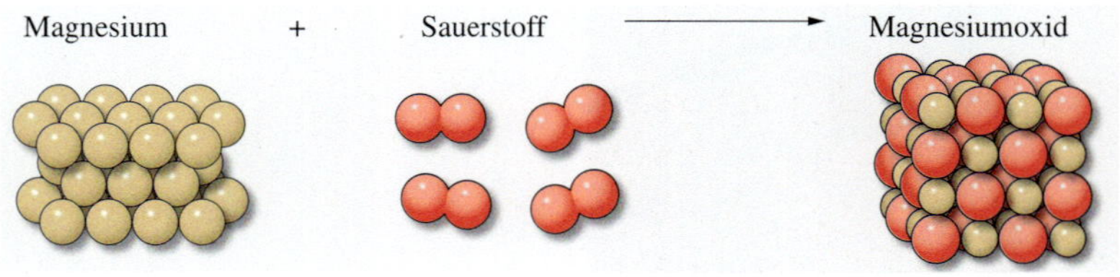

3 Elemente (Magnesium, Sauerstoff) werden zur Verbindung Magnesiumoxid.

Stoffe, die aus verschiedenen Atomsorten aufgebaut sind, nennt man *chemische Verbindungen*.

Es gibt ca. 100 chemische Elemente, aber Millionen von chemischen Verbindungen. In der Natur kommen nur wenige chemische Elemente als reine Stoffe vor. Die meisten sind mit anderen Elementen chemisch verbunden.

Chemische Verbindungen sind aus Elementen zusammengesetzt.

Nichtmetalle Neben den Metallen gibt es auch Elemente, die keine Metalle sind – die *Nichtmetalle*. Dazu zählen z. B. die Elemente Kohlenstoff, Schwefel und Phosphor. Auch sie bestehen aus nur einer einzigen Atomsorte.

Die Gase Sauerstoff, Stickstoff und Wasserstoff sind ebenfalls Elemente. Auch sie gehören zu den Nichtmetallen. Bei diesen Gasen bilden immer zwei gleiche Atome ein Molekül. ▷ 4

Moleküle sind zusammengesetzte Teilchen. Bei den Elementen bestehen sie aus zwei oder mehr gleichen Atomen.

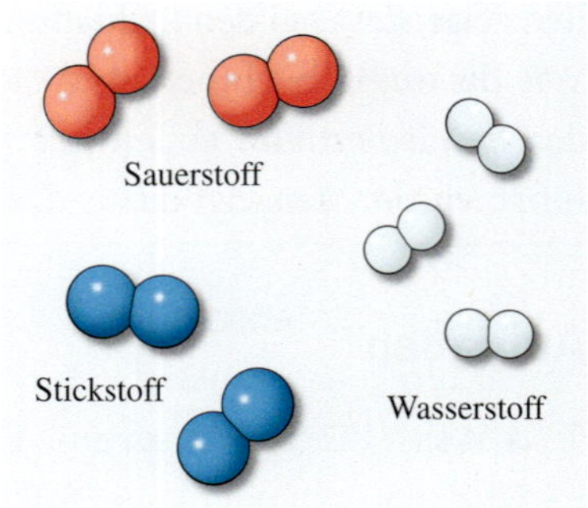

4 Moleküle

Aufgaben

1 a □ Nenne jeweils ein Beispiel für ein Element und für eine Verbindung.

b □ Beschreibe an diesen Beispielen den Unterschied zwischen Atomen und Molekülen.

2 ◪ Beschreibe das Modell für ein Molekül Kohlenstoffdioxid. Verwende dabei die Begriffe *Atom*, *Element* und *Verbindung*.

Mehr

Das Gesetz von der Erhaltung der Masse Wenn Kohlenstoff und Sauerstoff miteinander reagieren, bildet sich Kohlenstoffdioxid.
Wie unsere Versuche gezeigt haben, bleibt die Waage bei einem Versuch nach Bild ▷ 5 im Gleichgewicht. Die Masse bleibt also gleich.
Wenn Stoffe (in einem verschlossenen Gefäß) miteinander reagieren, geht nichts verloren; es kommt aber auch nichts hinzu: Die Gesamtmasse sämtlicher Stoffe, die an der chemischen Reaktion beteiligt sind, bleibt immer gleich.
Dieses Versuchsergebnis wird in der Chemie als ein wichtiges Grundgesetz formuliert, als *Gesetz von der Erhaltung der Masse*:
Bei *chemischen Reaktionen* ist die Masse der Ausgangsstoffe gleich der Masse der Reaktionsprodukte.
Das Gesetz von der Erhaltung der Masse gilt für alle chemischen Reaktionen.

das Atom
das Molekül
das Element
die Verbindung
das Nichtmetall
die Erhaltung der Masse

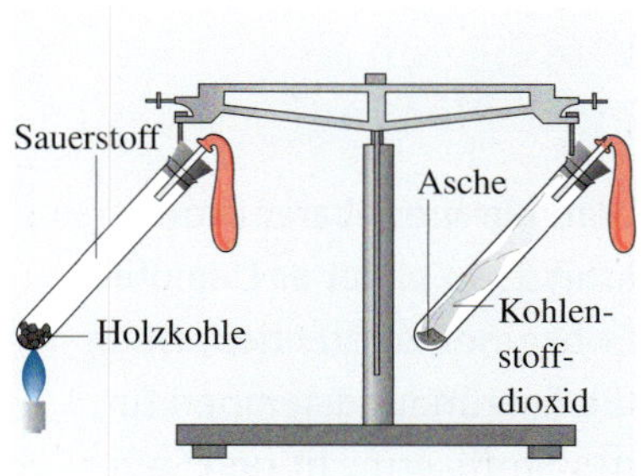

5

Umordnung der Teilchen bei chemischen Reaktionen Was bei einer chemischen Reaktion mit den Teilchen geschieht, können wir uns an folgendem Beispiel klarmachen:
Wie entsteht aus den Elementen Kohlenstoff und Sauerstoff die Verbindung Kohlenstoffdioxid? Wir machen uns das an unserem Versuch mit dem Kaminstreichholz klar:
- Ein Streichholz setzt sich aus vielen Milliarden Kohlenstoffatomen sowie anderen Atomen zusammen.
- Der zur Verbrennung notwendige Sauerstoff besteht aus unzählig vielen Molekülen. Je zwei Sauerstoffatome bilden ein Molekül.
- Wenn nun das Streichholz erhitzt wird, trennen sich die Kohlenstoffatome. Aus den Sauerstoffmolekülen werden einzelne Sauerstoffatome. Es kommt zu einer chemischen Reaktion.
  Dabei ordnen sich die beteiligten Atome um: Je *ein Kohlenstoffatom* verbindet sich mit *zwei Sauerstoffatomen zu einem Kohlenstoffdioxidmolekül.* ▷ 6

Wenn Stoffe miteinander reagieren und neue Verbindungen entstehen, ändert sich die Anzahl der Atome nicht, aus denen die Stoffe bestehen. Sie ordnen sich nur anders an. ▷ 3 u. 6

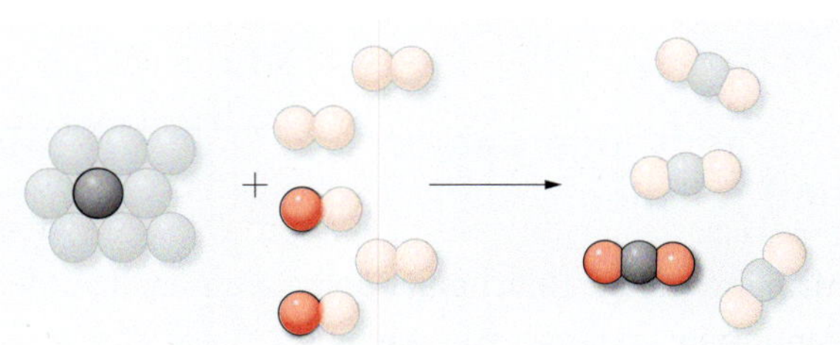

6 Bei der chemischen Reaktion ordnen sich die Kohlenstoffatome und Sauerstoffmoleküle um.

Aufgaben

3 ◪ Beschreibe die Umordnung der Atome bei der Reaktion von Magnesium mit Sauerstoff.

4 ■ Das Gesetz von der Erhaltung der Masse gilt für alle chemischen Reaktionen.

a Wie erklärst du die *Massezunahme* bei der Verbrennung von Eisen in Luft?

b Wie erklärst du die *Masseabnahme* bei der Verbrennung von Kohlenstoff an der Luft?

Voraussetzungen für die Verbrennung

Drei Voraussetzungen sind für ein Feuer nötig: ▷ 1 ein brennbarer Stoff, Sauerstoff und eine ausreichend hohe Temperatur.

1

Was brennt in einer Flamme?

Wird ein brennbarer Stoff erhitzt, so bildet er Dämpfe. Er beginnt zu brennen, wenn die Entzündungstemperatur des Stoffs erreicht und Sauerstoff vorhanden ist. ▷ 2–4

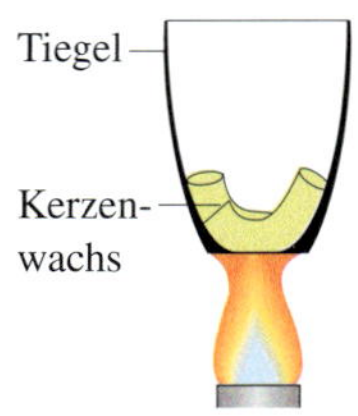

2 Festes Kerzenwachs wird flüssig.

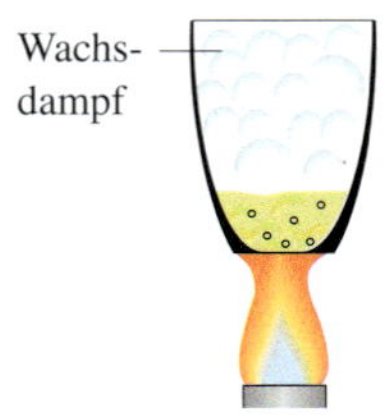

3 Auch flüssiges Kerzenwachs brennt nicht.

4 Der Wachsdampf entzündet sich.

Stoffe und Teilchen

Die kleinsten Teilchen der Metalle ▷ 5 oder des Kohlenstoffs ▷ 6 sind *Atome*. Stoffe wie die Metalle oder der Kohlenstoff, die nur aus einer einzigen Atomsorte bestehen, sind *chemische Elemente*. *Chemische Verbindungen wie* die Oxide bestehen dagegen aus mindestens zwei Atomsorten. ▷ 7–8

Bei den gasförmigen Elementen wie dem Sauerstoff (nicht aber bei den Edelgasen) bilden immer zwei oder mehr gleiche Atome ein *Molekül*. ▷ 9 Chemische Verbindungen und Elemente sind *Reinstoffe* (im Gegensatz zu *Stoffgemischen*).

5 Magnesium

6 Kohlenstoff

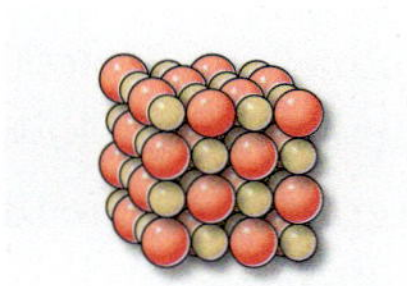
7 Magnesiumoxid

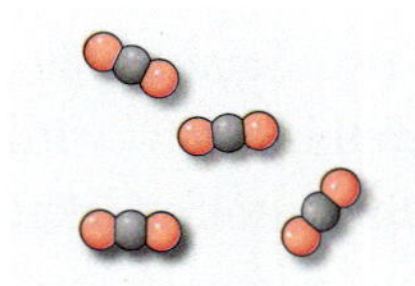
8 Kohlenstoffdioxid

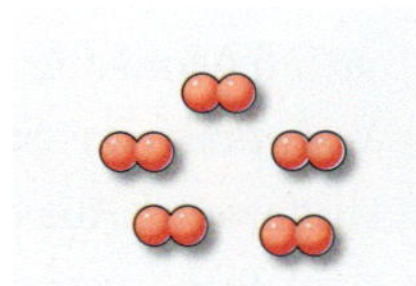
9 Sauerstoff

Zustandsänderungen und Teilchenmodell

Mithilfe des Teilchenmodells kann man erklären, wie wir uns die drei Aggregatzustände vorstellen können und warum sie von der Temperatur abhängig sind. ▷ 10–12

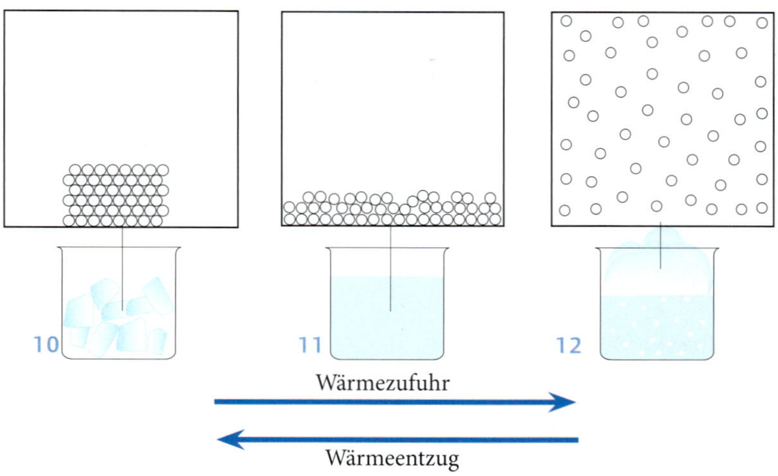

10 11 12

Stoffumwandlungen bei chemischen Reaktionen

Bei *Zustandesänderungen* ▷ 10–12 bleiben die Stoffe erhalten.
Bei *chemischen Reaktionen* dagegen werden Stoffe unter Beteiligung von Energie in andere umgewandelt. Die Reaktionsprodukte haben andere Eigenschaften als die Ausgangsstoffe.
Beispiele: Eisen oder Kohlenstoff kann sich mit dem Sauerstoff der Luft zu einem Oxid verbinden. ▷ 13 Diesen Vorgang bezeichnet man als *Oxidbildung* oder *Oxidation*.
Beispiele:

Eisen + Sauerstoff ⟶ Eisenoxid
Kohlenstoff + Sauerstoff ⟶ Kohlenstoffdioxid
(*Ausgangsstoffe*) (*Reaktionsprodukte*)

13

Alles klar?

1 ◪ Sauerstoff und Holz sind vorhanden. Warum entsteht noch lange kein Brand?

2 □ Was brennt in einer Kerzenflamme?

3 Ein Lagerfeuer brennt.

a ◪ Woran kannst du erkennen, dass es sich beim Abbrennen des Lagerfeuers um eine chemische Reaktion handelt?

b □ Nenne die Ausgangsstoffe dieser Reaktion.

c ◪ Neben Asche und Ruß entstehen auch Gase. Eines davon trübt Kalkwasser. Um welches Gas handelt es sich dabei?

d □ Wie kannst du das Lagerfeuer löschen? Nenne mindestens zwei Möglichkeiten.

4 Zinkpulver wird stark erhitzt. Es beginnt zu brennen.

a ◪ Beschreibe die chemische Reaktion. Verwende dabei auch die Fachbegriffe.

b □ Schreibe die Wortgleichung zu dieser chemischen Reaktion auf.

5 ■ Erläutere am Beispiel einer brennenden Kerze den Unterschied zwischen einer Zustandsänderung und einer chemischen Reaktion.

6 ■ Das Gesetz von der Erhaltung der Masse gilt für alle chemischen Reaktionen. Erläutere das anhand eines Beispiels.

7 ■ Energiezufuhr kann zu einer Zustandsänderung oder zu einer chemischen Reaktion führen. Erläutere den Unterschied an Beispielen.

8 ◪ Schau dir Bild ▷ 14 genau an.

a Ordne die folgenden Sätze den abgebildeten Körpern zu:
- Die Masse beträgt 4 kg (12 kg).
- Das Volumen beträgt 4000 cm^3 (200 dm^3).
- Die Dichte beträgt $3\,\frac{g}{cm^3}$ ($0{,}02\,\frac{g}{cm^3}$).

b Schreibe die folgenden Sätze ab und setze die Begriffe Masse, Volumen, Dichte richtig ein:
- Je größer … bei gleich …, desto größer die Dichte.
- Bei gleicher Masse gilt: Je kleiner …, desto größer … (2 mögliche Lösungen).

14

TESTE DICH!

1 So nicht!

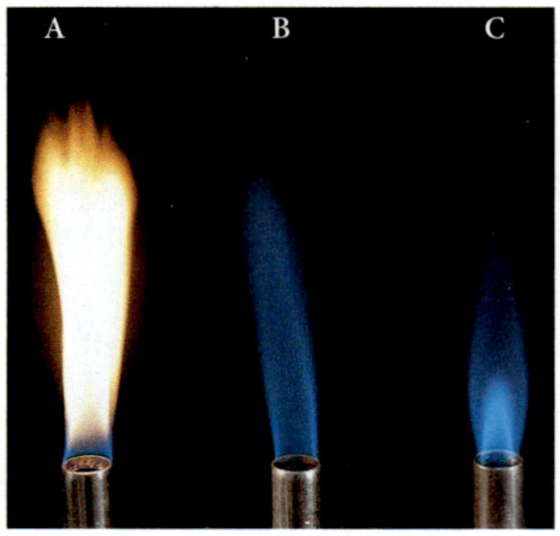

2 Brennerflammen

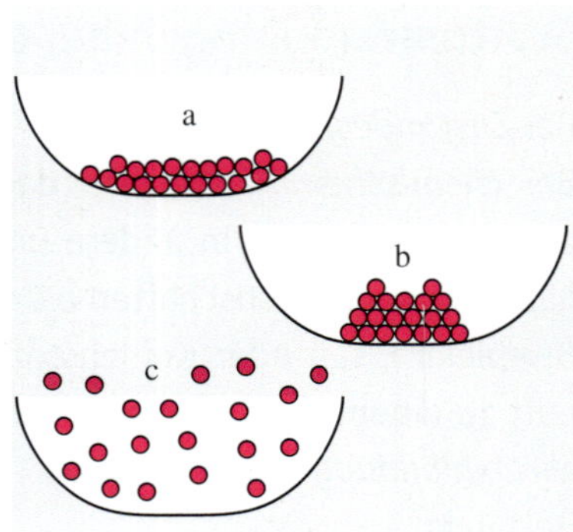

3

Sicherheit und Geräte

1 □ Lara hat zwei wichtige Sicherheitsregeln nicht beachtet. ▷ 1

2 Die Brennerflammen unterscheiden sich. ▷ 2

a □ Welche Flamme ist die heißeste?

b ◪ Wie wird aus der gelbroten eine blaue Flamme? Du könntest:
- die Gasschraube weiter öffnen (A)
- die Gasschraube weiter schließen (B)
- die Luftschraube weiter öffnen (C)
- die Luftschraube weiter schließen (D)

Körper und Stoff

3 Körper und Stoffe sind durcheinandergeraten. Ordne die Begriffe richtig in einer Tabelle:

Körper	Stoff
?	?

a □ Kupfer, Hose, Kiste, Holz, Baumwolle, Fenster, Stuhl, Bleistift, Aluminium, Styropor, Fahrrad, Papier, Radiergummi, Luftballon, Öl, Geldstück, Gummi, Luft

b ■ Blech, Glas, Kunststoffbecher, Draht, Goldring

Volumen, Masse, Dichte

4 ◪ In der Fachsprache benutzt man statt *Gewicht* den Begriff *Masse*. Die Einheiten der Masse (des Gewichts) sind *Gramm* (g), *Kilogramm* (kg) und *Tonne* (t).
Übertrage in die Fachsprache:
„Das Paket ist 2 Pfund schwer."
„Die Tüte wiegt 1 Kilogramm."
„Der Wagen hat ein Gewicht von 20 Tonnen."

Die Aggregatzustände (Zustandsformen)

5 Eis – Wasser – Wasserdampf

a □ Wie heißen die drei Aggregatzustände: heiß, elastisch, fest, flüssig, unsichtbar, kalt, gasförmig oder leicht?

b □ Bei welcher Temperatur wird Wasser zu Eis? Und bei welcher siedet Wasser?

c ◪ Erkläre mit dem Teilchenmodell die drei unterschiedlichen Zustandsformen. ▷ 3

d ■ Zu welchen Zustandsformen passen die folgenden Aussagen?
- kein Zusammenhalt zwischen den Teilchen
- starker Zusammenhalt und feste Plätze
- verteilen sich auf den gesamten Raum
- geringer Zusammenhalt, keine festen Plätze

Gemisch oder Reinstoff

6 Wenn … „Zucker" in Wasser aufgelöst wird, entsteht ein …

a □ Schreibe den Satz ab und setze die Begriffe *Gemisch* und *Reinstoff* richtig ein.

b ◪ Zeichne dazu ein Modell. *Tipp*: Die Zuckerteilchen sind größer als die Wasserteilchen.

c ◪ Was passiert, wenn du das Zuckerwasser erhitzt? Zeichne mithilfe des Modells.

Die Lösungen findest du im Anhang.

4

5

6

Verbrennungen

7 □ Nenne die drei Voraussetzungen für die Verbrennung.

8 Ein Trinkglas wird über eine Kerze gestülpt. ▷ 4

a □ Was geschieht?

b ◪ Gib an, wie die Luft zu Beginn und am Ende des Versuchs zusammengesetzt ist.

9 ◪ Ein Becherglas wird mit einer klaren Flüssigkeit befeuchtet und dann über eine brennende Kerze gehalten. Daraufhin wird der Flüssigkeitstropfen trübe.
Um welche Flüssigkeit muss es sich bei dem Tropfen handeln?

10 ◪ Ein Benzinfeuerzeug hat einen Feuerstein. Damit lässt sich ein Funke erzeugen, der das Benzin entzündet.
Warum kann man einen Holzstapel nicht durch solch einen Funken entzünden?

11 ◪ Beim Umgang mit brennbaren Flüssigkeiten ist besondere Vorsicht geboten. ▷ 5 Weshalb?

12 ■ Wenn du Daumen und Zeigefinger anfeuchtest, kannst du eine Kerzenflamme löschen, ohne dich zu verbrennen. Warum klappt das?

13 Auf einer Balkenwaage, die im Gleichgewicht ist, wird Eisenwolle entzündet und verbrannt. ▷ 6

a □ Beschreibe den Vorgang, der dabei abläuft.

b □ Nenne das Produkt, das entsteht.

c ◪ Erkläre die Änderung der Masse.

d □ Schreibe die Wortgleichung (das Reaktionsschema) auf.

e ◪ Begründe, warum es sich um eine chemische Reaktion handelt.

f ◪ Nenne den Namen der Reaktionsart.

14 In unserer Umgebung finden viele chemische Reaktionen statt.

a □ Woran kannst du erkennen, dass eine chemische Reaktion abgelaufen ist?

b ◪ Nenne Beispiele für chemische Reaktionen in unserer Umgebung. Begründe jeweils, dass es sich dabei tatsächlich um eine chemische Reaktion handelt.

c ◪ Chemische Reaktion oder nicht? Entscheide und begründe:
- Am Gaskocher brennt eine Gasflamme.
- Milch wird sauer.
- Nasse Wäsche gefriert im Winter auf der Leine und wird schließlich trocken.
- Bei einem Sturz wird der Rahmen eines Fahrrads beschädigt.
- An der beschädigten Stelle rostet er.

Metalle und Metallgewinnung

Ohne Metalle können wir uns unser tägliches Leben nicht vorstellen.
Schon seit einigen tausend Jahren verwenden Menschen Metalle.
Ganze Zeitalter wie die Bronze- oder die Eisenzeit wurden nach ihnen benannt.
In diesem Kapitel kannst du Metalle untersuchen und vieles über sie erfahren.

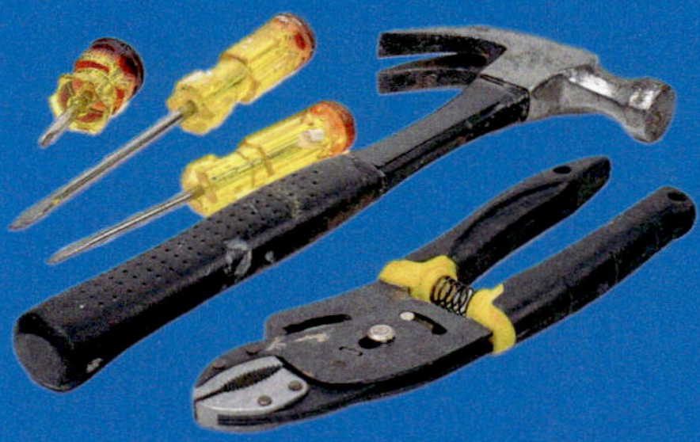

1 Metalle begleiten uns im Alltag.

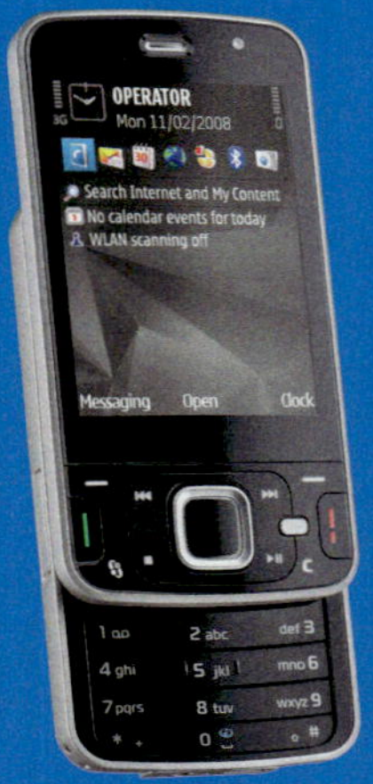

2 Ohne Tantal nicht denkbar

3 Stahl sorgt für Stabilität.

4 Alle Metalle leiten – warum nimmt man dann hierfür gerade Kupfer?

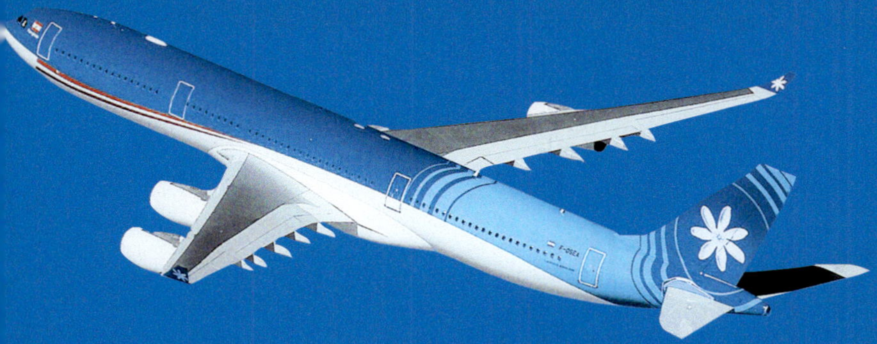

5 Welche Metalle werden hier verarbeitet?

8 Was versteht man unter *Edelmetall?*

6 Rosten alle Metalle?

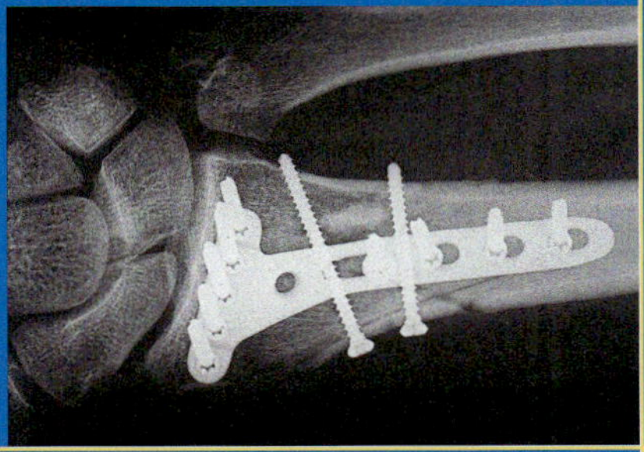

7 Titan – ein bedeutendes Metall nicht nur bei Knochenbrüchen

9 Edelstahl – oft für Küchengeräte verwendet

10 Daraus soll Kupfer werden …

11 … und daraus Eisen?

12 Ein neuer Hochofen im Ruhrgebiet

Metalle im Alltag

Wir untersuchen Metalle

1 Verschiedene Metalle bei der Bahn

Kabeldiebe legen Bahn für Stunden lahm

Passagiere steigen in Taxen um
Bahnstrecken sind in den letzten Jahren immer häufiger Ziel von Metalldieben geworden. Im Vergleich zum Vorjahr sind die Fälle bundesweit um 40 % gestiegen.

Welche Gründe vermutest du für die Zunahme der Metalldiebstähle?

1

Wir untersuchen die Oberfläche von Metallen
Putzt Metallstücke (z. B. Aluminium-, Zink- und Kupferbleche) mit feinem Schmirgelpapier. Was fällt euch auf?

2

... die Verformbarkeit ▷ 2
Legt ein Metallstück (Kupfer, Blei, Zink) auf eine feste, unempfindliche Unterlage. Schlagt mehrmals mit dem Hammer darauf. Wie verhält es sich?

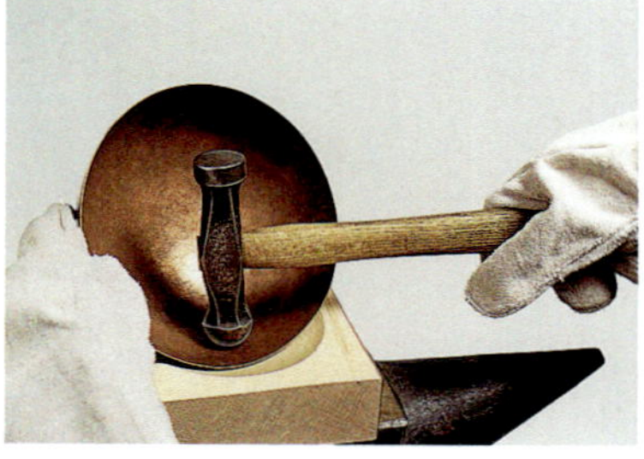

2

3

... die Wärmeleitfähigkeit
Halte eine Münze zwischen Daumen und Zeigefinger. Erhitze den Rand der Münze mit einer Streichholzflamme. Was lässt du eher los: die Münze oder das Streichholz?
Suche eine Erklärung dafür.

4

... die elektrische Leitfähigkeit
Metalle sollen auf ihre elektrische Leitfähigkeit hin untersucht werden.
Zeichnet einen Schaltplan und führt den Versuch durch.

5

Sind alle Metalle magnetisch?
Prüft verschiedene Metalle, ob sie magnetisch sind.

6

Steckbriefe
Verfasst Steckbriefe für Metalle. Zieht dafür die Ergebnisse der Versuche 1–5 heran.
Vergleicht die Metalle. Achtet auf Gemeinsamkeiten und Unterschiede.

„Es ist nicht alles Gold, was glänzt."
So lautet ein Sprichwort.
Gilt das auch hier? ▷ 3
Ihr könnt eine geeignete Untersuchungsmethode herausfinden.

3 Könnte nicht der „goldene" Armreif von Ebru tatsächlich aus Messing sein? Messing sieht doch aus wie Gold …

7

Wir suchen das schwerste Metall

Die Würfel bestehen aus verschiedenen Metallen. ▷ 4 Alle sind gleich groß: Sie haben das gleiche *Volumen*, nämlich 1 cm³. Die Würfel sind jedoch unterschiedlich schwer, d. h., ihre *Masse* ist verschieden. (Die Masse eines Körpers pro cm³ nennt man *Dichte*.)

a Der Goldwürfel wiegt 19,32 g. Schätze, wie schwer die anderen Würfel sind.

b Bestimmt mit einer Waage ihre Masse.

c Vergleicht eure Ergebnisse mit den Werten der *Dichtetabelle* auf der folgenden Doppelseite. Darin ist angegeben, wie viel 1 cm³ der verschiedenen Stoffe wiegt.

d Welches ist das schwerste Metall? Welches sind die drei leichtesten?

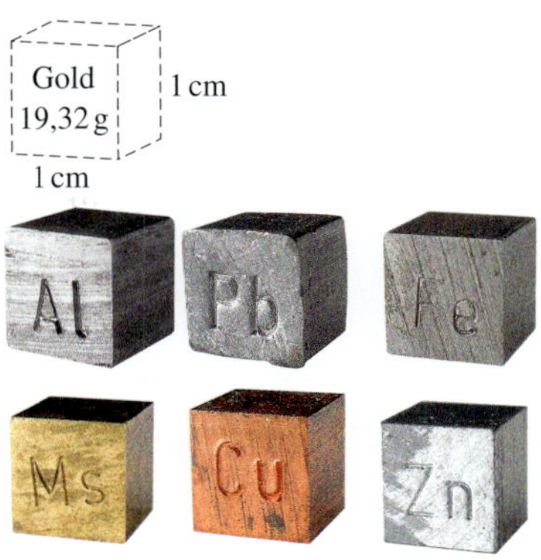

4

8

Gesucht: das schwerste Metall

In der Tabelle auf der folgenden Doppelseite könnt ihr die Dichte von Aluminium, Kupfer, Eisen und Zink ablesen.
Zum Experimentieren erhaltet ihr Streifen (Bleche) dieser Metalle.

a Plant eine Versuchsreihe zur Bestimmung der Dichte dieser Metalle. Arbeitet möglichst genau.

b Tragt die ermittelten Werte in eine selbst angelegte Tabelle ein.

c Berechnet die Dichte und vergleicht eure Ergebnisse mit den Tabellenwerten.

d Stellt ihrAbweichungen fest? Dann versucht sie zu erklären.

9

Ist Ebrus Armreif aus Gold oder aus Messing?

Überlegt, wie ihr das herausbekommen könnt. ▷ 5

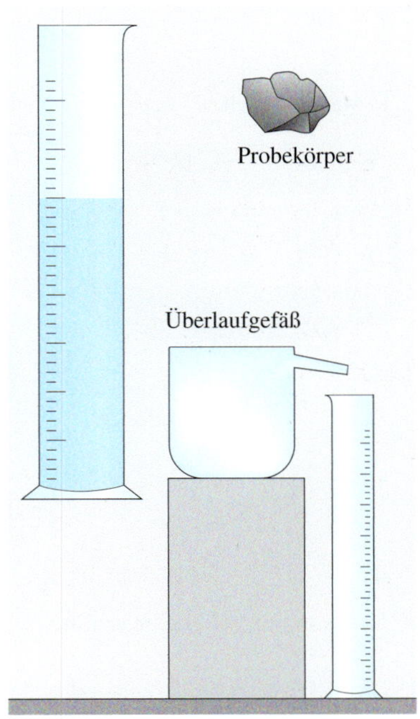

5 Methoden zur Volumenmessung

Die Metalle – genauer betrachtet

Woran man Metalle erkennt Metalle besitzen für sie typische Eigenschaften:
- Sie haben einen metallischen Glanz.
- Sie sind undurchsichtig.
- Sie sind bei Raumtemperatur fest (mit Ausnahme von Quecksilber).
- Sie sind gute Wärmeleiter.
- Sie leiten den elektrischen Strom.
- Sie sind gut verformbar.

Die meisten Metalle sind silbergrau. ▷ 1–2 Einige Metalle unterscheiden sich jedoch durch ihre Farben. Die Farbe des Kupfers ist rotbraun; sie wird als „kupferfarben" bezeichnet. ▷ 3

An der Luft können sich Metalle im Laufe der Zeit verändern: Bei Kupfer verändert sich die Oberfläche deutlich. Eisen rostet.

Metalle, die sich an der Luft nicht oder kaum verändern, bezeichnet man als *Edelmetalle*. Eisen ist dagegen ein *unedles* Metall.

Die Dichte der Metalle Metalle kann man auch mithilfe ihrer *Dichte* voneinander unterscheiden. ▷ 4

Die Dichte eines Stoffes gibt an, wie viel 1 Kubikzentimeter des Stoffes wiegt.

Sie wird in der Einheit $\frac{g}{cm^3}$ angegeben. Man ermittelt die Dichte, indem man die Masse des Körpers (in g) durch sein Volumen (in cm^3) teilt. ▷ 4

Nach ihrer Dichte unterscheidet man zwischen *Leichtmetallen* (Dichte unter $5 \frac{g}{cm^3}$) und *Schwermetallen* (Dichte über $5 \frac{g}{cm^3}$).

1 Tauchergürtel mit Bleigewichten

2 Aluminiumfolie

3 Wasserrohr aus Kupfer

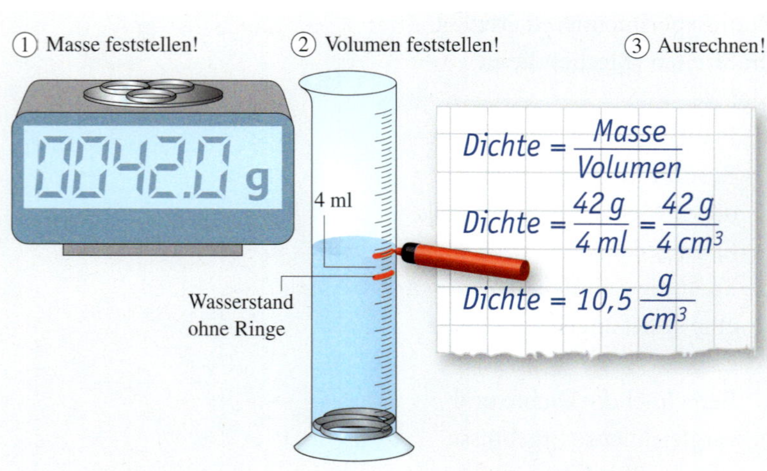

4 So kann man die Dichte ermitteln.

Metalle	Dichte in $\frac{g}{cm^3}$
Natrium	1,0
Magnesium	1,7
Aluminium	2,7
Zink	7,1
Zinn	7,3
Eisen	7,9
Messing	8,6
Kupfer	8,9
Silber	10,5
Blei	11,3
Gold	19,3
Platin	21,5

5

das Metall
die Dichte
das Atom

Vom Aufbau der Metalle Alle Stoffe bestehen aus kleinsten *Teilchen*. Die Teilchen, aus denen Metalle aufgebaut sind, heißen Atome – das weißt du bereits. Wie wir uns die Anordnung der Metallatome vorstellen können, zeigt das Bild. ▷ 5

Alle Atome ein und desselben Metalls sind gleich groß.
Die Atome unterschiedlicher Metalle unterscheiden sich voneinander.

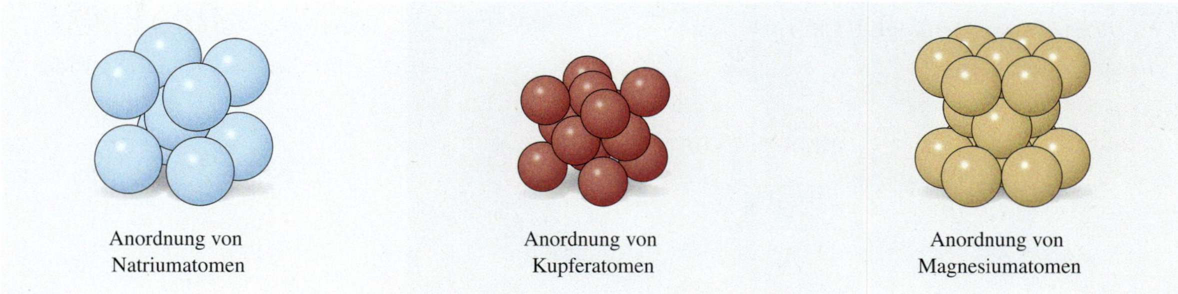

6

Aufgaben

1 □ Metalle kann man an bestimmten Eigenschaften erkennen. Welche Angaben müsste der Steckbrief für ein Metall enthalten?

2 □ Beschreibe den Unterschied zwischen Eisen und Blech.

3 ◪ Welche Metalle werden in einem Auto verwendet und welche Eigenschaften sind dabei von Bedeutung? Sammle Informationen und berichte darüber.

4 □ Manche Metalle werden zu Schmuck verarbeitet. Nenne sie. Welche Eigenschaften sind dabei von Bedeutung?

5 ◪ Die Metalle Magnesium und Aluminium werden vor allem im Automobilbau und im Flugzeugbau eingesetzt. Überlege, weshalb man gerade diese Metalle verwendet.

6 □ Man unterscheidet Schwermetalle und Leichtmetalle. Ordne sie in eine Tabelle ein.

7 ◪ Wählt ein Metall aus. Entwerft von ihm ein Kurzreferat, möglichst auf einer Karteikarte: Name, Symbol, Vorkommen, Eigenschaft, Verwendung …

8 Du willst feststellen, ob Stein schwerer ist als Eisen.

a □ Welche Messwerte brauchst du, um das herauszubekommen?

b ■ Beschreibe, wie du im Einzelnen vorgehst.

9 ◪ Es gibt rund 80 Metalle. Dazu gehören auch Tantal und Titan.

a Beschaffe dir Informationen über deren Vorkommen, Eigenschaften und Verwendung.

b Erstelle einen Steckbrief für Titan.

Die Welt der Nichtmetalle

Metalle haben – wie du weißt – typische gemeinsame Eigenschaften. Sie zählen zu den Elementen, da sie aus nur einer Atomsorte aufgebaut sind.
Neben den Metallen gibt es noch 15 weitere chemische Elemente, die keine Metalle sind. Dabei handelt es sich um *Nichtmetalle*.

1 Kristalle des Nichtmetalls *Schwefel*

Schwefel – der gelbe Stein Schwefel findet man in reiner Form an den Hängen von Vulkanen, z. B. am *Ätna* auf Sizilien. Er bildet schöne gelbe Kristalle, die mehrere Zentimeter groß sein können. ▷ 1
Wenn man Schwefel erhitzt, schmilzt er. Die Farbe verändert sich und er verdampft schließlich. Beim Abkühlen setzt er sich als gelbes Pulver ab.
Wird der Schwefel entzündet, verbrennt er mit blauer Flamme zu Schwefeldioxid. ▷ 2 Das ist ein giftiges, stechend riechendes Gas.
Schwefel wird z. B. zur Herstellung von Autoreifen gebraucht. Dadurch wird der Gummi elastisch. 32-1

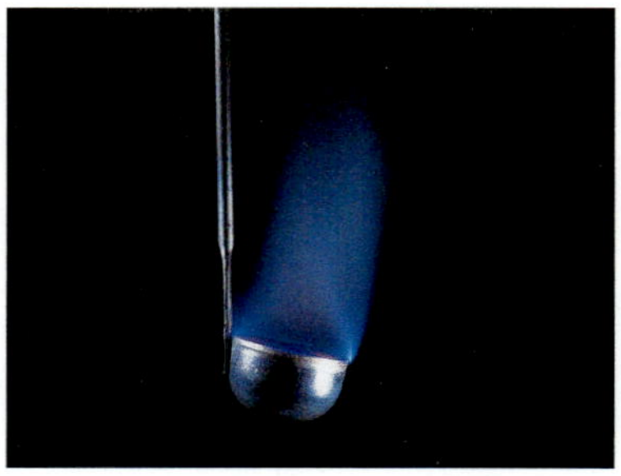

2

Phosphor – das „zündende" Nichtmetall Phosphor kommt in der Natur nur in Phosphorverbindungen vor. Es wurde erst 1669 von einem Hamburger Alchemisten im Urin entdeckt.
Phosphor lässt sich leicht entzünden; es verbrennt zu Phosphoroxid. Reiner Phosphor ist in den Reibflächen von Streichholzschachteln enthalten. ▷ 3
Phosphorverbindungen verwendet man in der Landwirtschaft als Phosphordünger.

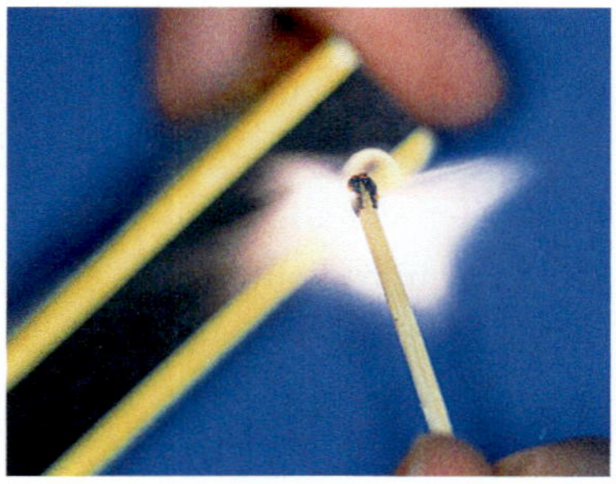

3

1 ■ Untersuche, wie sich Schwefel beim Erhitzen verhält.

2 ◪ Suche weitere Informationen zu den beschriebenen drei Nichtmetallen (Internet, Lexika). Stelle Steckbriefe auf und vergleiche die Stoffe.

Kohlenstoff – ein Element „mit verschiedenen Gesichtern" Kohlenstoff kennst du als Holz- oder Zeichenkohle. Auch Ruß, Koks und *Graphit* sind fast reiner Kohlenstoff. Aus Graphit bestehen z. B. elektrische Leiter in vielen elektronischen Bauteilen. ▷ 4
Kohlenstoff ist auch das „Element des Lebens". Pflanzen, Tiere und wir Menschen bestehen nämlich zum großen Teil aus Kohlenstoffverbindungen. Da Erdöl und Kohle aus abgestorbenen Lebewesen entstanden sind, bestehen sie zum größten Teil aus Kohlenstoff.
Kohlenstoff muss aber nicht schwarz sein. *Diamanten* ▷ 5 sind reiner Kohlenstoff. Sie sind im Innern der Erde unter hohen Temperaturen und hohem Druck entstanden.
Diamant ist der härteste Stoff, den es gibt. Technische Diamanten werden künstlich hergestellt. Mit ihnen sind die Bohrköpfe von Gesteinsbohrern besetzt. ▷ 6

4 Graphit in der Elektronik

Die Diamantenstory 1866 wurden am Ufer des *Oranje* in Südafrika Diamanten gefunden – das „Diamantenfieber" brach aus: Abenteurer begannen mit Hacke und Schaufel nach Diamanten zu graben. Innerhalb von 40 Jahren entstand ein 400 m tiefes Loch. ▷ 7
Heute wird das Gestein der Diamantenminen planmäßig abgebaut. Mit modernen Maschinen gewinnt man so selbst kleinste Diamantsplitter (Rohdiamanten). Aus 22 000 t Gestein erhält man etwa 1,6 kg Diamanten. Davon sind nur etwa ein Fünftel für Schmuckstücke geeignet. Sie werden zu *Brillanten* geschliffen.

5 Rohdiamanten und Brillant

7 Das *Big Hole* – gegraben auf der Suche nach Diamanten …

6 Mit Diamanten besetzter Bohrkopf

3 ◪ Informiere dich über die Verwendung von Kohlenstoff. Berichte darüber.

4 □ Sieh auf einer geeigneten Karte nach, in welchen Ländern heute Diamanten gefunden und abgebaut werden.

5 ■ Die Diamantenstory – interessant! Sind alle Fragen zu Diamanten beantwortet? Wenn nicht, welche Fragen könnten gestellt werden?

6 ◪ Halte – ähnlich wie bei den Metallen – ein Kurzreferat über ein Nichtmetall.

Metalloxide – nur verbrannte Metalle?

Im Innern der Erde Metalle und Metalloxide sind in großer Menge am Aufbau unserer Erde beteiligt.
Das Bild zeigt, wie wir uns den Aufbau der Erde vorstellen können. ▷ 1 Der Erdkern besteht zu etwa 85 % aus einer Eisen-Nickel-Legierung. Der Erdmantel und die Erdkruste enthalten noch 8 % Eisenoxid. Erdmantel und Erdkruste gemeinsam bestehen etwa zur Hälfte aus Siliciumoxid, dem Oxid des Halbmetalls Silicium.
Metalloxide, die außerdem die Erdschichten bilden, sind Magnesiumoxid im Erdmantel und Aluminiumoxid in der Erdkruste.

Siliciumoxid – Sand und mehr Die meisten Gesteine bestehen aus Siliciumoxid. Reines Siliciumoxid findet man als Quarz in Höhlen und Bergwerken. ▷ 2
Auch Sand ist Siliciumoxid. Aus Sand wird Glas hergestellt. Durch die Zugabe von anderen Metalloxiden zur Glasschmelze erhält man farbiges Glas. ▷ 3
Silicium konnte erst 1823 hergestellt werden. Heute ist es der Grundstoff für Speicherchips. ▷ 4

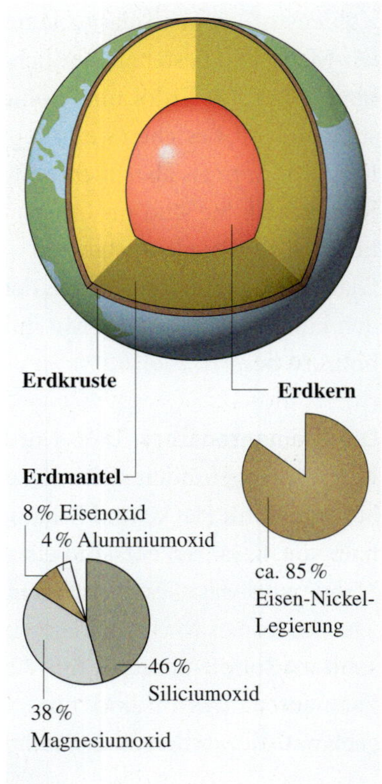

1

2 Quarz – reines Siliciumoxid

3 Farbiges Glas – aus Siliciumoxid

4 Ein 0,5 mm dünnes Siliciumscheibchen *(Wafer)* für Hunderte von Chips

5

Metalloxide – edle Steine In den Auslagen von Schmuckgeschäften kannst du schöne farbige Steine sehen. Sie sind bei hohen Temperaturen und hohem Druck in der Erdkruste entstanden. Dabei wurden oft mehrere Oxide miteinander vermischt und verschmolzen.
Siliciumoxid (Quarz) und *Aluminiumoxid (Korund)* sind meistens die Hauptbestandteile. Sie sind farblos. Durch geringe Mengen anderer Metalloxide erhalten die Edelsteine ihre Farbe. ▷ 5

Titanoxid – vielfältig verwendet *Titanoxid* ist weiß und ungiftig. Es wird deshalb als Aufheller für Zahnpasta, Hustenbonbons, Sonnencremes und Arzneimittel genutzt. Man verwendet es auch für weiße Malerfarbe, denn es deckt gut und gibt z. B. Fensterrahmen eine strahlend weiße Farbe. ▷ 6 Titanoxid ist silberglänzend..
Titanoxid ist Ausgangsstoff für das Metall *Titan*. Es ist weißmetallisch glänzend, sehr stabil und verändert sich an der Luft kaum. Titan hat eine geringe Dichte ($4{,}5\,\frac{g}{cm^3}$), ist also leicht. Deshalb wird es im Flugzeugbau verwendet. Da Titan keine Allergien auslöst, werden auch Gehäuse und Armbänder für Armbanduhren sowie Brillengestelle daraus hergestellt.

6

1 ◪ Informiere dich über Metalloxidvorkommen. Benenne die jeweiligen Metalloxide sowie ihre Hauptfundorte und zeige diese auf einer Weltkarte.

2 □ Berichte über die Verwendung von Silicium und Siliciumoxid.

3 ■ Beschaffe dir Informationen über Titan und Titanoxid. Berichte darüber.

4 ■ Informiere dich in einem Schmuckgeschäft, welche Schmuck- und Edelsteine verkauft werden. Besorge dir Fotos davon. Erkunde die Zusammensetzung, z. B. im Internet. Fertige eine Übersicht an. Den Auftrag könnt ihr auch als Gruppe bearbeiten und eine Wandzeitung gestalten.

Die Zeichensprache der Chemiker

1 Die chemische Zeichensprache hat viele Vorteile.

Vom Nutzen der chemischen Zeichensprache Die chemische Zeichensprache ist eine internationale Fachsprache. Damit kann man ohne viele Worte Stoffe und chemische Reaktionen kurz und verständlich beschreiben.
Chemiker verwenden *Modelle*, um den Bau der Stoffe aus Teilchen darzustellen. So beschreiben sie auch chemische Reaktionen. ▷ 2
Noch einfacher geht es aber mit den *chemischen Zeichen*, um Elemente und Verbindungen darzustellen.

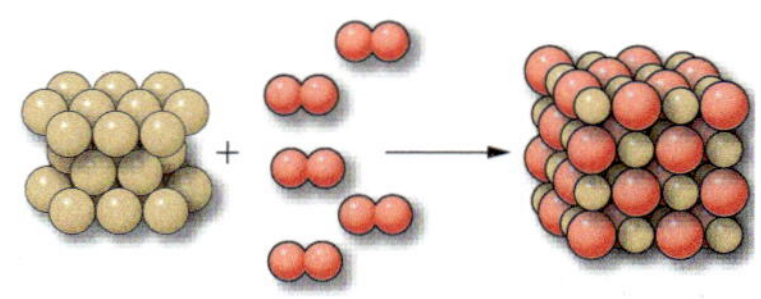

2 Die Verbrennung von Magnesium (Modelldarstellung)

Symbole für chemische Elemente In der Chemie verwendet man Symbole, um die chemischen Elemente zu beschreiben. Als *Jöns Jakob Berzelius* im Jahr 1813 die Elementsymbole vorschlug, nahm er einfach die Anfangsbuchstaben der lateinischen oder griechischen Namen der Elemente (Tabelle). Noch heute werden seine Symbole von Chemikern auf der ganzen Welt verwendet. ▷ 3

Heutige Elementsymbole	
Gold (aurum)	Au
Silber (argentum)	Ag
Kupfer (cuprum)	Cu
Eisen (ferrum)	Fe
Blei (plumbum)	Pb
Kohlenstoff (carboneum)	C
Schwefel (sulfur)	S
Sauerstoff (oxygenium)	O
Wasserstoff (hydrogenium)	H
Stickstoff (nitrogenium)	N

3

Formeln für chemische Verbindungen Für Verbindungen gibt es die *chemischen Formeln*.
Eine chemische Formel setzt sich aus den Symbolen der Elemente zusammen, aus denen die betreffende Verbindung besteht. So hat z. B. Magnesiumoxid die Formel MgO. Es besteht ja aus Magnesium (Mg) und Sauerstoff (O).

Aufgaben

1 ❑ Worin besteht der Vorteil für die Verwendung chemischer Zeichen?

2 ❑ Chemisches Symbol und chemische Formel – beschreibe den Unterschied.

3 ❑ Suche die Namen für die Elemente mit folgenden Symbolen: Fe, O, N und Zn.

4 ❑ Benenne die chemischen Verbindungen, die die folgenden Formeln haben: ZnO, CuO, MgO.

So entstand die Zeichensprache[Z]

Von den Alchemisten, den „Chemikern des Mittelalters“, hast du vielleicht schon gehört. Sie suchten nach dem „Stein der Weisen“; sie glaubten, mit seiner Hilfe künstliches Gold herstellen zu können. Da jeder dieses Ziel als Erster – und wenn möglich alleine – erreichen wollte, entwickelten die Alchemisten für ihre Notizen und Versuchsbeschreibungen ihre eigene „Geheimschrift“. Unten siehst du eine Seite aus einer solchen Schrift. ▷ 4–5 Dort wird beschrieben, wie man angeblich den „Stein der Weisen“ herstellen kann. Für die einzelnen Stoffe und für die wichtigsten Tätigkeiten hat der Alchemist seine eigenen Geheimzeichen eingesetzt.

Vor etwa 200 Jahren bemühten sich die Chemiker dann, einheitliche chemische Zeichen zu entwickeln. Diese sollten für jedermann verständlich sein. Einer von ihnen war der Engländer *John Dalton*. Er ordnete jedem Element ein eigenes Elementsymbol zu. ▷ 6

Die Elementsymbole von *Jöns Jakob Berzelius* haben sich aber durchgesetzt. Sie erwiesen sich nämlich als sehr praktisch.

6 Elementsymbole nach *Dalton*

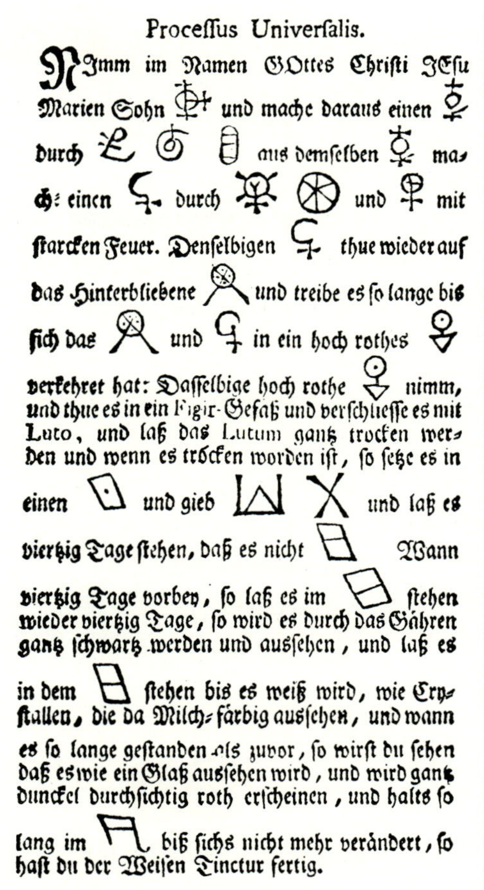
Processus Universalis.

Nimm im Namen GOttes Christi JEsu Marien Sohn und mache daraus einen durch aus demselben mache einen durch und mit starcken Feuer. Denselbigen thue wieder auf das Hinterbliebene und treibe es so lange biß sich das und in ein hoch rothes verkehret hat: Dasselbige hoch rothe nimm, und thue es in ein Figir-Gefäß und verschliesse es mit Luto, und laß das Lutum gantz trocken werden und wenn es trocken worden ist, so setze es in einen und gieb und laß es viertzig Tage stehen, daß es nicht Wann viertzig Tage vorbey, so laß es im stehen wieder viertzig Tage, so wird es durch das Gähren gantz schwartz werden und aussehen, und laß es in dem stehen bis es weiß wird, wie Crystallen, die da Milch-färbig aussehen, und wann es so lange gestanden als zuvor, so wirst du sehen daß es wie ein Glaß aussehen wird, und wird gantz dunckel durchsichtig roth erscheinen, und halts so lang im biß sichs nicht mehr verändert, so hast du der Weisen Tinctur fertig.

4 Geheimschrift (Ausschnitt) …

Allgemeines Verfahren

Nimm im Namen Gottes Christi Jesu
Marien Sohn Quecksilbererz und mache daraus einen blutroten „Geist“
durch Alkohol (?), Salpeter- und Salzsäure (Königswasser!).
Aus demselben blutroten „Geist“ mache einen „Essig“ durch
Ammoniak und Kaliumcarbonatlösung mit
starkem Feuer. Denselben „Essig“ tue wieder auf
den Rückstand und treibe es so lange, bis sich Rückstand und
„Essig“ in ein hochrotes Öl (oder Schwefel?) aus der Materie der Weisen
verkehret hat. Dasselbige hochrote Öl nimm
und tue es in einen Kolben und verschließe es mit
Lehm und lass den Lehm ganz trocken werden,
und wenn es trocken worden ist, so setze es in
einen Schmelzofen und gib gelindes Feuer vom ersten Hitzegrad,
und lass es vierzig Tage stehen, dass es nicht schmelze. Wenn
vierzig Tage vorbei, so lass es im Schmelzen stehen
wieder vierzig Tage, so wird es durch das „Gären“
ganz schwarz werden und aussehen, und lass es
in dem Schmelzen stehen, bis es weiß wird wie Kristalle,
die da milchfarbig aussehen, und wenn
es so lange gestanden als zuvor, so wirst du sehen,
dass es wie ein Glas aussehen wird, und wird ganz
dunkel durchsichtig rot erscheinen, und halt’s so
lange im Fließen wie ein Wasser, bis sich’s nicht mehr verändert,
so hast du der Weisen Tinktur fertig.

5 … und ihre Übersetzung (nach *V. Cordier*)

Symbole – Formeln – Reaktionsgleichungen

Symbole und Formeln *Chemische Symbole* kennen wir bereits als Kennzeichen für chemische Elemente – z. B. C für Kohlenstoff, Cu für Kupfer und O für Sauerstoff. Die Symbole stehen auch für je ein Atom des betreffenden Elements. Cu bedeutet also: Symbol für das Element Kupfer und 1 Atom Kupfer.

Auch *Formeln* für chemische Verbindungen kennen wir schon – z. B. die für Kohlenstoffdioxid und Kupferoxid. Jede Verbindung hat ihren eigenen Namen und die für sie charakteristische Formel. So lauten die Formeln für die zwei verschiedenen Kupferoxide ▷ 1–2

- CuO für das schwarze Kupferoxid und
- Cu_2O für das rote Kupferoxid.

Die Formeln für die beiden Kohlenstoffoxide lauten

- CO_2 für Kohlenstoffdioxid und
- CO für Kohlenstoffmonooxid.

An den Formeln und Namen kann der Chemiker ablesen, in welchem Verhältnis die verschiedenen Atome miteinander verbunden sind.

1 Schwarzes Kupferoxid

2 Rotes Kupferoxid

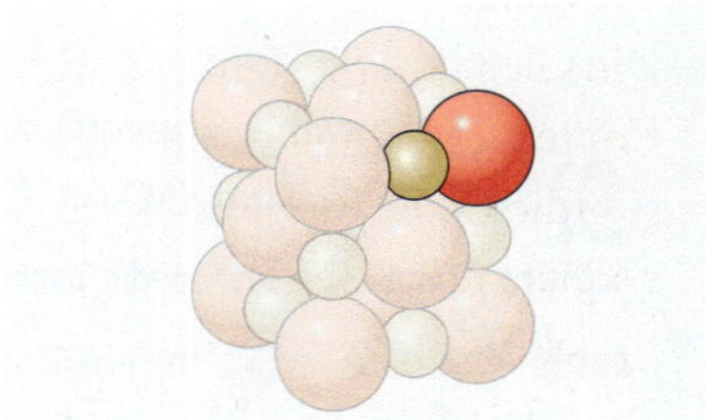
3 Modell von Magnesiumoxid

Zahlen in Formeln Aus der Formel einer Verbindung kann man nicht nur ablesen, aus welchen Elementen sie besteht. Die kleinen Ziffern (Indizes) hinter den Symbolen geben an, in welchem Verhältnis die Atome miteinander verbunden sind.

- *Beispiel Magnesiumoxid:* Die Formel MgO gibt an, dass die Magnesiumatome und die Sauerstoffatome im Verhältnis 1 : 1 miteinander verbunden sind. ▷ 3 Ein Molekül Magnesiumoxid besteht also aus 1 Atom Sauerstoff und 1 Atom Magnesium.
- *Beispiel Oxide des Kohlenstoffs:* Die Formel CO gibt an, dass im Kohlenstoffmonooxid die Kohlenstoffatome und die Sauerstoffatome im Verhältnis 1 : 1 verbunden sind. Die Formel CO bedeutet deshalb auch: *ein Molekül Kohlenstoffmonooxid*, das aus *einem* Kohlenstoffatom und *einem* Sauerstoffatom besteht. ▷ 4
  Die Formel CO_2 gibt an, dass im Kohlenstoffdioxid die Kohlenstoffatome und die Sauerstoffatome im Verhältnis 1 : 2 miteinander verbunden sind. Sie bedeutet auch: *ein Molekül Kohlenstoffdioxid*, das aus *einem* Kohlenstoffatom und *zwei* Sauerstoffatomen besteht. ▷ 5
- *Beispiel Sauerstoff:* Die Formel O_2 bedeutet: *ein Molekül Sauerstoff*, das aus *zwei* Sauerstoffatomen besteht. ▷ 6

Siehe dazu auch die Übersicht im Anhang.

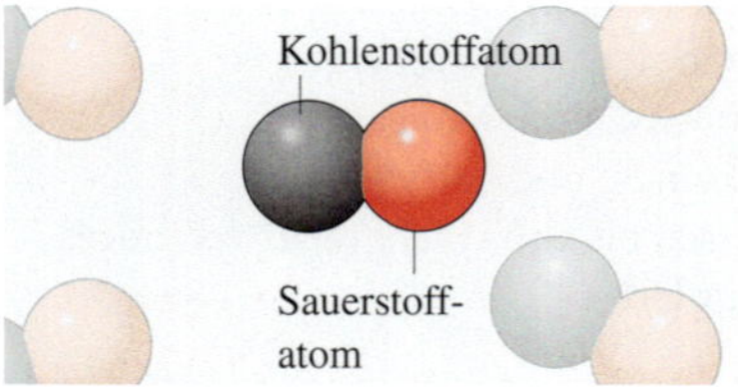

4 Modell von einem Molekül Kohlenstoffmonooxid

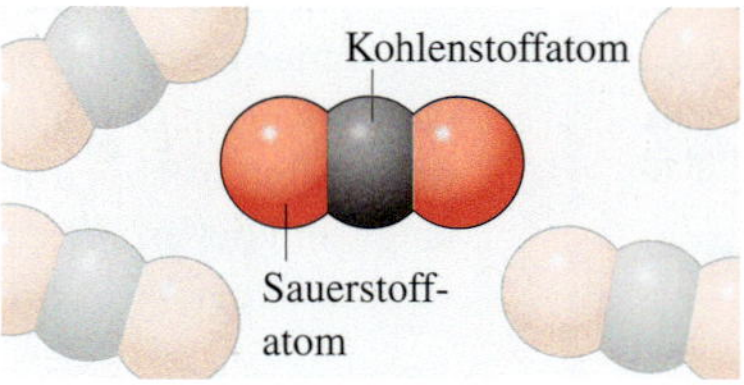

5 Modell von einem Molekül Kohlenstoffdioxid

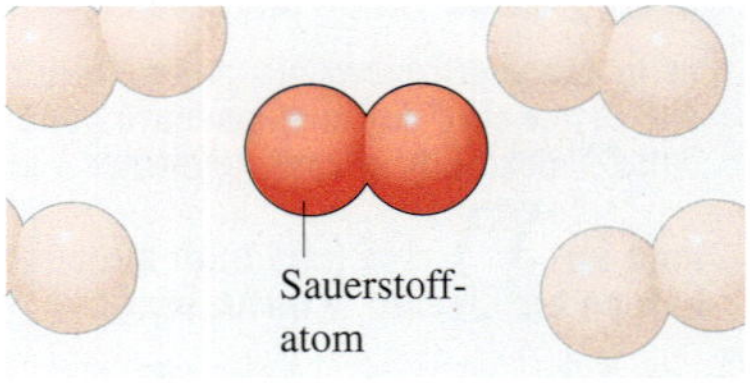

6 Modell von einem Molekül Sauerstoff

Reaktionsgleichungen Reaktionen von Metallen oder Nichtmetallen mit Sauerstoff können wir mit einer Wortgleichung beschreiben.
Mit einer *Symbolgleichung* wird die Reaktion genauer beschrieben. Sie zeigt an, dass die Art und die Anzahl der Atome vor der Reaktion und nach der Reaktion gleich sind. Das entspricht dem Gesetz von der Erhaltung der Masse.

- Die Gleichung in Bild ▷ 7 sagt aus:
  Magnesium reagiert mit Sauerstoff zu Magnesiumoxid. Oder genauer: Magnesiumatome reagieren mit Sauerstoffatomen im Verhältnis 1 : 1 zu Magnesiumoxid. Dabei verbinden sich jeweils zwei Magnesiumatome mit einem Sauerstoffmolekül. Das Ergebnis sind zwei „Formeleinheiten" Magnesiumoxid. (Eine Formeleinheit ist die kleinste Menge eines Stoffes, die durch die chemische Formel beschrieben ist.)

Die gasförmigen Oxide des Kohlenstoffs bestehen aus Molekülen:

- Die Gleichung in Bild ▷ 8 sagt aus:
  Kohlenstoff reagiert mit Sauerstoff zu Kohlenstoffdioxid. Oder genauer: Je 1 Atom Kohlenstoff reagiert mit einem Molekül Sauerstoff zu einem Molekül Kohlenstoffdioxid.
- Die Gleichung in Bild ▷ 9 sagt aus:
  Hier reagieren immer zwei Kohlenstoffatome mit einem Sauerstoffmolekül zu zwei Kohlenstoffmonooxidmolekülen.

Die Atome der reagierenden Stoffe verbinden sich immer in einem bestimmten Zahlenverhältnis:
Magnesiumoxid: Mg : O = 1 : 1
Kohlenstoffdioxid: C : O = 1 : 2
Kohlenstoffmonooxid: C : O = 1 : 1
Man bezeichnet das als das *Gesetz der konstanten Proportionen.*

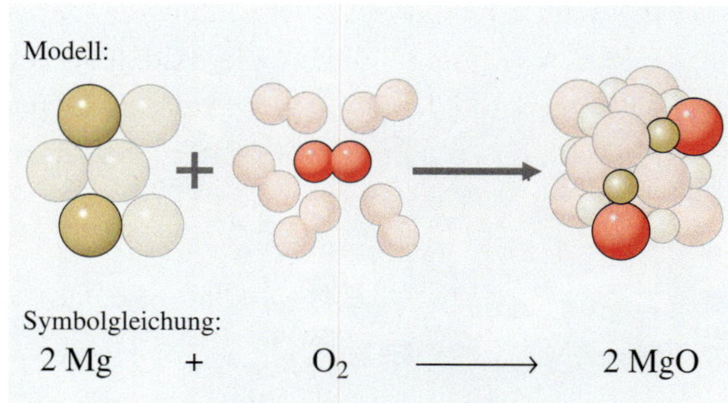

7 Entstehung von Magnesiumoxid

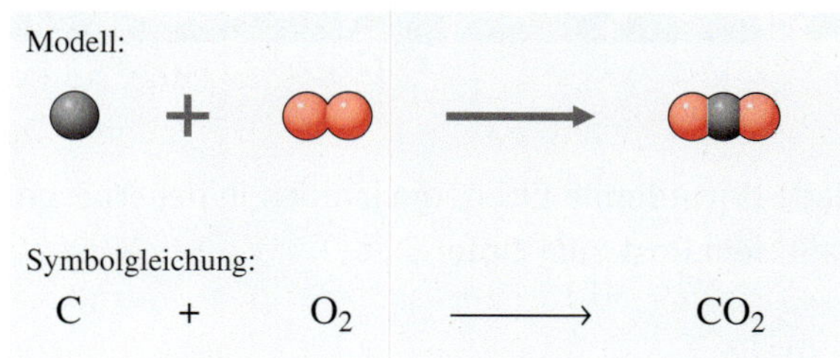

8 Entstehung von Kohlenstoffdioxid

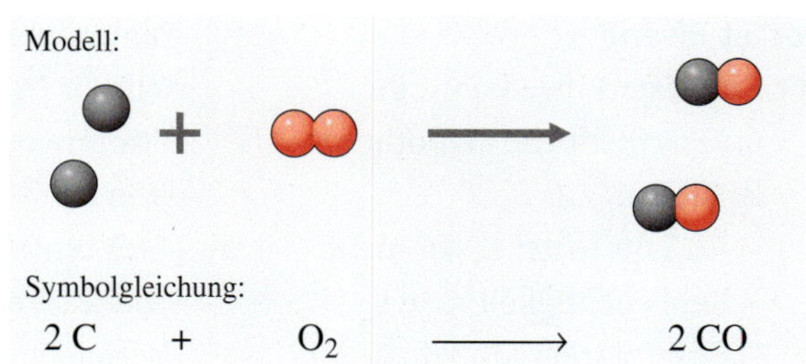

9 Entstehung von Kohlenstoffmonooxid

Aufgaben

1 ◪ Was bedeuten die Formeln CuO, 3 CO_2 und Fe_2O_3?

2 ◪ Was sagen diese Reaktionsgleichungen aus?
$2\,Zn + O_2 \longrightarrow 2\,ZnO$
$4\,Al + 3\,O_2 \longrightarrow 2\,Al_2O_3$

3 ■ Schreibe die Reaktionsgleichung für die Oxidation von Magnesium zu Magnesiumoxid auf.

4 ■ Schreibe die Reaktionsgleichung für die Oxidation von Kupfer zu schwarzem Kupferoxid auf.

5 ◪ In welchem Zahlenverhältnis sind die Atome in den folgenden Oxiden miteinander verbunden? schwarzes Kupferoxid (CuO); rotes Kupferoxid (Cu_2O); Eisenoxid (Fe_2O_3); Zinkoxid (ZnO); Aluminiumoxid (Al_2O_3)

Korrosion und Korrosionsschutz

Eisen rostet – woran liegt das?

1

Jede dritte Tonne Eisen, die jährlich in der Welt produziert wird, fällt dem Rost zum Opfer … ▷ 1

1

Unter welchen Bedingungen rostet Eisen?

a Zu dieser Frage könnt ihr unterschiedliche Hypothesen aufstellen, z. B.:
- An Luft rostet Eisen nicht.
- Bei Feuchtigkeit rostet Eisen stärker als bei Trockenheit.
- Salzwasser stoppt das Rosten.
- Mit Säuren (z. B. Essig) rostet Eisen noch stärker.

Vielleicht fallen euch noch weitere ein.

b Welche dieser Hypothesen (Vermutungen) wollt ihr experimentell überprüfen?

c Ihr erhaltet neue Eisennägel. Alle anderen Materialien stellt ihr in einer Materialliste zusammen. Holt sie euch dann ab.

d Die Versuche sollen eine Woche stehen. Vergleicht die Versuchsergebnisse mit euren Hypothesen (Vermutungen).

e Fasst die Ergebnisse zusammen.

f Rost wird in einem Reagenzglas erhitzt. ▷ 2 Welchen Bestandteil des Rosts müsstet ihr nachweisen können? Führt bei ausreichend Zeit den Versuch durch, um eure Hypothesen zu überprüfen.

METHODE

Hypothesen aufstellen

Versuche werden häufig mit einer Frage oder Problemstellung eingeleitet. Dann werdet ihr angeregt, *Vermutungen* zur Lösung zu formulieren. Solche Vermutungen nennt man *Hypothesen*. Bevor ihr also an die Beantwortung solcher Fragen geht, solltet ihr mithilfe eures bisherigen Wissens Hypothesen aufstellen. Sie werden dann mit vorgegebenen oder selbst geplanten Versuchen überprüft. Das Versuchsergebnis wird zeigen, welche der aufgestellten Hypothesen richtig oder falsch war. Vielleicht hat ja auch keine der Vermutungen gestimmt und es muss noch einmal überlegt und ein anderes Experiment durchgeführt werden.

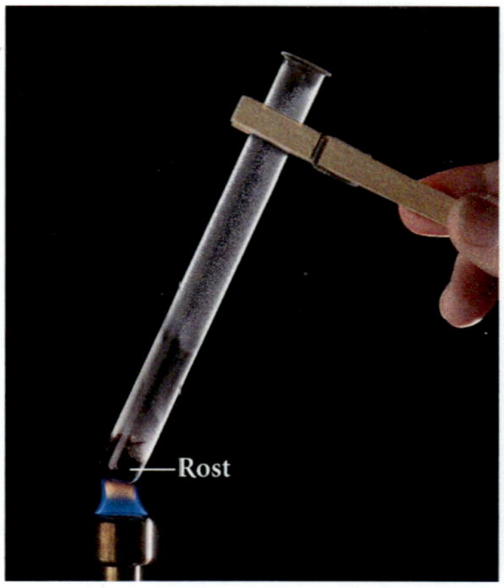

2

2

Ist das Rosten wirklich unvermeidlich?

a Füllt drei Reagenzgläser zu einem Drittel mit fettfreier Eisenwolle:
- Die erste Probe bleibt trocken.
- Die zweite Probe wird mit etwas Wasser angefeuchtet.
- Die dritte Probe wird zuerst leicht mit Maschinenöl beträufelt und anschließend mit Wasser befeuchtet.

b Beschriftet die Reagenzgläser. Stellt sie mit der Öffnung nach unten in ein Becherglas mit Wasser. Das Wasser könnt ihr anfärben. ▷ 3
Lasst das Becherglas eine Woche lang stehen.

c Beschreibt eure Beobachtungen und erklärt sie.

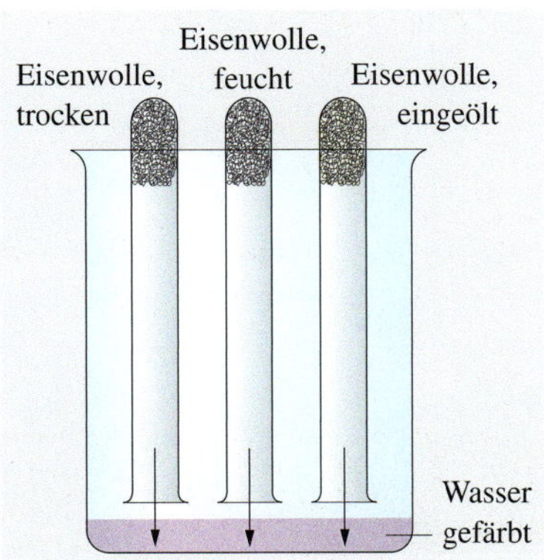

3

3

Schützen Überzüge gegen Rost?

Ihr benötigt geeignete Materialproben, z. B. verkupferte oder mit Kunststoff überzogene Büroklammern.

a Prüft zunächst mit einem Magneten, ob eure Büroklammern aus Eisen bestehen.

b Untersucht geschützte und ungeschützte Büroklammern. Legt sie dazu auf nasses Filterpapier oder auf ein nasses Papiertaschentuch. Prüft auch Büroklammern, bei denen der Überzug beschädigt ist.

4

Millionenschäden durch Rost

a Überlegt, welche Möglichkeiten es gibt, Eisen vor dem Rosten zu schützen.

b Wählt eine oder zwei Möglichkeiten aus, die ihr als Gruppe selbstständig im Schülerversuch überprüfen könnt.

c Stellt eine Materialliste zusammen und plant eure Vorgehensweise.

d Führt den Versuch durch und notiert eure Beobachtungen.

e Wie könnt ihr euch euer Versuchsergebnis erklären?

f Beurteilt die Wirksamkeit des ausgewählten Rostschutzverfahrens.

5

Hilft es, Eisenblech zu verkupfern?

Zunächst verkupfern wir zwei Streifen Eisenblech, wie im Bild gezeigt. ▷ 4
Dann werden die beiden Streifen und ein unbehandeltes Eisenblech in Wasser gestellt. ▷ 5
Wie sehen die Proben nach 24 Stunden (einer Woche) aus?

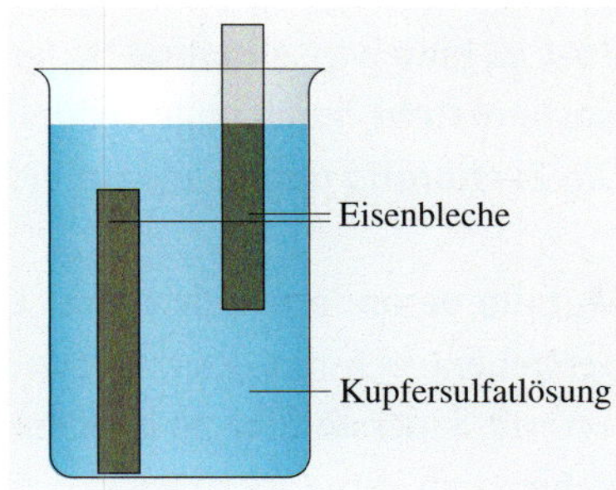

4

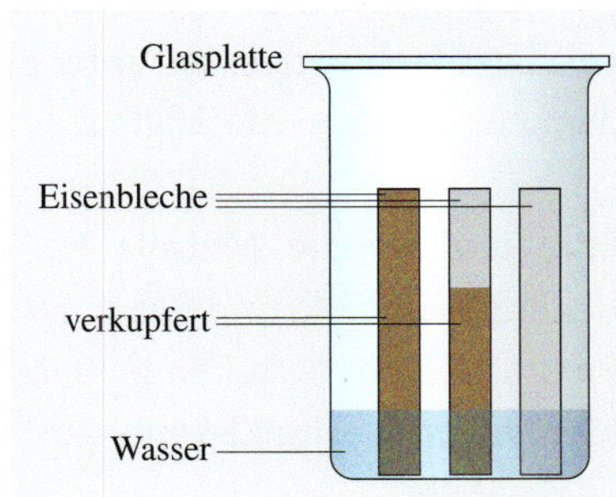

5

6

So wird Eisen feuerverzinkt

In einer Eisenschale wird eine walnussgroße Menge Zinkschnitzel geschmolzen.
Danach tauchen wir einen blanken, gut entfetteten Eisennagel in die Zinkschmelze.

Rosten – eine „stille" Oxidation

Vom Rosten Um eine Oxidbildung einzuleiten, mussten wir die verwendeten Metalle stark erhitzen. Viele Metalle reagieren aber schon an feuchter Luft mit Sauerstoff. ▷ 1 Das geschieht allerdings sehr langsam – wie beim Rosten von Eisen. Zum Rosten sind Wasser und der Sauerstoff der Luft erforderlich.
Rost ist krümelig; er löst sich allmählich von der Eisenoberfläche ab. ▷ 2 Es sieht aus, als ob der Rost das Eisen „zerfrisst". Das ist so zu erklären: Weil die Rostteile allmählich abfallen, kommen Sauerstoff und Wasser an das darunterliegende Eisen heran. Deshalb schreitet das Rosten ständig fort. Säuren (z. B. der saure Regen) und Salzlösungen beschleunigen diesen Vorgang.
Rost ist eine wasserhaltige Sauerstoffverbindung des Eisens.
Rost entsteht durch stille Oxidbildung.
Die Zerstörung des Eisens bezeichnet man als Korrosion.

1 Rost – wo die Luft Zutritt hatte

2 Mikroaufnahme von Rost

Metalle verändern sich an der Luft Auch andere Metalle haben das Bestreben, sich mit dem Sauerstoff der Luft zu verbinden. Sie reagieren mit Sauerstoff, ohne dass sie vorher erhitzt wurden. Dabei überziehen sich ihre Oberflächen mit einer Oxidschicht. ▷ 3 Auch dabei handelt es sich um eine stille Oxidbildung.
Einige Metalle, z. B. das Aluminium, bilden eine harte Oxidschicht aus. Diese schützt das darunter befindliche Metall. Das Metall verliert damit aber seinen Metallglanz.

Edle und unedle Metalle Bei dem Wort „Edelmetall" denkst du sicherlich an Gold und Silber. Das ist richtig – es hängt aber nicht vom Preis ab, ob das betreffende Metall edel oder unedel ist.
Metalle, die nicht mit Sauerstoff reagieren, bezeichnet man als Edelmetalle.
Dagegen nennt man Metalle, die besonders heftig mit Sauerstoff reagieren, unedle Metalle.

3 Kupfer – von kupferfarben bis grün

Das Bild unten zeigt die *Reaktivitätsreihe der Metalle.* ▷ 4 In dieser Darstellung sind Metalle danach angeordnet, wie edel oder unedel sie sind.

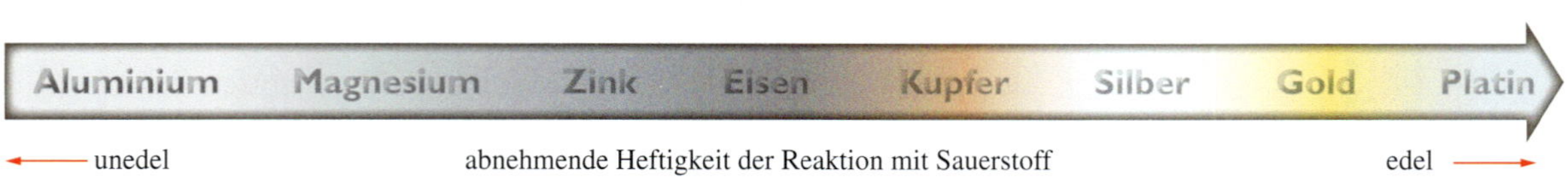

4 Reaktivitätsreihe der Metalle

die stille Oxidation
die Reaktivitätsreihe
der Rost
der Rostschutz

5 Magnesiumfackeln unter Wasser

Hier einige Metalle aus der Reaktivitätsreihe:
- **Aluminium** brennt sehr heftig mit grellem Licht und großer Hitzeentwicklung.
- **Magnesium** brennt besonders heftig; es entwickelt große Hitze und sendet gleißendes Licht aus. Magnesium brennt sogar sehr gut unter Wasser. ▷ 5 Deshalb darf man nie versuchen, brennendes Magnesium mit Wasser zu löschen! ▷ 6
- **Zink** brennt in Pulverform etwas ruhiger als Aluminium.
- **Kupfer** brennt nicht von allein weiter. Es muss während der Verbrennung ständig erhitzt werden. Das gelingt auch ohne offene Flamme, z. B. auf einer Heizplatte.
- **Gold und Silber** verändern sich gar nicht. In der Hitze schmelzen sie, aber sie bleiben, was sie sind: Gold und Silber. Man nennt sie deshalb *Edelmetalle*.

6 Brennendes Magnesium vor und nach dem „Löschen" mit Wasser

Was man gegen das Rosten tut Durch das Rosten entstehen jährlich Schäden in Millionenhöhe. Deshalb versucht man Eisen vor dem Rosten zu schützen: Es wird eingefettet, lackiert ▷ 7 oder mit einem Kunststoff- bzw. Metallüberzug versehen. Schutzüberzüge schützen aber nur, solange sie dicht bleiben.

7 Schutzanstrich

Aufgaben

1 ◪ Wird trockener Eisenrost erhitzt, setzt sich Wasser ab. Was schließt du daraus?
2 ☐ Beschreibe das Rosten von Eisen.
3 ☐ Beschreibe, was die Reaktivitätsreihe der Metalle aussagt. ▷ 4
4a ☐ Nenne Möglichkeiten, Eisen vor dem Rosten zu schützen.
b ◪ Begründe die Wirksamkeit dieser Maßnahmen.
5 ◪ Warum fertigt man Dachrinnen aus Zink oder Kupfer und nicht aus Eisen?
6 ■ Ein Versuch mit einem überraschenden Ergebnis: Nach einiger Zeit steigt der Wasserspiegel. ▷ 8 Woran könnte das liegen?

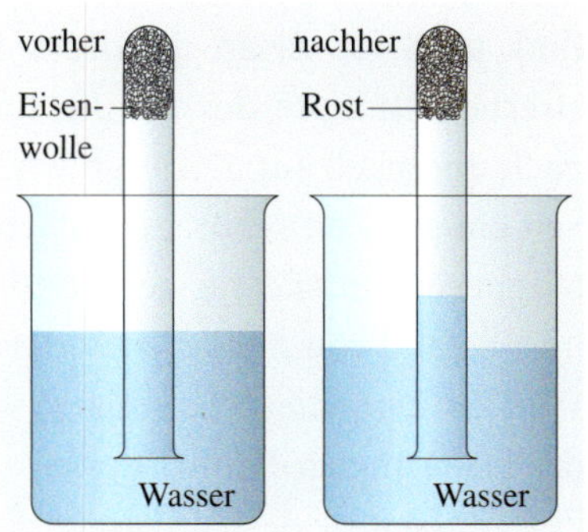

8

Was gegen das Rosten getan wird

1 Verzinken einer Autokarosserie

Autobleche werden verzinkt Autos werden heute meist mit verzinkter Karosserie geliefert. Die Bleche sind mit einer Zinkschicht überzogen. Dazu wendet man zwei unterschiedliche Verfahren an:
Feuerverzinken: Die gereinigten Bleche werden in 450 °C heißes, flüssiges Zink getaucht. ▷ 1 Dabei bilden sich auf den Blechen Zinkschichten. Solche feuerverzinkten Bleche werden für Innenteile der Autokarosserien verwendet.
Galvanisches Verzinken: ▷ 2 Vor allem die Außenbleche der Karosserien werden galvanisch verzinkt: Das Eisenblech ist mit dem Minuspol der elektrischen Energiequelle verbunden. Galvanisch verzinkte Bleche haben eine glatte Oberfläche. Sie lassen sich besonders gut lackieren. Um die Karosserie eines Mittelklassewagens vollständig zu verzinken, werden 5–6 Kilogramm Zink benötigt.

Zink wird für Eisen geopfert Im salzigen Meerwasser werden die eisernen Rümpfe der Schiffe stark angegriffen. Das Eisen löst sich nach und nach auf. Dadurch wird die Schiffswand immer dünner.
Seit einiger Zeit schützt man Schiffe dagegen durch dicke Zink- oder Magnesiumstücke; sie werden „Opferanoden" genannt. Man bringt sie im Abstand von mehreren Metern am Schiffsrumpf an. ▷ 3
Weil Zink unedler ist als Eisen, werden die Zinkstücke zersetzt, bevor das Eisen angegriffen wird; sie „opfern sich" für das Eisen. Von Zeit zu Zeit müssen sie deshalb ersetzt werden.

Lehrerversuch zum galvanischen Verzinken

a Ein sauberes, fettfreies Eisenblech (oder ein Eisennagel) und ein sauberes Zinkblech (oder ein Kohlestab) werden je zur Hälfte in eine Zinksalzlösung getaucht. ▷ 3 Das Eisenblech wird mit dem Minuspol, das Zinkblech mit dem Pluspol einer Spannungsquelle verbunden. Der Strom wird für 10–15 min eingeschaltet.

b Das Eisenblech wird herausgenommen und unter fließendem Wasser gespült.

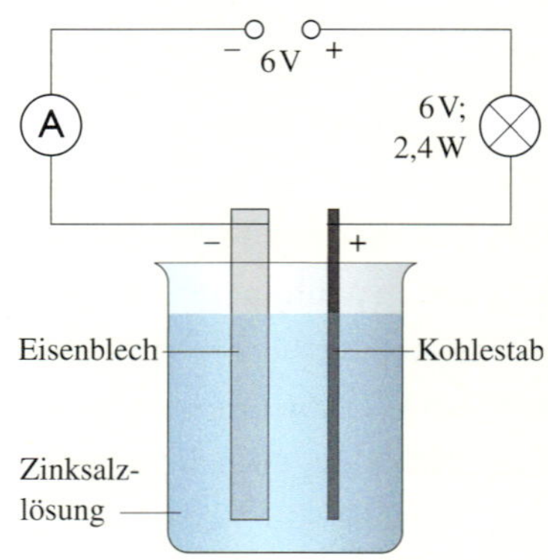

2

3 „Opferanoden" am Schiffsrumpf

Aluminium schützt sich selbst Aluminium ist viel unedler als Eisen – es müsste doch eigentlich auch schneller als Eisen durch stille Oxidbildung zerstört werden. Doch gerade das geschieht nicht.
Das Aluminiumoxid, das bei der Oxidbildung entsteht, bildet nämlich eine hauchdünne Schutzschicht.
Manche Gegenstände aus Aluminium behalten ihren Glanz – als ob Aluminium ein Edelmetall wäre. ▷ 4 Diese glänzende Oberfläche erzeugt man mithilfe des elektrischen Stroms; dabei wird die natürliche Oxidhaut verstärkt.
Die Oxidhaut lässt sich mit bestimmten Farbstoffen einfärben, wie bei farbigen Aluminiumfenstern. ▷ 5 Diese Färbung muss nicht wie bei einem Anstrich von Zeit zu Zeit erneuert werden.

4 Aluminium – glänzend geschützt

5 Farbige Aluminiumprofile

1 ◪ Vergleiche die Verbrennung und die stille Oxidation. Nenne Gemeinsamkeiten und Unterschiede.
2 ◪ Aluminium schützt sich selbst. Begründe diese Aussage.
3 □ Stelle die Wortgleichung für die Verbrennung von Aluminium auf.
4 ◪ Viele Gegenstände (Laternenpfähle, Zaunpfähle, Schrauben usw.) werden verzinkt und so vor dem Rosten geschützt.
Erläutere die Schutzwirkung des Zinks.
5 ■ Opferanoden können auch an einem Holzboot sinnvoll sein.
Suche dafür nach einer Erklärung.
6 ■ Vielleicht gibt es an deinem Wohnort einen Betrieb, der galvanische Einrichtungen hat (Bauschlosserei, Schiffsbau usw.). ▷ 6
Bereitet eine Betriebserkundung vor.

6 Galvaniseur, Verchromen von Tischbeinen

Kartenspielen im Chemieunterricht

Chemische Kenntnisse auf spielerische Art und Weise wiederholen und festigen – das könnte doch Spaß machen!

Schritt 1 **Sammeln von Begriffen**
Ihr sammelt erst einmal in eurer Tischgruppe (vier Personen) alle Fachbegriffe, die ihr in den vorangegangenen Chemiestunden zum Themenbereich „Metalle – Metalloxide“ kennengelernt habt. Schreibt dann je einen der gefundenen Fachbegriffe auf vorgeschnittene Papier- oder Pappkarten. ▷ 1
Ihr solltet mindestens 30 Begriffe notieren.

1

Schritt 2 **Die Spielgruppen erhalten Spielkarten**
Eure Spielgruppe sollte aus maximal vier Personen bestehen. Die Karten werden gemischt – jeder erhält fünf Karten. Die restlichen Karten liegen verdeckt in der Tischmitte.

Schritt 3 **Die Spielregeln**
Die Person, die beim Würfeln die höchste Punktzahl erreicht, beginnt. Sie legt eine Karte auf den Tisch.
Die nächste Person legt eine Karte ab, die zur bereits abgelegten Karte passt oder mit ihr in Verbindung gebracht werden kann. Diese Verbindung muss der Spieler benennen. ▷ 2

Schritt 4 **Wer ist der Sieger?** ▷ 3
Sollte eine Person keine passende Karte ablegen können, muss sie sich eine Karte vom Stapel ziehen und in der laufenden Runde aussetzen.
Es gewinnt die Person, die zuerst alle Karten mit den passenden Fachbegriffen ablegen konnte.

2

3

Berufsinformation: Verfahrensmechaniker in der Hütten- und Halbzeugindustrie[Z]

Die Herstellung, Weiterverarbeitung und Bearbeitung von Metallen hat viele Berufe hervorgebracht. Beispiele sind z. B. Schmiede, Hüttenwerker, Gießer, Dreher u. a.
Mit wachsender Industrialisierung und zunehmender Spezialisierung entstanden auch Hightechberufe im Bereich der Metalle.

Berufsbild Verfahrensmechaniker Dieses Berufsfeld gibt es für die Bereiche Eisen/Stahl und Nicht-Eisen (NE). Es gliedert sich jeweils in die Fachrichtungen Metallurgie und Umformtechnik.
Der Verfahrensmechaniker in der Metallurgie befasst sich mit der Herstellung von Metallen aus natürlichen Rohstoffen oder aus Metallschrott. Er begutachtet die Ausgangsmaterialien (z. B. Erze) und bereitet sie für die Weiterverarbeitung auf.
Vom Steuerstand aus beschickt, bedient und überwacht er die hochtechnisierten Anlagen. Er kontrolliert den Herstellungsprozess und ist mitverantwortlich für die Qualitätssicherung.
Im Bereich Eisen/Stahl arbeitet er am Hochofen oder in Stahlwerken, in denen das geschmolzene Eisen mithilfe von Zuschlägen zu unterschiedlichen Stählen weiterverarbeitet wird.
Entsprechend vergießt er im NE-Bereich Metalle zu Legierungen wie Messing, Bronze oder Kupfer-Nickel-Legierungen.

1 Schaltzentrale eines computergesteuerten Walzgerüsts

2 Umgießen an der Stranggussanlage für Kupferlegierungen

Metalle werden nach ihrer Herstellung in Blöcke oder Barren gegossen. Sie müssen in Walz- oder Presswerken zu Blechen, Bändern oder Stangen weiterverarbeitet werden. Diese Tätigkeiten führt der Verfahrensmechaniker in der Hütten- und Halbzeugindustrie (Fachrichtung Umformtechnik) aus.

3 Transport einer 5 Tonnen schweren Blechrolle *(Coil)* mit einer Krananlage

4 Innenleben einer Walzanlage

Qualifikationen
Hauptschulabschluss (Kl. 10) oder höher mit mindestens befriedigenden Leistungen in Mathematik und Physik; allgemeines Interesse an Naturwissenschaften und Technik; Teamfähigkeit, Flexibilität, Belastbarkeit und Zuverlässigkeit

Ausbildungsgang
3 ½ Jahre mit wöchentlichem Berufsschulunterricht; zunächst eine Grundausbildung *Metall*, danach Durchlaufen verschiedener Produktionsabteilungen des Betriebs; Abschlussprüfung in Theorie und Praxis

Zukunftsaussichten
Gute Perspektiven und Chancen auf dem Arbeitsmarkt; gute Ausgangsbasis für Weiterqualifikationen: Aufstiegsmöglichkeiten zum Anlagenführer, Vorarbeiter, Industriemeister und Techniker; mögliche Spezialisierung zum Werkstoffprüfer

Was macht diesen Beruf so attraktiv?
Dazu haben wir die Ausbildungsleiter zweier mittelständischer Unternehmen befragt.

Herr Heitmann (Umformtechnik NE-Metalle):
Der Beruf ist abwechslungsreich. Schon der Einsatz der Auszubildenden in den verschiedenen Bereichen ist vielseitig. Theoretische Kenntnisse sind nötig, der Schwerpunkt der Ausbildung liegt aber in der Praxis. Die Auszubildenden erhalten eine gute Facharbeiterausbildung. Danach können sie von der Gießerei bis zur Qualitätskontrolle überall eingesetzt werden, vor allem in der Anlagenbedienung. Für gute Arbeit gibt es gutes Geld.

Herr Luciani (Stahlumformung):
Wir orientieren uns stark an unseren Kunden und ihren unterschiedlichen Bedürfnissen. Wir müssen also innovativ sein – sowohl hinsichtlich der Produkte als auch der Fertigungsanlagen. Die Forderung nach ständig neuen Produkten führt zur Vielseitigkeit; sie macht Teamgeist erforderlich. Neben den guten Verdienstmöglichkeiten – auch infolge von Akkordarbeit – bietet dieser Beruf beste Weiterbildungsmöglichkeiten.

Gewinnung von Metallen

Metalle aus Erzen

Im Herbst 1991 fand man in den Ötztaler Alpen eine 3500 Jahre alte Mumie. Neben der Gletscherleiche lag ein Kupferbeil – die eigentliche Sensation. Man hatte nicht gewusst, dass die Menschen schon in so alter Zeit aus Kupferoxid Kupfer gewinnen konnten.

1 Kupfererz – Hauptbestandteil: Kupferoxid

2 Eisenerz – Hauptbestandteil: Eisenoxid

Wie kann man es schaffen, das Metall aus dem Metalloxid zu gewinnen?

1

Wir versuchen Metalloxide durch Erhitzen zu zerlegen

a Eine Spatelspitze Kupferoxid◇ wird in einem schwer schmelzbaren Reagenzglas kräftig erhitzt. Was beobachtet ihr?
Ein eventuell entstehendes Gas wird über Wasser aufgefangen. ▷ 3
Prüft, ob Kupfer und Sauerstoff entstanden sind.

b Führt den Versuch auch mit Eisenoxid durch.

c Wiederholt den Versuch mit Magnesiumoxid.

d Diesmal wird Silberoxid◇ erhitzt.

e Vergleicht eure Beobachtungen.
Erkennt ihr einen Zusammenhang mit der Reaktivitätsreihe der Metalle?

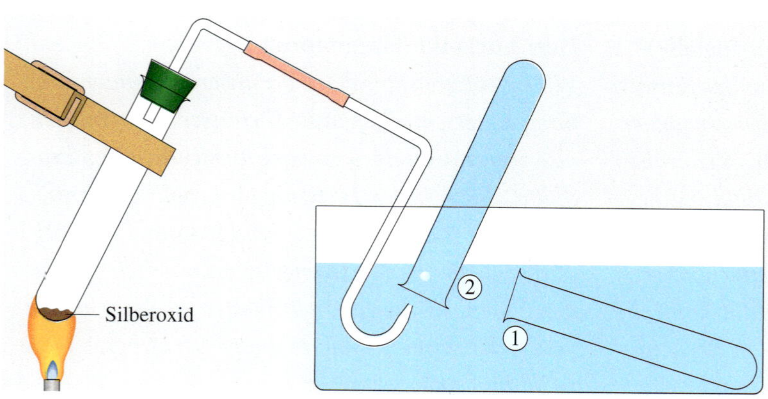

3

2

Kupfergewinnung aus Malachit

In den Alpen findet man *Malachit*◇ – ein Kupfererz. Zuerst zerkleinerte und röstete man das Malachit. Dann schichtete man das gewonnene Verbrennungsprodukt in Schmelzöfen zusammen mit Holzkohle. Das Ganze wurde dann auf über 1000 °C erhitzt.

a Ihr erhaltet ein Stückchen Malachit, etwas Holzkohle (Kohlenstoff), 1 Mörser mit Pistill, 1 Gasbrenner, 1 Vierbein mit Ceranplatte, 1 Porzellanschale, 1 schwer schmelzbares Reagenzglas, 1 Reagenzglasklammer und 1 Unterlegplatte.

b Plant mithilfe des Textes die einzelnen Versuchsschritte. Führt sie dann durch.

c Habt ihr Kupfer gewonnen? Beschreibt euer Reaktionsprodukt.

d Beim Rösten des Malachits entsteht zunächst Kupferoxid. Im Schmelzofen erhält man schließlich Kupfer. Vervollständigt:
$CuO + \ldots \longrightarrow Cu + \ldots$

4

5

6

◇ Malachit — Achtung

◇ Kupferoxid — Achtung

◇ Silberoxid — Gefahr

◇ Kaliumpermanganat — Gefahr

3

Kupferherstellung durch Holzkohle?

Es gelingt nicht, die Oxide unedler Metalle allein durch Erhitzen zu zerlegen. Im Mittelalter hat man Metalle durch Erhitzen der Oxide in Holzkohlenfeuern gewonnen. ▷ 4–6 Wir versuchen es auf ähnliche Weise:

a Eine kleine Menge Kupferoxid◇ wird mit Holzkohlepulver vermischt. Dann soll sie gut durchglühen. ▷ 7
- Woraus könnten die aufsteigenden Blasen bestehen?
- Überlegt, wie ihr eure Vermutung überprüfen könnt. *Tipp:* Überlegt, welche Ausgangsstoffe an dieser Reaktion beteiligt waren und welche Reaktionsprodukte entstanden sein könnten.

b Wiederholt den Versuch mit Magnesiumoxid.

c Schreibt für jede der beiden Teilreaktionen die Wortgleichung auf.

d Erklärt das Ergebnis.

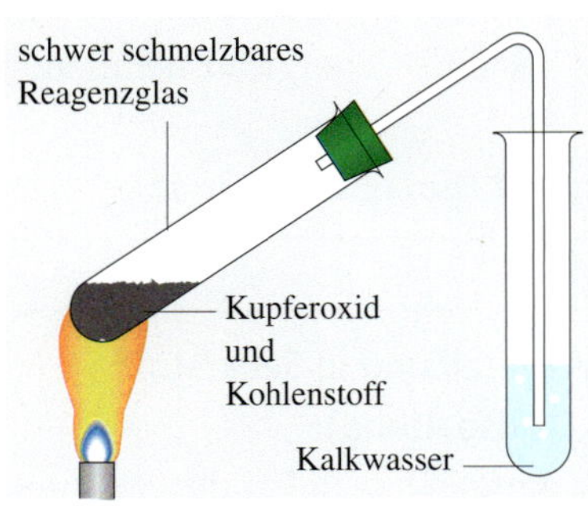

7

4

Eisen aus Erz – wie im Hochofen (Lehrerversuch)

Ein feuerfestes Reagenzglas wird mit drei deutlich getrennten Schichten gefüllt: ▷ 8 Oben befindet sich ein Gemisch aus Eisenoxid und Kohlenstoff. Unten liegt Kaliumpermanganat◇, das beim Erhitzen Sauerstoff abgibt. Dazwischen befindet sich eine Schicht Sand. Er soll die anderen Schichten trennen, aber den Sauerstoff durchlassen.

a Was ist direkt über dem Sand zu sehen, wenn das Kaliumpermanganat erhitzt wird?

b In den Rauch wird ein brennender Span gehalten. Was schließt ihr aus eurer Beobachtung?

c Der Inhalt des Reagenzglases wird schließlich auf eine feuerfeste Unterlage geschüttet. Prüft nach, ob Eisen entstanden ist.

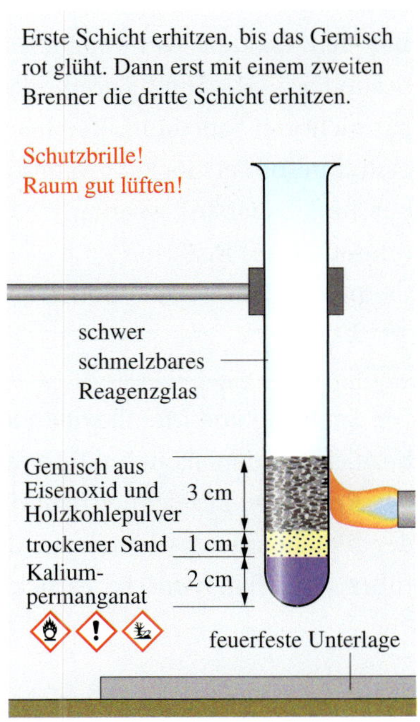

8

Metalle aus Metalloxiden

Metalle sind Werkstoffe Schon seit der Eisenzeit vor mehr als 3000 Jahren wird Eisen als Werkstoff gebraucht. Seither stellt man Werkzeuge, Schmuck und Waffen daraus her. ▷ 1
Nur wenige Metalle findet man als Element. Die meisten kommen in chemischen Verbindungen vor.

1 Wikingerschwert

Zerlegung von Metalloxiden Metalloxide entstehen bei der Reaktion des betreffenden Metalls mit Sauerstoff. ▷ 2 Dabei wird Energie in Form von Wärme an die Umgebung *abgegeben*. Das bezeichnet man als eine *exotherme* (energieabgebende) Reaktion.

Metall + Sauerstoff ⟶ Metalloxid (Energieabgabe)

Wenn man nun dem entstandenen Oxid Energie *zuführt* (es also erwärmt), müsste es sich doch wieder in seine Ausgangsstoffe zerlegen lassen …
Wie Versuche zeigen, gelingt das nur bei wenigen Metalloxiden. Es hängt davon ab, wie fest das betreffende Metall mit dem Sauerstoff verbunden ist. Darüber gibt wieder die *Reaktivitätsreihe der Metalle* Auskunft.
Bei den Oxiden von Magnesium und Eisen „sitzt der Sauerstoff besonders fest“. Kupfer und Silber verbinden sich weniger fest oder gar nicht mit Sauerstoff. Bei den Oxiden dieser Metalle „sitzt der Sauerstoff besonders locker“. Silberoxid lässt sich schon bei 300 °C in Silber und Sauerstoff spalten. ▷ 3 Das ist eine „energieaufnehmende (endotherme) Reaktion“. ▷ 4

Silberoxid ⟶ Silber + Sauerstoff (Energieaufnahme)

$$2\,AgO \longrightarrow Ag + O_2$$

Die Spaltung von Metalloxiden in das Metall und in Sauerstoff bezeichnet man als Reduktion (oder Oxidspaltung).

Als *Reduktion* bezeichnet man diesen Vorgang, weil bei der Spaltung der Metalloxide das Metall aus dem Oxid in das Element „zurückgeführt“ wird (lat. *reducere*: zurückführen).

2 Eisenwolle verbrennt zu Eisenoxid.

3 Beim Erhitzen von Silberoxid setzt sich oben am Glas Silber ab.

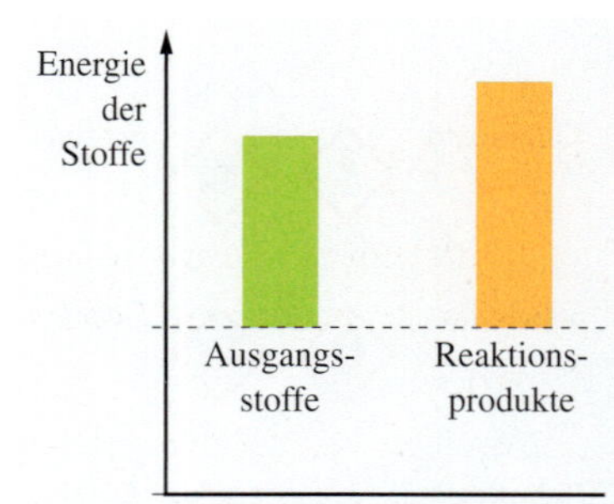

4 Energiediagramm einer energieaufnehmenden (endothermen) Reaktion

die Oxidation
die Reduktion
die Redoxreaktion
das Reduktionsmittel

Reduktion mit Kohlenstoff Viele Metalloxide lassen sich allein durch Erhitzen nicht spalten. Der Kohlenstoff ist ein geeigneter Helfer bei der Reduktion. Wenn man ein Gemisch aus *Kupferoxid* und *Kohlenstoff* kräftig erhitzt, wird reines Kupfer frei. Der Kohlenstoff „reißt" den Sauerstoff aus dem Kupferoxid an sich. ▷ 5 Beide Stoffe – der Kohlenstoff und der Sauerstoff des Kupferoxids – verbinden sich zu Kohlenstoffdioxid; es findet eine *Oxidation* statt. Da das Kupferoxid seinen Sauerstoff abgibt, ist die Reaktion gleichzeitig eine *Reduktion*.

Kupferoxid + Kohlenstoff ⟶ Kupfer + Kohlenstoffdioxid

$$2\,CuO + C \longrightarrow 2\,Cu + CO_2$$

Bei der Reaktion von Kupferoxid mit Kohlenstoff laufen eine Reduktion und eine Oxidation gleichzeitig ab. Man spricht deshalb von einer *Redoxreaktion*.

Auch *Eisenoxid* kann durch Kohlenstoff gespalten werden. ▷ 6

Wortgleichung (vereinfacht):

Eisenoxid + Kohlenstoff ⟶ Eisen + Kohlenstoffdioxid

$$2\,FeO + C \longrightarrow 2\,Fe + CO_2$$

Viele Metalloxide lassen sich mithilfe von Kohlenstoff spalten. Beim Kohlenstoff ist das Bestreben, sich mit dem Sauerstoff zu verbinden, größer als bei den Metallen. Stoffe, mit denen man Oxide spalten kann, nennt man *Reduktionsmittel*.

Viele Metalloxide können mithilfe von Kohlenstoff gespalten werden. Dabei entsteht Kohlenstoffdioxid; das Metall wird frei. Wenn ein Reduktionsmittel (hier: Kohlenstoff) zum Einsatz kommt, handelt es sich um eine Redoxreaktion.

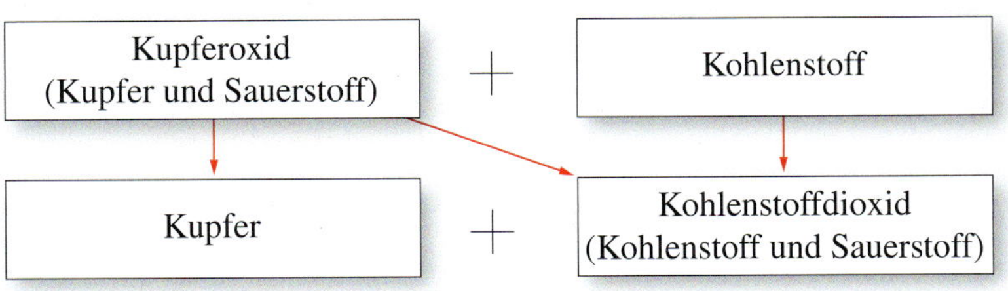

5

6 Beim Erhitzen von Eisenoxid mit Holzkohle erhält man Eisen.

Aufgaben

1 ◪ Zink und Blei können durch Reaktion mit Kohlenstoff aus ihren Oxiden gewonnen werden.

a Schreibe dazu die Wortgleichungen auf.

b Beschreibe Oxidation und Reduktion an einem der beiden Beispiele.

2 ■ Mit welchen Metallen kann man Eisenoxid zu Eisen reduzieren?
Begründe deine Entscheidung mit der Reaktivitätsreihe der Metalle (siehe S. 42).

3 □ Informiert euch über Vorkommen von Erzen und die Gewinnung von Metallen in Deutschland früher und heute. Berichtet.

Roheisen und Stahl

1 Magneteisenerz

2 Roteisenerz

3 Brauneisenerz

4 Spateisenerz

Erze und Roheisen Eisen (Roheisen) kann man aus unterschiedlichen Eisenerzen gewinnen. ▷ 1–4
Die Eisenerze enthalten meistens Eisenoxide. Diese können im Hochofen durch Koks (Kohlenstoff) gespalten werden, sodass Roheisen entsteht.

Der Hochofen und seine Funktion Ein Hochofen ist häufig über 30 m hoch. Er ist von einem Stahlpanzer umgeben. Innen ist der Hochofen mit feuerfesten Steinen ausgekleidet. Die Wände sind von Wasserrohren durchzogen; durch sie wird der Ofen gekühlt.
Von oben her werden Koks (Kohlenstoff) und Eisenerz in den Ofen gegeben. Von unten wird heiße Luft hineingeblasen. ▷ 5

Der Kohlenstoff hat zwei wesentliche Aufgaben:
- Er verbrennt und liefert dadurch die nötige Hitze.
- Er spaltet das Eisenoxid in Eisen (Roheisen) und Sauerstoff.

Das Roheisen wird im unteren Teil des Hochofens „abgestochen“. Weiß glühend und dünnflüssig schießt es durch eine Öffnung aus dem Ofen heraus.
Eisenerz besteht nicht nur aus Eisenoxid, es enthält auch große Mengen an Gestein. Dieses entfernt man dadurch, dass man es mithilfe von Zusatzstoffen (z. B. Kalk) in Schlacke umwandelt.

54-1

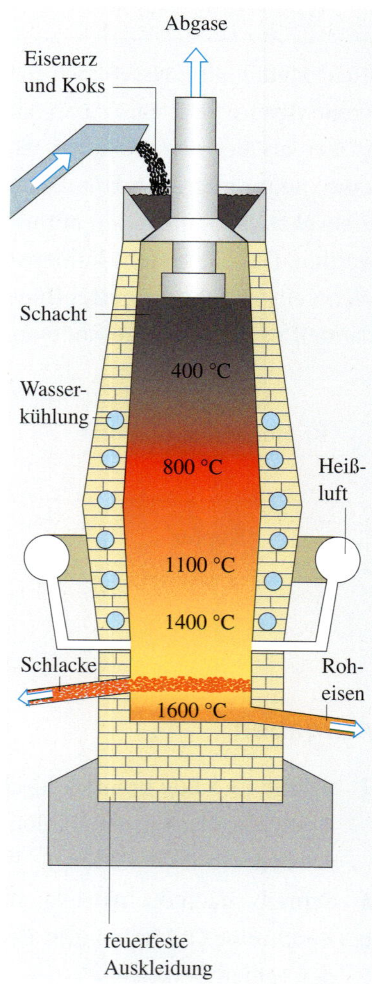

5 Schema eines Hochofens

Im Stahlwerk Das *Roheisen* enthält noch Kohlenstoff und andere unerwünschte Beimengungen. Sie machen das Eisen spröde.
Unsere „eisernen" Gebrauchsgegenstände (Werkzeuge, Maschinen, Nägel, Schrauben usw.) sind aus *Stahl* hergestellt; er enthält weniger Kohlenstoff als das Roheisen. Deshalb muss das meiste Roheisen noch im Stahlwerk „entkohlt" werden. Dort werden Kohlenstoff und andere Beimengungen durch Oxidbildung „herausgebrannt". ▷ 6
Häufig mischt man Schrott mit Roheisen und schmilzt beides gemeinsam. Aus dem Rost wird dabei Sauerstoff frei, der für die Verbrennung des Kohlenstoffs nötig ist.

Stahl ist nicht gleich Stahl Mit den Legierungsmetallen Vanadium, Nickel, Chrom, Titan und Molybdän erhält man unterschiedliche Stähle für verschiedene Verwendungszwecke: für Werkzeuge, für Stahlbeton, in der Medizin …

Stahlrecycling Für die Umwelt ist es sehr wichtig, dass neuer Stahl aus Schrott gewonnen (recycelt) werden kann. Weltweit werden heute jährlich pro Person ca. 200 kg Stahl hergestellt: für Häuser und Brücken, Autos und Fahrräder, Schiffe und Fabriken, Kochtöpfe und Werkzeuge … Davon entstehen etwa 90 kg aus Schrott. ▷ 7–8
Bevor man aus dem Stahlschrott hochwertigen Stahl erzeugen kann, muss der Schrott sortiert werden. Das Gehäuse einer Waschmaschine wird zu Stahlschrott. Die Trommel aus rostfreiem Edelstahl wird wieder zu rostfreiem Edelstahl geschmolzen. Ungefähr 2000 Betriebe in Deutschland zerlegen jedes Jahr rund 2 Millionen Autos und 4,5 Millionen Haushaltsgeräte in ihre Bestandteile.
Etwa die Hälfte des Edelstahls wird in Deutschland aus Recyclingstahl hergestellt. Dabei spart man die wertvollen Legierungsmetalle Chrom, Nickel oder Molybdän ein.

Seltene Erden Mit diesem Begriff bezeichnet man Metalle, die nur in geringen Mengen vorkommen. Sie werden in Solarzellen, Fernsehern, Handys … dringend gebraucht. Da ihre Preise in letzter Zeit stark gestiegen sind, werden sie bereits recycelt.

6 „Abstich" des neuen Stahls

7 Stahlschrott

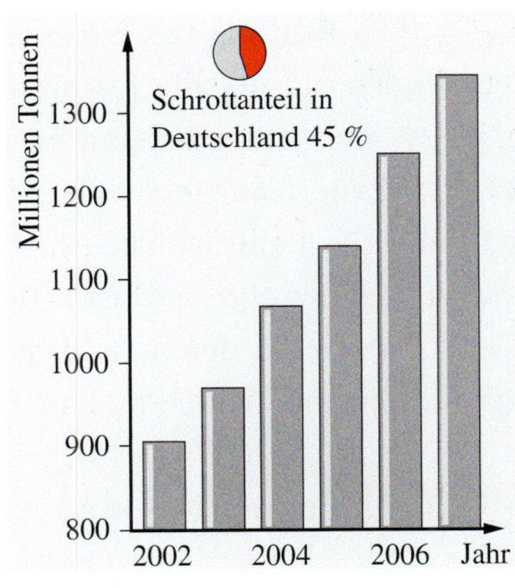

8 Weltjahresproduktion an Rohstahl

1 ◪ Aus Eisenoxid soll das Eisen gewonnen werden. Dazu wird das Eisenoxid kräftig erhitzt.
a Warum gelingt es nicht, durch das Erhitzen Eisen freizusetzen?
b Auf welche Weise kann man dennoch Eisen aus Eisenoxid erhalten?

2 ◪ Welche Rolle spielt der Kohlenstoff bei der Reduktion von Eisenoxid?

3 ◪ Beschreibe die Vorgänge im Hochofen.

4 ■ Für die Umwelt ist es wichtig, dass neuer Stahl aus Schrott recycelt werden kann. Erläutere diese Aussage anhand der Textes.

Lernen in Expertengruppen

Ihr habt viel Wissenswertes über die Metalle erfahren – durch Experimentieren, Aufgabenlösen, Lesen und Recherchieren. Das *Lernen in Expertengruppen* wird euch helfen, viele Aspekte dieses Themengebiets noch einmal aufzuarbeiten, besser zu verstehen und behalten zu können.
Am Beispiel der Faktenseiten „Metalle aus Metalloxiden" und der Seiten „Roheisen und Stahl" könnt ihr die Methode schrittweise anwenden.

1

Schritt 1 **Bildung von Stammgruppen**
Ihr findet euch in einem Team aus maximal vier Personen zusammen. ▷ 1 Jedes Teammitglied zieht einen Zettel, auf dem eines der zu bearbeitenden Teilthemen steht, z. B.: „Die Zerlegung von Metalloxiden", „Oxidspaltung mit Kohlenstoff", „Was im Hochofen abläuft" oder „Im Stahlwerk und Stahlrecycling". ▷ 2
Wenn ihr nur drei Teilthemen zu behandeln habt, setzt sich eure Stammgruppe auch nur aus drei Teilnehmern zusammen.

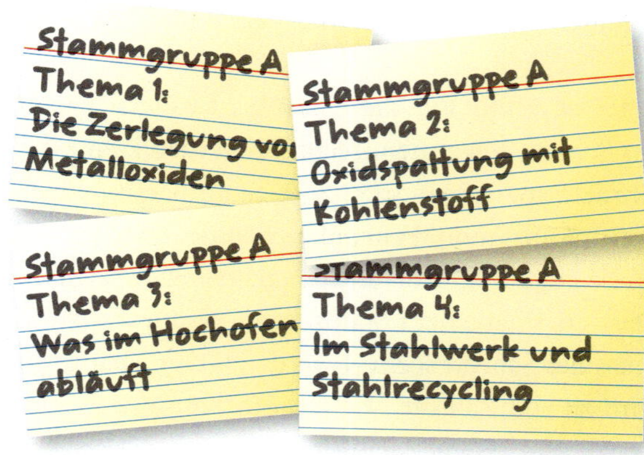

2

Schritt 2 **Bildung von Expertengruppen**
Jetzt finden sich alle die Teammitglieder, die an der gleichen Thematik arbeiten sollen, an einem Tisch zu einer Expertengruppe zusammen. ▷ 3 So sitzen z. B. an Tisch 1 alle Schüler/-innen, die das Teilthema „Zerlegung von Metalloxiden" haben. Am Tisch 2 sitzen die, deren Teilthema „Oxidspaltung mit Kohlenstoff" lautet, und an Tisch 3 …

Schritt 3 **Einzelarbeit in Expertengruppen**
Jedes Mitglied einer Expertengruppe erarbeitet zunächst selbstständig den Text (Einzelarbeit). Wie man wichtige Textstellen markiert und unbekannte Begriffe nachschlägt, ist euch schon bekannt. Wichtige Fragen solltet ihr notieren!

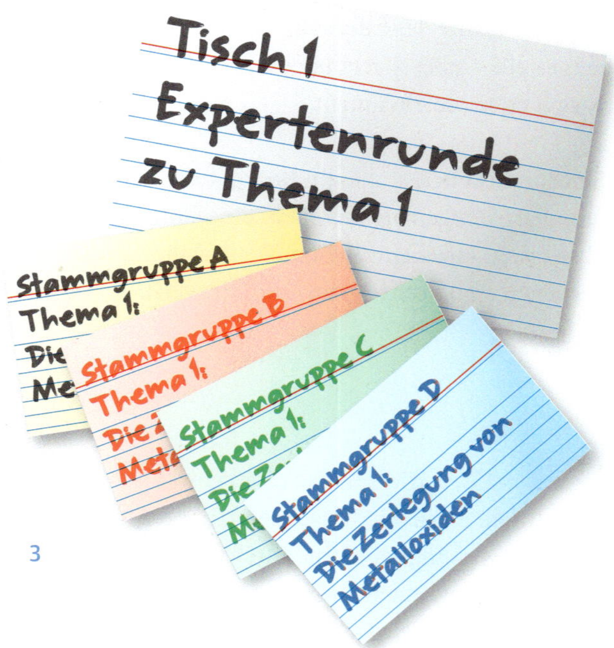

3

Schritt 4 Teamarbeit in den Expertengruppen
Nachdem alle Mitglieder einer Expertengruppe die Einzelarbeit abgeschlossen haben, besprecht ihr die Inhalte. Ihr klärt offene Fragen und verständigt euch über die Kernaussagen.
Alle Fragen, die von euch nicht beantwortet werden können, werden an die Fragenwand geheftet. ▷ 4
Zur Unterstreichung eurer Aussagen könnt ihr auch noch einmal ein Experiment durchführen. Ihr könnt z. B. zum Teilthema „Zerlegung von Metalloxiden" Silberoxid erhitzen oder zum Teilthema „Was im Hochofen abläuft" eine Folie mit der Abbildung eines Hochofens vorbereiten. ▷ 5 (Vielleicht liegt eine solche Folie schon in der Schule vor.)

Schritt 5 Erarbeitung von Stichwortzetteln
In den Expertengruppen erarbeitet ihr nun gemeinsam für jedes Teammitglied einen Stichwortzettel. ▷ 6 Mit eurem Stichwortzettel könnt ihr dann als Experte für ein Teilthema in eure Stammgruppe zurückgehen.

Schritt 6 Rückkehr in die Stammgruppen
Die Stammgruppe besteht jetzt nur noch aus Experten. An jedem Tisch befindet sich je ein Experte für ein Teilthema. Er kann deshalb den anderen Teammitgliedern anhand seines Stichwortzettels das erarbeitete Teilthema erklären.

Schritt 7 Präsentation der Ergebnisse
Jedes Team fasst zum Schluss das Gelernte für sich zusammen und bereitet eine kleine Präsentation vor. Eine Gruppe trägt dann – zusammenfassend für alle – das Gelernte aus den Teilthemen vor.

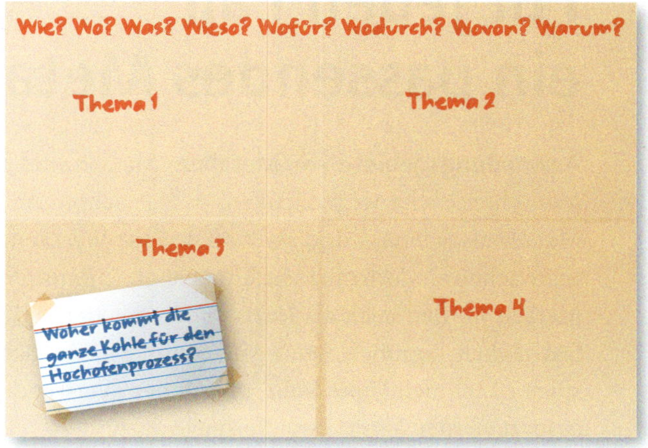

4

5

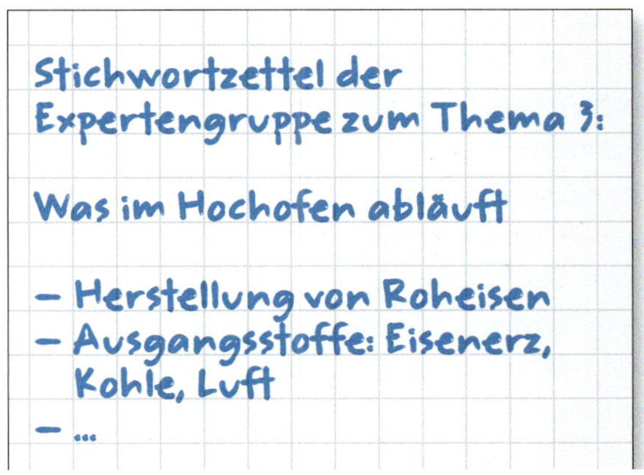

6

Aufgaben

1 ■ Mithilfe dieser Methode könnt ihr z. B. die Faktenseiten „Die Verbrennung – genauer betrachtet" und die Seiten „Metalloxide – nur verbrannte Metalle?" aufarbeiten.

2 ■ Versucht selbst Themen (und Teilthemen) für die Teams zu finden. Schreibt diese Themen auf Zettel.

Für jeden Fall ein passendes Metall

Anwendungsgebiete von Metallen Metalle sind aus dem Leben der Menschen nicht wegzudenken. ▷ 1–2 Schon im Altertum dienten Metalle als *Schmuck* und als *Werkstoff* für Werkzeuge und Jagdwaffen. Inzwischen sind Metalle vielfältig genutzte *Baustoffe*.

Metalle werden auch als *Hilfsstoffe* in der Industrie verwendet – und fast täglich kommen neue Anwendungsmöglichkeiten hinzu. Dabei spielt zunehmend eine Rolle, ob mit dem Verwendungszweck Energie gespart werden kann. Zwei Beispiele dazu:

- Flachglas wird mit hoher Qualität und energiesparend als „Floatglas" hergestellt. Dabei wird die Glasschmelze über flüssiges Zinn gezogen. Sie schwimmt auf dem geschmolzenen Zinn.
- Stabile und dennoch leichte Flugzeugteile können mit „Metallschaum" (aus Aluminium oder Magnesium) hergestellt werden.

Legierungen – „Werkstoffe nach Maß" Nicht jedes Metall ist für jeden Verwendungszweck geeignet. Da können häufig Legierungen mit „ausgewählten" Eigenschaften Abhilfe schaffen. ▷ 3–7

Legierungen erhält man, wenn man verschiedene Metalle schmilzt und miteinander vermischt. Sie haben dann andere Eigenschaften als die reinen Metalle, aus denen sie bestehen.

Im Altertum musste man die Metalle so verwenden, wie man sie gerade fand oder herstellen konnte. Dann aber entdeckte man, dass bestimmte Legierungen bessere Eigenschaften haben als die reinen Metalle. Gezielt wurden nun Legierungen mit unterschiedlicher Zusammensetzung hergestellt und ausprobiert. In jener Zeit waren Schmiede und Metallgießer besonders angesehene Handwerker: Der, der den besten Stahl schmieden oder die besten Glocken gießen konnte, genoss das höchste Ansehen.

Heute werden Legierungen als Werkstoffe bevorzugt. Reine Metalle verwendet man praktisch nur noch für elektrische Leitungen, weil sie den Strom besser leiten als Legierungen.

1 Stahl in der Bauwirtschaft

2 Vergoldete Steckverbindungen

3 Die Edelmetalle Gold und Silber sind ziemlich weich. Deshalb legiert man diese Metalle mit Kupfer.

4 Reines Eisen ist spröde – ungeeignet für Werkzeuge. Deshalb fertigt man Holzbohrer aus einer Eisenlegierung.

5 Piercing oder künstliche Eisengelenke würden rosten. Man verarbeitet deshalb medizinischen Edelstahl.

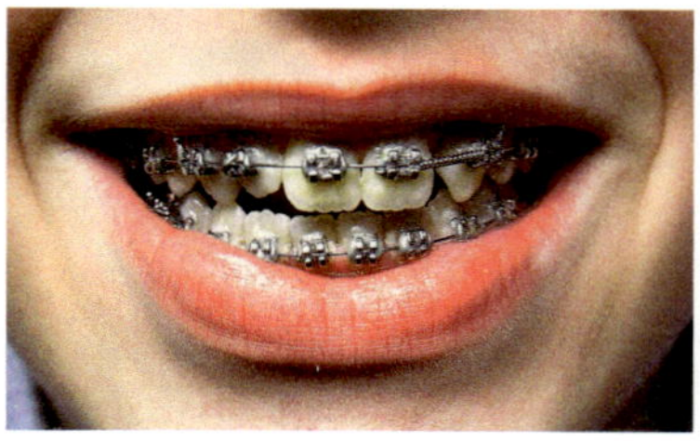

6 Für Zahnspangen wie diese wird eine Nickel-Titan-Legierung verwendet.

7 Messing – eine Legierung aus Kupfer und Zink – wird z. B. für Armaturen oder zur „Vergoldung" eingesetzt.

Stahllegierungen Stahl ist eine Legierung aus Eisen mit höchstens 2 % Kohlenstoff.

Nicht rostende Stähle sind Legierungen von Stahl mit weiteren Metallen. Wichtige Legierungsmetalle sind dabei Chrom, Nickel, Vanadium, Mangan, Molybdän oder Wolfram.

- **Eisen-Nickel-Legierungen** sind Trägermaterial für Mikrochips.
- **Eisen-Nickel-Chrom-Legierungen** sind äußerst hitzebeständig. Daraus werden Gasturbinen zur Stromerzeugung hergestellt. Auch Triebwerke für Raketen und Flugzeuge werden daraus gebaut. ▷ 7
- **Eisen-Nickel-Chrom-Molybdän-Legierungen** sind sehr beständig gegenüber Säuren und anderen Chemikalien. Sie werden für Chemieanlagen gebraucht. ▷ 8
- **Aluchrom** ist ein aluminiumhaltiger Chromstahl, der zusätzlich mit Yttrium, Hafnium und Zirkonium legiert ist. Diese Stahllegierung eignet sich wegen ihrer Temperaturbeständigkeit für Heizleiter in Haushaltsgeräten. ▷ 9
- **Widiastahl** ist eine Stahllegierung mit Vanadium. Sie ist so hart „**wie Dia**mant" und als Werkzeugstahl bestens geeignet. ▷ 10

9 Im Müllheizkraftwerk

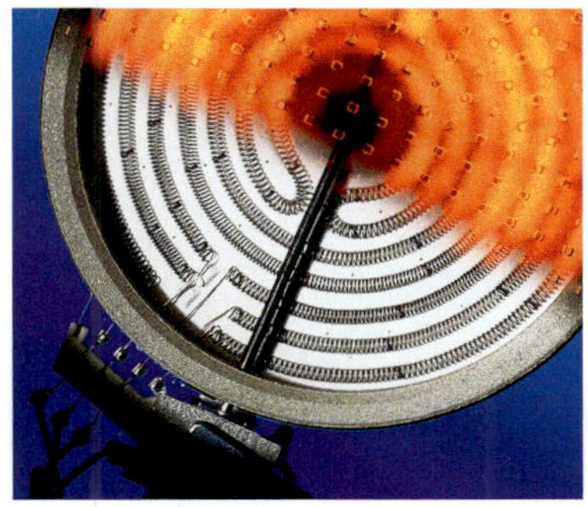

10 Heizplatte

8 Flugzeugtriebwerk

11 Kreissägeblatt

1 ◪ Die Bilder zeigen, wofür Metalle verwendet werden können. Nenne Eigenschaften, die das Metall haben muss, damit es für den betreffenden Verwendungszweck geeignet ist.

2 ■ Sucht zu den genannten Legierungen noch weitere Verwendungsmöglichkeiten (Internet!). Berichtet über eure Suchergebnisse.

Metalle

Alle Metalle sind chemische Elemente.
Viele Metalle nutzen wir als metallische Werkstoffe. ▷ 1
Legierungen sind Gemische verschiedener Metalle. Ihre Werkstoffeigenschaften sind meist besser als die Eigenschaften der einzelnen Metalle. ▷ 2

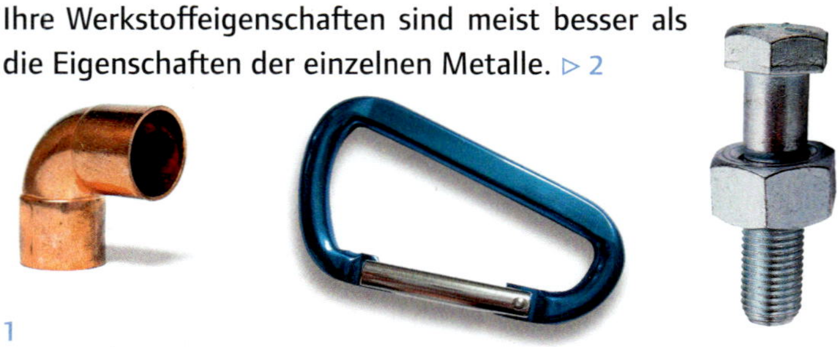

1

2 Messingtrompete

Metalloxide

Metalloxide sind chemische Verbindungen.
Sie entstehen durch Oxidation (Oxidbildung) aus einem Metall und Sauerstoff.
Beispiel: ▷ 3

Magnesium + Sauerstoff ⟶ Magnesiumoxid (Energieabgabe)

$$2\,Mg + O_2 \longrightarrow 2\,MgO \quad \text{(exotherm)}$$

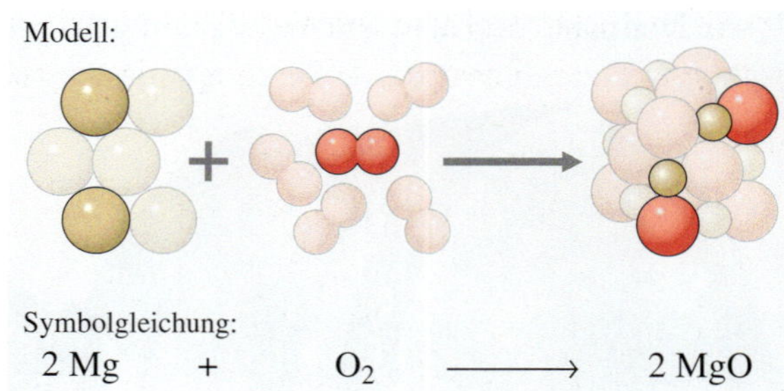

3

Edle und unedle Metalle werden nach der Heftigkeit ihrer Reaktion mit Sauerstoff unterschieden. Bei der langsamen oder stillen Oxidation reagieren unedle Metalle mit dem Sauerstoff der Luft, ohne vorher erhitzt worden zu sein. Dabei wird ihre Oberfläche von einer Oxidschicht überzogen (z. B. Rost). ▷ 4
Gegen das Rosten kann Eisen z. B. mit Farbe, einem Kunststoff- oder einem Metallüberzug geschützt werden.

4

Chemische Zeichensprache

Mit Symbolen, Formeln und Reaktionsgleichungen können Stoffe und ihre Reaktionen genau beschrieben werden (s. Tabelle im Anhang).

Metallgewinnung

Viele Metalloxide findet man in der Erde als Bestandteile von Erzen. Man gewinnt das Metall aus Erzen durch Reduktion (Oxidspaltung). Dazu lässt man bei hoher Temperatur einen geeigneten Stoff (z. B. Kohlenstoff) auf das Metalloxid einwirken. Beispiel:

Kupferoxid + Kohlenstoff ⟶ Kohlenstoffdioxid + Kupfer (Energieaufnahme)

$$2\,CuO + C \longrightarrow CO_2 + 2\,Cu$$

(endotherm)

Eisen ist unser wichtigstes Gebrauchsmetall. Aus Eisenerzen wird es im Hochofen unter Reduktion als Roheisen gewonnen. ▷ 5

Stahl ist eine Legierung aus Eisen und einem geringen Anteil an Kohlenstoff. Die Legierung Stahl ist härter als das reine Metall Eisen.

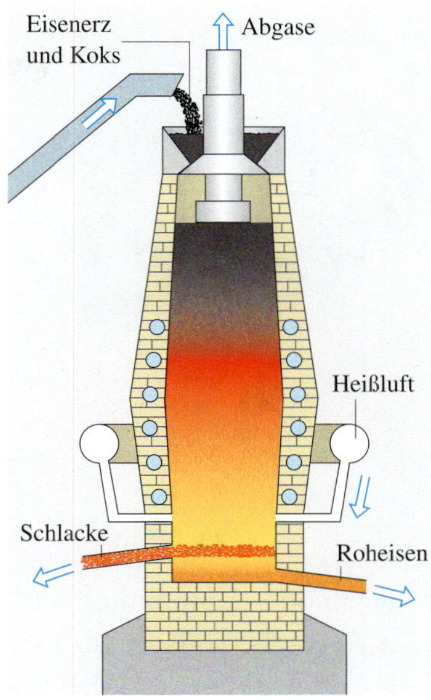

5

Recycling von Metallschrott

Durch die Rückgewinnung von Metall aus Metallschrott werden Rohstoffe und Energie gespart. Außerdem entlastet man die Umwelt.

Alles klar?

1 ◪ Wenn man Eisen in einem Gefäß mit Sauerstoff erhitzt, entsteht ein völlig neuer Stoff. Woran kann man das erkennen?

2 ◪ Nach dem Entzünden von Wunderkerzen verbrennen winzige Eisen- und Aluminiumstückchen. Wenn sie entzündet sind, brennen sie selbstständig weiter. ▷ 6 Erkläre!

3 ◪ Warum brennt eigentlich nicht der Glühdraht im Glaskolben einer Glühlampe?

6

4 ◻ Zinkpulver wird in einem Verbrennungslöffel stark erhitzt. Es beginnt zu brennen.

a Beschreibe die chemische Reaktion.

b Schreibe dazu die Wortgleichung auf.

c Ist das Verbrennungsprodukt leichter, genauso schwer oder schwerer als die vorherige Menge Zink?

5 ◪ Sieh dir alte Münzen an. ▷ 7 Ob sie nur schmutzig sind? Begründe deine Meinung.

7

1

2

3

4

1 Silber oder Aluminium? ▷ 1

a ◪ Zwei silbern glänzende Kettchen sehen gleich aus. Das eine ist aus Silber, das andere ist aus Aluminium gefertigt. Wie findest du ohne Hilfsmittel das Silberkettchen heraus?

b ■ Du sollst prüfen, ob das Kettchen tatsächlich aus Silber hergestellt wurde.
Woran erkennst du das? Beschreibe, wie du vorgehst.

2 Quecksilber ist flüssig. Alle anderen Metalle sind bei Zimmertemperatur feste Stoffe. ▷ 2–3

a □ Aus welchen Teilchen sind die Metalle aufgebaut?

b ◪ Zeichne, wie du dir die Anordnung der Teilchen in einem Eisenwürfel und in einem Eisendraht vorstellst.

c ◪ Zeichne, wie du dir die Anordnung der Teilchen in einem Quecksilbertropfen vorstellst.

d ◪ Quecksilber verdampft leicht zu giftigem Dampf. Zeichne die Anordnung der Teilchen im Quecksilberdampf.

3 Zinkpulver wird in eine Flamme gepustet – es beginnt zu brennen.

a □ Beschreibe die chemische Reaktion, die dabei abläuft.

b □ Schreibe dazu die Wortgleichung auf.

c ◪ Ist das Reaktionsprodukt leichter, genauso schwer oder schwerer als die vorherige Zinkportion? Begründe deine Entscheidung.

4 ◪ Die Oxidation der Metalle verläuft exotherm. Gib an, was man darunter versteht.

5 ◪ Der Versuch, durch kräftiges Erhitzen Kupfer zu gewinnen, misslingt. Dazu erhitzt man das Kupfer kräftig.

a Warum gelingt der Versuch nicht?

b Wie müsste der Versuch verändert werden, damit aus Kupferoxid Kupfer gewonnen werden kann?

6 ■ Vergleiche die Oxidation von Eisen mit der Reduktion von Eisenoxid.

7 ◪ Die Reduktion (Oxidspaltung) ist ein chemischer Vorgang, bei dem ein Oxid zerlegt wird. Welche Rolle spielt dabei der Kohlenstoff?

Die Lösungen findest du im Anhang.

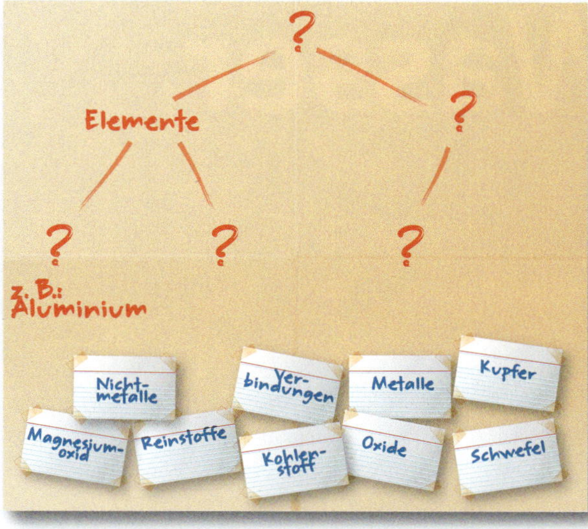

5

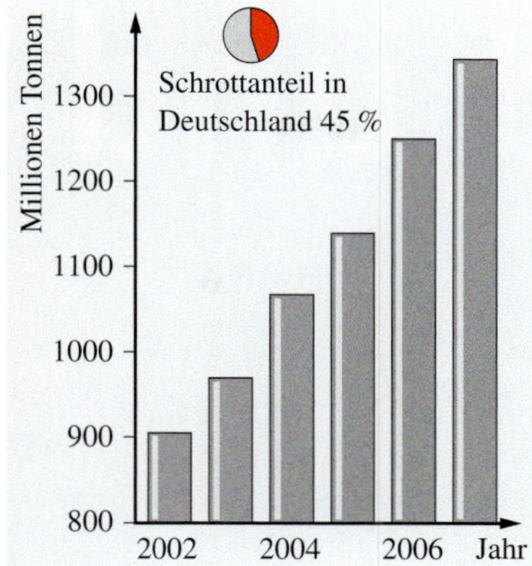

6 Weltjahresproduktion an Rohstahl

8 ◪ Ergänze die Übersicht mit den Karten. ▷ 5
Begründe jede Zuordnung.

9 Kupfer ist ein typisches Metall, Schwefel ein typisches Nichtmetall.

a □ Nenne Metalle und die gemeinsamen Eigenschaften, an denen du erkennen kannst, dass es Metalle sind.

b □ Nenne Nichtmetalle. Woran erkennst du, dass es keine Metalle sind?

c ◪ Das Metall Kupfer und das Nichtmetall Schwefel gehören zu derselben Stoffgruppe. Nenne sie.

d ◪ Holz ist zwar kein Metall, aber man bezeichnet es auch nicht als Nichtmetall, sondern als nicht metallischen Werkstoff. Begründe das.

10 Mit viel Aufwand wird Eisen gewonnen. Es ist aber kaum zu verhindern, dass Eisen im Laufe der Zeit rostet.

a ◪ Vergleiche die chemischen Reaktionen, die bei der Eisengewinnung und beim Rosten ablaufen.

b □ Gib die Namen an und schreibe die Wortgleichungen auf.

11 ■ Die Industrie benötigt Stahl – weltweit. ▷ 6

a Erläutere die Grafik.

b Die Stahlindustrie behauptet: „Mit Stahl geht es der Umwelt besser." Nimm mithilfe der folgenden Aussagen Stellung dazu:

- *„Durch den hohen Anteil an eingesetztem Stahlschrott kann in Deutschland bei der Stahlerzeugung pro t Rohstahl ca. 1 t Kohlenstoffdioxid eingespart werden."*
- *„Eine Tonne Stahl, die aus Schrott erzeugt wird, spart 1,5 t Eisenerz und 290 000 t Kohle."*
- *„Etwa die Hälfte des Edelstahls wird in Deutschland aus Recyclingstahl hergestellt. Dabei spart man die wertvollen Legierungsanteile Chrom, Nickel und Molybdän ein."*
- *„Stahl verfügt wie kein anderer Werkstoff über einen nahezu geschlossenen Kreislauf."*

12 ◪ Bei chemischen Reaktionen spielt die Energie eine Rolle.

a Vergleiche exotherme und endotherme Reaktionen.

b Erläutere den Unterschied zwischen einer endothermen Reaktion und der Zufuhr von Aktivierungsenergie.

13 ◪ Die folgenden Reaktionsgleichungen beschreiben chemische Reaktionen. Beschreibe sie unter Verwendung der Fachsprache.

a $2\,Cu + O_2 \longrightarrow 2\,CuO$

b $C + O_2 \longrightarrow 2\,CO_2$

Luft und Wasser

Luft und Wasser umgeben uns. Ohne sie könnten wir nicht leben. Wir begegnen ihnen in der Natur, im Haushalt und in allen Berufen. Sie werden verschmutzt und müssen geschützt werden.

Woraus bestehen Luft und Wasser?

Lebensnotwendig für Pflanzen, Tiere und Menschen

1

2

3

4

5

Genutzt in Alltag, Beruf und Freizeit

6

7

8

9

10

Bedroht und schützenswert

11

12

13

14

15

Die Luft und ihre Bestandteile

Wir untersuchen die Luft

1 Blasebalg

> Die Luft hat so viele besondere Eigenschaften, dass sie demjenigen, der mit ihr Versuche anstellt, genug neue Entdeckungen bietet.
> Auch das Feuer zeigt uns, dass es nicht ohne Luft erzeugt werden kann. Ich sah die Notwendigkeit ein, das Feuer zu kennen, weil ohne dies kein Versuch anzustellen ist. Ich machte eine Menge von Versuchen, um diese Erscheinung genau zu ergründen. Ich merkte aber bald, dass man ohne Kenntnis der Luft kein wahres Urteil über das Feuer fällen könnte.
>
> *Carl Wilhelm Scheele (1742–1786)*

1

Feuer und Luft

a Seht euch das Bild oben an und berichtet. ▷ 1

b Untersucht ein Stövchen oder eine Petroleumlampe. Welche Aufgabe könnten die seitlichen Öffnungen haben? Wie könnt ihr eure Vermutung überprüfen?

c Oben könnt ihr einen Text aus einer Schrift von *Carl Wilhelm Scheele* lesen. Schreibt auf, was der berühmte Chemiker über den Zusammenhang zwischen dem Feuer und der Luft aussagt.

2

Braucht die Flamme Luft?

a Beweist, dass eine Flamme Luft braucht, um zu brennen. ▷ 2

b Wie könnt ihr die Flamme „retten", wenn sie zu verlöschen droht?

2

3

Erstickende Luft

Eine Kerze wird mit etwas Wachs auf einer Glasplatte befestigt. Über die brennende Kerze stülpen wir ein Becherglas. ▷ 3
Nach dem Erlöschen der Flamme könnt ihr das Becherglas zusammen mit der Glasplatte umdrehen. Führt danach eine brennende Kerze in das Becherglas ein.
Beobachtet und erklärt.

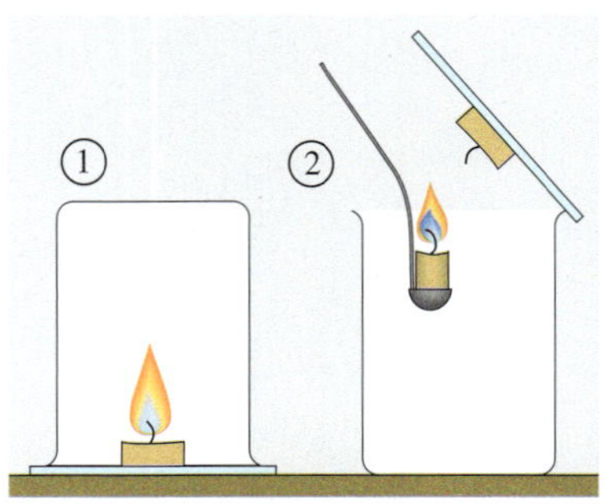

3

4
Wie viel Luft wird bei der Verbrennung verbraucht? (Lehrerversuch)
In ein schwer schmelzbares Glasrohr ist Eisenwolle gestopft.
2 Kolbenprober sind angeschlossen. ▷ 4

a Die linke Hälfte der Eisenwolle wird erst mit dem Brenner erhitzt, bevor man ihn entfernt.

b Die 100 mL Luft aus dem linken Kolbenprober werden nun mit den Kolben über die Eisenwolle hin und her gedrückt.

c Jetzt erhitzt man die rechte Hälfte der Eisenwolle. Was passiert damit?

d Wie viel Restluft ist noch im Kolbenprober?

e Die Restluft wird in einem Messzylinder aufgefangen. Was passiert, wenn man einen brennenden Holzspan hineinhält? Begründe!

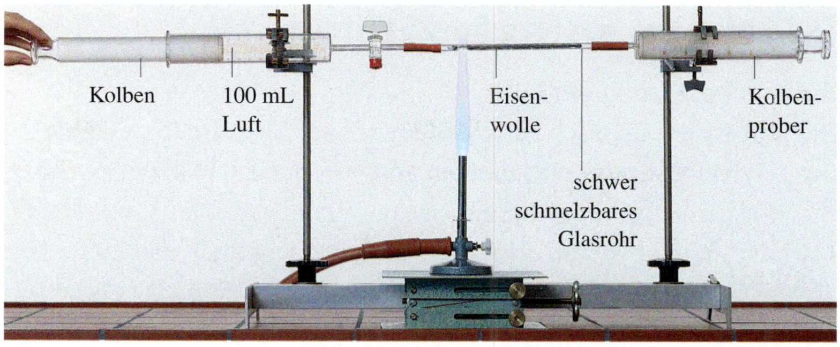

4

5
Sauerstoff auffangen
Sauerstoff◇ kann man „über Wasser" auffangen. ▷ 5
Der Standzylinder wurde vorher mit Wasser gefüllt. Beschreibt, wie das Auffangen über Wasser vor sich geht.

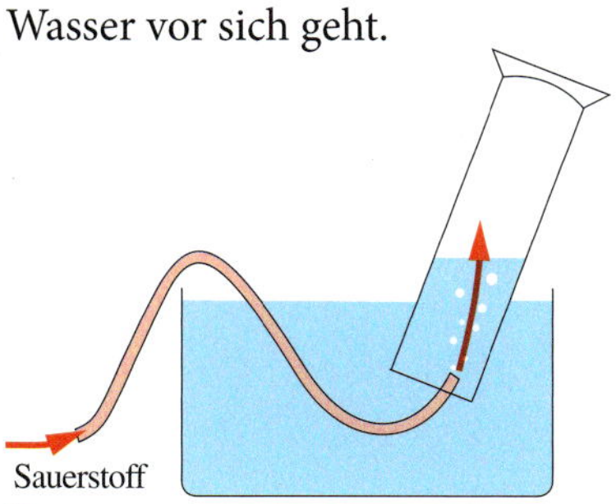

5

6
In welchem Reagenzglas bleibt der Sauerstoff?
Zwei Reagenzgläser wurden mit Sauerstoff◇ gefüllt.
Das erste stellt ihr mit der Öffnung nach oben auf, das zweite haltet ihr mit der Öffnung nach unten. ▷ 6
Prüft nach etwa einer halben Minute mit einem glimmenden Holzspan auf Sauerstoff.

a Erklärt das Ergebnis.

b Erstellt einen Steckbrief von Sauerstoff.

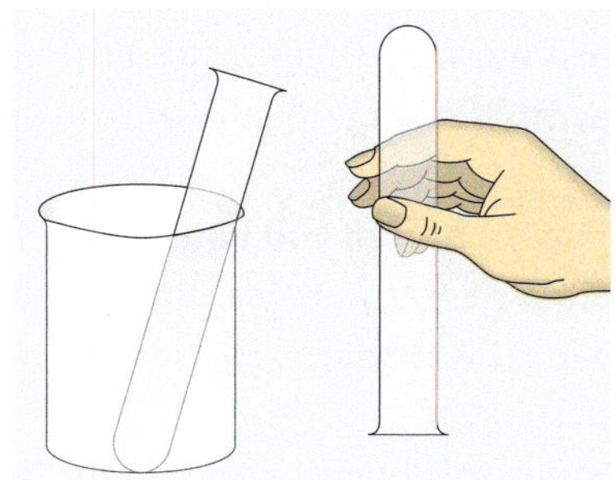
6

7
Ob der Stickstoff seinen Namen zu Recht trägt?
Ihr benötigt zwei Bechergläser. Eines ist mit Luft, das andere mit Stickstoff gefüllt.

a Taucht eine brennende Kerze in jedes Glas. Beobachtet und vergleicht!

b Statt der Kerze nehmen wir jetzt einen glimmenden Holzspan wie beim Sauerstoffnachweis.

c Wir halten auch einen noch brennenden Span hinein.

d Warum also wird dieses Gas „Stickstoff" genannt?

8
Eigenschaften von Kohlenstoffdioxid
Erstellt einen Steckbrief von Kohlenstoffdioxid.
Zwei Eigenschaften könnt ihr mit einem Versuch herausfinden.
▷ 7

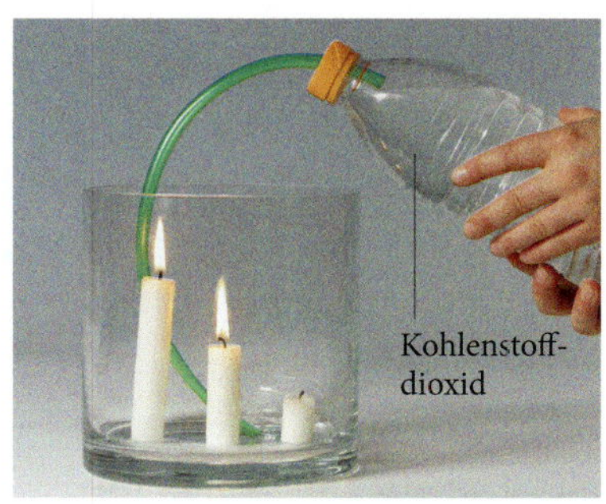

7 Zwei Eigenschaften von Kohlenstoffdioxid

◇ Sauerstoff  Gefahr

Die Luft – ein gasförmiges Stoffgemisch

Zusammensetzung der Luft

Die Luft ist ein Gemisch verschiedener Gase. Sie enthält z. B. ein Gas, in dem etwas brennt, und ein anderes, das die Flamme erstickt.

Das Gas, in dem etwas brennt, ist der *Sauerstoff*. Das Gas, das die Flamme erstickt, heißt *Stickstoff*. Außerdem enthält die Luft noch andere Gase, wie *Kohlenstoffdioxid* und *Edelgase*. ▷ 1

Mit der Apparatur von Bild 4 auf der Vorseite kann man genau ermitteln, wie viele mL Sauerstoff in 100 mL Luft enthalten sind. In einem schwer schmelzbaren Glasrohr befindet sich Eisenwolle. Einer der beiden Kolbenprober enthält 100 mL Luft. Nachdem die Luft mehrmals über die glühende Eisenwolle hin und her gedrückt wurde, bleiben nur noch 80 mL „Restluft" übrig. 20 mL Sauerstoff haben sich mit dem Eisen zu festem Eisenoxid verbunden.

Eigenschaften von Sauerstoff Gut ein Fünftel der Luft ist Sauerstoff, ein farbloses und geruchloses Gas. Es lässt sich bei −183 °C verflüssigen. Die bläuliche Flüssigkeit wird in blauen Stahlflaschen transportiert. ▷ 2

Sauerstoff brennt nicht selbst, fördert aber die Verbrennung. Er reagiert leicht mit anderen Stoffen. Deshalb verläuft jede Verbrennung in reinem Sauerstoff heftiger als an der Luft. Sauerstoff wird mit der Glimmspanprobe nachgewiesen. ▷ 3

Menschen und Tiere brauchen ständig Sauerstoff zum Atmen. Fische und andere Wasserlebewesen können unter Wasser atmen, weil sich Sauerstoff in Wasser löst. Bei einer Temperatur von 0 °C lösen sich 49,1 mL Sauerstoff in 1 Liter Wasser. Wenn die Wassertemperatur ansteigt, nimmt die Löslichkeit ab.

Eigenschaften von Stickstoff Die Luft besteht zu fast vier Fünfteln aus Stickstoff. Dieses Gas ist bei Raumtemperatur farb- und geruchlos. Es ist nicht giftig und nicht brennbar.

Stickstoff erstickt eine Flamme.
Hält man einen brennenden Holzspan in ein Gefäß mit Stickstoff, erlischt die Flamme – wie beim Kohlenstoffdioxid. Kalkwasser wird aber durch Stickstoff nicht getrübt.

Stickstoff reagiert kaum mit anderen Stoffen. Er wird deshalb als *Schutzgas* zum Verpacken von Lebensmitteln eingesetzt.
Flüssiger Stickstoff hat mit −196 °C eine äußerst niedrige Siedetemperatur. Daher ist er sehr gut als *Kühlmittel* geeignet.

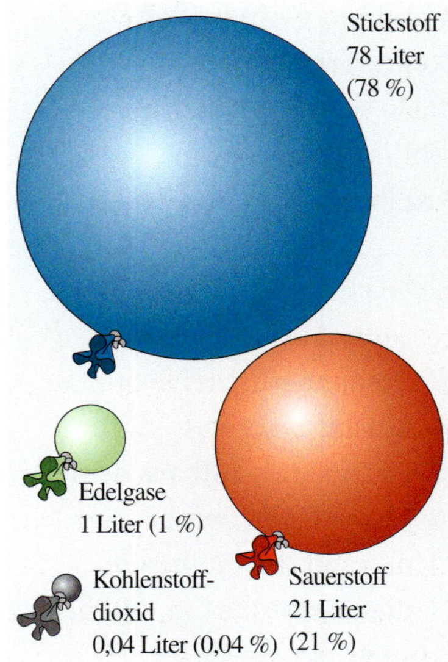

1 Das „steckt" in 100 Litern Luft.

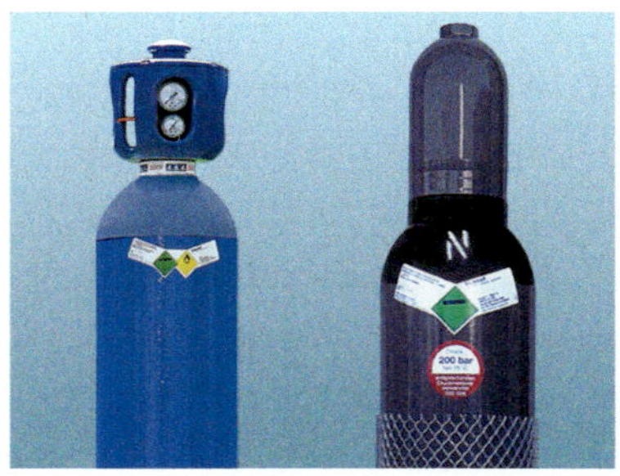

2 Druckflaschen für Sauerstoff (blau) und Stickstoff

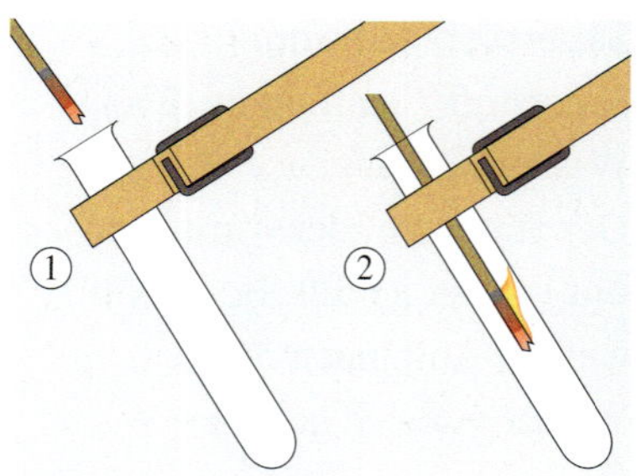

3 Glimmspanprobe

68-1

das Edelgas
das Kohlenstoffdioxid
der Sauerstoff
der Stickstoff

Wie Kohlenstoffdioxid entsteht Kohlenstoffdioxid entsteht bei der Verbrennung von Kohlenstoff oder von Brennstoffen, die Kohlenstoff enthalten. In einer chemischen Reaktion (Oxidation) verbindet sich Kohlenstoff mit dem Sauerstoff der Luft zu Kohlenstoffdioxid:
Kohlenstoff + Sauerstoff ⟶ Kohlenstoffdioxid (Energieabgabe)

Eigenschaften von Kohlenstoffdioxid
Das Kohlenstoffdioxid ist ein farbloses und geruchloses Gas, das sich gut in Wasser löst.
Bei einer Temperatur von 0 °C lösen sich 1,7 Liter Kohlenstoffdioxid in 1 Liter Wasser. Wenn die Wassertemperatur ansteigt, löst sich weniger Kohlenstoffdioxid.
Grüne Pflanzen brauchen Kohlenstoffdioxid zum Leben. Tiere und Menschen würden in reinem Kohlenstoffdioxid ersticken.
Kohlenstoffdioxid erstickt die Flamme einer Kerze. Darum setzt man das Gas auch zum Feuerlöschen ein.
Leitet man Kohlenstoffdioxid in Kalkwasser, wird dieses trübe. ▷ 4
Die Trübung von Kalkwasser ist ein Nachweis für das Gas Kohlenstoffdioxid.

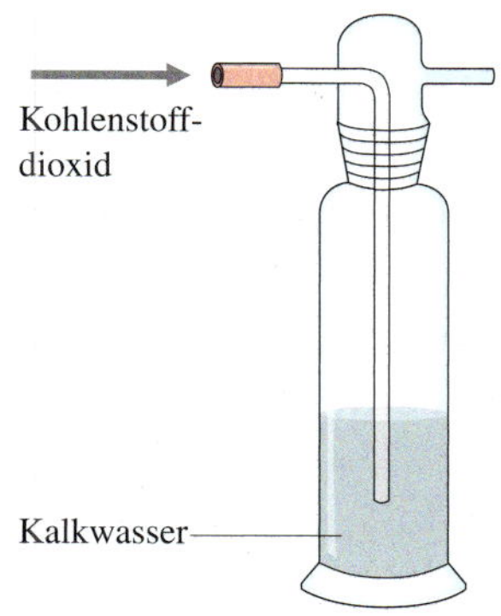

4

Gewinnung von Kohlenstoffdioxid Kohlenstoffdioxid kann aus Luft gewonnen werden: Wenn man die Luft stark zusammenpresst und dann abkühlt, wird zuerst das Kohlenstoffdioxid flüssig (bei –79 °C). Man füllt es in graue Stahlflaschen.

5

Verwendung von Kohlenstoffdioxid Kohlenstoffdioxid setzt man zum Herauspressen von Erdöl aus Lagerstätten und von Bier aus Fässern ein. Es wird auch als fester Stoff (Trockeneis) zum Kühlen verwendet. Wenn das Kohlenstoffdioxid verdampft, sieht man Nebelschwaden über den Boden ziehen, weil der Wasserdampf der Luft kondensiert. So entsteht auch der Diskonebel. ▷ 5

Aufgaben

1 ◪ Ein Reagenzglas ist mit Luft, das andere mit Sauerstoff gefüllt. Beschreibe, wie du den Sauerstoff herausfinden kannst.

2 Sauerstoff ist in Wasser löslich.

a □ Welche Bedeutung hat das für die Natur?

b ◪ „Fischsterben in Seen nach Hitzewelle der vergangenen Tage" – so lautete eine Schlagzeile. Welche Ursache vermutest du?

3 □ Nenne Beispiele für die Verwendung von Stickstoff. Gib jeweils an, welche Eigenschaften des Stickstoffs das ermöglichen.

4 ■ Tabletten zum Reinigen von Zahnprothesen oder Zahnspangen sprudeln in einem Glas Wasser. Denke dir einen Versuch aus, mit dem du herausbekommst, um welches Gas es sich dabei handelt.

5 ■ Erkundige dich danach, wie Diskonebel erzeugt wird und ob sein Einsatz gefährlich sein kann.

6 ◪ Finde heraus, welche Brände man mit Kohlenstoffdioxid löschen darf.

Die Bestandteile der Luft werden vielfältig genutzt

Heißere Flammen durch Sauerstoff Sauerstoff wird gebraucht, wenn dicke Metallplatten zerteilt werden sollen. Zum *Brennschneiden* wird ein spezieller Brenner verwendet. ▷ 1

Das Gas *Acetylen* ist das eigentliche *Brenngas*. Wenn das Acetylen mit reinem Sauerstoff gemischt wird, brennt es so heftig, dass die Flamme etwa 3000 °C erreicht. Außerdem brennt das heiße Metall im Sauerstoffstrom von alleine weiter. Das Metall wird dann regelrecht „zerschnitten". Sauerstoff ist aber auch gefährlich. Er ist extrem brandfördernd. Fette und Öle können sich in Sauerstoff selbst entzünden.

1 Brennschneiden

Sauerstoff als Lebensretter Ein Sauerstoffgerät zur künstlichen Beatmung hat schon vielen das Leben gerettet. ▷ 2 Ein solches Gerät muss sehr schnell eingesetzt werden. Wenn ein Verunglückter 4 bis 6 Minuten nicht mehr geatmet hat, bleiben schwere Hirnschäden zurück – falls er überhaupt noch ins Leben „zurückgerufen" wird. Feuerwehrleute tragen Atemschutzgeräte, um sich vor Rauch oder giftigen Gasen zu schützen. ▷ 3

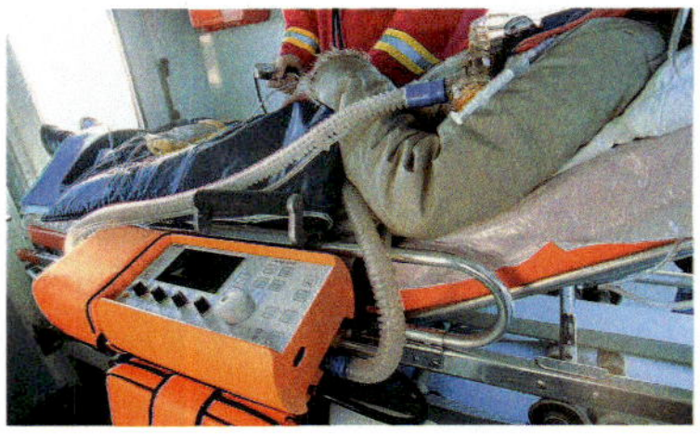
2 Künstliche Beatmung

3 Atemschutzgerät

Stickstoff als Schutzgas Im Gegensatz zum Sauerstoff unterhält oder unterstützt der Stickstoff die Verbrennung nicht. Diese Eigenschaft des Stickstoffs wird in der Technik genutzt:

- Rohrleitungen für brennbare Gase und Flüssigkeiten müssen frei von Sauerstoff sein. Deshalb spült man die Rohre mit Stickstoff, bevor die brennbaren Gase oder Flüssigkeiten eingeleitet werden.
- Viele Lebensmittel werden unter Stickstoff aufbewahrt. ▷ 4
- Flugzeugreifen werden mit Stickstoff gefüllt. ▷ 5

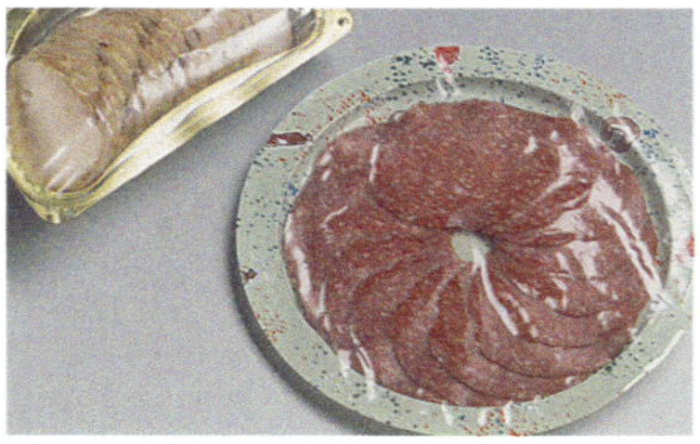
4 Stickstoff schützt Lebensmittel.

5 Mit Stickstoff befüllte Reifen

1 ◪ Reiner Sauerstoff hilft bei der Wiederbelebung besser als eine Mund-zu-Mund-Beatmung. Suche dafür eine Begründung.

2 ◪ Der Ausdruck „Brennschneiden" ist eigentlich nicht korrekt. Erkläre!

3 Stickstoff wird in der Technik als „Schutzgas" eingesetzt.

a ◪ Erkundige dich nach der Schutzwirkung.

b □ An welcher Eigenschaft des Stickstoffs liegt das?

Die vielseitige Verwendung von flüssigem Stickstoff

Mit –196 °C hat Stickstoff eine sehr niedrige Siedetemperatur.
- Stickstoff eignet sich deshalb ausgezeichnet als Kühlmittel für Lebensmittel. Sie gefrieren sofort, wenn sie in flüssigen Stickstoff getaucht werden. ▷ 6
- Ein Gefäß mit flüssigem Stickstoff dient als Kühltruhe für Tiersperma. ▷ 7 So kann man das Erbgut wertvoller Zuchttiere aufbewahren und transportieren.
- In der Medizin verwendet man flüssigen Stickstoff zum Konservieren von Blut, Gewebeproben, Impfstoffen und Bakterienkulturen.
- Flüssiger Stickstoff eignet sich auch zum Entfernen von Warzen.
- In tiefe Baugruben kann manchmal Wasser aus der Umgebung eindringen. Um das zu verhindern, wird flüssiger Stickstoff durch „Gefrierlanzen" in die Erde gepresst. Dort kühlt er die Erde so stark ab, dass das Wasser gefriert.
- Im Tiefbau verwendet man flüssigen Stickstoff zum „Rohrfrosten". ▷ 8 Wenn ein Rohr repariert werden muss, kann die darin enthaltene Flüssigkeit mit flüssigem Stickstoff eingefroren werden. Es bildet sich dann ein Eispfropfen, der das Rohr verschließt.

6 Schockgefrieren durch Stickstoff

7 Stickstoff in der Tierzucht

8 Stickstoff zum „Rohrfrosten"

Die Edelgase Luft enthält auch Helium, Neon, Argon, Krypton und Xenon. Diese Gase nennt man *Edelgase*, weil sie sich beim Erhitzen nicht verändern und weil in ihnen keine anderen Stoffe brennen.
- Ein Liter *Helium* ist viel leichter als Luft. Deshalb füllt man Luftschiffe mit Helium. ▷ 9
- *Neon* wird für farbige Leuchtreklamen eingesetzt. ▷ 10
- *Argon* ist das häufigste und preiswerteste Edelgas. Es wird ebenfalls als Füllgas von Leuchtreklamen verwendet. Außerdem füllt man damit Energiesparlampen. ▷ 11
- *Krypton* und *Xenon* sind schlechte Wärmeleiter. Wenn Lampenkolben mit einem dieser Gase gefüllt sind, kann der Glühdraht so stark erhitzt werden, dass er grell glüht. Xenonlampen strahlen fast so hell wie die Sonne. Man setzt sie in Kinos, Sportstadien, Fotokopiergeräten und Autoscheinwerfern ein. ▷ 12

9 Luftschiff (Helium)

10 Leuchtröhren (Neon)

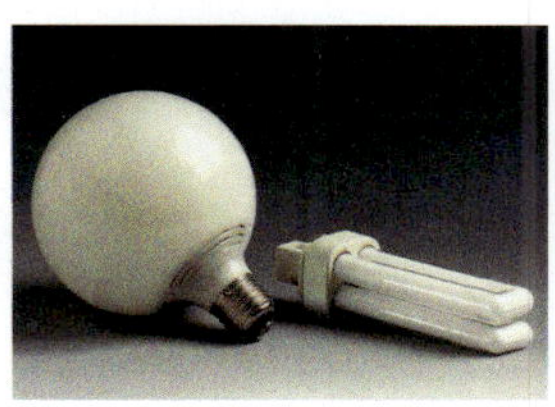
11 Sparlampen (Argon)

12 Scheinwerfer (Xenon)

4 ◪ Der Begriff „Edelgase" weist auf Eigenschaften der Gase hin.

a Nenne sie und begründe den Einsatz der verschiedenen Edelgase.

b Luftschiffe wurden nicht nur mit Helium gefüllt, weil das Gas leichter als Luft ist. Erkläre.

Kohlenstoffdioxid und Treibhauseffekt

Ohne Kohlenstoffdioxid könnten wir nicht leben. ▷ 1
Zu viel Kohlenstoffdioxid kann uns schaden. ▷ 2

1 Oberfläche des Mars

2 Trockengebiet auf der Erde

Treibhauseffekt macht die Erde bewohnbar Gärtner nutzen den Treibhauseffekt in Treib- oder Gewächshäusern zur Heizung. ▷ 3 Teile der Sonnenstrahlung durchdringen das Glasdach und erwärmen den Boden des Treibhauses. Dieser strahlt dann seinerseits Wärme ab, die aber vom Glasdach zurückgehalten wird.
Auch die Lufthülle der Erde ist ein „Treibhaus". Die „Treibhausgase" Wasserdampf, Kohlenstoffdioxid und Methan lassen die Sonnenstrahlung fast ungehindert zur Erde hindurch. Sie verschlucken aber einen Teil der Wärme, die die Erde zurückstrahlt. Die Lufthülle sendet nun ebenfalls Wärmestrahlung zum Erdboden. So wird die Erde teilweise aufgeheizt. ▷ 4
Der Treibhauseffekt macht Leben auf der Erde erst möglich. Ohne ihn würde die Durchschnittstemperatur auf der Erde statt +15 °C nur −20 °C betragen.

3 Treibhaus

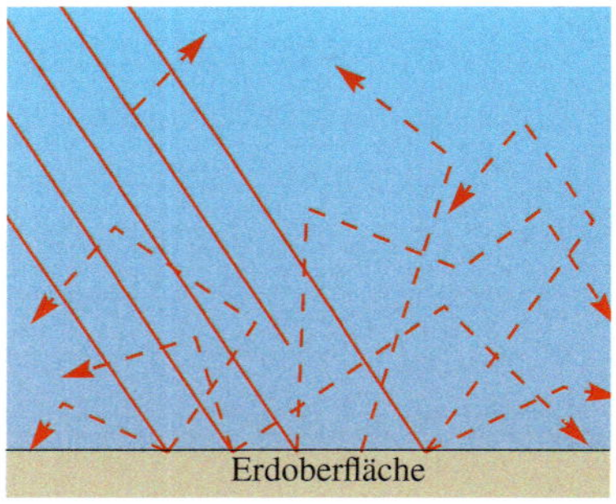

4 Wärmestrahlung in der Atmosphäre

Klimawandel Wissenschaftler warnen vor einer *Verstärkung des Treibhauseffekts*. Da wir fossile Brennstoffe wie Kohle, Erdöl und Erdgas verbrennen, ist der Anteil des Kohlenstoffdioxids in der Luft gewachsen. Als Folge steigt die Temperatur auf der Erde. Durch die Erwärmung sind Auswirkungen auf das Klima zu erwarten. ▷ 5

5 Mögliche Folgen einer Verstärkung des Treibhauseffekts

1 ■ Vergleiche positive und negative Auswirkungen des Treibhauseffekts. ▷ 5 Welche Folgen haben sie in den verschiedenen Weltregionen?

So kann Kohlenstoffdioxid vermindert werden

Kohlenstoffdioxid vermeiden – in großem Stil! In Deutschland soll Folgendes geschehen:

- Durch Wärmedämmung von Gebäuden sollen weniger Erdöl, Erdgas und Kohle verheizt werden.
- Erneuerbare Energien (Windkraft, Energie der Sonne, Wasserkraft, Erdwärme) werden verstärkt genutzt.
- Stoffe aus Abfällen werden wiederverwertet, nicht verbrannt.
- Zusätzlich werden Wälder aufgeforstet, die (während der Wachstumsphase) mehr Kohlenstoffdioxid „schlucken".

Kohlenstoffdioxid vermeiden – jeder macht mit! ▷ 6

6

1 ◪ Energiesparen hilft Kohlenstoffdioxid vermeiden. Beurteile diese Aussage.

2 ◪ Auch daheim kann man durch Energiesparen Kohlenstoffdioxid vermeiden. ▷ 6
Beschreibe die verschiedenen Möglichkeiten und ergänze sie.

3 ■ Tobias sagt: „Wir heizen nicht mit Heizöl, sondern mit Holz – das verstärkt nicht so sehr den Treibhauseffekt." Martina gibt zu bedenken: „Auch beim Verbrennen von Holz entsteht doch Kohlenstoffdioxid." Tobias: „Ja, aber denk doch an die Fotosynthese!" Was sagst du dazu?

4 ■ Erläutere die Aussage: „Holz ist ein CO_2-neutraler Brennstoff."

Luftschadstoffe

Ein Gruppenprojekt

**Täglich kann man in Zeitungen und Zeitschriften etwas über das Gas Kohlenstoffdioxid und seine Rolle beim Treibhauseffekt lesen.
Aber nicht nur Kohlenstoffdioxid belastet unsere Luft.**

Gemeinsam für den Klimaschutz
Um die Erderwärmung aufzuhalten, muss der CO_2-Ausstoß sinken. Neben dem Verkehr sind Kraftwerke und Fabriken gefordert. Auch Haushalte, Flugverkehr und Landwirtschaft können einen wichtigen Beitrag leisten.

1

2

3

Kampf gegen die Erderwärmung – Kampf gegen den Treibhauseffekt

Zum Schutz vor gesundheitlichen Schäden durch Schadstoffe ist durch Gesetze festgelegt, welche Masse (in µg) eines Schadstoffs sich in $1 m^3$ Luft befinden darf (s. Anhang).

Ein Flug von München nach Hamburg verursacht pro Person ca. 170 Kilogramm Kohlenstoffdioxid. Ein Auto verursacht auf gleicher Strecke durchschnittlich ca. 45 Kilogramm weniger.

Neue Technologien, neue Kraftstoffe – so kann die Industrie den CO_2-Ausstoß senken. In Zukunft werden neue Kraftstoffe wie Erdgas und Wasserstoff gefragt sein.

4

Umfangreiche Themen und viele offene Fragen könnt ihr gut in einem *Gruppenprojekt* bearbeiten. Beachtet diese Schritte:

Ideenfindung:

Schritt 1 **Wie lautet das Gruppenprojekt? Wie viel Zeit steht zur Verfügung?**
Beispiel: Auswirkungen von Luftschadstoffen – was wird dagegen getan?

Schritt 2 **Welche Ergebnisse werden erwartet?**
Beispiel: Verursacher der Luftschadstoffe beschreiben, Auswirkungen der Luftverschmutzung aufzeigen, Lösungsansätze vorstellen

Schritt 3 **Festlegen der Schwerpunkte**
Beispiel: Was versteht man unter dem Treibhauseffekt? Wodurch wird er verursacht? Warum richtet man Umweltzonen ein? Welche Bedeutung haben die Umweltplaketten?

Planung der Vorgehensweise:

Schritt 4 **Wie sieht die Gliederung des Schwerpunkts eurer Gruppe aus?**
Für Vorbereitung, Durchführung und Präsentation

Schritt 5 **Wer informiert sich wo?**
Beispiel: Können Experten befragt werden? Gibt es interessante Experimente zum Thema? Wer stellt Abbildungen/Texte zur Verfügung? Gibt es Auskünfte im Internet?

Schritt 6 **Wie wollt ihr im Einzelnen vorgehen?**
Interviews vorbereiten, führen, auswerten; Wandzeitung gestalten; Diagramme erstellen, auswerten

Schritt 7 **Wer präsentiert was und wie?**

1

Ein erster Test unserer Luft

So könnt ihr feststellen, wie viele Staub- und Rußteilchen sich in der Luft befinden:

a Klebt über die Öffnung eines Glases zwei Streifen Klebeband. Die Klebeflächen sollen nach außen zeigen. ▷ 5 Stellt das Gefäß draußen an einen ruhigen Platz (möglichst nicht auf den Boden).

b Nach drei Tagen nehmt ihr den einen Streifen ab, nach sechs Tagen den anderen. Klebt die Streifen auf Millimeterpapier und seht sie euch mit der Lupe an: Wie viele Staub- und Rußteilchen könnt ihr auf einer jeweils 1 cm² großen Fläche finden?

5

2

Feinstaub aus Motoren (Lehrerversuch)

Spannt mithilfe eines Gummis ein Papiertaschentuch über den Auspuff. Dann wird der Verbrennungsmotor (Mofa, Auto, Rasenmäher) angelassen. Überprüft nach einigen Minuten das Papier.
Gibt es Unterschiede zwischen den einzelnen Motoren (Benzin, Diesel mit und ohne Rußfilter)?

3

Lasst euch Eigenschaften von Schwefeldioxid◇ zeigen (Lehrerversuch)

In einem Kolben wird eine erbsengroße Menge Schwefel◇ verbrannt (Abzug!). ▷ 6
Sobald der Schwefel nicht mehr brennt, wird in den Kolben eine angefeuchtete rote Blüte gegeben und der Kolben verschlossen.

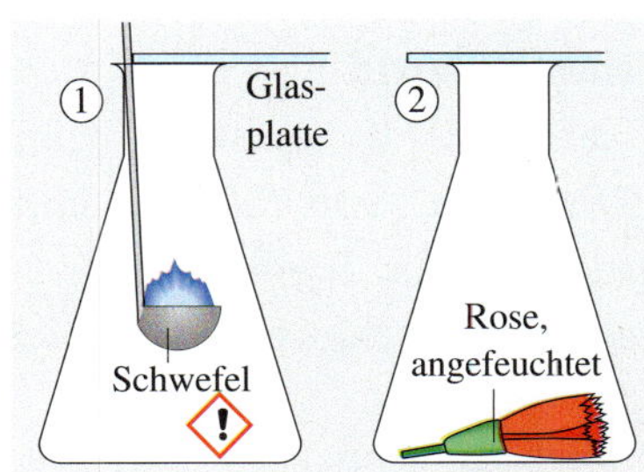

6

◇ Schwefeldioxid  Gefahr

◇ Schwefel  Achtung

Schlechte Luft – wodurch?

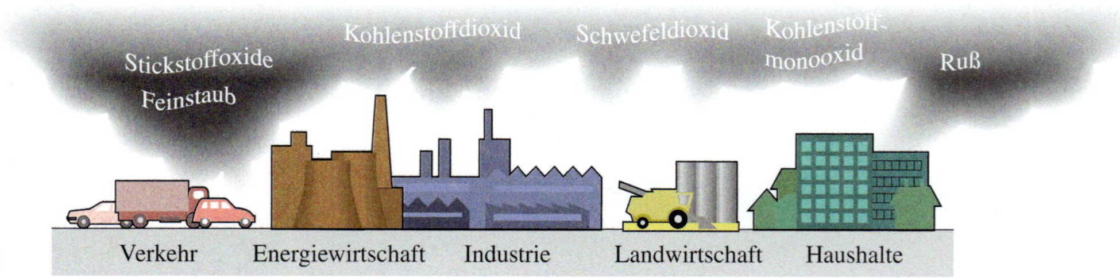

1

Luftschadstoffe durch Verbrennung Energie brauchen wir zum Heizen, zur Erzeugung von elektrischer Energie und zum Autofahren. Sie wird vor allem durch Verbrennen von Holz, Kohle, Erdöl und Erdgas erzeugt. Dabei entstehen neben dem „Klimagas" Kohlenstoffdioxid auch *Luftschadstoffe*.

Feinstaub

Entstehung: Als Feinstaub bezeichnet man winzige Teilchen in der Luft. Sie sind viel kleiner als der Durchmesser eines Menschenhaars (z. B. Blütenpollen, Ruß, Abrieb von Gummireifen, Zementstaub). Der meiste Feinstaub entsteht bei Verbrennungen in Automotoren, Heizungen, Kaminfeuern, beim Grillen und Rauchen. ▷ 2–3

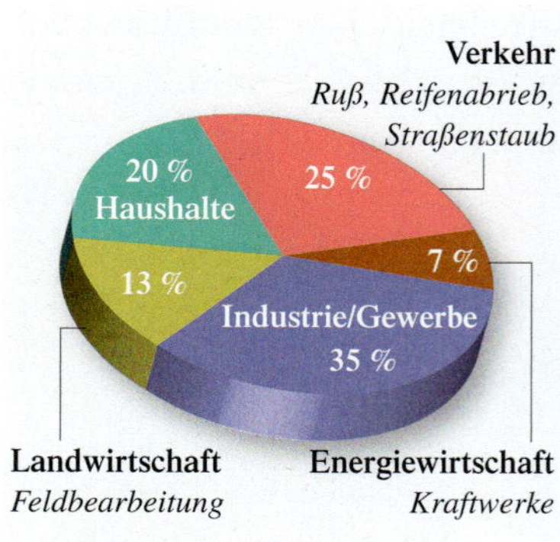

2 Verursacher von Feinstaub

3 Feinstaub: winzige unverbrannte Kohlenstoff- und Ascheteilchen

Schädliche Wirkungen: Wenn der Feinstaub nicht herausgefiltert wird, belastet er die Umwelt erheblich. Bei vielen Menschen rufen die Staubteilchen Allergien hervor. Wenn sie in die Lungenbläschen gelangen, können sie Krebs und Atemwegserkrankungen auslösen. Je kleiner sie sind, desto gefährlicher sind sie für unsere Gesundheit.

Schwefeldioxid

Entstehung: Es entsteht beim Verbrennen von Kohle und Erdöl. Beide Brennstoffe enthalten unterschiedliche Mengen Schwefel. ▷ 4–5

Schädliche Wirkungen: Das stechend riechende, giftige Gas schädigt die Lungen. Es löst sich in Wasser und macht den Regen sauer. Damit trägt das Gas zu den Waldschäden bei.

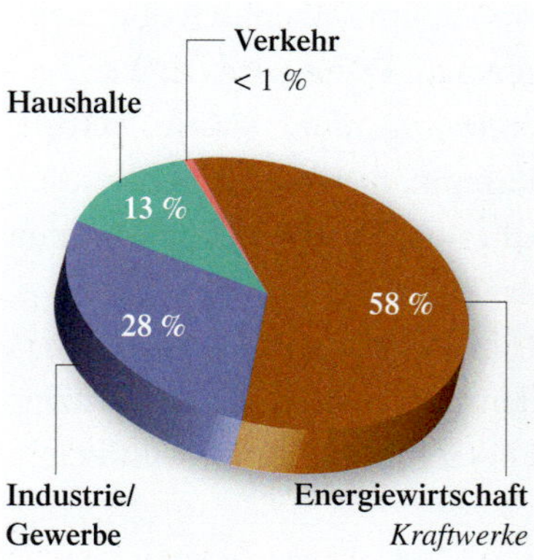

4 Verursacher von Schwefeldioxid

5 Kohlekraftwerk

das Kohlenstoffmonooxid
der Feinstaub
das Schwefeldioxid
die Stickstoffoxide

Stickstoffoxide

Entstehung: Stickstoffoxide (häufig „Stickoxide" genannt) entstehen in Heizungen, Kraftwerken und Automotoren bei sehr hohen Temperaturen. ▷ 6–7 Der Stickstoff der Luft verbindet sich mit dem Sauerstoff der Luft. Es entstehen *Stickstoffmonooxid* und *Stickstoffdioxid*.
Schädliche Wirkungen: Stickstoffoxide sind äußerst giftig. Sie tragen mit zu den Waldschäden bei.

Kohlenstoffmonooxid

Entstehung: Kohlenstoffmonooxid (oft „Kohlenmonoxid" genannt) entsteht bei der Verbrennung von allen kohlenstoffhaltigen Stoffen, wenn die Flamme zu wenig Sauerstoff bekommt. ▷ 8–9
Schädliche Wirkungen: Kohlenstoffmonooxid ist brennbar, giftig und geruchlos. Wenn man es einatmet, verbindet es sich mit den roten Blutkörperchen, die den Sauerstoff im Körper transportieren. Es verhindert dadurch, dass der lebensnotwendige Sauerstoff vom Blut aufgenommen wird. Man stirbt dann schon nach kurzer Zeit. Immer wieder sterben Menschen an Kohlenstoffmonooxidvergiftungen, weil Holzöfen, Kaminöfen oder Gasboiler falsch eingestellt sind.

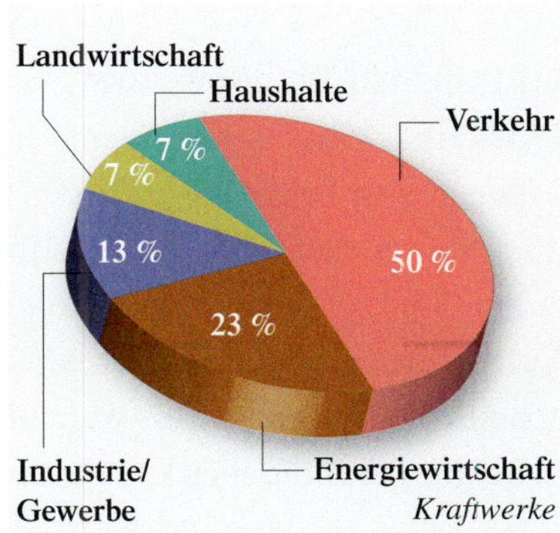

6 Verursacher von Stickstoffoxiden

7

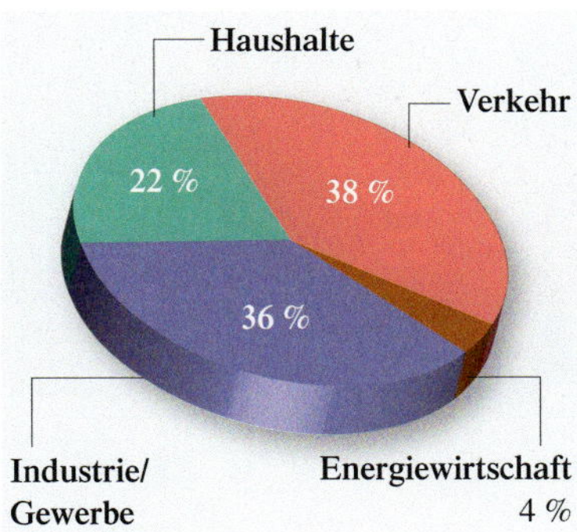

8 Verursacher von Kohlenstoffmonooxid

9 Verstopfter Kamin – das ist gefährlich!

Aufgaben

1 ◪ Es wird wieder mehr mit Holz geheizt, weil es umweltfreundlicher als die anderen Brennstoffe sein soll. Nimm Stellung zu dieser Meinung.

2 ■ Nenne Verunreinigungen der Luft. Beschreibe ihre Entstehung und die jeweilige Wirkung.

3 ◪ Bei beheizten Wohnwagen darf die Be- und Entlüftung nicht abgedeckt werden. Warum?

4 ◪ Warum müssen Heizungsanlagen, Öfen und Schornsteine regelmäßig gewartet werden?

5 ◪ Informiere dich in der Presse (im Internet) über aktuelle Angaben zu Schadstoffen in der Luft eurer Umgebung. Vergleiche sie mit den festgelegten Grenzwerten (siehe Anhang). Stelle die Werte in einem Diagramm grafisch dar.

6 ◪ Jeder von uns muss mithelfen, die Luftverschmutzung zu verringern. Überlege dir Vorschläge dazu.

7 ◪ Wie kann es sein, dass aus nur 1 Liter Benzin (0,8 kg) die Menge von 1200 Litern (2,38 kg) Kohlenstoffdioxid entsteht – also wesentlich mehr?

Luftschadstoffe vermindern und vermeiden

Luftschadstoffe durch Autos

Pkws und Lkws – vor allem mit Dieselmotor – produzieren große Mengen von Feinstaub in Form winziger Rußteilchen. Dies geschieht auch durch den Abrieb der Reifen, der Bremsbeläge und der Straße. Auch Stickstoffoxide und Kohlenstoffmonooxid entstehen bei der Verbrennung in Automotoren. Wie kann man den Ausstoß von Luftschadstoffen durch Autos vermindern?

- Bei uns sind die meisten Autos mit *Dreiwegekatalysatoren* augestattet. Sie vermindern erheblich den Ausstoß von Kohlenstoffmonooxid und Stickstoffoxid.
  So arbeiten sie: Der Dreiwegekatalysator besteht aus einem Keramik- oder Metalleinsatz, der von winzigen Kanälen durchzogen ist. ▷ 1 Auf deren rauer Oberfläche befinden sich die Metalle Platin und Rhodium. Mit ihrer Hilfe wird der größte Teil der Schadstoffe umgewandelt: in Kohlenstoffdioxid, Stickstoff und Wasserdampf. Ein Katalysator wirkt aber nicht bei Vollgas und nicht bei kaltem Motor!
- *Rußfilter (Partikelfilter)* können zwischen 40 und 80 % des Feinstaubs zurückhalten. Nur Abgase strömen dann noch in die Luft.
  So arbeiten sie: Alle Abgase (auch die Rußteilchen) durchströmen viele kleine Kanäle. ▷ 2 Diese sind mit Stoffen beschichtet, an denen die Rußteilchen haften bleiben. Der Ruß wird in bestimmten Abständen mit Treibstoff automatisch abgebrannt. Dabei entsteht Kohlenstoffdioxid. Neuere Rußfilter arbeiten mit Katalysatoren, an denen die Rußteilchen fortlaufend (kontinuierlich) in Kohlenstoffdioxid umgewandelt werden.

Besser als Schadstoffe herauszufiltern und zu vermindern wäre es, diese Schadstoffe erst gar nicht entstehen zu lassen. 78-1

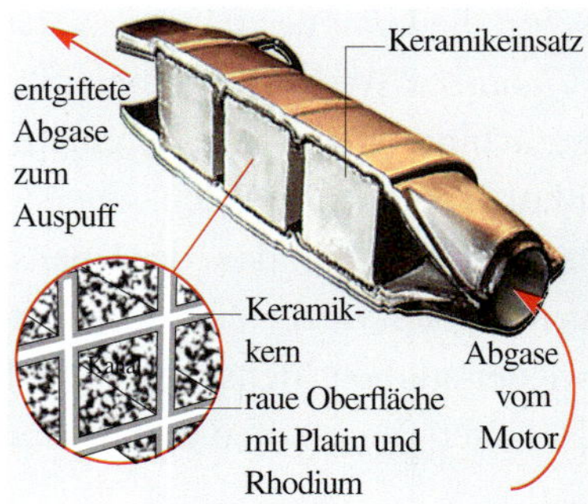

1

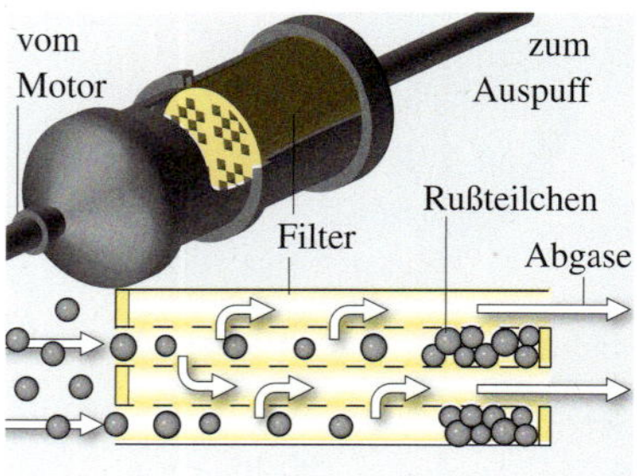

2

1 Der Ausstoß von Luftschadstoffen wurde in den letzten zwei Jahrzehnten stark verringert. ▷ 3

a □ Um wie viel ist die Belastung durch die einzelnen Stoffe jeweils zurückgegangen? Antworte so: „Bei Staub um mehr als die Hälfte / um drei Viertel …, bei Kohlenstoffmonooxid um …"

b □ Woher stammt das Schwefeldioxid in der Luft?

c ◪ Informiere dich, wie der starke Rückgang von Schwefeldioxid zu erklären ist.

d □ Nenne und beschreibe die erfolgreichsten Maßnahmen zur Verminderung von Staub.

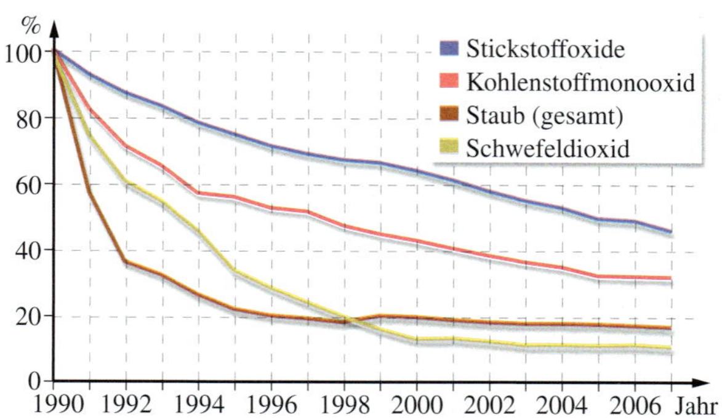

3 Entwicklung des jährlichen Ausstoßes von Luftschadstoffen

Luftschadstoffe durch Kraftwerke und Haushalte

- Die Schadstoffmengen, die von Kraftwerken ausgestoßen werden, wurden durch kostspielige *Reinigungs- und Filteranlagen* erheblich vermindert. ▷ 4–5
  So arbeiten sie: Elektrofilter entfernen den Staub aus dem Rauchgas von Kraftwerken. ▷ 6
- Millionen von Kaminen, Holzöfen und Pelletheizungen verursachen ähnlich viel Feinstaub wie alle Pkws, Lkws und Motorräder zusammen. Deshalb wurde 2009 eine neue Verordnung verabschiedet. In alle neuen Holzfeuerstätten müssen *Feinstaubfilter* eingebaut werden. Ältere Anlagen sollen im Laufe der nächsten Jahre nachgerüstet werden.

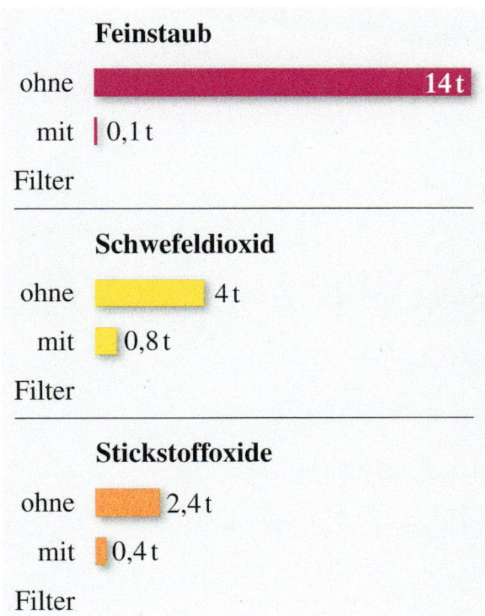

4 Schadstoffe und Abgase eines 600-MW-Kohlekraftwerks je Stunde

5 Filteranlagen eines Kraftwerks

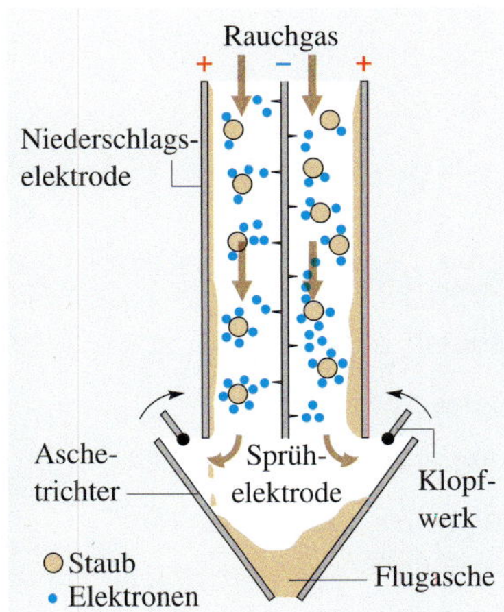

6 Elektrofilter gegen Staubausstoß

2 So kannst du sehen, wie eine Entstaubungsanlage funktioniert: ▷ 7

a ◪ Probiere es mit einer geladenen Folie und einem Räucherstäbchen.

b ◪ Informiere dich über entsprechende Anlagen in der Industrie. Bereite einen kurzen Vortrag vor.

c ■ Auch an Rußfiltern von Autos bleiben Rußteilchen hängen. Welcher Unterschied besteht?

3 ◪ Informiere dich, was die Schilder, die die Luftverschmutzung in den Städten verringern sollen, genau bedeuten. ▷ 8

4 Wie kann man Luftschadstoffe vermeiden?

a □ Beschreibe die Bilder dieser Doppelseite.

b ◪ Begründe, warum diese Beispiele helfen können, Schadstoffe zu vermeiden.

7

8

c ◪ Fertige ein Plakat „Luftschadstoffe vermeiden“ mit weiteren Beispielen an.

5 ■ Schornsteinfeger fegen nicht nur Schornsteine. Führe ein Interview mit einem Schornsteinfeger über seine Aufgaben und seine Arbeit durch.

Luft – ein gasförmiges Stoffgemisch

Die Luft ist eine der Lebensgrundlagen für Mensch und Tier. Trockene Luft ist vor allem ein Gemisch aus den Elementen Sauerstoff und Stickstoff. ▷ 1
Weitere Bestandteile der Luft sind die chemische Verbindung Kohlenstoffdioxid und Edelgase.

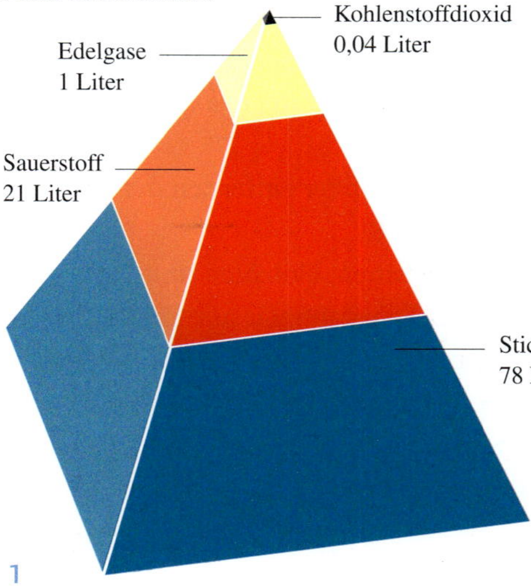

1

Luftbestandteile – Eigenschaften und Verwendung

Sauerstoff	Stickstoff	Kohlenstoffdioxid
fördert die Verbrennung	erstickt Flammen	erstickt Flammen
schwerer als Luft	leichter als Luft	schwerer als Luft
Atemgas	an der Atmung nicht beteiligt	wird ausgeatmet
dient zum Schweißen und Schneiden	dient als Schutzgas und zum Einfrieren	dient als Löschmittel
Nachweis: Ein glimmender Span flammt auf. ▷ 2	Nachweis: Ein glimmender Span erlischt. ▷ 3	Nachweis: Kalkwasser wird trübe. ▷ 4

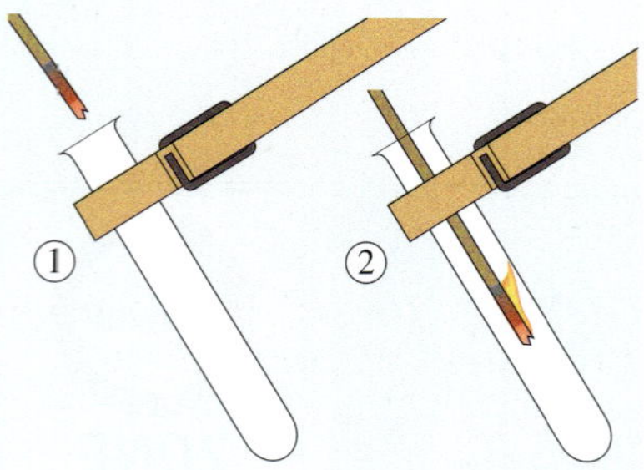

2

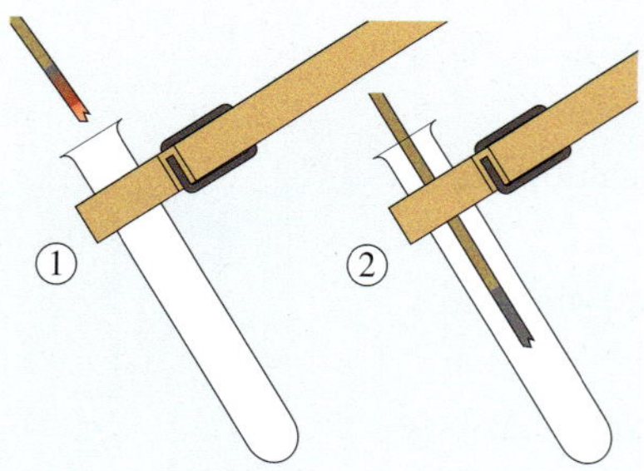

3

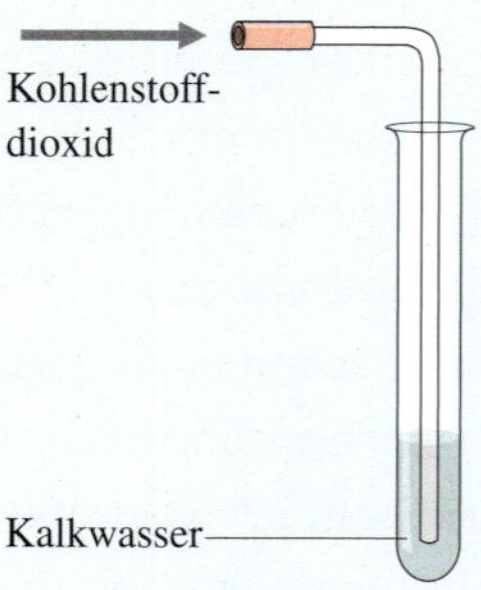

4

Luftschadstoffe

Die Luftschadstoffe Kohlenstoffdioxid, Kohlenstoffmonooxid, Schwefeldioxid, Stickoxide, Ruß und Feinstaub entstehen vor allem bei der Verbrennung von Kohle, Erdöl und Erdölprodukten.
Sie schädigen uns und unsere Umwelt direkt oder indirekt (z. B. im Regenwasser gelöst).

Alles klar?

1 □ Die Luft ist ein gasförmiges Stoffgemisch. Nenne seine Hauptbestandteile.

2 ◪ Beschreibe, wie man vorgehen muss, wenn man Kohlenstoffdioxid nachweisen will.

3 ■ In drei Gefäßen befinden sich drei Gase: Sauerstoff, Stickstoff und Kohlenstoffdioxid. Entwirf einen Plan, um herauszubekommen, welches Gas in welchem Gefäß ist.

4 ◪ Wir vergleichen Luft beim Atmen:

1 Liter Luft enthält	vor dem Einatmen	nach dem Ausatmen
Stickstoff	780 mL	780 mL
Sauerstoff	210 mL	160 mL
Kohlenstoffdioxid	0,4 mL	50 mL

a Der Sauerstoffanteil in einem Liter ausgeatmeter Luft ist geringer als der in einem Liter eingeatmeter Luft. Berechne den Unterschied.

b Um wie viele Milliliter nimmt das Kohlenstoffdioxid durch das Atmen zu?

c Ausgeatmete Luft gilt als „verbraucht". Begründe, warum man mit ihr immer noch einem Verunglückten eine Atemspende geben kann.

5 □ Wenn Kohlenstoff unter ausreichender Sauerstoffzufuhr verbrennt, entsteht ein neuer Stoff.

a Wie heißt dieser Stoff?

b Nenne einige seiner Eigenschaften.

c Wie wird der Stoff nachgewiesen?

6 ◪ Die Luft ist ein Stoffgemisch, das Sauerstoff enthält. Kohlenstoffdioxid ist eine Verbindung mit Sauerstoff. Erläutere den Unterschied.

7 ◪ Erkläre am Beispiel von Kohlenstoff und Kohlenstoffdioxid die Begriffe „Element" und „Verbindung".

8 ◪ Eine chemische Reaktion unterscheidet sich von einer Änderung eines Aggregatzustands. Erläutere diesen Unterschied am Beispiel der Entstehung und Verflüssigung von Kohlenstoffdioxid.

9 ■ Bei der Verbrennung von Kohlenstoff können zwei verschiedene Oxide entstehen. Wovon hängt es ab, welches Oxid entsteht?

10 Eine Kerze steht unter einem Becherglas. ▷ 5

5

a ◪ Beschreibe und erkläre die Veränderungen an der Kerze.

b ◪ Wie ändert sich die Zusammensetzung der Luft im Becherglas?

c □ Wie verhält es sich mit der Masse der Stoffe?

d □ Beschreibe die Wärmeerscheinungen beim Entzünden und Abbrennen.

11 □ Die Luft ist durch Schadstoffe verunreinigt.

a Nenne die wichtigsten Luftschadstoffe und beschreibe, wie sie entstehen.

b Was kann man gegen die Entstehung von Luftschadstoffen tun?

12 ◪ Kohlenstoffdioxid ist ein „Treibhausgas" („Klimagas"). Erläutere diese Bezeichnung und die Bedeutung des Kohlenstoffdioxids in der Atmosphäre für das Leben auf der Erde. Nenne weitere Treibhausgase.

Wasser und Wasserstoff

Wir untersuchen Wasser als Lösemittel

Unser Trinkwasser ist das am schärfsten kontrollierte Lebensmittel. Es muss strengen Vorschriften genügen. ▷ 1–2 Die Mengen der im Trinkwasser gelösten Stoffe dürfen festgelegte Grenzwerte nicht überschreiten.
Trinkwasser sollte neutral schmecken sowie durchsichtig, farblos und geruchlos sein.

1 Trinkwasser aus dem Wasserhahn

§ 4 (1) Trinkwasser muss so beschaffen sein, dass durch seinen Genuss oder Gebrauch eine Schädigung der menschlichen Gesundheit insbesondere durch Krankheitserreger nicht zu besorgen ist. Es muss rein und genusstauglich sein.

2 Auszug aus der Trinkwasserverordnung

1

Salze im Wasser?

Wasser, das wir in der Natur finden, enthält oft Salze. Chloride und Nitrate gehören zur Stoffgruppe der Salze. Das Natriumchlorid ist euch als Kochsalz bekannt. Nitrate gelangen als Düngesalze ins Grundwasser, aus dem etwa drei Viertel unseres Trinkwassers stammen.
Es stehen Proben von destilliertem Wasser, Leitungswasser, zwei „stillen" Mineralwässern und Meerwasser (3,5%ige Salzlösung) zur Verfügung.

a Plant eine Versuchsreihe, mit der ihr herausfinden könnt, ob in den gegebenen Wasserproben Salze vorhanden sind. Ihr benötigt je Probe ein Uhrglas (einen Objektträger) sowie eine Pipette. Arbeitet mit jeweils 3 Tropfen.

b Vergleicht die Ergebnisse (Lupe, Mikroskop!).

c Notiert die Ergebnisse in einer selbst angefertigten Tabelle, in der auch Farbe und Geruch der Wasserproben festgehalten werden.

d Ordnet die Wasserproben nach der Menge der gelösten Salze.

2

Untersucht die Leitfähigkeit

Diejenigen Wasserproben aus Versuch 1, in denen Salze gelöst sind, leiten den elektrischen Strom.

a Messt die Leitfähigkeit der Wasserproben. ▷ 3
Achtet darauf, dass
- jedes Becherglas gleich voll ist
- ihr jeweils die gleiche Spannung anlegt
- alle Wasserproben Zimmertemperatur haben

b Führt jede Leitfähigkeitsmessung mehrmals durch. Berechnet aus den einzelnen Messungen der Stromstärke jeweils einen Durchschnittswert.

c Vergleicht die durchschnittlichen Messwerte der Wasserproben.

d Welche Wasserprobe enthält Salze?

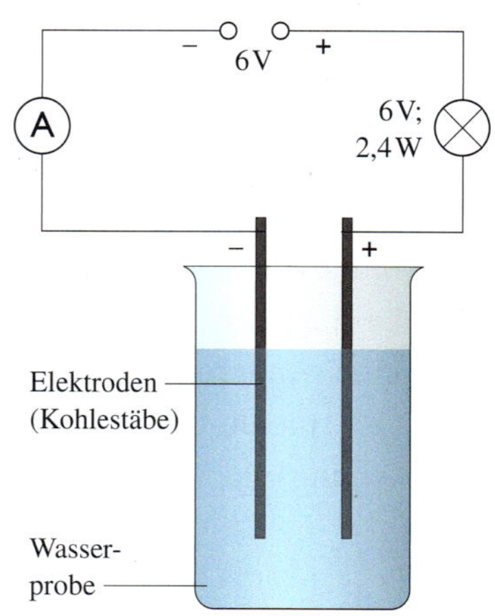

3

3

Kann noch mehr Salz gelöst werden?

Wählt euch die salzhaltigste Wasserprobe aus Versuch 1. Gelingt es euch, noch mehr Salz in 100 mL der Wasserprobe zu lösen?

a Plant Versuche, mit denen ihr die Frage beantworten könnt.

b Erstellt eine Materialliste und fertigt eine Tabelle an, in der ihr eure Versuche und die Ergebnisse protokolliert.
Tipps: Benutzt Kochsalz. Ändert immer nur eine Bedingung, aber nicht die Wassermenge.

c Führt eure Versuche durch und formuliert eure Erkenntnis.

d Wer hat am meisten Kochsalz in 100 mL der Wasserprobe lösen können?

4

Gase im Wasser?

Wasser kann auch ein Lösemittel für Gase sein (z. B. für Luft).

a Stellt je ein Glas mit Leitungswasser, mit abgekochtem Wasser und mit Mineralwasser in die Sonne. Was seht ihr nach einigen Minuten an den Wänden der Gläser?

b Fische brauchen Atemluft! Prüft, ob im Trinkwasser Luft gelöst ist. ▷ 4 Das Wasser im Becherglas wird *langsam* erwärmt!

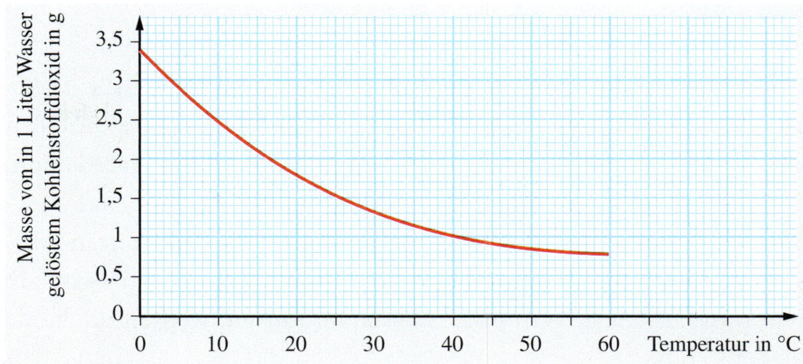

5 Lösung von Kohlenstoffdioxid in 1 L Wasser

5

Löst sich das Gas Kohlenstoffdioxid auch im Wasser?

a Seht euch das Diagramm genau an und formuliert dann: Je …, desto … ▷ 5

b Führt zur Bestätigung eures Ergebnisses folgenden Versuch durch:
Erwärmt vorsichtig in einem Becherglas ca. 100 mL mit Kohlenstoffdioxid angereichertes Mineralwasser. Ihr könnt auch den Versuchsaufbau von Versuch 4 übernehmen.

c Formuliert eure Beobachtungen. Stellt einen Zusammenhang zum Diagramm her.

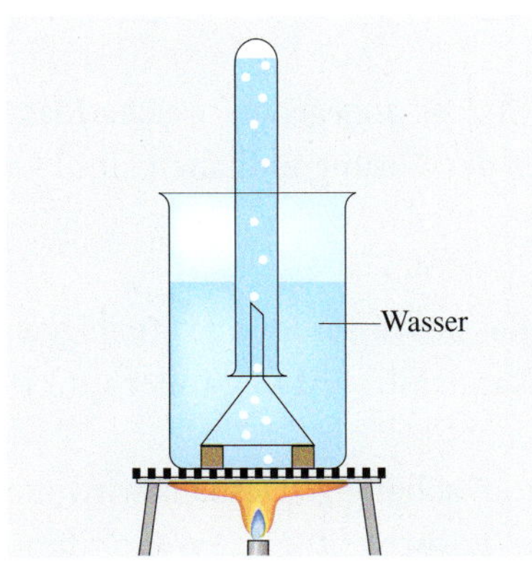

4

6

Löst sich Öl in Wasser?

Füllt ein Schraubglas halb voll Wasser. Gießt einen Teelöffel Speiseöl hinein. Verschließt das Glas und schüttelt es kräftig. Wie sieht die Flüssigkeit im Glas direkt nach dem Schütteln aus? Was geschieht, wenn die Flüssigkeit 5 Minuten lang ruhig stehen bleibt?

7

Wir vergleichen die Wasserhärte mithilfe einer Seifenlösung

a Füllt je ein Reagenzglas 4 cm hoch mit den Wasserproben aus Versuch 1. Dazu kommen je 5 Tropfen der Seifenlösung. Schüttelt die Gläser. Wiederholt den Versuch so oft, bis sich Schaum bildet.
Wie viele Tropfen müsst ihr jeweils zugeben, bis sich Schaum bildet?

b Welchen Härtebereich hat euer Leitungswasser?

Wässrige Lösungen

Wasser löst viele feste Stoffe Kochsalz löst sich in Wasser. Dabei zerfallen die Kochsalzkristalle in kleinere Teilchen. Diese verteilen sich zwischen den Wasserteilchen. Wenn das Wasser verdampft, lagern sie sich wieder zusammen und bilden Kristalle.
Ähnlich verhalten sich die Teilchen von Zucker und anderen in Wasser löslichen festen Stoffen. Beim Lösen verteilen sie sich zwischen den Wasserteilchen. Wenn das Wasser verdunstet, werden die Stoffe wieder sichtbar. ▷ 1
Für viele Stoffe ist Wasser ein gutes Lösemittel.

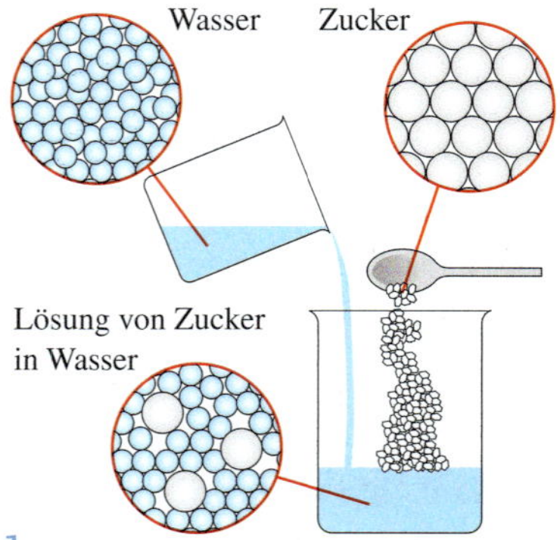

1

Wasser löst Flüssigkeiten und Gase Manche Flüssigkeiten sind in jedem Verhältnis mit Wasser mischbar und dauerhaft ineinander löslich (z. B. Frostschutzmittel). Die Löslichkeit von Gasen in Wasser hängt vom Druck und von der Temperatur ab.
Je größer der Druck ist, desto mehr Gas wird im Wasser gelöst. Und je höher die Temperatur des Lösemittels ist, desto weniger Gas kann es lösen.

Lösungen Lösungen sind Stoffgemische aus einem Lösemittel und dem darin gelösten Stoff. Dabei sind die Teilchen des Lösemittels und die Teilchen der gelösten Stoffe so fein und gleichmäßig miteinander vermischt, dass man sie nicht unterscheiden kann. Mineralwasser ist eine Lösung von Salzen und Gasen in Wasser.
Stoffgemische aus dem Lösemittel Wasser und dem gelösten Stoff bezeichnet man als wässrige Lösungen.
Der Gehalt an gelöstem Stoff in einer wässrigen Lösung kann auf verschiedene Weise angegeben werden:
- bei festen Stoffen in $\frac{g}{L}$, das bedeutet Gramm gelöster Stoff in einem Liter Lösung
- bei Flüssigkeiten und Gasen meist in $\frac{mL}{L}$, das bedeutet Volumen gelöster Stoff in einem Liter Lösung
- oft auch in %, das bedeutet Gramm gelöster Stoff von 100 g Lösung (Masse-%) oder Milliliter gelöster Stoff von 100 mL Lösung (Vol.-%)

Auf dem Etikett von Mineralwasser ist z. B. angegeben, welche Massen der gelösten Stoffe in einem Liter der Lösung enthalten sind. Es sind nur wenige Milligramm $\left(\frac{mg}{L}\right)$.

Löslichkeit Die Löslichkeit eines Stoffes in Wasser ist eine Stoffeigenschaft, die man aus Tabellen ablesen kann. Sie wird in g (oder mL) je 100 g (oder 100 mL) Wasser angegeben. ▷ 2
Die Löslichkeit ist von der Temperatur abhängig. Deshalb wird die Temperatur angegeben, für die die Löslichkeit gilt. Wenn diese Angabe fehlt, gilt die Raumtemperatur von 20 °C.

Stoff	Löslichkeit in 100 g Wasser bei 20 °C
Zucker	203,9 g
Kochsalz	36,0 g
Gips	0,26 g
Kalkstein	0,0015 g

2 Löslichkeit fester Stoffe in Wasser

Mehr

Gesättigte und ungesättigte Lösungen Wenn eine Lösung nichts mehr von einem Stoff aufnehmen kann, ist sie *gesättigt*. Vorher ist sie *ungesättigt*. Der ungelöste Stoff bleibt dann als Bodensatz im Gefäß.

Wir unterscheiden gesättigte und ungesättigte Lösungen.
Bei vielen festen Stoffen steigt die Löslichkeit, wenn das Wasser erwärmt wird. Nicht alle Stoffe lösen sich gleich gut. ▷ 2

Hartes Wasser Wasser, das in der Natur vorkommt, ist nie „rein". Es enthält Mineralsalze aus Böden und Gesteinen. Du kennst das vom „natürlichen Mineralwasser". Wenn Regenwasser durch die Bodenschichten sickert, löst es verschiedene Salze, darunter oft auch Kalk. Diese Salze bezeichnet man als *Härtebildner*.
Wasser mit einem hohen Gehalt an Härtebildnern ist „hartes Wasser". Wasser mit einem niedrigen Gehalt an Härtebildnern nennt man „weiches Wasser".
Das Trinkwasser verschiedener Regionen unterscheidet sich durch seine Härte:
- In niederschlagsreichen und kalkarmen Gegenden ist das Quellwasser meistens weich.
- In regenarmen und kalkreichen Gebieten ist das Wasser hart.

Den Unterschied zwischen weichem und hartem Wasser zeigt ein Versuch: ▷ 3–4 Wenn eine Seifenlösung in „reines" (destilliertes) Wasser gegeben wird, bildet sich nach dem Schütteln ein feiner Schaum, der sich längere Zeit hält. ▷ 3 Das bedeutet: Destilliertes Wasser enthält keine Härtebildner. In Leitungswasser dagegen bildet sich kein Schaum. ▷ 4
Die Wasserhärte wird oft in „Härtegraden" angegeben. Man unterscheidet auch nach „Härtebereichen". ▷ 5

der Härtegrad
das Lösemittel
die gesättigte Lösung
die ungesättigte Lösung

3

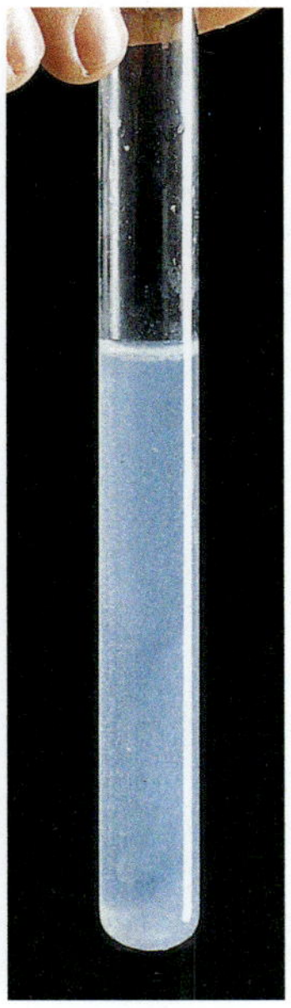
4

Härtebereich	Bezeichnung	Härtegrad
1	weich	0–7
2	mittelhart	7–14
3	hart	14–21
4	sehr hart	über 21

5 Härtebereiche des Wassers

Aufgaben

1 Wasser verhält sich beim Erwärmen und Abkühlen anders als andere Stoffe (Anomalie des Wassers).
a □ Beschreibe die Anomalie des Wassers.
b □ Nenne Folgen der Anomalie des Wassers in der Natur und im Alltag.
c ■ Erläutere den Zusammenhang zwischen der Anomalie des Wassers und den Folgen in Natur und Alltag.

2 ◪ „Wasser ist ein Lösemittel." Diese Aussage stimmt nur teilweise. Ergänze sie.

3 □ Wie wirkt es sich auf die Löslichkeit von Gasen in Wasser aus, wenn das Wasser erwärmt wird?

4 ◪ In der Tabelle ▷ 2 ist die Löslichkeit einiger fester Stoffe angegeben. Weshalb steht dabei auch eine Temperaturangabe?

5 □ Wasser löst auch Luft und damit den Sauerstoff, der in der Luft enthalten ist.
a In welcher Jahreszeit ist der Sauerstoffanteil in Gewässern besonders niedrig?
b Was kann das für das Leben der Fische in einem Gewässer bedeuten?

6 ◪ Was versteht man unter einer gesättigten Lösung?

7 ◪ Man könnte den Unterschied zwischen hartem und weichem Wasser durch Eindampfen herausbekommen. Plane dazu einen Versuch.

Wasser – ein notwendiges Lebensmittel

Wasser – Überfluss und Mangel So sieht man die Erde vom Raumschiff aus. ▷ 1
Du erkennst weiße Wolkenfelder, Kontinente und vor allem *Wasser*. Ungefähr drei Viertel der Erde sind mit Wasser bedeckt. Trotzdem gibt es ausgedehnte Trockengebiete, also *Wüsten,* auf der Erde. Schlimm, wenn Regen in diesen Gebieten ausbleibt! ▷ 2 Doch selbst in Wüsten kann vieles gedeihen, wenn Wasser vorhanden ist. ▷ 3

1

2 Dürreperiode

3 Die Wüste blüht.

Wasser und wir Lebewesen enthalten viel Wasser. Der Mensch besteht zu etwa zwei Dritteln aus Wasser. ▷ 4 Wenn jemand 30 kg wiegt, trägt er etwa zwei Eimer (20 kg) Wasser mit sich herum.
Wir scheiden mit dem Schweiß und dem Urin ständig Wasser aus. Diesen Wasserverlust müssen wir ausgleichen. Täglich müssen wir etwa 3 Liter Flüssigkeit zu uns nehmen. Nicht allein durch Trinken: Wir nehmen auch beim Essen Flüssigkeit auf. ▷ 5

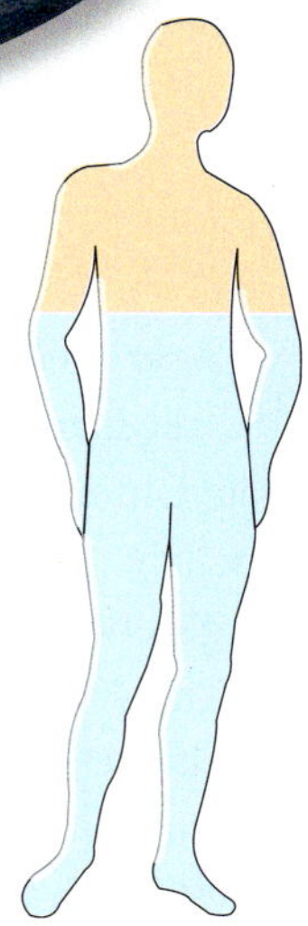

4 Wassergehalt: etwa zwei Drittel

Das Trinkwasser In Deutschland hat jeder Mensch Zugang zu einwandfreiem, sauberem *Trinkwasser*.
Gutes Trinkwasser darf aber nicht wie destilliertes Wasser „chemisch rein" sein. Es muss einen gewissen Anteil an Mineralsalzen enthalten. Sie sind für die Lebensvorgänge in unserem Körper notwendig.
Tag für Tag wird unser Trinkwasser in speziellen Labors auf seine Bestandteile hin untersucht. Dabei wird sorgfältig darauf geachtet, dass bestimmte Höchstmengen dieser Bestandteile nicht überschritten werden. Diese Höchstmengen nennt man *Grenzwerte*.
Trinkwasser enthält meist *Calcium* und *Magnesium*. Beide Stoffe kommen in Form von gelösten Salzen vor. (Das Magnesium ist dir ja eigentlich als Metall bekannt. Auch Calcium ist ein Metall.)
Die im Wasser gelösten Salze stören beim Waschen, sodass das Waschwasser *entkalkt* werden muss. Aber für Genusszwecke sind sie erwünscht. Sie gehören nämlich zu den wichtigen Grundbausteinen des Lebens. Ein geringer Teil des täglichen Bedarfs an Mineralsalzen kann durch Trinkwasser und Mineralwasser gedeckt werden.

Nahrungsmittel	Wassergehalt
100 g Möhren	ca. 90 g
100 g Äpfel	ca.90 g
100 g Milch	ca. 88 g
100 g Kartoffeln	ca. 80 g
100 g Ei	ca. 70 g
100 g Fleisch	ca. 70 g
100 g Brot	ca. 40 g
100 g Käse	ca. 40 g
100 g Butter	ca. 15 g
100 g Nüsse	ca. 6 g
100 g Öl	ca. 0 g

5 Wassergehalt von Nahrungsmitteln

Aufgaben

1 ◪ Warum ist Wasser für das Leben auf der Erde so wichtig?

2 ◻ Das Bild der Erdkugel vermittelt den Eindruck, als sei Wasser im Überfluss vorhanden. Das Salzwasser der Ozeane ist aber kaum zu gebrauchen.

a Sieh dir die Verteilung des gesamten Wassers auf der Erde an. ▷ 6 Gib an, welche der im Bild genannten Wasserbereiche Süßwasser sind.

b Vergleiche die Mengen an Salzwasser und Süßwasser miteinander.

3 ◪ In Entwicklungsländern bauen Hilfsorganisationen oft als Erstes Brunnen oder Wasserleitungen. Begründe.

4 ■ Schreibe einen Tag lang auf, wofür du persönlich Wasser brauchst. Schätze, wie viel das ist. Rechne dann aus, wie viel Wasser deine Familie etwa benötigt.

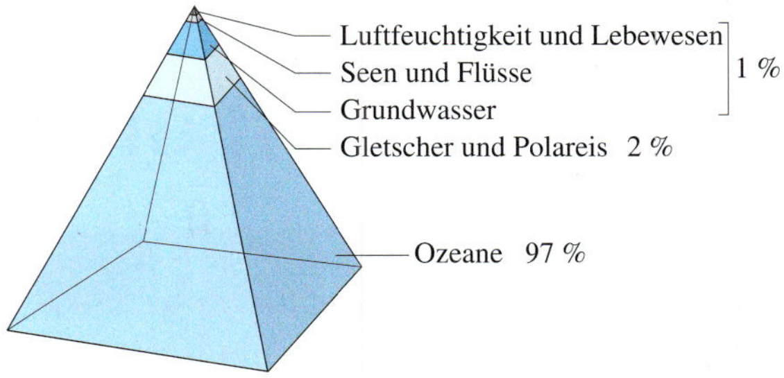

6 Wasserverteilung auf der Erde

5 Trinkwasser muss hohe Qualitätsansprüche erfüllen.

a ◪ Welche Eigenschaften muss Trinkwasser haben? Nutze auch den Text „Die Aufbereitung von Trinkwasser" auf der übernächsten Doppelseite.

b ■ Informiere dich im Internet über die Qualitätsanforderungen an Trinkwasser. Berichte darüber.

Textarbeit – du hast die Wahl

Die Texte auf der Nebenseite und den beiden folgenden Doppelseiten stecken voller Informationen zum Thema Wasser. Die folgenden Aufträge helfen dir, alles aufzunehmen und zu verarbeiten. Wähle einen aus. Je nach Auftrag kannst du vielleicht auch mit einem Partner oder im Team arbeiten.

I Plane eine *Versuchsreihe*, um den Wassergehalt einiger der auf der Nebenseite aufgeführten Nahrungsmittel zu überprüfen.
- Wie gehst du vor?
- Welche Materialien benötigst du dafür?
- Wie hältst du deine Ergebnisse fest?
- Wie informierst du deine Klasse über deine Vorgehensweise und deine Ergebnisse?

II Erarbeite zu einem Text deiner Wahl einen *Spickzettel*, der maximal 12 Wörter (Symbole, Bilder) enthalten darf.
Vermittle deiner Klasse den Textinhalt, ohne andere Hilfsmittel zu benutzen.

III Entwirf einen *Kurztest* zu jeweils einem Text deiner Wahl. Du kannst die Aufgaben im Buch zu Hilfe nehmen – aber auch selbst Aufgaben entwickeln.
Natürlich musst du die Antworten notieren. Sonst kannst du nicht prüfen, ob deine Klasse den Test bestanden hat.

IV Fasse deine Rechercheergebnisse zu Aufgabe 4 zusammen. Bereite eine ansprechende *Präsentation* vor der Klasse vor.

V Bereite ein *Interview* mit einem Mitarbeiter einer Kläranlage oder eines Wasserwerks vor.

VI Versuche, *Informationen* mit einer Zeichnung zu vermitteln.
- Stelle die Wasserverteilung auf der Erde in anderer Weise dar als auf dieser Seite. ▷ 6
- Zeichne ein Bild mit den Ergebnissen deiner Recherche zu Aufgabe 4.

VII Stelle zu allen genannten Texten ein *Glossar* mit den wichtigsten Fachbegriffen zusammen. Gestalte es als Plakat, damit es für alle im Fachraum ausgehängt werden kann.

Wasser und Wasserstoff

Ein Brennstoff ohne Schadstoffbildung

1

Ob das der „saubere" Brennstoff der Zukunft ist? ▷ 1

1

Wir untersuchen Wasserstoff

Zwei Standzylinder werden mit Wasserstoff ◇ gefüllt.

a Was hörst und siehst du, wenn ein brennender Holzspan in den aufrecht stehenden Zylinder eingeführt wird? ▷ 2

b Was stellst du bei dem umgekehrt stehenden Zylinder fest?

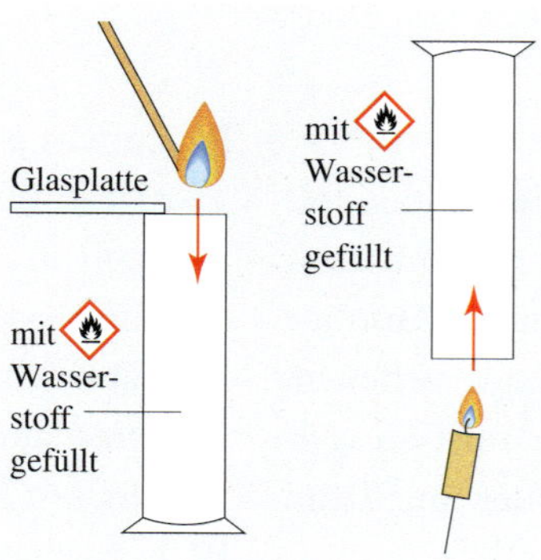

2

So weisen wir Wasser nach

Wir erhitzen im Reagenzglas eine Spatelspitze blaues Kupfersulfat ◇.
Gib nach dem Abkühlen einige Tropfen Wasser auf das entwässerte weiße Kupfersulfat.
▷ 3

3

2

Die Knallgasprobe (Lehrerversuch)

Ein Reagenzglas wird mit Wasserstoff ◇ gefüllt.
Ein anderes füllen wir zu zwei Dritteln mit Luft und zu einem Drittel mit Wasserstoff. ▷ 4
Dann wird bei beiden die Knallgasprobe durchgeführt.

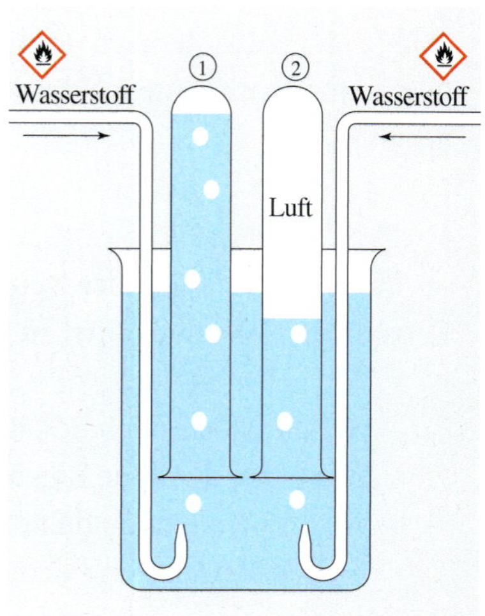

4

◇ Wasserstoff — Gefahr

◇ Kupfersulfat — Achtung

3
So erhältst du Wasserstoff

a Auf diese Weise wird Wasser durch elektrischen Strom zerlegt (Elektrolyse). ▷ 5

b Weist Wasserstoff ◇ und Sauerstoff mit den euch bekannten Nachweismethoden nach.

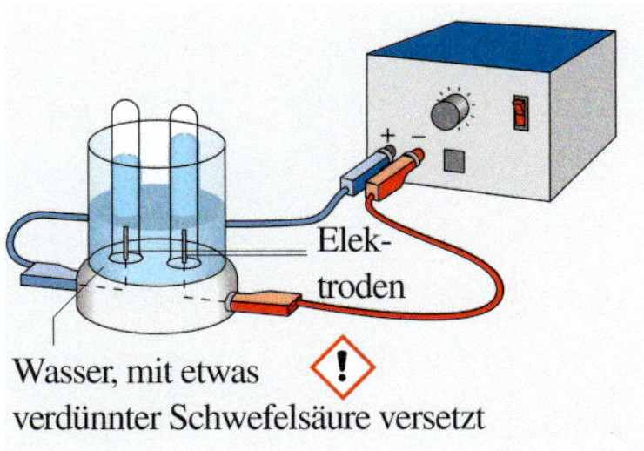

5

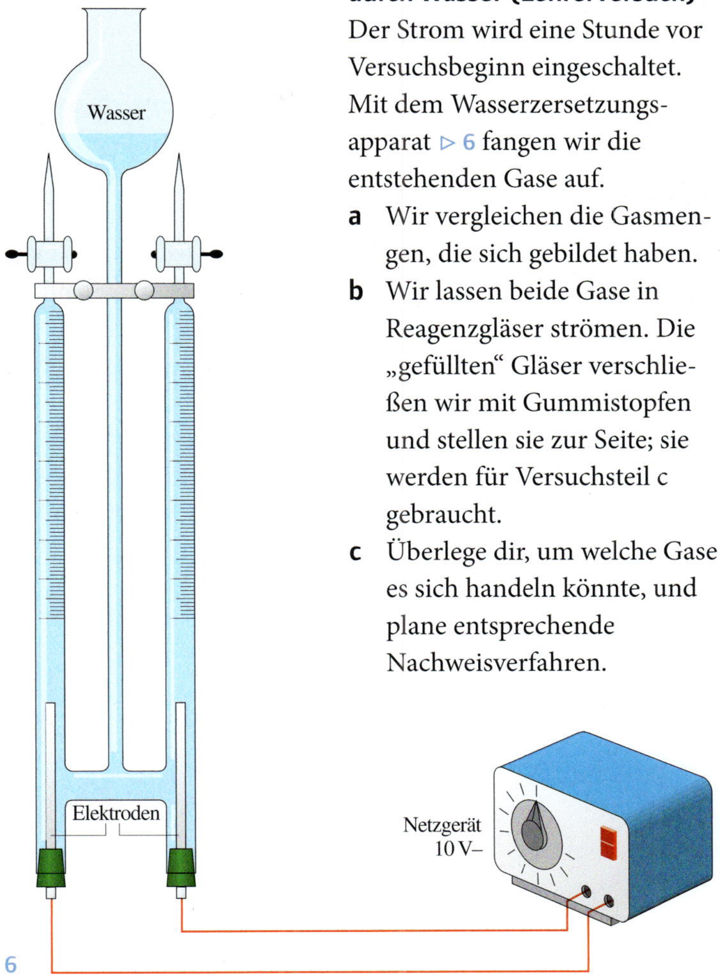

6

4
Wir leiten elektrischen Strom durch Wasser (Lehrerversuch)

Der Strom wird eine Stunde vor Versuchsbeginn eingeschaltet. Mit dem Wasserzersetzungsapparat ▷ 6 fangen wir die entstehenden Gase auf.

a Wir vergleichen die Gasmengen, die sich gebildet haben.

b Wir lassen beide Gase in Reagenzgläser strömen. Die „gefüllten“ Gläser verschließen wir mit Gummistopfen und stellen sie zur Seite; sie werden für Versuchsteil c gebraucht.

c Überlege dir, um welche Gase es sich handeln könnte, und plane entsprechende Nachweisverfahren.

7

5
Ein Auto mit Brennstoffzelle

a Bestrahlt die Solarzellen, bis sich 1,5 cm hoch Sauerstoff und 3 cm hoch Wasserstoff gebildet haben.

b Probiert aus, wie weit das Auto mithilfe der Brennstoffzelle fährt. ▷ 7

Wasserstoff – ein brennbares Gas

Wasserbildung unter Energieabgabe *Wasserstoff* ist ein farbloses, geruchloses Gas und leichter als Luft. Deshalb wurden früher Luftschiffe mit Wasserstoff gefüllt. ▷ 1
Im Gegensatz zu Sauerstoff unterhält Wasserstoff die Verbrennung nicht, er ist aber selbst brennbar. Deshalb nimmt man heute zum Füllen von Ballons nicht mehr Wasserstoff, sondern *Helium*.
Wenn Luft vorhanden ist, verbrennt reiner Wasserstoff ruhig mit dem Sauerstoff der Luft. Man sieht eine schwach leuchtende bläuliche Flamme. ▷ 2 Bei dieser Reaktion entsteht Wasser, das Oxid des Wasserstoffs. Ein Teil der chemischen Energie der Ausgangsstoffe wird in Wärme umgewandelt und an die Umgebung abgegeben.
Die Ausgangsstoffe sind energiereicher als das Reaktionsprodukt. Das bezeichnet man als *exotherme Reaktion*.

Wasserstoff + Sauerstoff ⟶ Wasser (Energieabgabe)

Die Verbrennung von Wasserstoff ist eine Oxidation. Dabei wird Wärme auf die Umgebung übertragen. Es handelt sich um eine exotherme Reaktion.

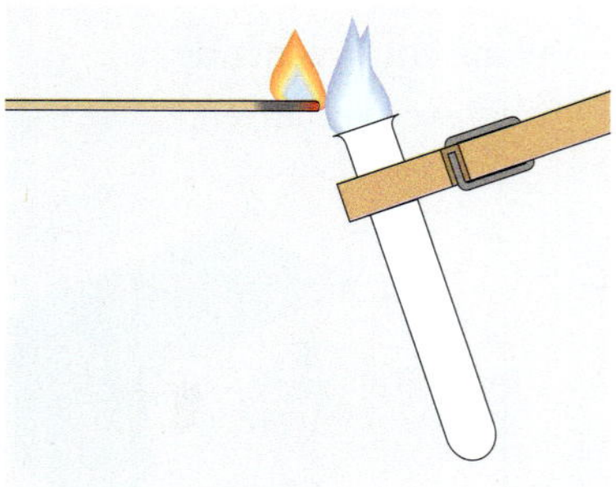

2

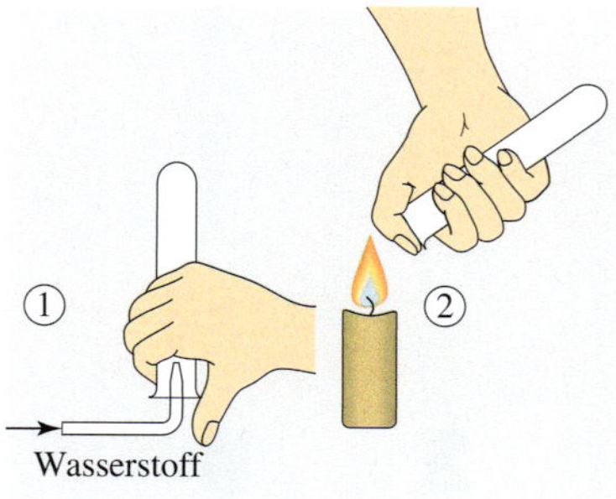

3

Am 6. Mai 1937 nähert sich ein gigantisches Luftschiff dem Landeplatz Lakehurst (New York). Die „Hindenburg“ ist mit 246 m mehr als doppelt so lang wie ein Fußballfeld und das größte steuerbare Flugobjekt der Welt. Die 97 Passagiere und Besatzungsmitglieder bereiten sich auf die Landung vor. Nur noch wenige Meter – da bricht plötzlich Feuer aus …
Das Luftschiff wird von 190 000 m^3 *Wasserstoff* getragen. Die Hülle brennt in knapp einer Minute vollständig ab. Wie durch ein Wunder kommen 62 Insassen mit dem Leben davon.

1

Knallgas Ein Gemisch aus Wasserstoff und Sauerstoff ist hochexplosiv. Dieses *Knallgas* reagiert am heftigsten, wenn zwei Teile Wasserstoff mit einem Teil Sauerstoff vermischt sind. Für die Explosion mit lautem Knall genügt aber schon eine kleine Menge des Gemischs im Reagenzglas. Um zu verhindern, dass ein größerer Behälter mit diesem Gemisch „in die Luft fliegt“, führt man vor dem Entzünden von Wasserstoff die Knallgasprobe im Reagenzglas durch. ▷ 3

Mit der *Knallgasprobe* wird geprüft, ob Wasserstoff frei ist von Luft oder Sauerstoff. ▷ 4

Geräusch bei Knallgasprobe	Luftanteil im Gasgemisch	Explosionsgefahr?	Sicherheitshinweis
lauter Knall	viel Luft im Wasserstoff	explosionsgefährlich	Größere Mengen nicht entzünden!
Pfeifen	wenig Luft im Wasserstoff		Größere Mengen nicht entzünden!
ruhiges Brennen	reiner Wasserstoff	nicht explosionsgefährlich	Größere Mengen können entzündet werden.

4

die Analyse
die Elektrolyse
die endotherme Reaktion
die exotherme Reaktion
die Knallgasprobe
die Synthese
der Wasserstoff

Wasserstoff durch Wasserspaltung Wasser verdampft beim Erhitzen; es bildet Wasserdampf. Beim Abkühlen kondensiert der Wasserdampf wieder zu Wasser. Das Wasser ändert dabei nur seinen Aggregatzustand. Der Stoff Wasser ändert sich nicht.

Wenn aber elektrische Energie auf Wasser einwirkt, perlen an den Zuleitungen Bläschen nach oben – am Minuspol mehr als am Pluspol. ▷ 5 Das Gas am Minuspol brennt mit blauer Flamme; es ist *Wasserstoff*. Das Gas am Pluspol lässt einen glimmenden Holzspan aufflammen; es handelt sich um *Sauerstoff*.

Wasser ist eine Verbindung aus Wasserstoff und Sauerstoff.
Wasser ist das Oxid des Wasserstoffs. Wasser wird durch elektrischen Strom in Wasserstoff und Sauerstoff gespalten.

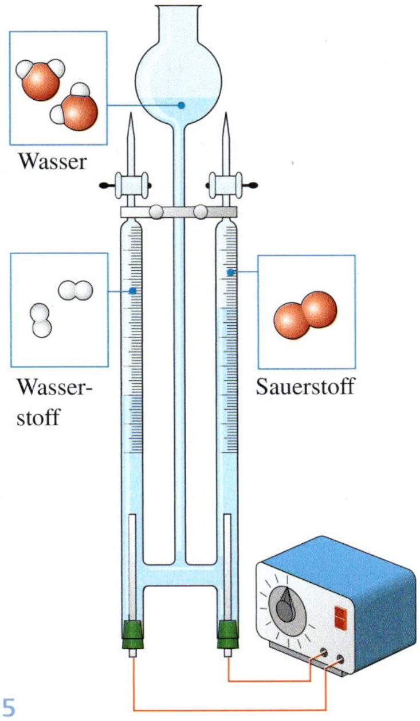

5

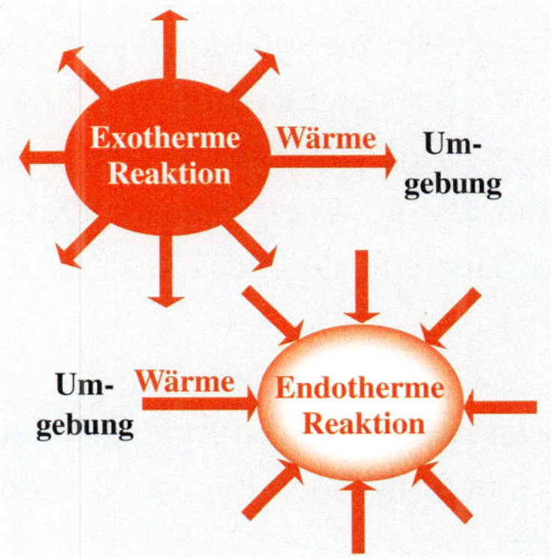

6

Wasserspaltung unter Energieaufnahme Um Wasser zerlegen zu können, ist elektrische Energie erforderlich. Diese wird in chemische Energie der Reaktionsprodukte umgewandelt. Die Reaktionsprodukte sind energiereicher als der Ausgangsstoff. Das bezeichnet man als *endotherme Reaktion*. ▷ 6–7

Wasser ⟶ Wasserstoff + Sauerstoff (Energieaufnahme)
Die Spaltung von Wasser ist eine endotherme Reaktion.

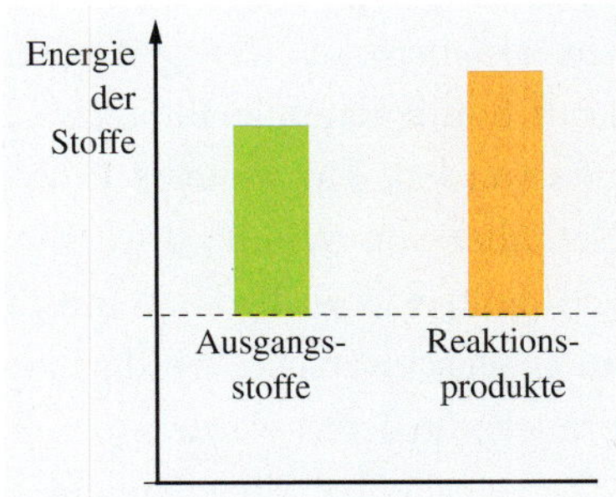

7 Energiediagramm einer endothermen Reaktion

Analyse – Synthese Chemiker bezeichnen die Zerlegung eines Stoffs in seine Bestandteile als *Analyse*. Die Wasserspaltung durch elektrischen Strom bezeichnet man als *Elektrolyse* („elektrische Analyse"). Umgekehrt erhält man wieder Wasser, wenn Wasserstoff und Sauer stoff miteinander reagieren. Eine solche Bildung eines Stoffs aus seinen Bestandteilen bezeichnet man als *Synthese*. ▷ 8

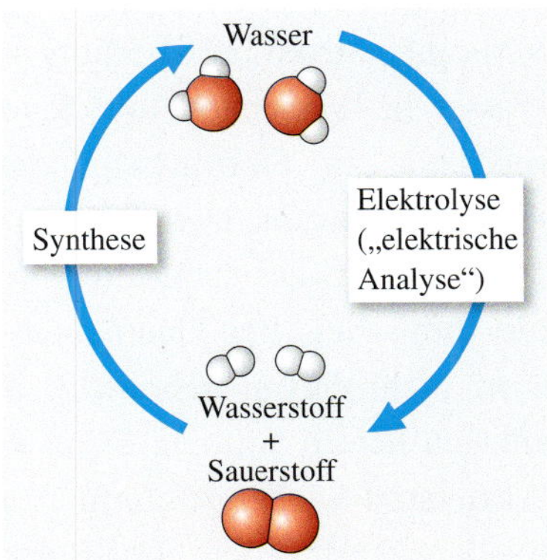

8

Aufgaben

1 ◪ Die Verwendbarkeit eines Stoffs hängt von den Eigenschaften ab. Erläutere das am Wasserstoff.

2 Die Knallgasprobe – eine Sicherheitsmaßnahme

a ◪ Begründe diese Aussage.

b □ Beschreibe, wie man sie durchführt.

3 ◪ Wasser kann man auch als „Wasserstoffoxid" bezeichnen. Begründe diese Aussage.

4 ■ Erläutere Bild ▷ 7. Vergleiche es mit Bild 9 von S. 17.

Eigenschaften und Verwendung von Wasserstoff

Wasserstoff – Rohstoff und Energieträger In der chemischen Industrie ist Wasserstoff ein wichtiger *Rohstoff* für viele Produkte. Er ist Ausgangsstoff für die Herstellung von Kunststoffen, Farbstoffen, Sprengstoffen (für Bergbau und Straßenbau), Medikamenten und Pflanzenschutzmitteln.
Wasserstoff kann ein *Energieträger* der Zukunft sein. Bei der Reaktion von Wasserstoff mit Sauerstoff wird viel Energie frei. Besonders vorteilhaft: Bei dieser Energieumwandlung entstehen keine Schadstoffe, denn das Reaktionsprodukt ist Wasser! ▷ 1

Wasserstoff als Energiespeicher Bevor man Wasserstoff als Energieträger nutzen kann, muss man erst ein Problem lösen: Für die Herstellung von Wasserstoff durch *Wasserspaltung* wird viel *elektrische Energie* benötigt. Diese sollte sinnvollerweise aus *erneuerbaren Energien* (Wind- und Wasserkraft, Sonnenenergie, Biomasse, Erdwärme) gewonnen werden. Ein weiteres Problem beschäftigt die Betreiber von Windkraftwerken: Der Strombedarf schwankt wie auch die Windstärke. Es muss aber auch bei schwachem Wind genug Strom an die Verbraucher geliefert werden.
2011 wurde bei *Prenzlau* ein *Hybridkraftwerk* in Betrieb genommen. Mit ihm können beide Probleme gelöst werden: ▷ 2 Mit Windkraftanlagen wird elektrischer Strom erzeugt, der direkt ins Netz abgeben wird. Fällt bei Starkwind oder niedrigem Verbrauch Strom im Überfluss an, wird mit diesem Wasser in Wasserstoff und Sauerstoff zerlegt. Das geschieht im *Elektrolyseur*, dem Herzstück des Hybridkraftwerks. Den erzeugten Wasserstoff speichert man in Druckbehältern (oder liefert ihn an die Industrie). Bei Flaute oder hoher Nachfrage wird mehr Strom gebraucht, als die Windkraftanlagen liefern können. Dann verbrennt man den Wasserstoff wieder zusammen mit Biogas in zwei Blockheizkraftwerken. Dabei wird nicht nur Strom erzeugt, sondern auch Wärme zum Heizen.

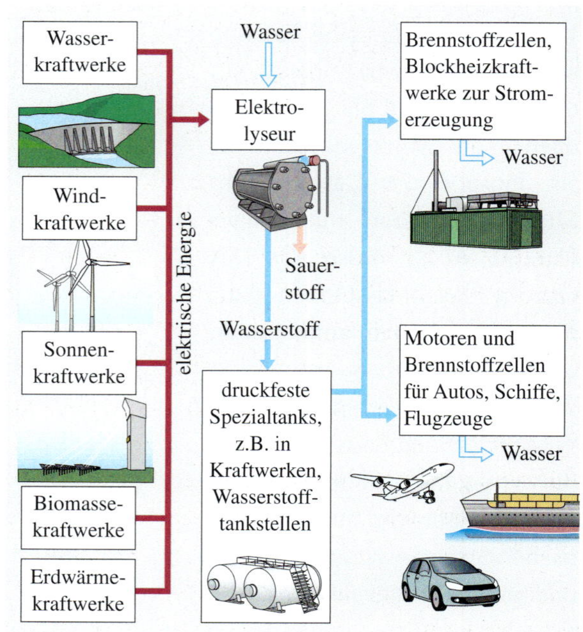

1 Wasserstoff als Energieträger

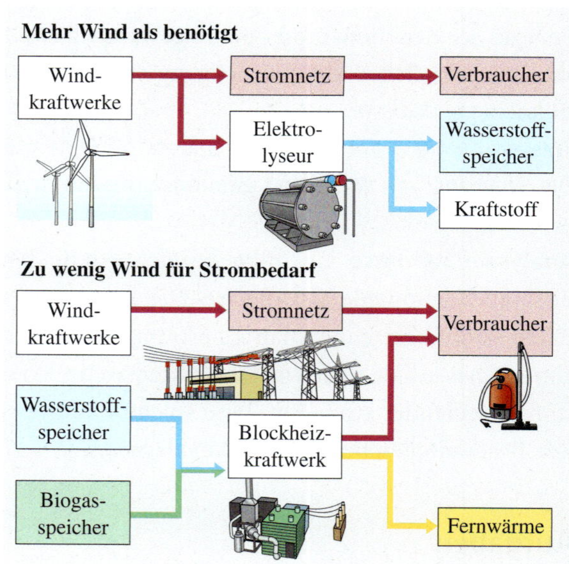

2 Hybridkraftwerk

1 ■ Erläutere die Vorteile eines Hybridkraftwerks im Vergleich zu einem herkömmlichen Kohlekraftwerk.

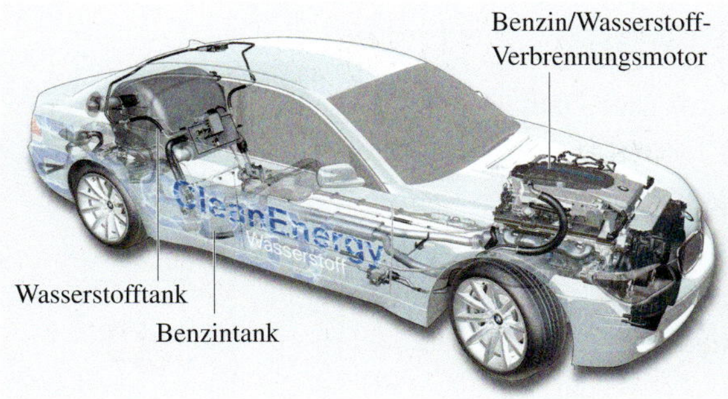

3

4

Wasserstoff als Treibstoff Treibstoffe, die man aus Erdöl gewinnt, sollen in Zukunft ersetzt werden. Einige Autohersteller bemühen sich darum, die technischen Probleme in den Griff zu bekommen: das Tanken von Flüssigwasserstoff ▷ 3–4 und die Sicherheit bei Unfällen.
Aufwendig ist auch die Wärmeisolierung des Tanks, denn Wasserstoff ist bei Normaldruck erst bei −253 °C flüssig! Außerdem muss immer wieder Wasserstoff nachgetankt werden. Günstig wäre es, wenn es gelänge, den Wasserstoff im Auto selbst herzustellen.
Wasserstoff ist zudem schon seit langer Zeit als Treibstoff für Raketen ▷ 5 gebräuchlich, z. B. für den Spaceshuttle: Beim Start der Rakete werden flüssiger Wasserstoff und flüssiger Sauerstoff in die Brennkammer gespritzt. Dort werden sie gasförmig. Die beiden gasförmigen Stoffe vermischen sich und das Gemisch wird gezündet.
Die Verbrennungsgase haben Temperaturen von etwa 3000 °C. Sie strömen mit Geschwindigkeiten von bis zu 12 000 $\frac{\text{km}}{\text{h}}$ aus der Düse und erzeugen so den Rückstoß.

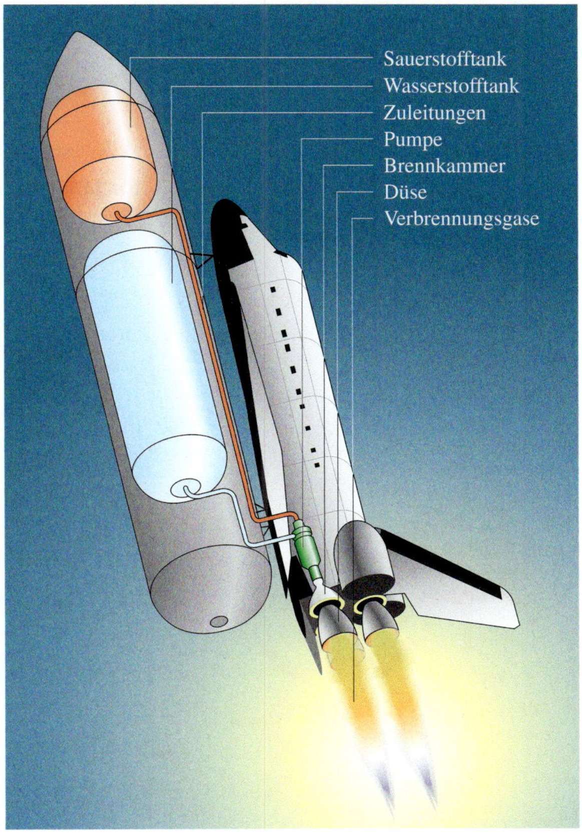

5

Die Brennstoffzelle Mit der Brennstoffzelle wurde eine weitere Möglichkeit der Nutzung von Wasserstoff gefunden. ▷ 6 Bei ihr entsteht aus Wasserstoff und Sauerstoff wieder Wasser – außerdem wird elektrische Energie gewonnen.
Brennstoffzellen wurden bereits in den Apollo-Raumschiffen verwendet.
Die großen Automobilwerke arbeiten intensiv daran, auch Autos mit Brennstoffzellen zu betreiben. Die ersten Versuchsmodelle sind bereits entsprechend ausgestattet.

6 Brennstoffzelle (kleines Bild), Versuchsfahrzeug

Wasser – das Oxid des Wasserstoffs

Wasser ist eine Verbindung aus Wasserstoff und Sauerstoff (das Oxid des Wasserstoffs).
Es lässt sich unter Aufnahme elektrischer Energie in Wasserstoff und Sauerstoff spalten. Diesen Vorgang nennt man Elektrolyse. ▷ 1

Wasser ⟶ Wasserstoff + Sauerstoff (Energieaufnahme)

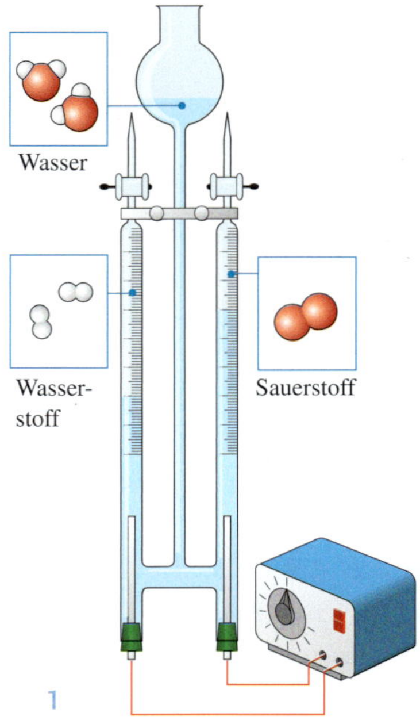

1

Wasserstoff

Wasserstoff ist ein brennbares Gas.
Es verbrennt ohne Schadstoffbildung zu Wasser. Dabei wird Energie an die Umgebung abgegeben. Diesen Vorgang nennt man Synthese.

Wasserstoff + Sauerstoff ⟶ Wasser (Energieabgabe)

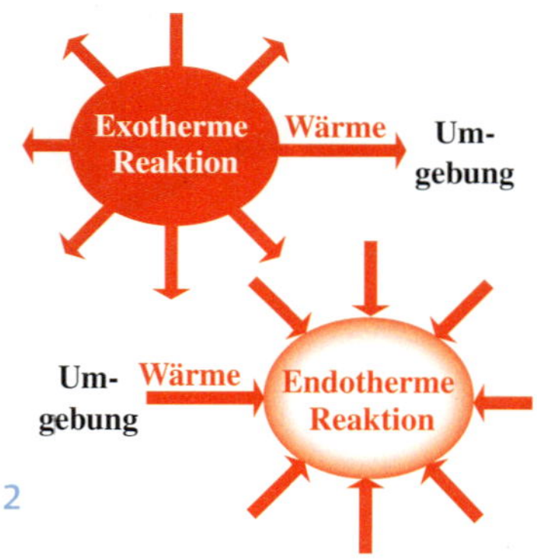

2

Exotherme und endotherme Reaktionen

Bei exothermen Reaktionen wird ein Teil der chemischen Energie der Ausgangsstoffe in Wärme umgewandelt und an die Umgebung abgegeben. Die Reaktionsprodukte sind energieärmer als die Ausgangsstoffe. ▷ 2
Bei endothermen Reaktionen wird ständig Energie aus der Umgebung aufgenommen. Diese wird in chemische Energie der Reaktionsprodukte umgewandelt. Die Reaktionsprodukte sind energiereicher als die Ausgangsstoffe.

3

Wasser als Lösemittel

Wasser ist ein Lösemittel für viele Stoffe.
Das ist wichtig für die Aufnahme dieser Stoffe von Lebewesen und für den Transport durch den Körper. ▷ 3 Das ist aber zugleich eine Gefahr, wenn die gelösten Stoffe Schadstoffe sind.

Trinkwasser

Trinkwasser ist unser wichtigstes Lebensmittel. ▷ 4
Trinkwasser muss als Lebensmittel geeignet sein. Deshalb wird es im Wasserwerk aufbereitet. Abwässer werden geklärt, damit Wasser mehrmals genutzt werden kann.

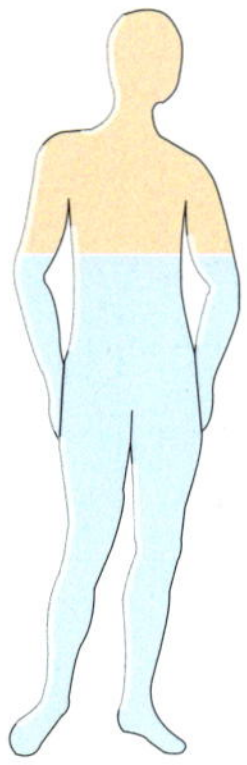

4

Alles klar?

1 □ Ohne Wasser gäbe es kein Leben auf der Erde. Nenne Beispiele, mit denen du das begründen kannst.

2 □ Durchschnittlich 123 Liter Wasser verbraucht jeder Bundesbürger täglich im Haus. ▷ 5

a Wofür nimmt er das Wasser vor allem?

b An welchen Stellen könnte er Wasser einsparen?

3 ◪ Wenn du in eine Tasse mit kaltem Tee Zucker gibst, löst sich der nur schwer.
Was kannst du tun, um das Auflösen zu beschleunigen?

4 ◪ Warum kann man nicht beliebig viel Salz in einem Glas Wasser lösen?

5 ◪ Sascha öffnet eine Mineralwasserflasche. Dabei spritzt viel Wasser heraus.

a Welche Gründe könnte es dafür geben?

b Wie hätte er das Spritzen verhindern können?

6 ◪ An Warmwassergeräten bildet sich häufig ein kalkiger Belag. ▷ 6
Weshalb kann es dazu kommen?

6

7 ◪ In manchen Gegenden schäumt die Seife beim Händewaschen so stark, dass sich der Schaum kaum abspülen lässt. In anderen Gegenden schäumt die Seife überhaupt nicht. Woran kann das liegen?

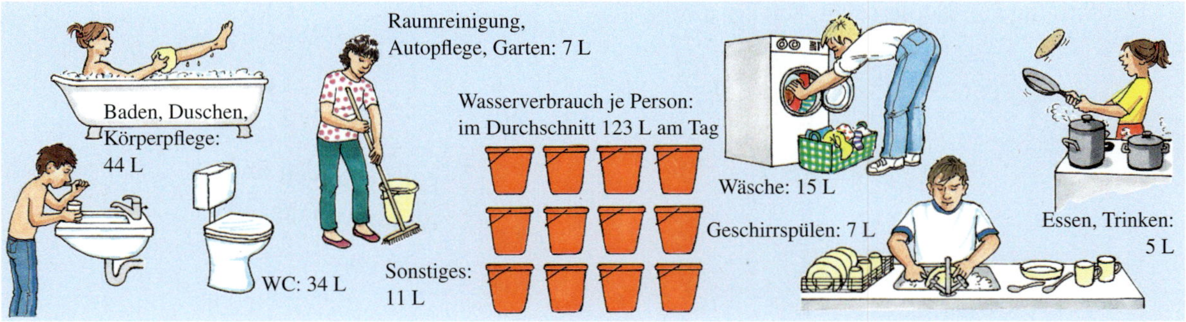

5

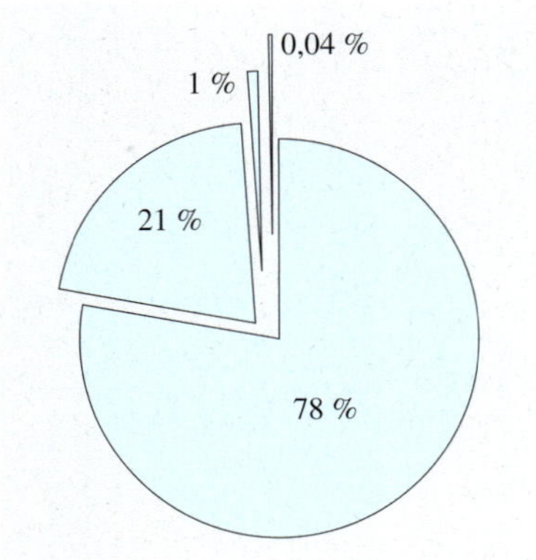

1

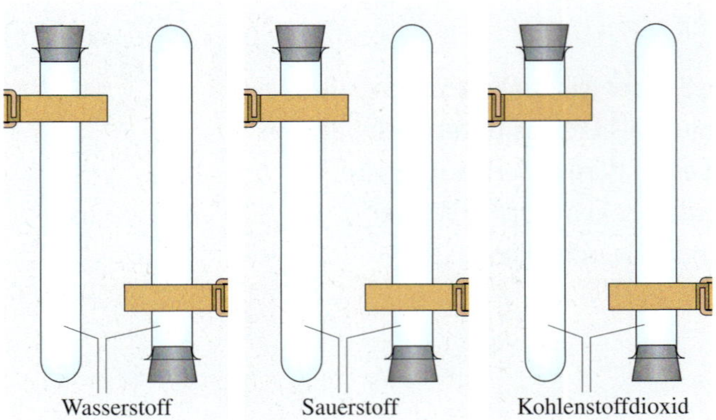

2

Die Luft und ihre Bestandteile

1 □ Luft ist ein Gasgemisch. ▷ 1
Nenne die Bestandteile der Luft und ordne sie den Anteilen (in %) zu.

2 ◪ Die Bestandteile der Luft werden aufgrund ihrer Eigenschaften unterschiedlich verwendet. Übertrage die folgende Tabelle in dein Heft und vervollständige sie.

Verwendung	Bestandteil der Luft	Eigenschaft
Löschmittel		
Lampenfüllung		
Tiefkühlung		
Beatmung		

3 □ Ordne Stoffe und Nachweise einander richtig zu.
Gase: Wasserstoff, Sauerstoff, Kohlenstoffdioxid, Wasser
Nachweise: Spanprobe, Kalkwassertrübung, Blaufärbung von Kupfersulfat, Knallgasprobe

4 ◪ Ohne Luft gäbe es kein Leben auf der Erde. Erläutere, welche Rolle die drei Hauptbestandteile der Luft dabei spielen.

5 ◪ Die Reagenzgläser in Bild ▷ 2 wurden mit verschiedenen Gasen gefüllt.
Gib an, in welchen Reagenzgläsern einige Zeit nach dem Entfernen der Stopfen das betreffende Gas noch nachzuweisen ist.
Begründe deine Vermutung.

Luftschadstoffe

6 □ Nenne die Herkunft wichtiger Luftschadstoffe und jeweils eine Möglichkeit zu ihrer Verminderung.

Luftschadstoff	Herkunft	Maßnahme zur Verminderung
Kohlenstoffdioxid		
Rußpartikel (Feinstaub)		
Stickoxide		

Die Lösungen findest du im Anhang.

3 Regenwolke in England

4 Dürre in Australien

Wasser

7 □ Finde die Begründung. Ohne Wasser gäbe es kein Leben auf der Erde, weil:
- alle Lebewesen zum großen Teil aus Wasser bestehen (A)
- Wasser viele Stoffe löst, die nur im gelösten Zustand von Lebewesen aufgenommen und in den Lebewesen transportiert werden können (B)
- wir uns und unsere Kleidung sonst nicht waschen könnten (C)
- es keine Fische gäbe, von denen Tiere und Menschen leben (D)
- es nie regnen würde und alle Pflanzen vertrocknen würden (E) ▷ 3–4

8 □ Wasser ist ein Lösemittel für viele Stoffe. Ordne die folgenden Stoffe in zwei Gruppen, in Wasser löslich oder nicht löslich: Kochsalz, Sand, Zucker, Luft, Glas, Öl, Kupfer, Essig, Eisen.

9 □ Richtig oder falsch?
- Wenn bei der Seifenprobe viel Schaum entsteht, ist kein Kalk im Wasser vorhanden. (A)
- Je mehr Nitrat oder Nitrit im Wasser nachgewiesen werden, desto schmutziger ist es. (B)
- Wasser mit geringem Kalkgehalt nennt man „weich". (C)

10 ◪ Begründe die Aussage „Wasser ist ein Oxid".

Wasserstoff

11 □ Finde die richtige Begründung. Wasserstoff gilt als „sauberer" Brennstoff, weil es:
- ein farbloses und geruchloses Gas ist (A)
- mit Sauerstoff zu „sauberem" Wasser verbrennt (B)
- durch die Knallgasprobe nachgewiesen werden kann (C)
- in großen Mengen vorhanden ist (D)

12 ◪ Wasserstoff als Energiequelle der Zukunft? Schreibe ab und vervollständige: Einerseits wird bei der Reaktion von Wasserstoff mit Sauerstoff viel Energie frei, andererseits …

13 ■ Wasserstoff kann als Energiespeicher verwendet werden. Erkläre, wie das möglich ist.

Säuren, Laugen und Salze im Alltag

Einigen Säuren und Laugen begegnen wir in der Natur, im Haushalt und in manchen Berufen.
Einige davon kannst du auf dieser Doppelseite sehen.

- Welche Stoffe erkennst du?
- Was weißt du über sie?
- Worüber würdest du gern mehr wissen?

... im Beruf

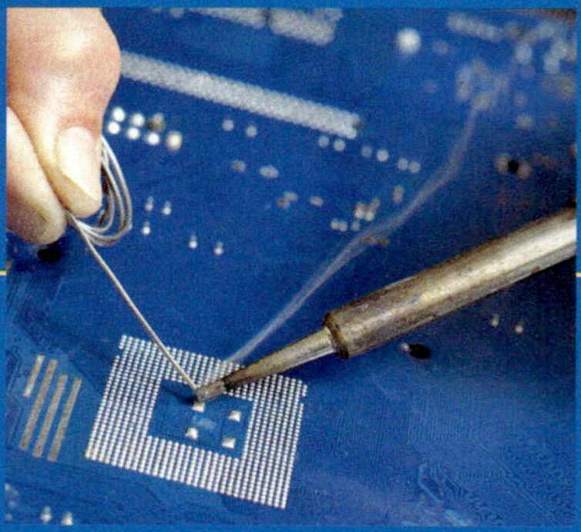

1

2

3

... im Haus

4

5

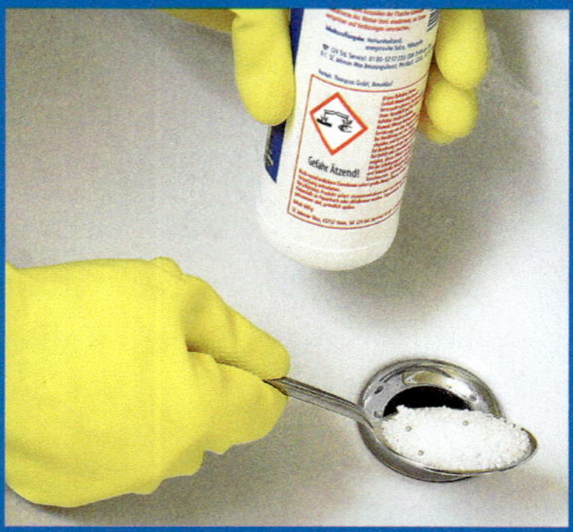

6

… in der Küche

7

8

9

10

… in der Natur

11

12

13

14

Erste Begegnung mit Säuren und Laugen

Sauer oder nicht sauer?

1 Schwarzer Tee

2 … mit Zitronensaft

Hier wird Zitronensaft in schwarzen Tee geträufelt. ▷ 1–2
Ob andere saure Stoffe (z. B. Essig) dasselbe bewirken?

Gefahrenhinweis

In diesem Kapitel werdet ihr Experimente mit Säuren und Laugen durchführen – nicht nur mit solchen aus dem Haushalt. Reste dieser Stoffe dürfen nicht in den Ausguss oder Mülleimer entsorgt werden. Dafür stehen spezielle Behälter bereit.
Bei Verätzungen mit Säuren und Laugen mit viel Wasser spülen und einen Arzt aufsuchen – vor allem, wenn Spritzer ins Auge gelangt sind.

1

Nachweis mit Blaukraut

Blaukraut und *Rotkohl* sind unterschiedliche Namen für die gleiche Kohlsorte.

a Stellt euch zunächst etwas Blaukrautsaft her. ▷ 3

b Füllt in drei Gläser etwas Zitronensaft, Speiseessig und Seifenwasser. Gebt zu jeder Flüssigkeit eine kleine Menge Blaukrautsaft.
Beschreibt die jeweiligen Farbänderungen.

c Macht nun aus Blaukraut Rotkohl.

d Untersucht, ob die Farbe anderer Gemüse- oder Fruchtsäfte durch Essig oder Seifenlösung verändert wird.

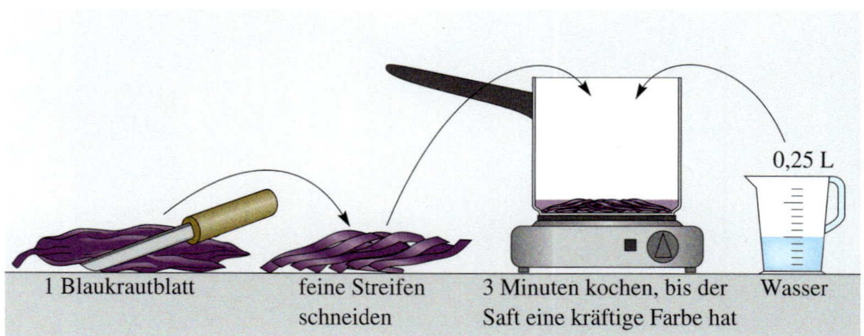

3

2

Wir ermitteln den pH-Wert einiger Flüssigkeiten

Ihr braucht:
3 Reagenzgläser (oder Uhrgläser) und einen Reagenzglasständer, flüssigen Universalindikator, 3 Flüssigkeiten aus dem Haushalt (Leitungswasser, Speiseessig oder Zitronensaft, Seifenlösung oder ein Spülmittel).

Versuchsdurchführung:

a Gebt in jedes Reagenzglas einige Milliliter der Flüssigkeit, die ihr untersuchen wollt. Füge 1–2 Tropfen Indikatorlösung hinzu.

b Tragt in eine Tabelle ein, welche Farbe der Indikator annimmt. ▷ 4

c Vergleicht die Farbe mit der pH-Wert-Skala. ▷ 5 (In Abhängigkeit vom Hersteller sind Farbabweichungen möglich.) Tragt den Wert in die Tabelle ein.

d Teilt die untersuchten Flüssigkeiten in Gruppen ein.

e Untersucht auch Getränke (z. B. Cola, Fanta, Mineralwasser, Apfelsaft).

3

Nachweis mit Universalindikator

a Wir prüfen zunächst den Geruch von Speiseessig (z. B. Obstessig). ▷ 6
Außerdem prüfen wir den Speiseessig mit einigen Tropfen Universalindikator und vergleichen die Färbung mit der Farbskala auf der Verpackung. ▷ 7

b Wir verdünnen jeweils 1 mL Essig mit 10 mL Wasser, dann mit 100 mL und schließlich mit 1000 mL.
Wir stellen jedes Mal den Geruch des Essigwassers und die Verfärbung des Indikators fest.

Flüssigkeit	*Leitungswasser*	...	...	...	...	...
Indikatorfarbe	...	...	...	...	...	...
pH-Wert	...	...	...	...	...	

4 Mustertabelle

5 pH-Wert-Skala

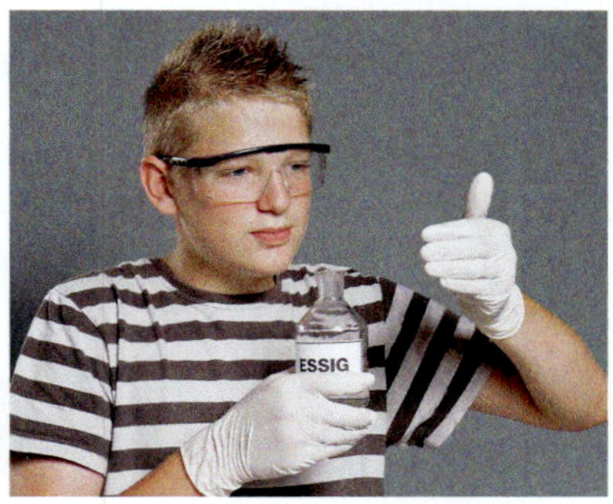

6 Geruchsprobe mit Essig

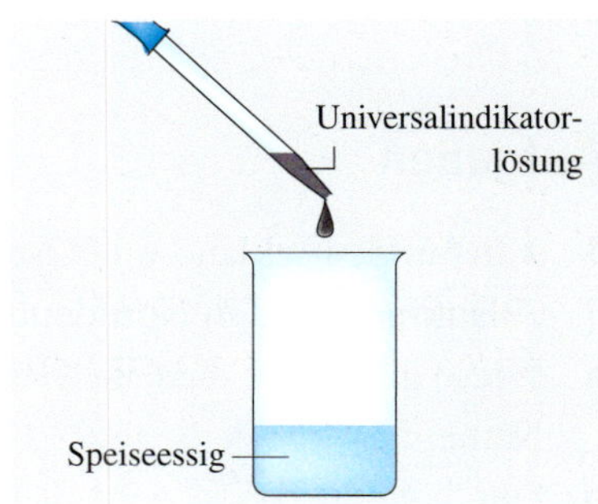

7

Indikatoren und pH-Wert

So erkennen wir Säuren und Laugen Essig und Zitronensaft schmecken *sauer*. Wenn du einmal Seife in den Mund bekommen hast, kennst du auch einen *seifigen* Geschmack.
Unseren Geschmackssinn dürfen wir aber nicht zum Prüfen von Stoffen einsetzen; die Stoffe könnten giftig oder ätzend sein. Deshalb verwendet man *Indikatoren* (Anzeiger). ▷ 1-2
Indikatoren ändern bei Zugabe zu Säuren oder Laugen ihre Farbe.

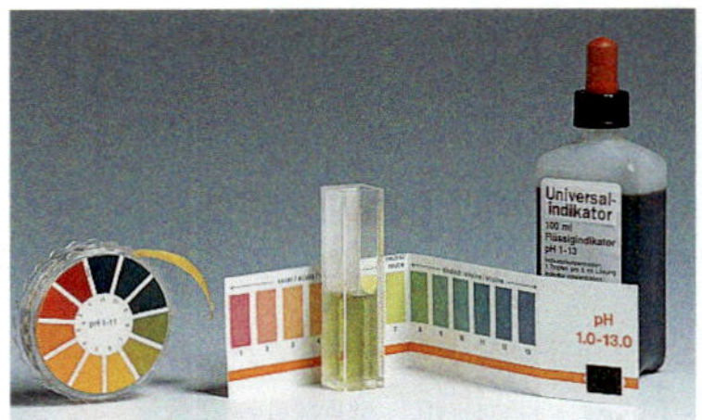

1 Universalindikatorpapier und Flüssigindikator

Einige Indikatoren Ein einfacher Indikator ist *Rotkohlsaft*. Wenn du in eine kleine Menge davon etwas Essig tropfst (eine Säure), färbt sich der Saft rot. Mit Seifenwasser (einer Lauge) färbt er sich grün. Auch *schwarzer Tee* ist als Indikator geeignet. Bei einer Säure wird er heller. Bei einigen Tropfen Seifenlösung oder Spülmittel wird er dunkler.
Mit *Universalindikator* sind genauere Aussagen über den geprüften Stoff möglich. ▷ 3
Um zu erreichen, dass der pH-Wert einer sauren Lösung um 1 steigt, muss man die Lösung auf das Zehnfache verdünnen.
Sämtliche Flüssigkeiten, die den Universalindikator rot färben, gehören zu den Säuren. Von diesen Flüssigkeiten sagt man: Sie reagieren *sauer*.
Flüssigkeiten, die den Universalindikator blau färben, gehören zu den Laugen. Man sagt: Sie reagieren *alkalisch*.

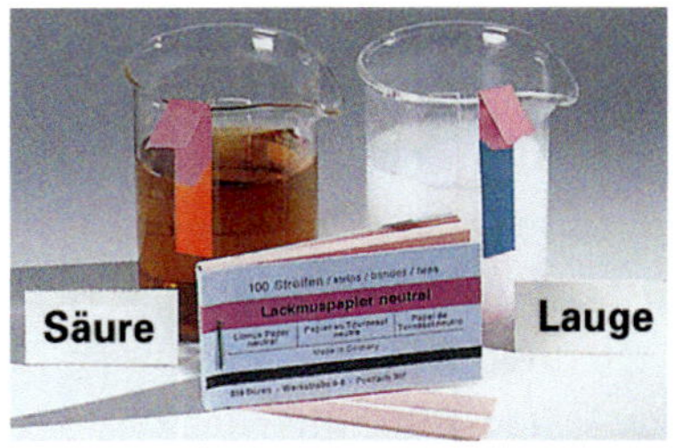

2 Lackmuspapier

3

Aufgaben

1 ◪ In Süddeutschland und Österreich sagt man „Blaukraut" und in Norddeutschland „Rotkohl".
a Wieso gibt es für dasselbe Gemüse zwei Namen?
b Durch einen „Trick" wird Blaukraut rot. Erläutere den Trick.

2 ◪ Ergänze: „Eine saure Lösung färbt Universalindikator …; der pH-Wert liegt im Bereich …" „Eine Lauge färbt Universalindikator …; der pH-Wert liegt im Bereich von …"

3 □ Erkundige dich danach, aus welcher Säure unsere Magensäure besteht und welchen pH-Wert sie hat.

4 Früher enthielt Coca-Cola Ameisensäure.
a ◪ Informiere dich über die Eigenschaften der Ameisensäure und berichte darüber.
b □ Welche Säuren sind heute in Coca-Cola enthalten?
c □ Welche Aufgaben erfüllen sie in dem Getränk?

der Indikator
der pH-Wert

Der pH-Wert Mithilfe der Farbskala auf der Verpackung des Universalindikators erkennt man, wie stark sauer oder alkalisch die untersuchte Flüssigkeit wirkt. Jeder Farbe auf der Skala sind die Buchstaben „pH“ und eine Zahl zugeordnet, der *pH-Wert*. ▷ 4

- Von pH 0 bis unter pH 7 ist eine Flüssigkeit sauer; je geringer der pH-Wert einer Flüssigkeit ist, desto saurer ist sie.
- Oberhalb von pH 7 bis pH 14 ist eine Flüssigkeit alkalisch. Je höher der pH-Wert einer Flüssigkeit ist, desto stärker alkalisch ist sie.
- Bei pH 7 reagiert die untersuchte Flüssigkeit weder sauer noch alkalisch; sie ist neutral.

Genau kann man den pH-Wert mit dem *pH-Meter* messen. Das Gerät zeigt den pH-Wert entweder direkt an ▷ 5 oder auf einer Skala.

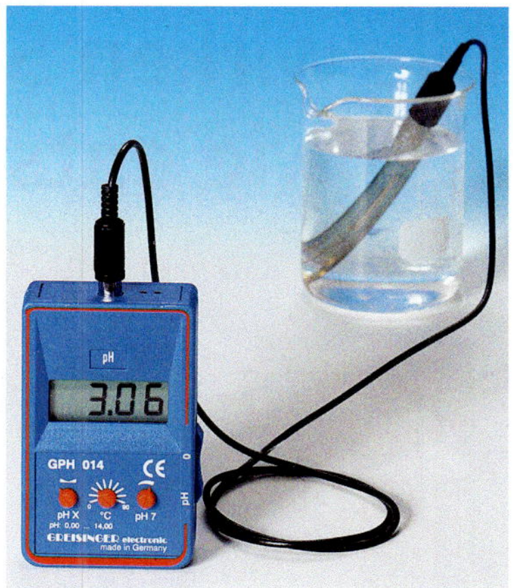

5 Digitales pH-Meter

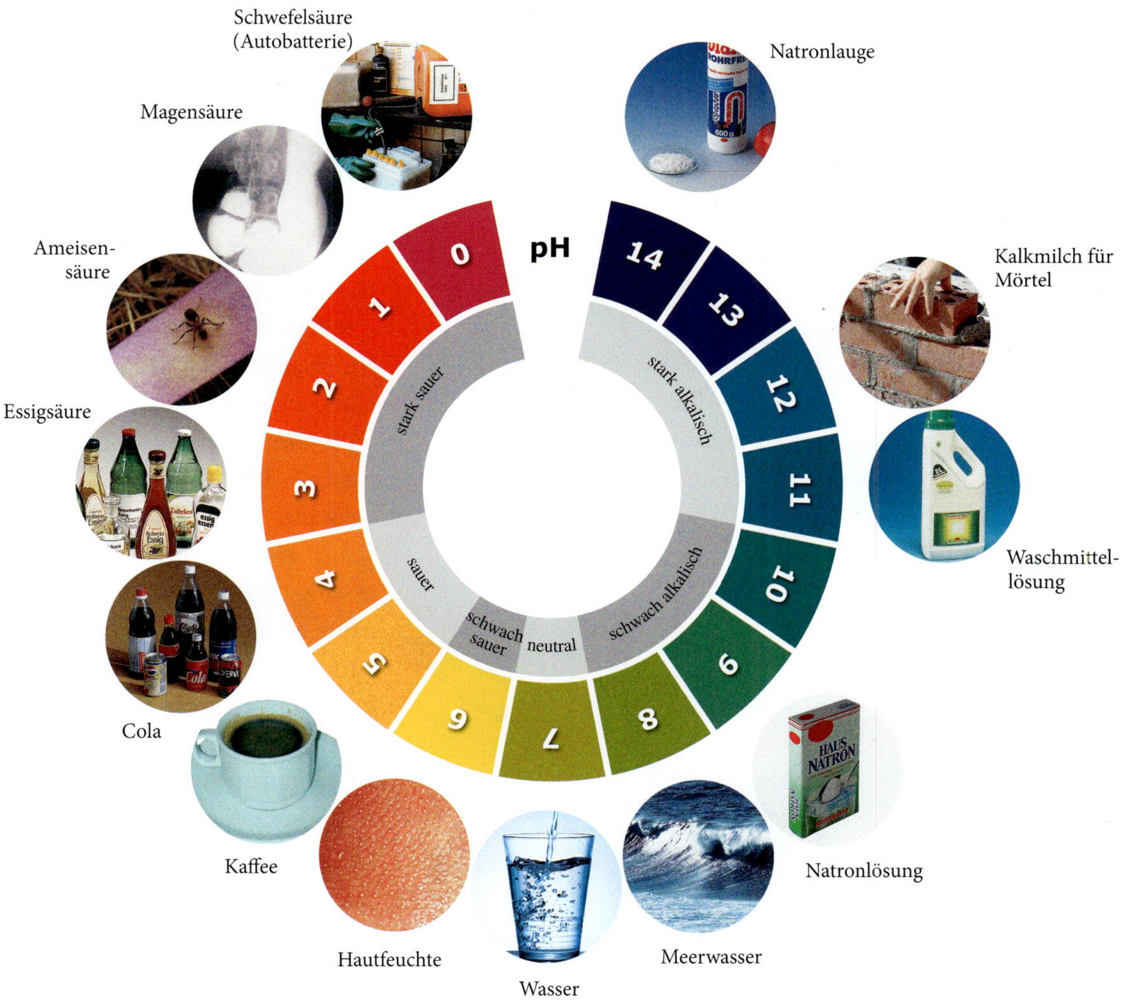

4 Die pH-Wert-Skala und einige Beispiele

Die Säuren

Wie wirken Säuren und wie entstehen sie?

1 „Die Marmorplatte der Fensterbank sieht ja schlimm aus. Was haben Sie da gemacht?“

2 Beschädigte Marmorplatte

1

Die Reaktion von Säuren mit Kalk (Marmor)

a Füllt verdünnte Salzsäure◇ 2–3 cm hoch in ein Reagenzglas. Gebt Marmor (ein Kalkstückchen) hinein. Prüft das entstehende Gas mit den euch bekannten Nachweismethoden. ▷ 3

b Führt den Versuch auch mit verdünnter Essigessenz◇ und mit verdünnter Schwefelsäure◇ durch.

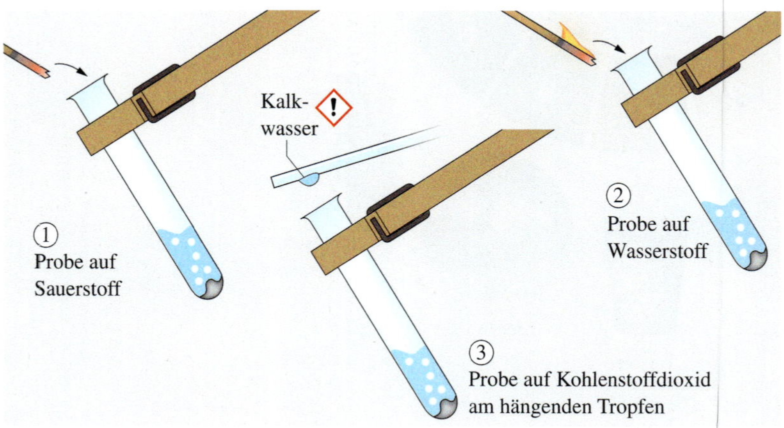

3

2

Die Reaktion von Säuren mit unedlen Metallen

Ihr braucht einen Reagenzglasständer und 6 Reagenzgläser. Füllt jeweils in zwei Reagenzgläser 2–3 ml verdünnte Salzsäure◇, verdünnte Schwefelsäure◇ bzw. verdünnte Essigessenz◇. Gebt dann zu jeder Säure einmal ein Stück Zink und einmal ein Stück Magnesium.

a Lasst die Gläser eine Zeit lang stehen und beobachte, was geschieht.

b Prüft das entstehende Gas.

◇ verdünnte Essigsäure
verdünnte Salzsäure
verdünnte Schwefelsäure

Achtung

3

Wir machen Wasser sauer

Wir geben einige Tropfen Universalindikator in Wasser. In diese Lösung leiten wir Kohlenstoffdioxid. ▷ 4

Sucht eine Erklärung für eure Beobachtung.

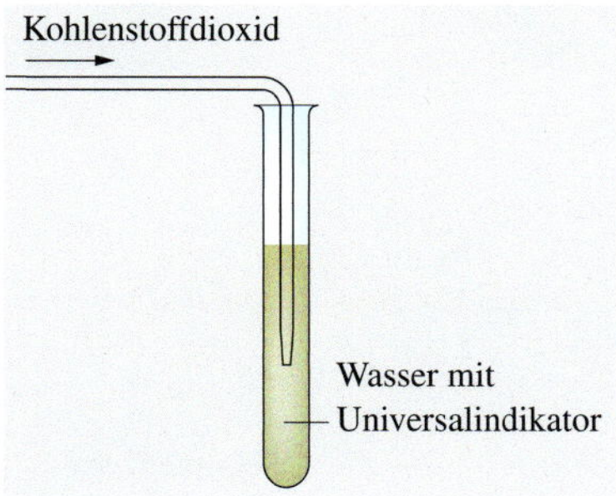

4

4

Wir untersuchen Mineralwasser

a Wir prüfen Mineralwasser mit Universalindikator. Erklärt eure Beobachtung.

b Dann schütteln wir das Mineralwasser so lange, bis das gelöste Kohlenstoffdioxid fast raus ist.
Anschließend prüfen wir das Mineralwasser erneut mit Universalindikator.

c Jetzt erhitzen wir frisches Mineralwasser mit einigen Tropfen Universalindikator. Achtet auf die Veränderungen.

5

Säuren aus Verbrennungsgasen? (Lehrerversuch)

In der Luft können Kohlenstoffdioxid oder Schwefeldioxid mit Regen (Wasser) reagieren.

a Es wird untersucht, ob bei einer solchen Reaktion Säuren entstehen. ▷ 5 Vor und nach dem Versuch wird der pH-Wert des Wassers festgestellt.

b Der Versuch wird mit Schwefel◇ wiederholt. Dabei können z. B. Schwefelfäden aus dem Winzerbedarf verwendet werden. ▷ 6

c Vom Lehrer oder von der Lehrerin wird eine dunkelrote, trockene Tulpe oder Rose in ein Gefäß mit Schwefeldioxid◇ gelegt. ▷ 7
In einem zweiten Glas mit Schwefeldioxid wird die Tulpe oder Rose, bevor sie hineingelegt wird, angefeuchtet.
Überlegt, welcher Stoff entstanden sein muss, sodass die Blüte jetzt entfärbt wurde.

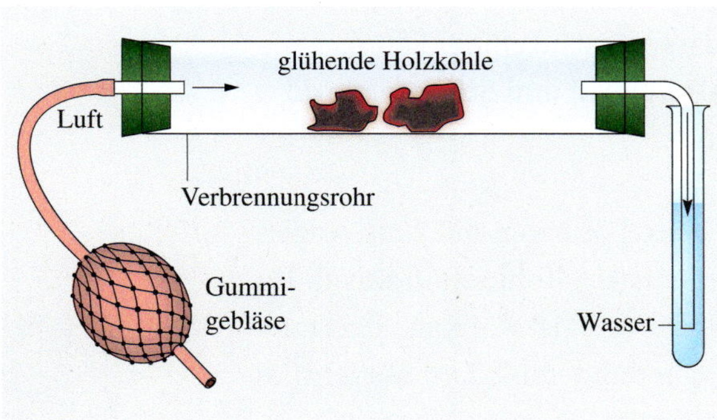

5

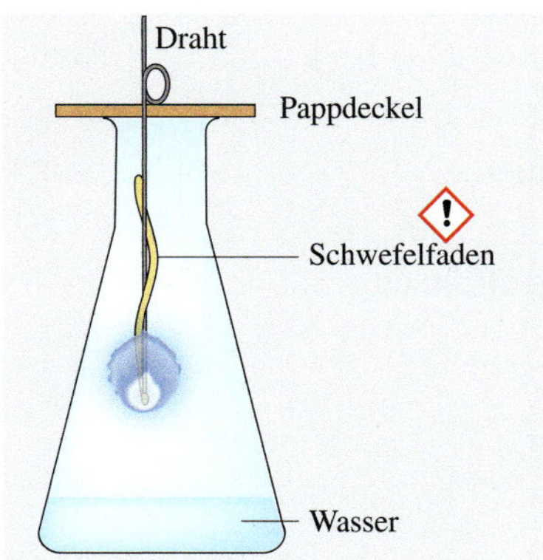

6

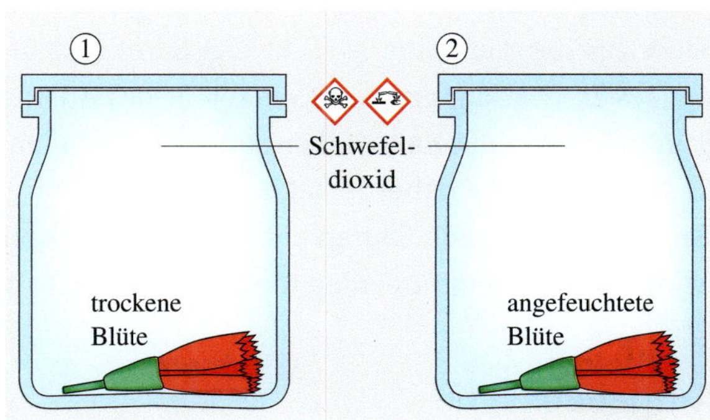

7

◇ Schwefel  Achtung

◇ Schwefeldioxid  Gefahr

Entstehung und Wirkung von Säuren

Die Kohlensäure Bei der Verbrennung von Kohlenstoff entsteht das gasförmige Kohlenstoffdioxid.
Kohlenstoff + Sauerstoff ⟶ Kohlenstoffdioxid
Wenn man Kohlenstoffdioxid in Wasser leitet, erhält man eine Säure – die Kohlensäure (chemische Formel: H_2CO_3). ▷ 1
Kohlenstoffdioxid + Wasser ⟶ Kohlensäure

$$CO_2 + H_2O \longrightarrow H_2CO_3$$

Kohlenstoffdioxid verbindet sich mit Wasser zu Kohlensäure.

1

Die schweflige Säure Wenn Schwefel verbrennt, entsteht Schwefeldioxid – ein farbloses, stechend riechendes Gas.
Schwefel + Sauerstoff ⟶ Schwefeldioxid
Schüttelt man Schwefeldioxid in einem verschließbaren Glasgefäß mit wenig Wasser, erhält man schweflige Säure (chemische Formel: H_2SO_3). ▷ 2
Schwefeldioxid + Wasser ⟶ schweflige Säure

$$SO_2 + H_2O \longrightarrow H_2SO_3$$

Schwefeldioxid verbindet sich mit Wasser zu schwefliger Säure.
Wenn die Verbrennungsgase Kohlenstoffdioxid und Schwefeldioxid mit Wasser reagieren, entstehen Säuren.

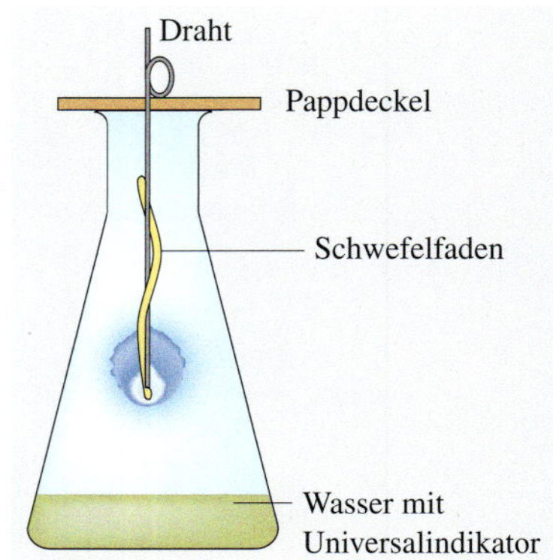

2

Wie saure Lösungen wirken Wenn saure Lösungen mit *Kalk* reagieren, wird der Kalk zersetzt. ▷ 3 Dabei entsteht Kohlenstoffdioxid. Da Marmor – chemisch gesehen – der gleiche Stoff ist wie Kalk, darf man Marmorplatten nicht mit Essig oder einer anderen Säure säubern; es entstehen sonst hässliche Flecke oder Ränder.
Reagieren saure Lösungen mit *unedlen Metallen*, beobachten wir aufsteigende Gasblasen: Wasserstoff. Diese Reaktion läuft auch ab, wenn Säure aus der Autobatterie (Schwefelsäure) ausläuft. Dabei wird Lack weggeätzt: Die Säure zersetzt Metallteile des Autos.
Säuren können mit Kalk und mit unedlen Metallen reagieren.
Die Stoffe werden dabei zersetzt.
Bei der Reaktion von Säuren mit Kalk entsteht Kohlenstoffdioxid, bei der Reaktion mit unedlen Metallen Wasserstoff.

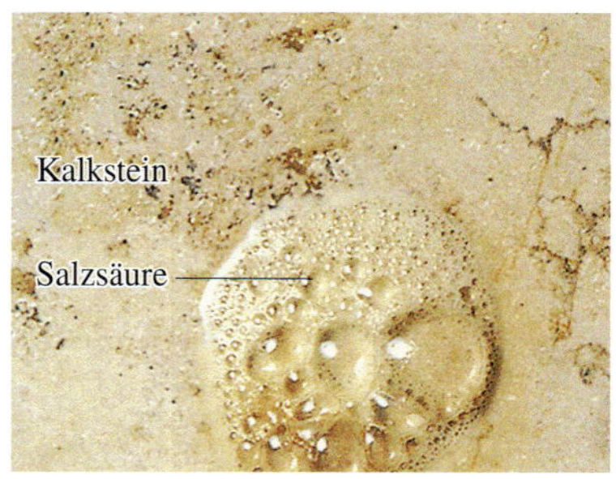

3

Aufgaben

1 ◪ Beschreibe verschiedene Methoden, mit denen man Säuren nachweisen kann.

2 ◪ Chemikalien dürfen nie in Gefäßen für Lebensmittel aufbewahrt werden. Begründe das Verbot am Beispiel einer Säure.

3 ◪ Erkläre den Zusammenhang zwischen Kohlenstoffdioxid und Kohlensäure.

4 ◪ Säuren eignen sich zum Reinigen von Fliesen, aber nicht von Marmorplatten. Nimm dazu Stellung.

die Salzsäure
die saure Lösung
die Schwefelsäure

Weitere Säuren Außer der Kohlensäure und der schwefligen Säure gibt es weitere Säuren (Tabelle). An den Formeln erkennst du, dass sämtliche Säuremoleküle *Wasserstoffatome* enthalten („*Säurewasserstoff*"). Diese bewirken die saure Reaktion. ▷ 4

Die sauerstoffhaltigen Säuren entstehen, wenn das Oxid eines Nichtmetalls (Kohlenstoff, Schwefel, Stickstoff, Phosphor) mit Wasser reagiert.

Name	Formel
Schwefelsäure	H_2SO_4
Salpetersäure	HNO_3
Phosphorsäure	H_3PO_4
Salzsäure	HCl

4 Weitere Säuren

Die Schwefelsäure Schwefelsäure entsteht aus einem Nichtmetalloxid (Schwefeltrioxid) und Wasser.

Wasser + Schwefeltrioxid ⟶ Schwefelsäure

$H_2O + SO_3 \longrightarrow H_2SO_4$

Die Eigenschaften der Schwefelsäure hängen von der Konzentration der Lösung ab: *Konzentrierte* Schwefelsäure zieht sehr heftig Wasser an. Hier erkennst du, wie sie auf verschiedene Stoffe wirkt. ▷ 5
Verdünnte Schwefelsäure wirkt auf unedle Metalle und Kalk genauso wie andere Säuren. ▷ 6

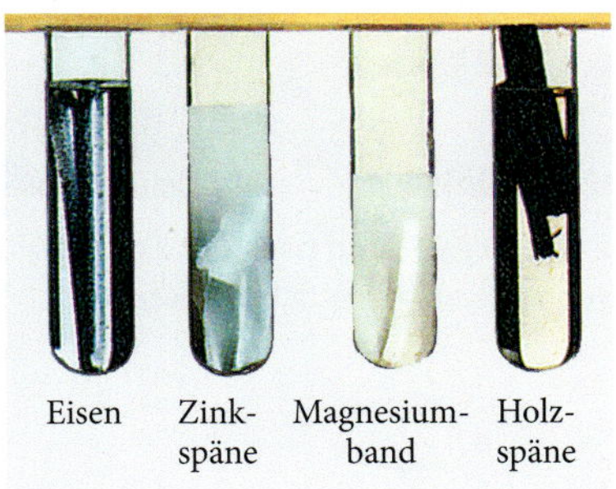

5 Wirkung bei *konzentrierter* Schwefelsäure

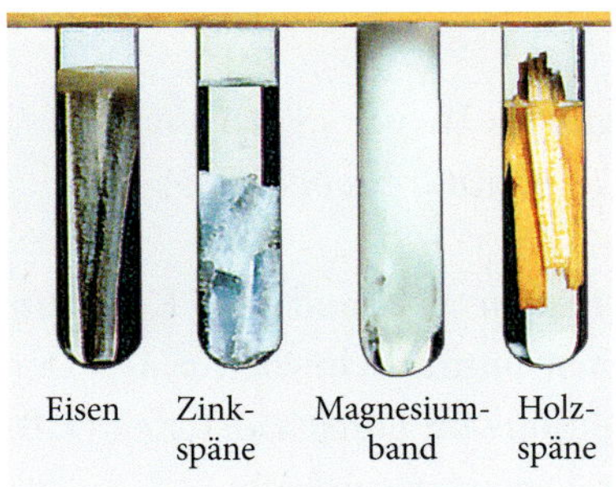

6 Wirkung bei *verdünnter* Schwefelsäure

Die Salzsäure Salzsäure ist eine stark wirkende Säure. Mit Kalk und mit unedlen Metallen (z. B. Magnesium, Zink) reagiert sie wie andere Säuren.
Übergießt man Kochsalz mit unverdünnter Schwefelsäure, entsteht das stechend riechende, giftige Gas *Chlorwasserstoff*. Es reagiert mit Wasser zu Salzsäure. Salzsäure entsteht also nicht wie andere Säuren aus einem Nichtmetalloxid und Wasser (s. die Formel HCl).

5 ■ Man könnte einer Zahnpasta Zitronensaft beimischen, damit sie besser schmeckt. Warum dürfte man eine solche Zahnpasta aber nicht in Tuben aus Metall füllen?

6 Sieh dir die Formeln der Säuren in der obigen Tabelle an.

a □ Gib die Gemeinsamkeit an.

b □ Welcher Bestandteil bewirkt jeweils die saure Reaktion?

c ■ Recherchiere zwei weitere Säureformeln, die diese Aussage bestätigen.

7 ■ An der Formel für Salzsäure kann man erkennen, dass sie anders hergestellt werden muss als z. B. Schwefelsäure. Erkläre das.

Zwei wichtige Säuren – näher betrachtet

Schwefelsäure in der Industrie In der chemischen Industrie spielt die Schwefelsäure eine wichtige Rolle. Sie steckt z. B. auch in jeder Autobatterie. ▷ 1

Beim Arbeiten mit Schwefelsäure muss man besonders vorsichtig sein. Wenn konzentrierte Schwefelsäure mit Wasser verdünnt wird, erwärmt sich die Lösung sehr stark. Durch das plötzliche Erhitzen können Wasser und Schwefelsäure herumspritzen und gefährliche Verätzungen hervorrufen.

Holz, Zucker oder Fleisch werden durch die konzentrierte Schwefelsäure schwarz; sie verkohlen. Diese Stoffe sind Verbindungen aus Kohlenstoff, Wasserstoff und Sauerstoff. Durch die Schwefelsäure werden die Verbindungen aufgespalten. Aus Wasserstoff und Sauerstoff entsteht dabei Wasser – und dieses wird von der Schwefelsäure „an sich gerissen". Zurück bleibt der schwarze Kohlenstoff. ▷ 2

Daraus folgt:

Zum Verdünnen der Säure diese langsam ins Wasser gießen – nie umgekehrt! Dabei umrühren und die Temperatur beobachten! ▷ 3

Der saure Regen Denkmäler und Bauten aus Sand und Kalkstein verwitterten in den letzten Jahrzehnten immer schneller. ▷ 4–5 Der *saure Regen* – gebildet durch die Reaktion von Luftschadstoffen (z. B. den *Oxiden des Schwefels*) mit Wasser – zerstörte sie leicht.

Oft versucht man, verwitterte Gesteinsteile durch vulkanisches Gestein (Basalt) zu ersetzen. Es wird durch sauren Regen nicht angegriffen. Man kann aber die Steine auch mit wasserabweisenden Mitteln behandeln – sie sind dann wie mit einem Regenmantel geschützt. Auch Metalle wie Aluminium, Zink oder Eisen nehmen allmählich Schaden durch sauren Regen. Dabei reagiert die Säure mit den unedlen Metallen.

108-1

4 Ursprünglich …

5 … und 10 Jahre danach

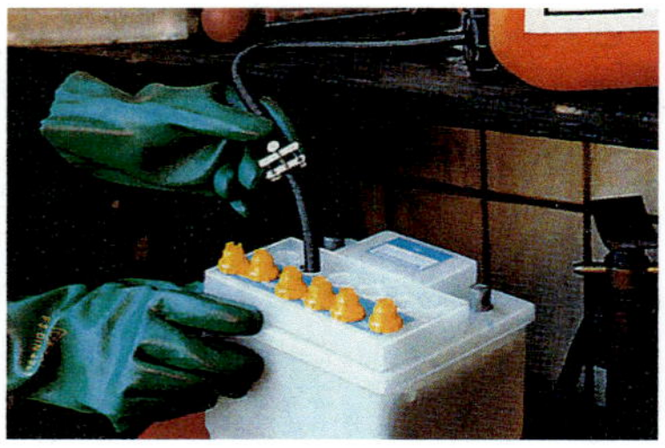

1 Schwefelsäure wird in eine Autobatterie gefüllt.

2 Zucker vor und nach der Zugabe von *konzentrierter* Schwefelsäure

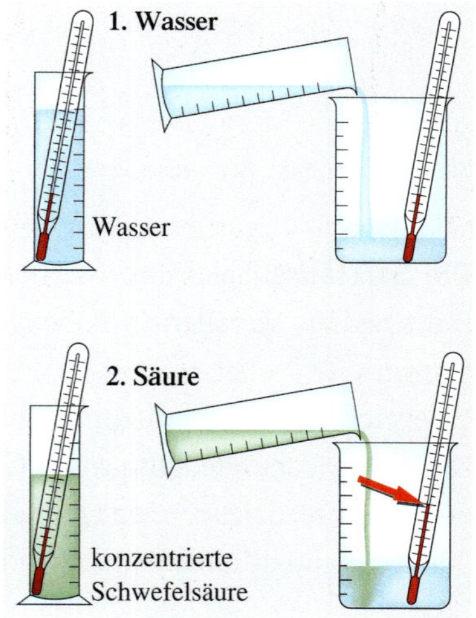

3 „Erst das Wasser, dann die Säure, sonst geschieht das Ungeheure!"

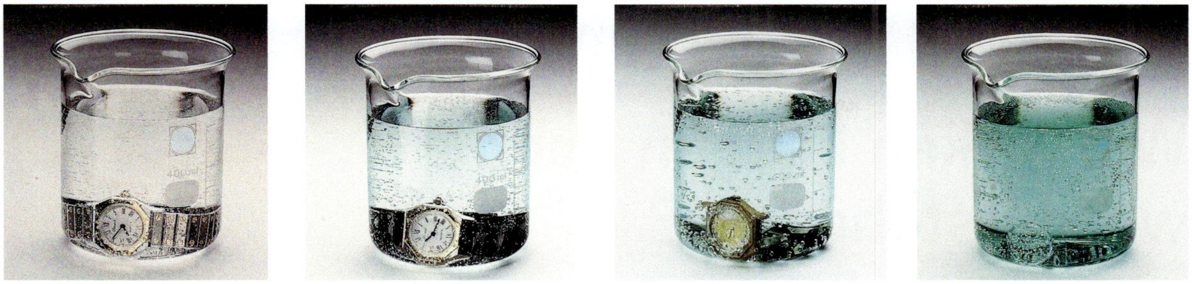

6 Nicht zur Nachahmung empfohlen: eine Armbanduhr in Salzsäure, zu Beginn, nach 16 Minuten, nach 3 und 8 Stunden …

Die Salzsäure als Lötwasser Das Stahlgehäuse einer Armbanduhr „verschwindet" in konzentrierter Salzsäure nach einigen Stunden. ▷ 6 Das edlere Metall Kupfer wird von konzentrierter Salzsäure nicht angegriffen – Kupferoxid dagegen wird aufgelöst. Deshalb kann man Salzsäure als „Lötwasser" zum Reinigen von Kupfer verwenden. ▷ 7

Salzsäure im Magen Unser Magensaft enthält 0,5 % Salzsäure. Sie hat darin zwei wichtige Aufgaben zu erfüllen:
- Die Salzsäure tötet Bakterien ab, die wir mit unserer Nahrung aufnehmen. Deshalb können Nahrungsmittel im Magen nicht gären oder faulen.
- Außerdem hilft die Salzsäure bei der Verdauung. Der Stoff Pepsin im Magensaft, der die Verdauung von Fleisch und Fisch einleitet, wirkt nur in saurer Umgebung – und diese wird durch die Salzsäure im Magen hergestellt.

Die Magenwand selbst wird nicht von der Salzsäure angegriffen; sie ist durch eine Schleimhaut geschützt. Fehlt der Schleim aber an einer Stelle, wird der Magen an dieser Stelle angegriffen – dort bildet sich dann ein Magengeschwür.
Nach dem Tod verliert die Magenwand den Schutz durch Schleim, sie wird nun ebenfalls vom Magensaft „verdaut". Aus der Tatsache, wie weit die Zerstörung der Magenwand fortgeschritten ist, schließt der Gerichtsmediziner auf den genauen Zeitpunkt des Todes. ▷ 8
Salzsäure verursacht auch das lästige *Sodbrennen*: Sie gelangt aus dem Magen in die Speiseröhre und greift dort die empfindliche, nicht durch Schleim geschützte Haut an. Das spüren wir als Sodbrennen.

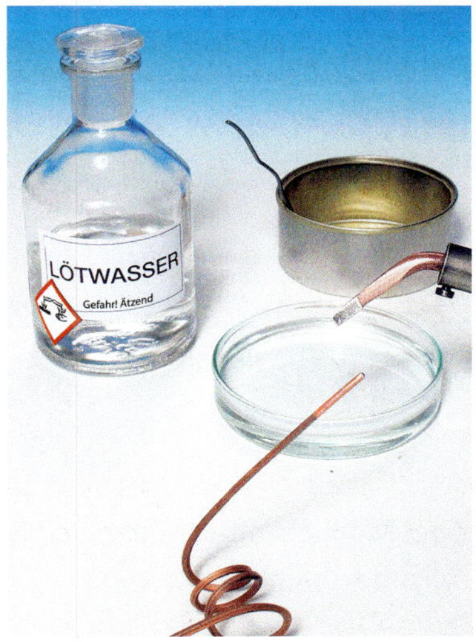

7 Salzsäure zum Reinigen von Kupfer

Die gerichtliche Untersuchung des Magens hat ergeben, dass der Tod 5–6 Stunden vor dem Auffinden der Leiche eingetreten ist.

8 Aus einem Polizeibericht

1 ◪ Nenne und begründe die Regel zum Verdünnen einer Säure.

2 □ Beschreibe die Bedeutung der Salzsäure für die Verdauung.

3 Du hast bereits einiges über Luftschadstoffe erfahren.

a ◪ Welche von ihnen werden mit der Feuchtigkeit der Luft zu Säuren reagieren?

b ■ Schreibe dazu eine Reaktionsgleichung auf.

Die Laugen

Wie wirken Laugen und wie entstehen sie?

1

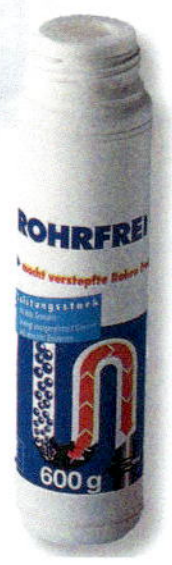

2

Zwei Möglichkeiten, einen verstopften Abfluss freizubekommen … ▷ 1–2

Gefahrenhinweis

Vorsicht: Laugen wirken ätzend. Deshalb beim Experimentieren mit Laugen auf keinen Fall die Schutzbrille vergessen! Außerdem immer die Schutzhandschuhe anziehen!

1

Wirkung des Rohrreinigers

Schutzhandschuhe anziehen und Schutzbrille aufsetzen!

a Ein Spatellöffel Rohrreiniger◇ wird in einem Becherglas mit 100 mL Wasser gelöst. Wir messen die Temperatur der Flüssigkeit.

b Wir prüfen die Lösung mit Universalindikator.

c Nun werden der Flüssigkeit Dinge hinzugefügt, die in den Abfluss fallen könnten (ein Büschel Haare, Fettcreme, ein Tropfen Öl, ein Wattestäbchen, eine Haarklammer …). Welche Stoffe verändern sich innerhalb von 15 min?

2

Rohrreiniger – nach Verdünnen noch alkalisch?

Schutzhandschuhe anziehen und Schutzbrille aufsetzen!

Tipp: Die Flüssigkeit jeweils mit Universalindikatorpapier prüfen! Dann kann man die Streifen nebeneinander auf weißes Papier legen und gut miteinander vergleichen.

a Wir lösen 1 g Rohrreiniger◇ in 10 mL Wasser. ▷ 3 Was zeigt der Universalindikator an?

b Wir verdünnen nun auf 100 mL. Die 100-mL-Lösung füllen wir auf 1000 mL auf. Prüft jeweils einige Milliliter mit Universalindikator.

c Vergleicht die drei pH-Werte, die wir gemessen haben. Achtet dabei auf die Verdünnung der Lösung.

3

3

Was bewirken Spültabs?

Schutzhandschuhe anziehen und Schutzbrille aufsetzen!

a Wir vierteln einen Tab◇ und lösen das Viertel in 100 mL Wasser. Überprüft mit Universalindikator, was entstanden ist.

b In diese Lösung geben wir nun 5 Tropfen Speiseöl. Unsere Beobachtungen notieren wir.

c Ein weiteres Becherglas füllen wir mit 100 mL Leitungswasser und geben ebenfalls 5 Tropfen Speiseöl hinzu. Wir notieren wieder unsere Beobachtungen.

d Vergleicht die Beobachtungen und versucht sie zu erklären.

4

Eine Lauge aus Calciumoxid und Wasser

a In ein Reagenzglas mit destilliertem Wasser (5 cm hoch) gebt ihr etwas frisch bereitetes Calciumoxid◇ (Schutzbrille!).

b Filtriert nach 3–4 min die milchig aussehende Flüssigkeit. Füllt 3 mL ab und prüft mit Universalindikator.

c Vergleicht die Eigenschaften des Filtrats mit denen von Kalkwasser◇ aus der Schulsammlung.
- Blast auch vorsichtig Atemluft durch das Filtrat und durch Kalkwasser.
- Notiert und deutet eure Beobachtungen.

5

Eine Lauge aus Calcium und Wasser

a Füllt ein Becherglas etwa 5 cm hoch mit destilliertem Wasser und gebt vorsichtig einige Calciumspäne◇ hinein (Schutzbrille!).

b Prüft nach Ablauf der Reaktion 5 mL der Lösung mit Universalindikator. ▷ 4

4

c Filtriert den Rest der Lösung. Dampft einige Tropfen davon auf einem Uhrglas oder einem Objektträger ein.

d Löst den Rückstand in einem Tropfen Wasser auf und bestimmt den pH-Wert.

e (Lehrerversuch) Das entstehende Gas wird in einem Reagenzglas aufgefangen. Welches Gas könnte es sein?

◇ Rohrreiniger Calciumoxid	Gefahr
◇ Spültab	Achtung
◇ Calcium	Gefahr
◇ Natrium	Gefahr

6

Eine Lauge aus Natrium und Wasser (Lehrerversuch)

Eine starkwandige, runde Glaswanne wird 3–5 cm hoch mit Wasser gefüllt, in das einige Tropfen Indikatorlösung gegeben werden. Darauf wird mit einer Pinzette ein erbsengroßes Stück Natrium◇ gelegt, das unmittelbar vor dem Versuch entrindet wurde.
Das Gefäß darf nicht abgedeckt werden (Explosionsgefahr)!
Versucht die Beobachtungen zu erklären.

Wirkung und Entstehung von Laugen

Laugen – stark ätzend Laugen, die in höheren Konzentrationen vorliegen, ätzen.
Die stark ätzende Wirkung des Rohrreinigers hast du bereits kennengelernt. ▷ 1
Auch in Reinigungsmitteln für Backöfen ist Natronlauge enthalten. Beim Umgang mit ihnen ist ebenfalls Vorsicht geboten!
Natronlauge wird als Abbeizmittel gebraucht. ▷ 2 Man entfernt mit ihr alte, eingetrocknete Ölfarbe von Fensterrahmen oder Möbeln.

1

2

Calciumhydroxid Calciumlauge haben wir schon als Kalkwasser kennengelernt und zum Nachweis von Kohlenstoffdioxid eingesetzt. Kalkwasser ist die Lösung von Calciumhydroxid in Wasser. Sowohl das feste Calciumhydroxid als auch die Calciumhydroxidlösung haben die Formel $Ca(OH)_2$. An dem Namen ist zu erkennen, dass Wasserstoff (*Hydro*genium) an seiner Zusammensetzung beteiligt ist.
Die Hydroxidgruppe OH ist das Merkmal aller Laugen (Hydroxide). Sie bewirkt die alkalische Reaktion der Laugen.

Calciumoxid reagiert mit Wasser Die Calciumlauge entsteht, wenn Calciumoxid mit Wasser reagiert.
Calciumoxid + Wasser ⟶ Calciumlauge

$$CaO + H_2O \longrightarrow Ca(OH)_2$$

Calcium reagiert mit Wasser Wenn Calciumspäne mit destilliertem Wasser reagieren, steigen Gasbläschen auf. Es bildet sich eine milchige Flüssigkeit, die nach dem Filtrieren klar wird. Sie färbt Universalindikator blau – es ist Calciumlauge entstanden; dabei wird Wasserstoff frei. ▷ 3
Calcium + Wasser ⟶ Calciumlauge + Wasserstoff

$$Ca + 2\,H_2O \longrightarrow Ca(OH)_2 + H_2$$

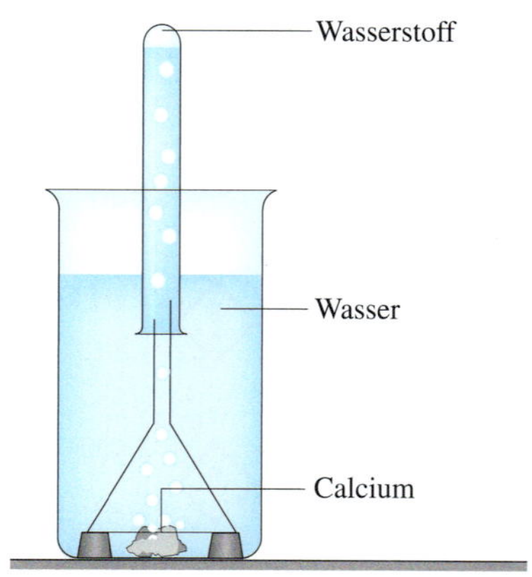

3

das Calciumhydroxid
das Hydroxid
die Lauge

Vom Natrium zur Natronlauge

- Aufbewahrung: Das Metall Natrium spielt bei der Bildung von Natronlauge eine wichtige Rolle. Es wird unter Petroleum (dem Öl für Petroleumlampen) oder Paraffinöl aufbewahrt. Diese Flüssigkeiten enthalten nämlich keinen Sauerstoff.
- Natrium in Wasser: Das Bild rechts zeigt das überraschende Ergebnis eines Lehrerversuchs – die heftige Reaktion von Natrium mit Wasser. ▷ 4 Ein Stückchen Natrium wird auf destilliertes Wasser gelegt. Es schwimmt zischend auf der Wasseroberfläche umher und nimmt die Form einer Kugel an. Zusehends wird die Natriumkugel kleiner, bis sie schließlich nicht mehr zu sehen ist. Dabei entwickelte sich Wasserstoff – und zwar genau da, wo Natrium und Wasser einander berührten. Manchmal entzündet sich der entstehende Wasserstoff sogar.
- Bei dieser Reaktion verändert sich das Wasser: Die neue Flüssigkeit färbt Universalindikator blau, außerdem fühlt sie sich „seifig" an. Es hat sich eine Lauge gebildet, die Natronlauge.
- Ein neuer Stoff ist entstanden: Wenn man eine Probe Natronlauge vorsichtig eindampft, bleibt ein fester weißer Rückstand zurück – nicht das Natrium. ▷ 5 Es handelt sich um einen neuen Stoff – das Natriumhydroxid (NaOH).

Natronlauge ist eine Lösung von Natriumhydroxid in Wasser.
Sie hat – wie das Natriumhydroxid – die Formel NaOH.
Natrium + Wasser ⟶ Natronlauge + Wasserstoff

$$2\,Na + 2\,H_2O \longrightarrow 2\,NaOH + H_2$$

4

5

Aufgaben

1 □ Stoffe, die sich seifig anfühlen, können Laugen sein. Sie reagieren alkalisch. Nenne einen eindeutigen Nachweis für Laugen.

2 Betrachte das Etikett eines Rohrreinigers.
a □ Welche Lauge ist im Rohrreiniger wirksam?
b ◪ Erkundige dich danach, welche Aufgabe die Aluminiumkügelchen im Rohrreiniger haben.

3 □ Beschreibe eine umweltfreundliche Möglichkeit, einen verstopften Abfluss zu reinigen.

4 ◪ Schreibe die folgenden Sätze so auf, dass sie eindeutig sind. Das Bild hilft dir dabei. ▷ 6
a „Schwach wirkende Laugen färben Universalindikator (blaugrün/dunkelblau). Sie haben einen pH-Wert (um 8/um 14)."
b „Stark wirkende Laugen färben Universalindikator …"

5 ■ Der pH-Wert einer alkalischen Lösung wird durch Verdünnen verändert. Nimm an, der pH-Wert einer Lösung ist 12. Wie ändert sich dieser pH-Wert?
a … wenn die Lösung auf das Zehnfache verdünnt wird
b … und auf das Hundertfache
c … wenn man sie eindampft

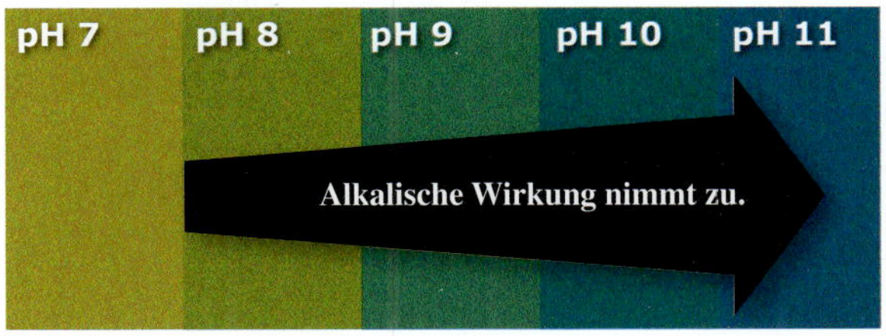

6

Laugen – vielseitig verwendet

Laugen auf Backwaren Laugengebäck schmeckt gut und sieht auch prima aus. ▷ 1 Das Laugengebäck hat seine appetitliche Farbe durch eine Lauge bekommen. Man taucht es kurz vor dem Backen in eine 3 %ige Natronlauge. Durch die Hitze beim Backen wird die Natronlauge in einen nicht ätzenden Stoff umgewandelt; man kann dann das Laugengebäck gefahrlos essen.

1

Flaschenreinigung mit Natronlauge Bevor Mehrwegflaschen neu gefüllt werden, müssen sie gereinigt und desinfiziert werden. Ein Spülen nur mit Wasser reicht hier nicht. Meist hilft dabei heiße Natronlauge. Man reinigt mit ihr die Flaschen und spült sie anschließend mehrmals mit Wasser aus. ▷ 2

2 Flaschenreinigung mit Natronlauge

Desinfektion durch Natronlauge Auch in der Landwirtschaft wird die Desinfektionswirkung der Natronlauge häufig genutzt: Wenn in einem Viehbestand die Maul- und Klauenseuche ausgebrochen ist, müssen die Krankheitserreger bekämpft werden; sie dürfen auf keinen Fall in andere Ställe übertragen werden. Die Ställe werden mit Natronlauge ausgespritzt und dadurch desinfiziert. An die Eingänge benachbarter Ställe mit gesundem Vieh legt man außerdem Fußabtreter, die mit Natronlauge getränkt sind. Wer dann den Stall betreten will, muss seine Schuhe gründlich abstreichen. So wird verhindert, dass Krankheitserreger eingeschleppt werden.
An der Grenze von Sperrbezirken müssen Autos durch ein flaches Becken mit Natronlauge fahren. ▷ 3 Die Reifen sollen dadurch – und durch das Abspritzen – desinfiziert werden.

3 Die Seuchenmatten wurden mit Natronlauge getränkt.

1 □ Nenne Verwendungszwecke von Natronlauge. Gib auch an, welche Eigenschaft der Lauge dabei genutzt wird.

2 ◪ Ätzende Natronlauge auf Lebensmitteln – ist das nicht ein Widerspruch?

4

5

Kartoffelschälen mit Natronlauge ▷ 4–5 Großküchen brauchen große Mengen an geschälten Kartoffeln. Diese werden oft „chemisch" geschält. Bei diesem Verfahren behandelt man die Kartoffeln mit warmer Natronlauge. Dadurch wird deren äußere Zellschicht zerstört. Anschließend können die Schalen leicht mit Wasser entfernt werden. Die Kartoffeln sind dann meist so gut geschält, dass sie nicht nachgeputzt werden müssen.
Allerdings wird viel Lauge gebraucht, die ordnungsgemäß entsorgt werden muss. Auch können sich die geschälten Kartoffeln verfärben, wenn sie vor dem Kochen zu lange liegen bleiben.

Natronlauge in der Industrie Natronlauge wird zur Reinigung von Fetten und Ölen und zur Zellstoffgewinnung eingesetzt (Papiertaschentücher). Auch zur Herstellung von Seifen und Waschmitteln werden große Mengen von Natronlauge gebraucht.

Eine besondere Lauge in Glasreinigern Wenn man eine Flasche mit *Ammoniaklösung* öffnet, entweicht ein farbloses, stechend riechendes, giftiges Gas. Im Alltag wird die Lösung *Salmiakgeist* genannt. Ähnlich riecht es in Pferdeställen oder im Zoo in der Nähe von Raubtierkäfigen. Dieses Gas heißt *Ammoniak*. Es ist eine Verbindung aus Stickstoff und Wasserstoff.
Wenn Ammoniak mit Wasser reagiert, entsteht eine Lösung, die alkalisch reagiert (siehe den Lehrerversuch im Kasten), Die chemische Formel der Ammoniaklösung lautet NH_4OH.
Beim Eindampfen zerfällt Ammoniaklösung wieder ohne Rückstand in die Ausgangsstoffe Ammoniak und Wasser. Das nutzt man, wenn man die Ammoniaklösung für Glasreiniger verwendet.

Der „Springbrunnenversuch"
Dass sich Ammoniak „begierig" in Wasser löst, zeigt dieser *Lehrerversuch*: ▷ 6
Ein trockener Rundkolben wird mit Ammoniak gefüllt und mit einem durchbohrten Stopfen samt Glasrohr verschlossen. Dann wird er – mit dem Glasrohr voraus – in angefärbtes Wasser getaucht.

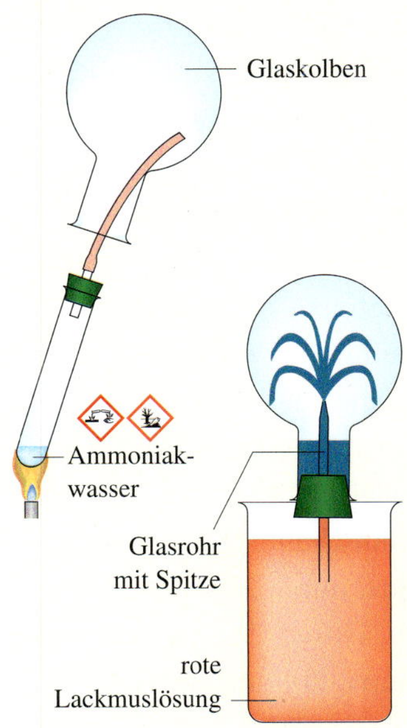

6

3 ■ Vergleiche Herstellung, Zusammensetzung und Eindampfen von Ammoniaklösung und Calciumhydroxid.

Berufsinformation: Das Friseurhandwerk[Z]

1 Im Friseursalon

Der Friseurberuf: mehr als waschen – schneiden – föhnen – färben! ▷ 1–2

Ein gepflegtes Äußeres – der Friseur wirkt mit! Ob beruflich oder privat: Ein gepflegtes Äußeres ist meistens gewünscht. Nicht selten ist es sogar Voraussetzung dafür, dass jemand akzeptiert wird. Dabei spielt die Frisur eine wesentliche Rolle. Hier beginnt die Aufgabe des Friseurs.
Neben den handwerklichen Tätigkeiten wie *Waschen, Schneiden, Föhnen* und *Färben* ist er auch als *Berater* gefragt. „Helfende Beratung" heißt hierbei: Die äußeren Gegebenheiten (Größe, Gesichtsform, Teint und Erscheinungsbild) berücksichtigen, dazu aber auch die Wünsche und Vorstellungen des Kunden mit einbeziehen. Nur so kann eine typgerechte Frisur gefunden werden.

Anforderungen Kreativität, Stilsicherheit und handwerkliches Geschick sind in diesem Beruf unumgänglich. Auch chemische Fachkenntnisse sind gefragt.
Chemische Vorgänge laufen beim Färben ab, ▷ 2 außerdem beim Fixieren der Frisuren mit Oxidationsmitteln wie Wasserstoffperoxid oder mit Reduktionsmitteln. Auch die abschließende Neutralisation der leicht alkalisch reagierenden Stoffe mit leicht sauren Pflegemitteln ist ein chemischer Vorgang. Falls erforderlich müssen die benötigten Mittel durch Mischen für die individuelle Anwendung zubereitet werden. Durch den Umgang mit Chemikalien können leicht allergische Hautreaktionen auftreten.

2 Beim Haarefärben

Weitere Tätigkeiten Der Friseur nimmt auch Haarverlängerungen und Haarverdichtungen vor; sie haben an Bedeutung sehr zugenommen. Er berät auch beim Kauf von Haarpflegemitteln.
Eine verwandte Tätigkeit ist – auf kosmetischem Gebiet – die Behandlung der Gesichtshaut sowie die Nagelpflege (Maniküre). ▷ 3

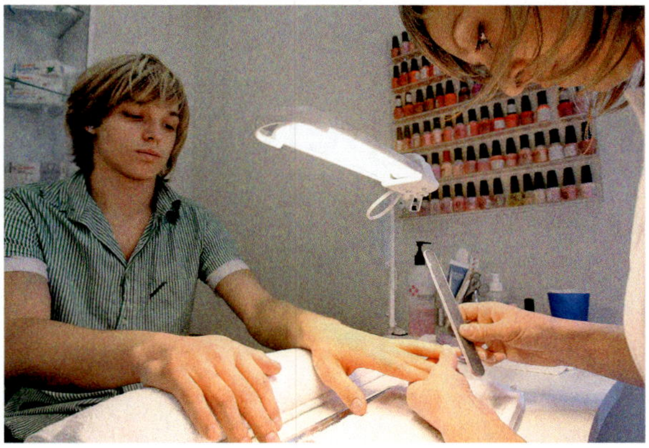

3 Nagelpflege

Qualifikationen
Hauptschulabschluss (Klasse 10) oder höherwertig mit mindestens befriedigenden Leistungen in Mathematik, Deutsch, Physik, Chemie und Kunst.
Voraussetzungen sind auch ein gepflegtes Äußeres, gute Umgangsformen, Aufgeschlossenheit und Kommunikationsfähigkeit. Körperliche Belastbarkeit und Flexibilität sind wichtig.

Ausbildungsgang
3 Jahre mit wöchentlichem Berufsschulunterricht.
Neu ist eine zweigeteilte Prüfung (nach 1½ Jahren bzw. nach 3 Jahren). Die Gesamtnote ergibt sich aus den Noten beider Teilprüfungen.
Unterrichtet und geprüft wird in den Fächern Fachkunde, Beratung, Verkauf, Wirtschaft und Sozialkunde.

Berufsaussichten
Das Friseurhandwerk ist als manuelle und individuelle Dienstleistung unersetzbar.
Daher sind die Berufsaussichten sehr gut. Die Tätigkeit kann in Friseursalons oder in Einrichtungen wie Wellnesshotels oder Bäderbetrieben ausgeführt werden. Auch die Kosmetikindustrie sowie der Groß- und Einzelhandel bieten Perspektiven.

Was macht diesen Beruf so attraktiv? Dazu haben wir den Friseur- und Innungsmeister Achim Schilling befragt.
Man begegnet in diesem kreativen Beruf den unterschiedlichsten Menschen aus einem sehr großen Querschnitt der Bevölkerung. Interessant ist – neben der Kommunikation – die für alle sichtbare positive Veränderung des Äußeren.
Man sieht unmittelbar das Ergebnis seiner Arbeit: von der Beratung bis hin zur Fertigstellung.
Außerdem erhält man von zufriedenen Kunden positive Rückmeldungen.
Neben der Frisurveränderung ist heute die wichtige individuelle Beratung in den Vordergrund gerückt. Dabei wird der Kunde „ganzheitlich“ gesehen – Gesichtsform, Größe, Alltagsgewohnheiten, Hobby und Beruf werden berücksichtigt.
Unser Modeberuf unterliegt, wie andere Berufszweige auch, einer ständigen Wandlung: Haarverlängerung und -verdichtung haben an Bedeutung zugenommen, desgleichen das Nageldesign und die pflegende, dekorative Kosmetik.
In Fortbildungen werden wir über neue Entwicklungen und Trends informiert. Wenn man die Meisterprüfung abgelegt hat, kann man die Leitung eines Salons übernehmen oder sich selbstständig machen. Auch eine Qualifikation zum Fachbetriebswirt ist möglich – und damit die Aussicht, im Vertrieb oder in Schulungsstätten als Ausbilder für die Industrie zu arbeiten.
Möglich ist auch die Ausbildung zum Visagisten oder Maskenbildner.

Die Neutralisation

Wie reagieren Säuren mit Laugen?

1 Salzsäure und Kalk

2 Natronlauge und Wolle

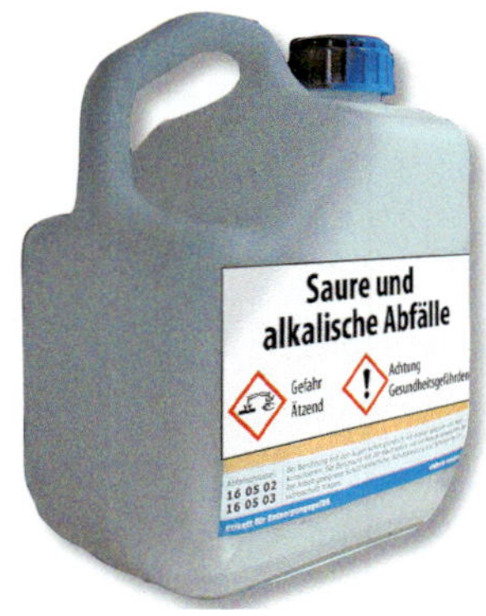

3 Säuren und Laugen in ein und demselben Abfallbehälter

Säuren und Laugen sind gefährliche Stoffe. ▷ 1–2
Was wird erst passieren, wenn man sie zusammenschüttet? … ▷ 3

1

Neutralisation von Natronlauge mit Salzsäure

a Wir füllen etwa 5 mL verdünnte Natronlauge◇ in den Erlenmeyerkolben und tropfen 2 bis 3 Tropfen Universalindikator hinein.

b Anschließend geben wir tropfenweise verdünnte Salzsäure◇ in die Natronlauge und schütteln. Das Tropfen und Schütteln wiederholen wir, bis der Indikator gerade seine Farbe ändert. ▷ 4
Beobachtet und notiert die Farbänderungen des Indikators während des Versuchs.

c Wir dampfen einige Tropfen der neutralen Lösung ein.

4

◇ verdünnte Natronlauge
verdünnte Calciumlauge
verdünnte Salzsäure
verdünnte Schwefelsäure
Achtung

2

Neutralisation von Natronlauge mit Schwefelsäure? ▷ 5

a Schüttet 20 mL verdünnte Natronlauge◇ in den Kolben und gebt einige Tropfen Universalindikator hinzu.

b Fügt mit einer Pipette tropfenweise verdünnte Schwefelsäure◇ hinzu. Schüttelt – bis der Universalindikator den pH-Wert 7 anzeigt.

c Füllt mit einer sauberen Pipette ca. 3 mL der Flüssigkeit in ein Reagenzglas und gebt Zink◇ hinzu.
Prüft, ob die Flüssigkeit noch (wie eine Säure) mit dem Metall reagiert.

d Erwärmt einige Tropfen der Flüssigkeit vorsichtig auf einem Objektträger und lasst die Flüssigkeit verdampfen.

e Seht euch die Rückstände unter dem Mikroskop an (Vergrößerung: 70-fach).

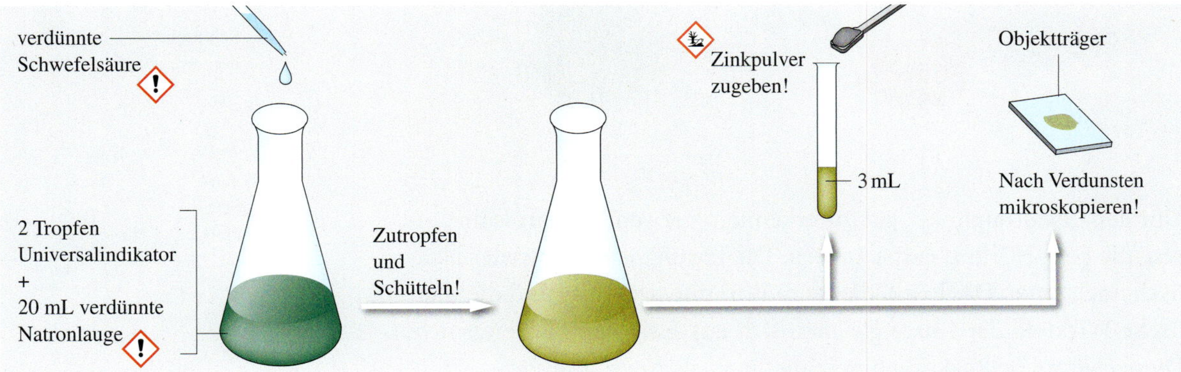

5

3

Lässt sich Schwefelsäure mit Calciumlauge neutralisieren?

Abgase, die Schwefeloxide (z. B. aus Kraftwerken) enthalten, werden mit Calciumlauge gebunden und entsorgt.

a Gebt eine kleine Menge verdünnte Schwefelsäure◇ in den Kolben. Prüft den pH-Wert mit Universalindikatorpapier.

b Tropft Calciumlauge◇ (Kalkwasser) hinzu. ▷ 6
Versucht dabei genau den pH-Wert 7 zu „treffen".

c Gebt einen Tropfen der Lösung mit dem Niederschlag auf einen Objektträger und betrachtet ihn unter dem Mikroskop.

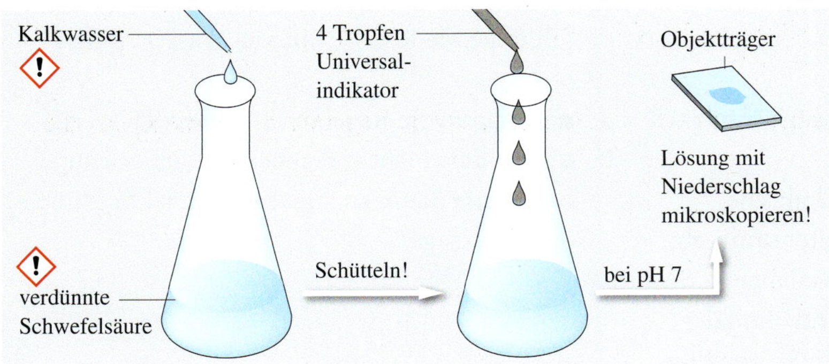

6

4

Was bedeutet „pH-neutral?

Manche Haar- oder Körperwaschmittel tragen den Aufdruck „pH-neutral", „hautneutral" oder „pH-hautneutral".

a Besorgt euch Proben solcher Waschmittel und bestimmt jeweils den pH-Wert.

b Berichtet über die Ergebnisse und erklärt die verwendeten Ausdrücke. Beachtet den pH-Wert der Haut.

◇ Zinkpulver Achtung

Wenn Säuren mit Laugen reagieren …

Eine neutrale Lösung entsteht Wenn man verdünnte Lauge in verdünnte Salzsäure tropft, erhält man eine *neutrale Lösung.* ▷ 1–2 Das gelingt auch mit anderen Säuren und Laugen. ▷ 3

1

2

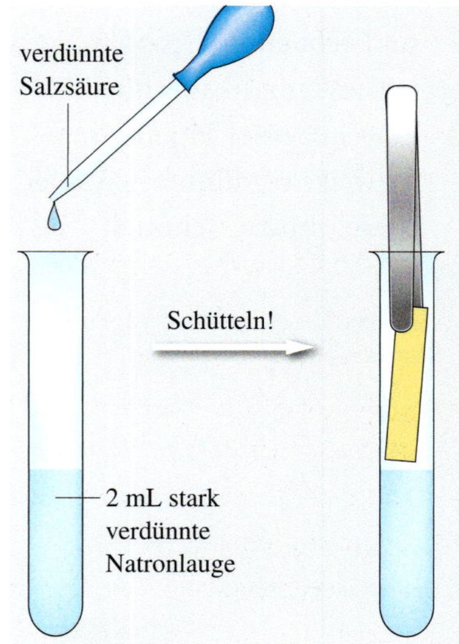

3

Um den „Neutralpunkt" gut zu erkennen, verwendet man Indikatoren, die bei pH 7 ihre Farbe ändern. Die Lösung ist dann weder alkalisch noch sauer. Das heißt, die saure Wirkung der Säure und die alkalische Wirkung der Lauge gleichen sich aus – sie neutralisieren sich. Diese chemische Reaktion bezeichnet man als *Neutralisation.*

Die Neutralisation ist eine chemische Reaktion. Bei ihr entsteht ein neuer Stoff.

Wenn man die neutrale Lösung eindampft, erhält man einen salzartigen Rückstand. ▷ 4

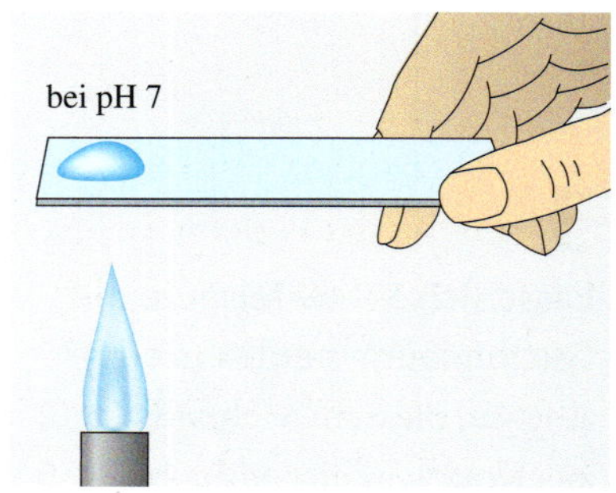

4

Aufgaben

1 ◪ Aus der gefährlichen Natronlauge und der gefährlichen Salzsäure entsteht bei der Neutralisation ein harmloser Stoff.
Begründe, weshalb man den Vorgang „Neutralisation" nennt.

2 ◪ Weshalb kann man saure und alkalische Abfälle gemeinsam in *einem* Behälter sammeln?

3 ◪ Bei der Neutralisation von Natronlauge entsteht einmal Natriumchlorid und einmal Natriumsulfat. Gib an, mit welchen Säuren hier neutralisiert wurde.

4 Bei Hautverätzungen mit Säuren oder Laugen gilt folgende Regel: „Mit viel Wasser spülen." ▷ 5

a ■ Erläutere die Regel mithilfe des pH-Werts.

b ◪ Man darf nicht versuchen, mit einer Lauge oder einer Säure zu „neutralisieren". Begründe diese Aussage.

die Neutralisation
der Säurerest

Wie entsteht eine neutrale Lösung? Die saure Wirkung der Säuren wird durch die Wasserstoffatome ihrer Moleküle hervorgerufen, die alkalische Wirkung der Laugen durch die OH-Gruppen. Sobald gleich viele Wasserstoffatome und Hydroxidgruppen (OH-Gruppen) vorliegen, gleichen sich deren Wirkungen aus.
Wasserstoffatome vereinigen sich mit OH-Gruppen; es entstehen Wassermoleküle. ▷ 5
Bei einer Neutralisation vereinigen sich Wasserstoffatome der Säuren und OH-Gruppen der Laugen zu Wassermolekülen.

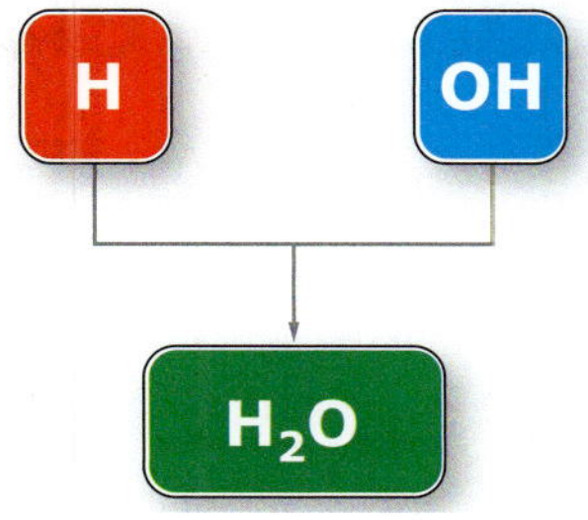

5

Neutralisation von Salzsäure mit Natronlauge Bei der Neutralisation von Salzsäure mit Natronlauge erhalten wir Wasser. ▷ 6
Wo bleiben da die Natrium- und die Chlorteilchen? Die entstandene neutrale Lösung ist eine Kochsalzlösung, wie du sie auch aus Kochsalz und Wasser herstellen kannst. Beim Verdampfen vereinigen sich die Natriumteilchen der Natronlauge und die Chlorteilchen der Salzsäure zu Salzkristallen.
Bei der Neutralisation von Natronlauge mit Salzsäure entstehen Natriumchlorid (unser Kochsalz) und Wasser.
Natronlauge + Salzsäure ⟶ Wasser + Natriumchlorid (Kochsalz)

$$NaOH + HCl \longrightarrow H_2O + NaCl$$

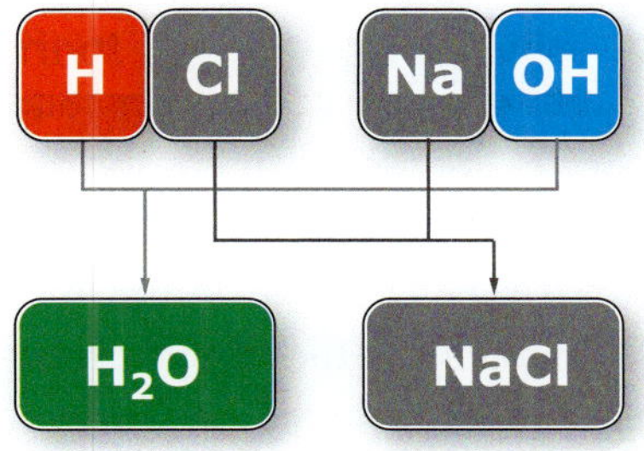

6

Mehr

Neutralisation anderer Säuren oder Laugen Bei der Reaktion anderer Säuren oder anderer Laugen entstehen andere Stoffe. Das erkennt man beim Eindampfen an den unterschiedlichen Kristallformen. ▷ 7
Sie sind aber denen des Kochsalzes ähnlich. Man bezeichnet deshalb auch diese Stoffe als *Salze* (davon später mehr).
Salzkristalle bestehen aus den Metallteilchen der Lauge und den Molekülresten der Säure (dem „Säurerest"), die miteinander reagiert haben. ▷ 8 Die entstehenden Stoffe können für die Gesundheit schädlich sein. Deshalb reicht die Neutralisation einer Säure oder Lauge nicht immer aus, um eine ungefährliche Lösung herzustellen.
Stoffe, die aus Metallteilchen und Säurerest-Gruppen zusammengesetzt sind, bezeichnet man als Salze.
Bei der Neutralisation entstehen Wasser und Salz.

7 Nach dem Eindampfen verschiedener neutraler Lösungen

Dieses Salz …	… besteht aus Metall und Säurerest:	Der Säurerest stammt aus folgender Säure:
Natriumchlorid NaCl	Natrium NaCl Chlorid	Salzsäure HCl
Calciumcarbonat $CaCO_3$	Calcium $CaCO_3$ Carbonat	Kohlensäure H_2CO_3
Eisensulfat $FeSO_4$	Eisen $FeSO_4$ Sulfat	Schwefelsäure H_2SO_4

8

Berufsinformation: Gebäudereiniger/-in[Z]

Mehr als nur putzen! Oft werden sie von Anderen nicht bemerkt: Viele Gebäudereiniger/-innen arbeiten frühmorgens, spätabends oder in der Nacht. Sie säubern Bürogebäude, Schwimmbäder, Theater, Museen, Schulen, Krankenhäuser, Verkehrsmittel ▷ 1, Bahnhöfe, Flughäfen, Wohnanlagen, Industriebetriebe und Privathäuser.

Gebäudereiniger/-innen trennen und entsorgen Müll, reinigen und pflegen Bodenbeläge aller Art sowie Polster. Wenn erforderlich, entfernen sie auch Flecke mit geeigneten Mitteln. Bildschirme und Tastaturen werden mit Antistatiktüchern bzw. keimtötenden Tüchern gereinigt.

Sanitärbereiche müssen nicht nur gereinigt, sondern auch desinfiziert werden. Dies gilt besonders für Krankenhäuser mit ihren Operationssälen und Großküchen. ▷ 2

Gebäudereiniger/-innen säubern nicht nur Park- und Grünanlagen, sie pflegen auch Denkmäler oder entfernen Graffiti. Bei entsprechender Qualifikation bekämpfen sie auch Schädlinge. Im Winter räumen sie Schnee und halten Wege frei.

Zum Leistungsangebot zählt auch das Gebäudemanagement für komplette Objekte:

- Hausmeister- und Sicherungsdienste (Abfallentsorgung, Winterdienste)
- allgemeine Betriebsdienste (Wäscheservice ▷ 3)
- technische Betriebsdienste (Instandhaltung, Wartung, Gebäudetechnik)
- Hausverwaltung (Objektbuchhaltung, Kostenerfassung sowie Flächenbewirtschaftung)

Arbeitsmittel Bevor sie mit den Reinigungsarbeiten beginnen, wählen die Gebäudereiniger/-innen die jeweils geeigneten Reinigungsmittel aus. Dabei achten sie darauf, möglichst umweltfreundliche Mittel zu verwenden. Oft müssen auch noch die richtigen Mischungsverhältnisse berechnet werden. Bei den eingesetzten konzentrierten Reinigungs- und Desinfektionsmitteln handelt es sich dennoch oft um gefährliche Chemikalien. Deshalb müssen die Gebäudereiniger/-innen die Sicherheits- und Schutzvorkehrungen sorgfältig beachten.

Neben der fachmännischen Lagerung der Arbeitsmittel gehört auch die Instandhaltung der Reinigungsmaschinen zu ihrem Aufgabengebiet.

1 Gebäudereiniger/-innen säubern auch Züge, …

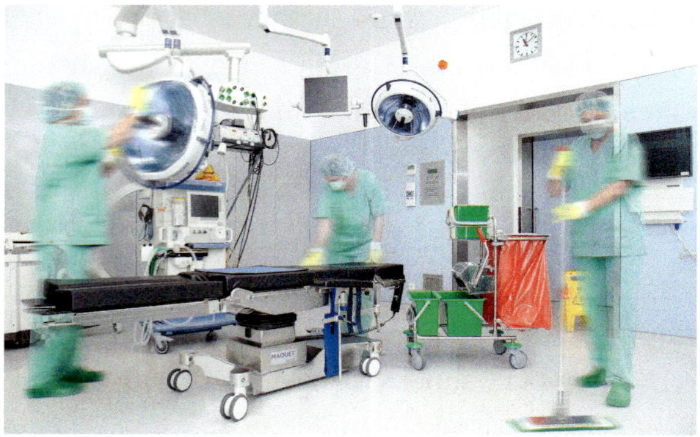

2 … reinigen und desinfizieren Operationssäle, …

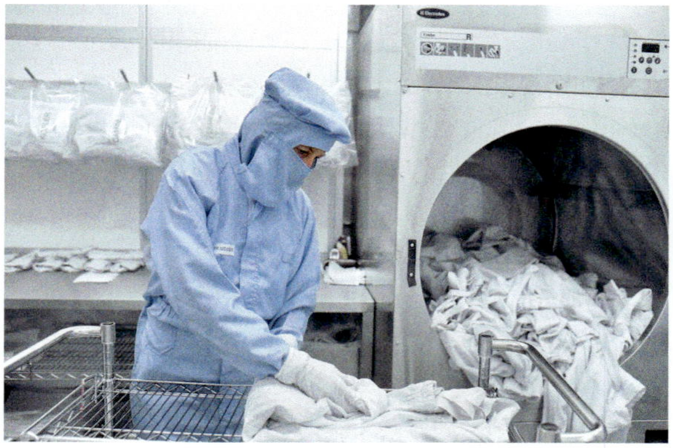

3 … sorgen für saubere und hygienische Wäsche.

Anforderungen und Voraussetzungen

- Hauptschulabschluss nach Klasse 10 (oder vergleichbar) mit mindestens befriedigenden Leistungen in Mathematik, Chemie und Physik
- Freude am Umgang mit Technik
- Körperliche Fitness und Belastbarkeit
- Kontakt- und Teamfähigkeit
- Zuverlässigkeit und Vertrauenswürdigkeit

Ausbildung

Die Ausbildung dauert 3 Jahre mit wöchentlichem Berufsschulunterricht und einer Zwischenprüfung nach 1½ Jahren. In jedem Lehrjahr erfolgt eine 14-tägige überbetriebliche Ausbildung.
Spezifische Kenntnisse werden vermittelt in:

- Maschinenkunde
- Aufbau, Funktion und Handhabung der Geräte
- Werkstoffkunde
- Fassaden-/Bodenbelagsaufbauten und dem Verhalten von Materialien bei unterschiedlichen Temperaturen und gegenüber Reinigungsmitteln
- Fachzeichnen
- Fachmathematik, Chemie, Physik
- Grundlagen der Schädlingsbekämpfung

Zukunftsaussichten

Dieser Berufszweig hat gute Perspektiven. Dem Gebäudereiniger/der Gebäudereinigerin bieten sich nach Abschluss der Ausbildung zahlreiche Aufstiegsmöglichkeiten – sowohl im technischen Bereich als auch im mittleren Management als Objekt- bzw. Teamleiter/in.
Neben der Weiterqualifikation zum Gebäudereinigungsmeister oder staatlich geprüften Reinigungs- und Hygienetechniker/in ist der Abschluss als „Bachelor Betriebswirtschaftslehre, Schwerpunkt Reinigungs- und Hygienemanagement“ erreichbar.

4 Fensterreinigung mit einer Hebevorrichtung

5 Parkettpflege mit dem Hochdruckreiniger

Was macht diesen Beruf so attraktiv?
Dazu haben wir den Meister und Lehrlingswart Rüdiger Elias befragt. Hier seine Aussage:

Der Beruf des Gebäudereinigers/der Gebäudereinigerin ist interessant und abwechslungsreich, da Einsatzorte und Tätigkeitsbereiche ständig wechseln. Hinzu kommt der Umgang mit vielen Menschen und die Arbeit mit modernster Technik. Man muss ständig Kontakt zum Kunden halten, um dessen Wünsche und Bedürfnisse berücksichtigen zu können. So erfordert dieser Beruf neben Aufgeschlossenheit und Kooperationsbereitschaft auch Flexibilität.
Ebenfalls positiv: Man sieht sogleich das Ergebnis seiner Arbeit. Außerdem trägt man mit seiner Arbeit zur Werterhaltung und Verschönerung der Objekte bei.

Säure oder Lauge?

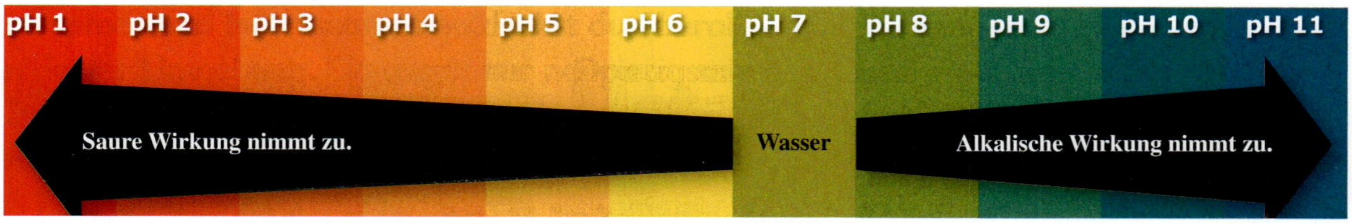

1

Säuren und Laugen werden durch Universalindikator angezeigt. ▷ 1

Die Säuren

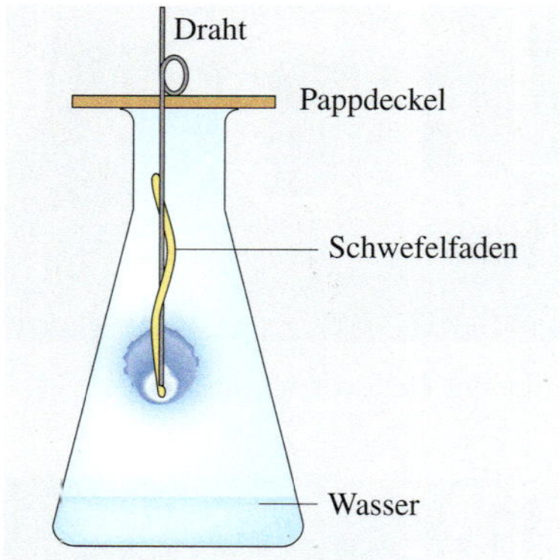

2

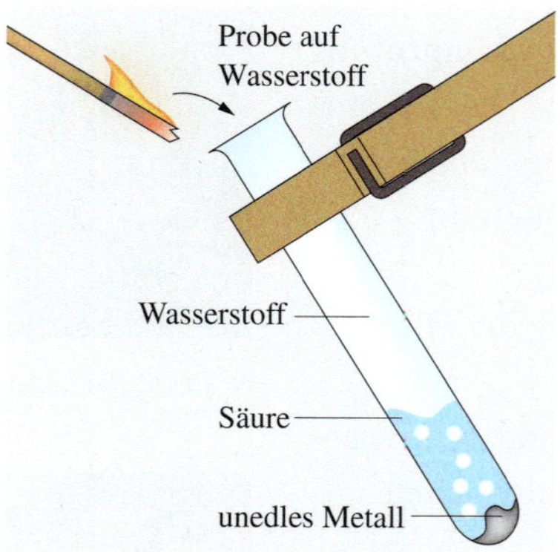

3

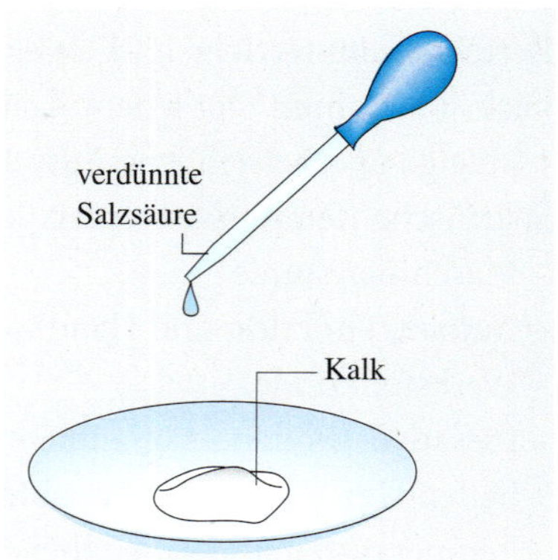

4

Einige Säuren entstehen, wenn ein Nichtmetalloxid mit Wasser reagiert. ▷ 2 Alle Säuren enthalten *Wasserstoffatome*. Sie bewirken die saure Reaktion. Säuren reagieren mit unedlen Metallen und zersetzen sie. ▷ 3

Säuren reagieren mit Kalk. Dabei wird Kohlenstoffdioxid frei. ▷ 4

Die Laugen

Einige Laugen entstehen, wenn ein Metalloxid mit Wasser reagiert. ▷ 5

Sämtliche Laugen enthalten *Hydroxidgruppen (OH-Gruppen)*. Sie bewirken die alkalische Reaktion. Zwei wichtige Laugen sind: die Natronlauge NaOH und die Calciumlauge $Ca(OH)_2$. ▷ 6

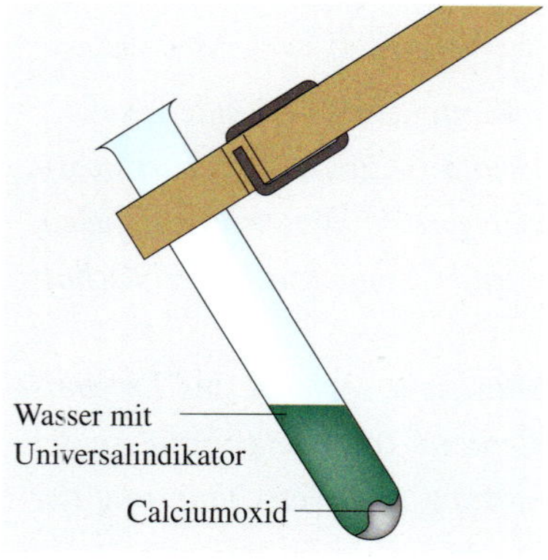

5

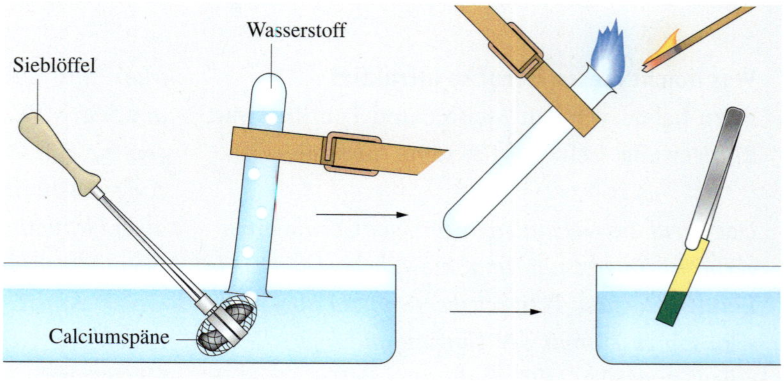

6

Die Neutralisation

Wenn eine Säure mit einer Lauge reagiert, kann eine neutrale Lösung entstehen.
Dabei bilden sich aus Wasserstoffatomen der Säure und OH-Gruppen der Lauge *Wassermoleküle*. ▷ 7
Diese Reaktion bezeichnet man als *Neutralisation*.

Wenn z. B. Salzsäure mit Natronlauge reagiert, entsteht außer dem Wasser auch noch *Natriumchlorid*, d. h. Kochsalz. ▷ 8–9

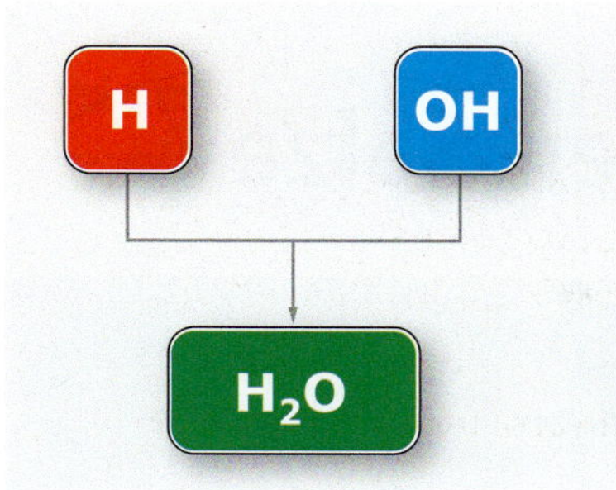

7

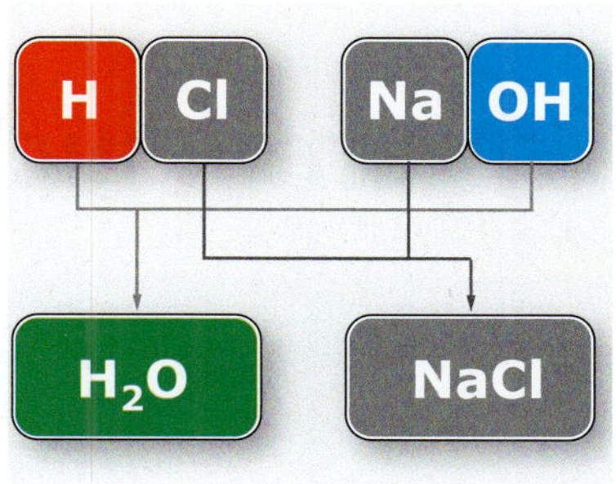

8

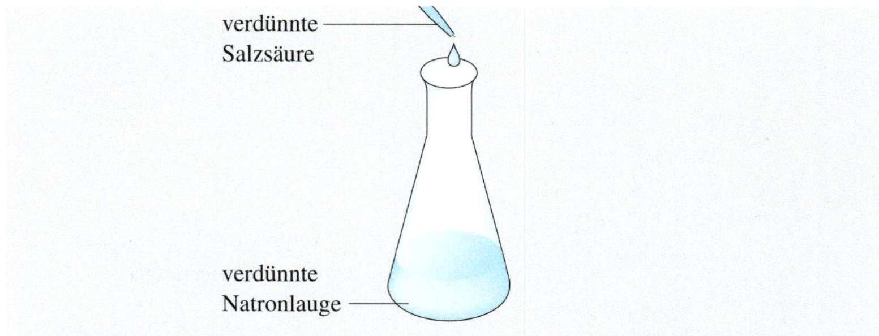

Salzsäure	+	Natronlauge	⟶	Wasser	+	Natriumchlorid
HCl	+	NaOH	⟶	H_2O	+	NaCl

9

Alles klar?

1 ◪ Erkläre den Zusammenhang zwischen Kohlenstoffdioxid und Kohlensäure.

2 □ Salzsäure erfüllt zwei wichtige Aufgaben im Magen des Menschen. Nenne sie.

3 □ Beschreibe, wie du Säuren von Laugen unterscheiden kannst.

4 □ Beschreibe verschiedene Methoden, mit denen man Säuren nachweisen kann.

5 ◪ Wenn Schwefelsäure („Batteriesäure") auf ein Aluminiumblech tropft, wird das Blech „zerfressen".
Beschreibe die chemische Reaktion.

6 ◪ Calciumlauge kann man auf zweierlei Weise herstellen. Stelle für diese Reaktionen jeweils die Wortgleichung auf.

7 ◪ Gib an, wie sich der pH-Wert einer Säure verändert, wenn man sie mit Wasser verdünnt. Und wie ist das bei einer Lauge?

8 ◪ Der pH-Wert einer Lösung kann durch Verdünnen oder durch Eindampfen der Lösung verändert werden. Erläutere diese Aussage.

9 ■ Eine Lösung hat den pH-Wert 4. Womit könnte man sie neutralisieren?

10 ◪ Erkläre den Begriff „Neutralisation".

11 ■ Ein Schüler hat eine Säure mit einer Lauge vermischt. Er meint:
„Davon könnte ich ruhig einen Schluck trinken – der Universalindikator zeigt ja eine neutrale Flüssigkeit an."
Welche Gefahr hat er übersehen?

Die Salze

Wir untersuchen Salze

1

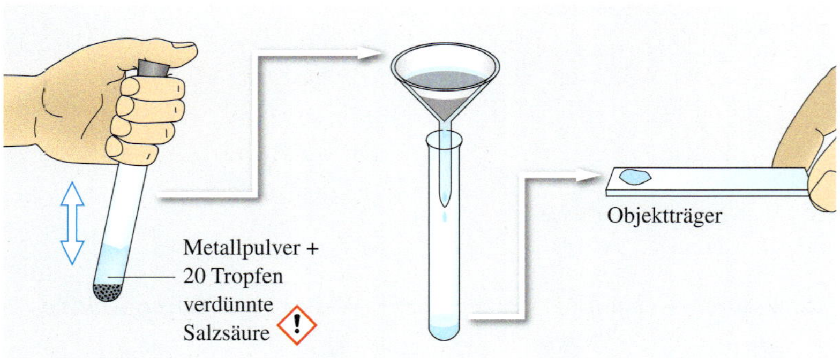

2

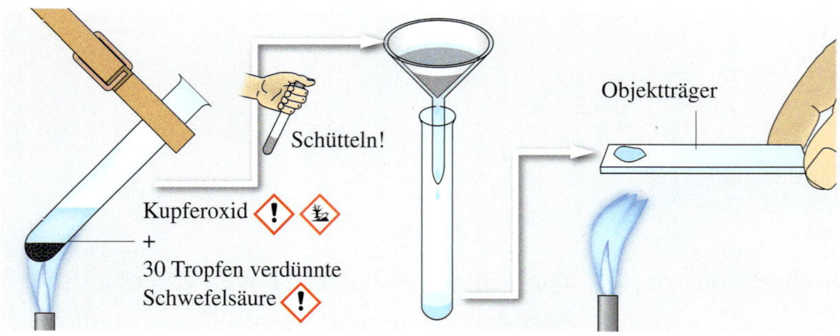

3

Viermal Salz – ähnlich, aber doch verschieden ▷ 1

1

Wie aus einem Metall ein Salz entsteht ▷ 2

- **a** Füllt von dem Metall (z. B. Zink- oder Eisenpulver) eine Probe in ein Reagenzglas.
- **b** Hinzu kommen 20 Tropfen verdünnte Salzsäure◇. Notiert eure Beobachtungen.
- **c** Verschließt das Reagenzglas und schüttelt den Inhalt vorsichtig. Filtriert ihn dann. Das Filtrat wird in einem Reagenzglas aufgefangen.
- **d** Gebt einen Tropfen des Filtrats auf den Objektträger und erhitzt ihn vorsichtig.
- **e** Welche Erklärung gibt es für das, was beim Zugeben der Säure zu sehen war?
- **f** Beschreibt den Rückstand auf dem Objektträger.

2

Wie aus einem Metalloxid ein Salz entsteht ▷ 3

- **a** Füllt eine Spatelspitze Kupferoxid◇ in ein Reagenzglas. Tropft dann ca. 30 Tropfen verdünnte Schwefelsäure◇ hinzu.
- **b** Erhitzt das Gemisch über einer kleinen Flamme (Schütteln!).
- **c** Wie sieht das Gemisch aus, wenn es etwas abgekühlt ist?
- **d** Schüttelt den Inhalt auf und filtriert ihn. Fangt das Filtrat in einem Reagenzglas auf. Welche Farbe hat es?
- **e** Gebt einen Tropfen des Filtrats auf den Objektträger und erhitzt diesen vorsichtig über der Flamme. Beobachtet dabei den Tropfen.
- **f** Vergleicht den Inhalt des Reagenzglases vor und nach dem Erhitzen.
- **g** Beschreibt den Rückstand. Wie könnte er entstanden sein?

3
Was haben Mineraldünger mit Salzen zu tun?

Löst einige Körner eines festen Düngemittels◇ in Wasser auf. (Oder nehmt flüssigen Blumendünger.)
Gebt davon ein paar Tropfen auf eine flache Glasschale und lasst die Lösung verdunsten.
Schaut euch den Rückstand genauer mit der Lupe an.

4
Was bewirkt eine Nährlösung?

Vorab werden Bohnen oder Maiskörner zum Keimen in eine Schale mit feuchtem Sägemehl gelegt.
Wenn die Keimlinge ein paar Zentimeter lang sind, lasst einige davon in einer Nährlösung weiterwachsen. ▷ 4
Die anderen Keimlinge setzt ihr – zum Vergleich – in destilliertes Wasser.

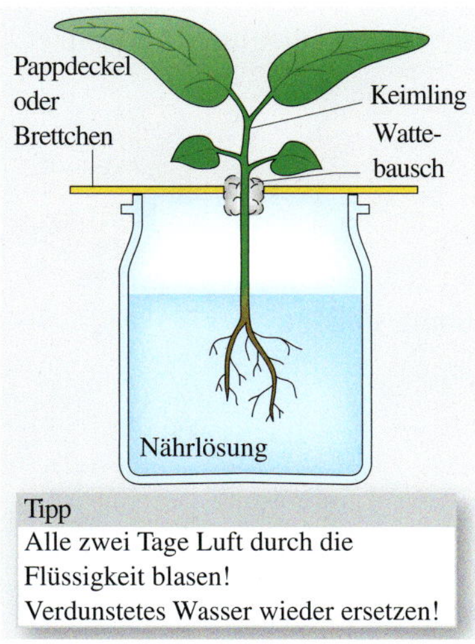

4

5
Kann man Mineralsalze in Pflanzen nachweisen?

Pflanzen benötigen Mineralsalze zum Wachsen.
Führt dazu den abgebildeten Versuch durch. ▷ 5

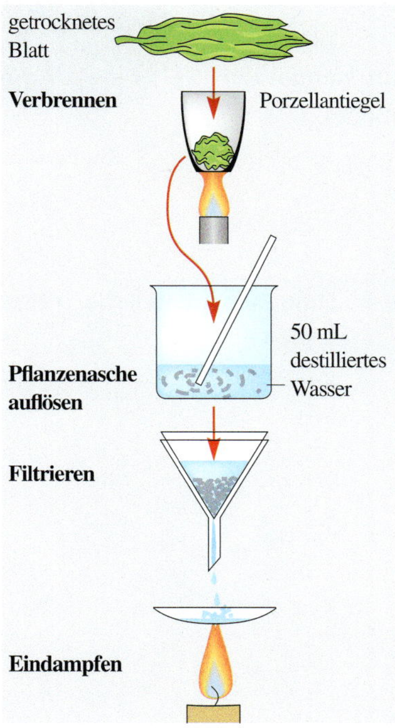

5

6
Wir untersuchen Früchte auf ihren Nitratgehalt

a Schneidet eine Kartoffel (Möhre, Rettich) ein und legt ein Nitrat-Teststäbchen in den Einschnitt (s. Kasten). Drückt sie 5 s lang zusammen und entfernt das Stäbchen. Nach 2 min vergleicht ihr die Farbe der Testzone mit der Skala auf der Dose.

b Prüft Obst- und Gemüsesäfte. Presst dazu kleine Stücke von Obst und Gemüse in einer Knoblauchpresse aus. Verdünnt 2 mL des Safts mit destilliertem Wasser auf 20 mL und prüft die Flüssigkeit mit dem Teststäbchen. Der gefundene Wert muss noch mit dem Verdünnungsfaktor (hier 10) multipliziert werden, so erhaltet ihr den Nitratgehalt des Safts in $\frac{mg}{kg}$.

Der Einsatz von Teststäbchen

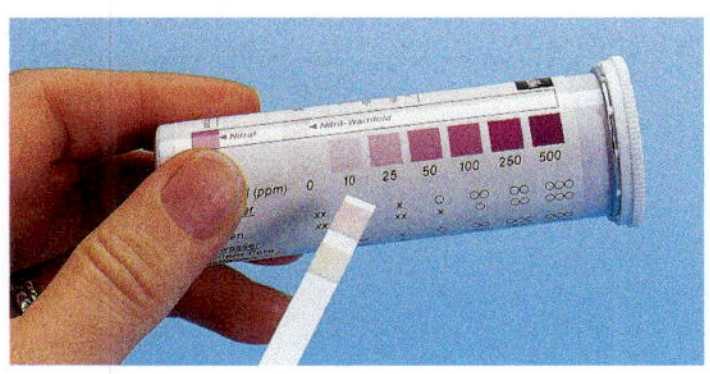

Manche im Wasser gelöste Stoffe kann man mithilfe von Teststäbchen nachweisen. Davon gibt es ganz unterschiedliche – jedes ist mit einer anderen Chemikalie getränkt.
Wird ein Teststäbchen in eine Flüssigkeit gehalten, verfärbt sich die Chemikalie – sofern die Flüssigkeit den Stoff enthält, für den das Stäbchen bestimmt ist. Dabei muss die Testzone des Stäbchens vollständig in die Flüssigkeit eingetaucht werden.
Die Farbe der Testzone wird mit der Farbskala verglichen.

◇ verdünnte Salzsäure, verdünnte Schwefelsäure – Achtung
◇ Kupferoxid – Achtung
◇ Düngemittel – Gefahr

Die Zusammensetzung von Salzen

Salz ist nicht gleich Salz Wenn wir von „Salz“ sprechen, meinen wir meistens Kochsalz. Es gibt aber viele Stoffe mit ähnlichen Eigenschaften wie Kochsalz. Man bezeichnet sie alle als *Salze*.
Sämtliche Salze bilden Kristalle. Man kann die Salze z. B. an der Kristallform unterscheiden. ▷ 1–5
Salze sind chemische Verbindungen eines Metalls mit einem Säurerest.
Das kannst du an der Formel und am Namen der Salze ablesen (s. dazu die folgende Tabelle).

1 Calcit

2 Steinsalz

3 Kupfersulfat

4 Fluorit

Einige Salze

Name des Salzes	Chemische Formel	Umgangssprachliche Bezeichnung	Verwendung des Salzes
Natriumchlorid	$NaCl$	Kochsalz	Gewürz, Streusalz 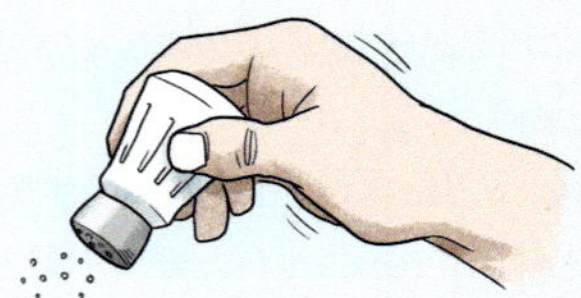
Kaliumnitrat	KNO_3	Kalisalpeter	Dünger 
Kupfersulfat	$CuSO_4$	Kupfervitriol	Desinfektionsmittel, Bekämpfung von Pilzkrankheiten im Obst- und Weinbau
Calciumcarbonat	$CaCO_3$	Kalk	Baustoff 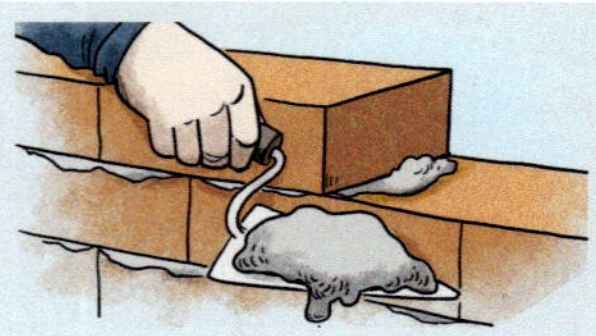
Magnesiumchlorid	$MgCl_2$	Carnalit	Magnesiumherstellung
Magnesiumsulfat	$MgSO_4$	Bittersalz	Koniferendünger
Calciumsulfat	$CaSO_4$	Gips	Baustoff 

die Salzbildung

Die Salzbildung

Salze können bei unterschiedlichen Reaktionen entstehen:

- Aus dem Metall einer Lauge und dem Säurerest einer Säure
  Beispiel: Aus Natronlauge und Salzsäure entsteht Natriumchlorid.
  $NaOH + HCl \longrightarrow NaCl + H_2O$
- Aus dem Metall eines Oxids und dem Säurerest einer Säure
  Beispiel: Aus Kupferoxid und Schwefelsäure entsteht Kupfersulfat.
  $CuO + H_2SO_4 \longrightarrow CuSO_4 + H_2O$
- Aus einem Metall und dem Säurerest einer Säure
  Beispiel: Aus Zink und Salzsäure entsteht Zinkchlorid.
  $Zn + 2\,HCl \longrightarrow ZnCl_2 + H_2$

Da unterschiedliche Metalle mit unterschiedlichen Säureresten verbunden sein können, gibt es eine große Anzahl von Salzen.

Salze bestehen aus einem Metall und einem Säurerest.

5 Kochsalzkristalle

So wird der Name eines Salzes gebildet Der Name eines Salzes ist aus zwei Teilen zusammengesetzt: Der erste Teil wird von dem beteiligten Metall gebildet, der zweite vom Säurerest.
Beispiel: Ein Salz heißt Calciumcarbonat, weil es aus dem Metall Calcium und dem Säurerest der Kohlensäure (Carbonat) zusammengesetzt ist. Es ist das Calciumsalz der Kohlensäure.

Der Name eines Salzes richtet sich nach dem Metall und dem Säurerest, aus denen das betreffende Salz zusammengesetzt ist.

Dieses Salz …	… besteht aus …		Der Säurerest stammt aus dieser Säure:
	… Metall und …	… Säurerest:	
Zinkchlorid $ZnCl_2$	Zink Zn	Cl_2 Chlorid	Salzsäure HCl
Eisensulfat $FeSO_4$	Eisen Fe	SO_4 Sulfat	Schwefelsäure H_2SO_4
Calciumcarbonat $CaCO_3$	Calcium Ca	CO_3 Carbonat	Kohlensäure H_2CO_3
Kaliumnitrat KNO_3	Kalium K	NO_3 Nitrat	Salpetersäure HNO_3
Natriumphosphat Na_3PO_4	Natrium Na_3	PO_4 Phosphat	Phosphorsäure H_3PO_4

Aufgaben

1 □ Welche Elemente sind an der Zusammensetzung der in der Tabelle links genannten Salze beteiligt?

2 ◪ Ordne die Salze der obigen Tabelle nach ihrem Säurerest. Bilde Gruppen. Übertrage und ergänze dazu die nebenstehende Übersicht.

Säurerest	Name des Salzes	Name der Säure
Cl	Natriumchlorid	Salzsäure
NO_3	…	…
SO_4	…	…
CO_3	…	…

Kochsalz – unentbehrlich!

Kochsalz – Teil unserer Nahrung Unser Speisesalz ist reines Kochsalz. ▷ 1 Es ist zum Würzen und Konservieren geeignet. Kochsalz ist ein lebenswichtiger Zusatz zu unserer Nahrung.

Kochsalz im menschlichen Körper Das *Blut* eines Erwachsenen muss ständig etwa 50 g Kochsalz enthalten. Wenn jemand bei einem Unfall viel Blut verloren hat, überträgt man ihm deshalb oft eine *physiologische Kochsalzlösung.* ▷ 2 Sie enthält etwa so viel Kochsalz wie die gleiche Menge Bluts, die verloren wurde. So kann man wenigstens die wichtigsten Lebensvorgänge des Körpers aufrechterhalten.
Der Magensaft enthält Salzsäure. Drüsen der Magenwand produzieren ihn – und dafür ist Kochsalz aus dem Blut erforderlich. Wenn zu wenig Kochsalz im Blut vorhanden ist (z. B. nach starkem Schwitzen), können die Drüsen nur wenig Magensaft produzieren. Das kann Darmerkrankungen hervorrufen (z. B. Durchfall).
Der Mensch braucht dringend Kochsalz. Ein Erwachsener benötigt pro Tag etwa 5 Gramm davon. Da wir Kochsalz auch über den Urin, den Schweiß und über Tränen ausscheiden, müssen wir es mit unserer Nahrung zu uns nehmen.
Aber auch beim Kochsalz gilt: „Allzu viel ist ungesund!“ Werden unsere Speisen zu stark gesalzen, wird der Kochsalzgehalt des Bluts zu hoch; der Körper wehrt sich dagegen und verlangt nach Wasser – wir werden durstig. Wer dauerhaft zu viel Salz in sich aufnimmt, dem droht Bluthochdruck – eine ernste Krankheit.

1 Kochsalz als Speisesalz

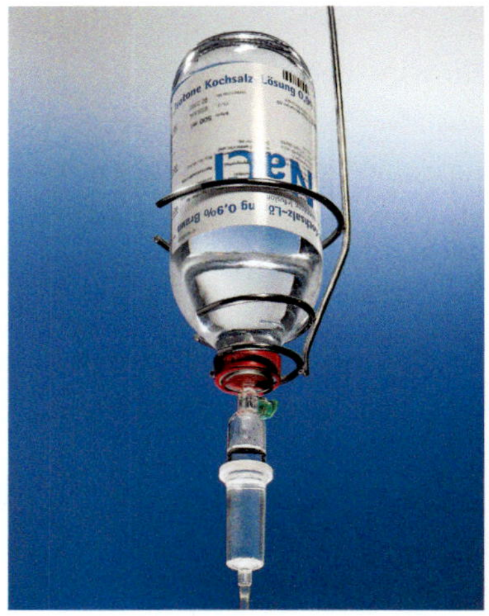

2 Kochsalzlösung in der Medizin

Kochsalz für Gewerbe und Industrie Es gibt vielerlei Verwendungsmöglichkeiten von Kochsalz:
- in der Fischerei zum Einsalzen von Fischen
- zur Produktion von Kraftfutter und Lecksteinen für die Vieh- und Wildfütterung
- in der Keramikindustrie zur Herstellung von Glasuren
- in der Kosmetikindustrie zur Herstellung von Badesalzen
- in der Textilindustrie zum Färben von Stoffen

Als Industriesalz ist Kochsalz in der chemischen Industrie Ausgangsstoff oder Hilfsstoff z. B. zur Herstellung von Kunststoffen, Seifen, Reinigungsmitteln, Farbstoffen und Glas.
In vielen Industriebetrieben wird Kochsalz als Gewerbesalz eingesetzt. Es wird aus steuerlichen Gründen gekennzeichnet. Um Verwechslungen mit Speisesalz auszuschließen, wird Gewerbesalz oft eingefärbt. ▷ 3

3 Kochsalz als Gewerbesalz

Kochsalz als Streusalz Jahr für Jahr sind Tausende von Unfällen – verursacht durch Glatteis – zu beklagen. ▷ 4 Bei Schnee hilft noch Granulat, bei Glatteis aber gibt es nur eine Wahl: *Salz* – in Körnchenform oder als Lösung. ▷ 5

4

5

6

Die Sicherheit im Straßenverkehr steigt mit dem Einsatz von Streusalz, die meisten Pflanzen leiden aber darunter ▷ 6 oder sterben sogar ab. Sogar das Trinkwasser kann salzig werden.

Aufgaben

1 ■ Deutschland ist reich an Salzlagerstätten. Viele Ortsnamen mit den Silben „Salz" und „Hal" deuten darauf hin. Auch aus Meerwasser kann Salz gewonnen werden. Die Bilder zeigen die Gewinnung von Salz und die Entstehung der Salzlagerstätten im Laufe der Zeit. ▷ 7–9

a Informiere dich im Internet oder in Büchern über das Kochsalz, z. B. über Vorkommen, Abbau, Bedeutung in der Geschichte (Salzstraßen), Entstehung der Salzlagerstätten.

b Präsentiere deine Ausarbeitung.

2 □ Dass Streusalz gegen Glatteis wirksam ist, zeigt der folgende einfache Versuch:
Löse in einem Glas Wasser nach und nach so viel Kochsalz, bis sich ein Bodensatz gebildet hat. Deine Kochsalzlösung ist nun gesättigt. Gieße die Kochsalzlösung in einen Plastikbecher. Einen zweiten füllst du gleich hoch mit Leitungswasser.
Stelle beide Gefäße ins Tiefkühlfach des Kühlschranks oder in die Tiefkühltruhe. Schaue alle 30 min nach, ob die Flüssigkeiten gefroren sind.

7 Salzgewinnung aus Meerwasser

8 … und im Bergwerk

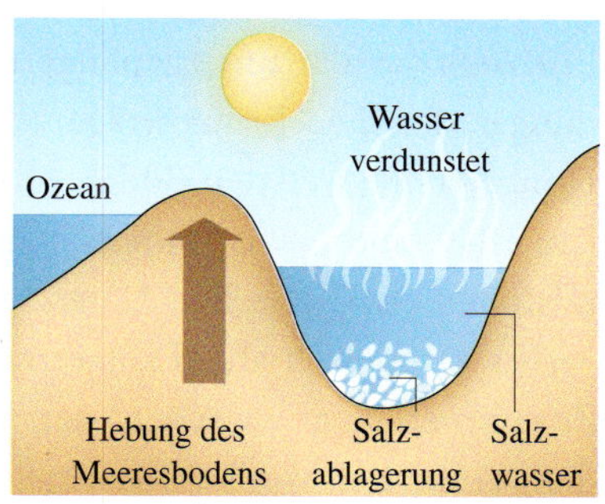

9 Entstehung von Salzlagerstätten

Salze als Düngemittel

1 Viele Nahrungsmittel auf möglichst kleiner Fläche – wie ist das zu schaffen?

Nahrung für 8 Milliarden Menschen? Hungersnöte gab es nicht nur früher. Auch heute müssen viele Menschen hungern und die Bevölkerung wächst weiter. Deshalb müssen möglichst viele pflanzliche Nahrungsmittel auf möglichst kleiner Fläche umweltverträglich produziert werden. ▷ 1

Salze – Nährstoffe für die Pflanzen Mineralsalze sind Nährstoffe der Pflanzen. Sie werden aus dem Erdboden aufgenommen. Zu den wichtigsten Mineralsalzen gehören die Nitrate (Stickstoffsalze), die Phosphate und die Kalisalze. ▷ 2
Durch das Abernten der Pflanzen gehen die Mineralsalze, die sie aus dem Boden aufgenommen haben, verloren. Der Boden würde allmählich unfruchtbar werden, wenn sie ihm nicht wieder zugeführt würden. Deshalb wird gedüngt. Bei der Düngung werden z. B. Pflanzenreste, Asche, Gülle oder Mist untergepflügt. Kleinstlebewesen oder Bakterien zersetzen sie – und zurück bleiben die Mineralsalze.

Mehr

Liebigs Entdeckung Bis vor rund 160 Jahren war nur die *Gründüngung* üblich. Dabei sät man Klee oder Lupinen aus – Pflanzen, die besonders reich an Stickstoffverbindungen sind. Mithilfe bestimmter Bakterien können sie Stickstoff aus der Luft aufnehmen. Wenn die Pflanzen danach untergepflügt werden, stellen sie einen Stickstoffdünger dar. Die Ernteerträge blieben gering; immer wieder gab es Hungersnöte, weil den Böden Mineralsalze fehlten.
Um 1840 fand *Justus von Liebig* heraus, dass sich Pflanzen von Mineralstoffen ernähren. Die *Mineraldüngung* wurde eingeführt. Dadurch verbesserten sich die Ernteerträge. Das Diagramm ▷ 3 zeigt den Zusammenhang zwischen der wachsenden Weltbevölkerung und dem Verbrauch von Düngemitteln.

Nitratgehalt in Lebensmitteln:

hoch (1000–4000 $\frac{mg}{kg}$*):*

Chinakohl, Feldsalat, Kopfsalat, Radieschen, Spinat

mittel (500–1000 $\frac{mg}{kg}$*):*

Auberginen, Blumenkohl, Möhren, Rotkohl, Sellerie

niedrig (unter 500 $\frac{mg}{kg}$*):*

grüne Bohnen, Erbsen, Paprika, Kartoffeln, Tomaten

2 Nitratgehalt in Lebensmitteln

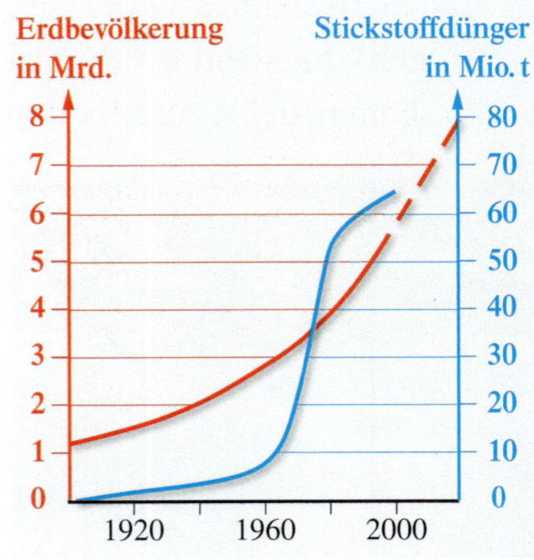

3 Bevölkerungsentwicklung und Einsatz von Düngemitteln

Mehr

Wie viele Nährstoffe für die Pflanzen? Mineraldünger kann man heute genau dosieren. Dazu wird untersucht, welche Mineralsalze die Pflanzen benötigen und ob sie bereits im Boden enthalten sind.

Pflanzen brauchen verschiedene Nährstoffe in unterschiedlicher Menge. Wenn das Verhältnis nicht stimmt, wird das Wachstum durch den Nährstoff begrenzt, an dem es am meisten mangelt. ▷ 4

Auch *zu viel* Dünger kann den Pflanzen schaden. Außerdem wird der Überschuss an Mineraldünger durch Regenwasser gelöst und versickert im Boden. Dadurch wird das Grundwasser gefährdet.

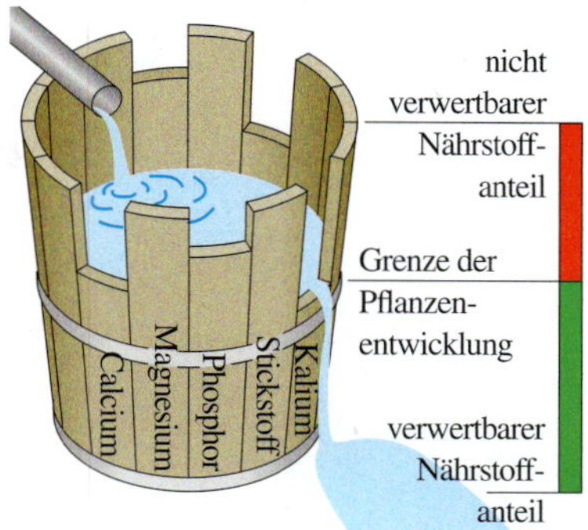

4 Die Höhe des Pflanzenertrags richtet sich nach dem in geringster Menge vorhandenen Nährstoff.

Gefahr durch Überdüngung Durch zu häufiges und zu starkes Düngen ▷ 5 gelangen überschüssige Phosphate oder Nitrate in Flüsse, Seen oder ins Grundwasser.

Phosphate sind die Nahrung für Pflanzen und damit für die Kleinstlebewesen im Wasser. Stehen zu viele Phosphate zur Verfügung, nehmen die Pflanzen und Kleinstlebewesen enorm zu. Sobald sie dann absterben, beginnen die Probleme: Bakterien, die ihren Abbau bewirken, verbrauchen den im Wasser gelösten Sauerstoff; es bilden sich giftige Gase, die zum Tod der meisten Kleinstlebewesen im Wasser führen. Man sagt: Das Gewässer „kippt um". Damit wird es z. B. für die Trinkwassergewinnung unbrauchbar.

Auch Fäkalien aus Toiletten enthalten große Mengen an Phosphaten. Die im Wasser gelösten Phosphate können zwar durch Kläranlagen mit einer chemischen Reinigungsstufe entfernt werden – doch chemische Reinigungsstufen sind nur dann vorgeschrieben, wenn das im Klärwerk gereinigte Wasser direkt in einen See fließt.

5 Düngung – nötig, aber für die Umwelt nicht ganz ungefährlich

1 □ Informiere dich über die gesundheitsschädlichen Auswirkungen einer zu hohen Nitrataufnahme.

2 ◪ Warum sollte ein Verzehr regionaler Produkte bevorzugt werden? („Erdbeeren zu jeder Jahreszeit" – wirklich so erstrebenswert?)

Wir untersuchen Kalk

1 Ammoniten (Muschelkalk)

2 Tropfsteinhöhle (Kalkstein)

3 Calcitkristall

4 Verkalkter Wasserhahn

Viermal Calciumcarbonat … ▷ 1–4
Calciumcarbonat – ein Salz der Kohlensäure – nennt man umgangssprachlich auch *Kalk* oder *Kalkstein*.

1

Auf der Suche nach Kalk

a Sammelt Stoffe, die Kalk (Calciumcarbonat) enthalten könnten: Granit, Kalkspat, Marmor, Kalkstein, Basalt, Sandstein, Ziegelstein, Muschelgehäuse, Perlmutt, Mörtel, Eierschale, Schneckengehäuse.

b Gebt auf eure Proben je einige Tropfen Essig◇.

2

Test mit Salzsäure

a Gebt einige Tropfen verdünnte Salzsäure◇ auf Stoffe, die Calciumcarbonat enthalten (s. Versuch 1).

b Ordnet die überprüften Stoffe je nach ihrer Herkunft in tierische und mineralische Stoffe.
Gibt es zwischen den Gruppen Unterschiede?

3

Ist Kalk wasserlöslich? ▷ 5

a Ein Becherglas ist zu zwei Dritteln mit destilliertem Wasser gefüllt. Ein kleines Stück Kalk wird in einer Reibschale fein zermahlen und in das Wasser gegeben. Löst sich der Kalk?

b Leitet unter Umrühren Kohlenstoffdioxid◇ in das destillierte Wasser. (Mit Kohlenstoffdioxid reagiert Wasser bekanntlich zu Kohlensäure.) Löst sich der Kalk jetzt?

c Filtriert die Lösung. Lasst etwas davon auf einem Uhrglas verdunsten. Vergleicht mit Leitungswasser.

◇ Kohlenstoffdioxid (Druckgas) — Achtung

◇ verdünnte Essigsäure, verdünnte Salzsäure, Kalkwasser — Achtung

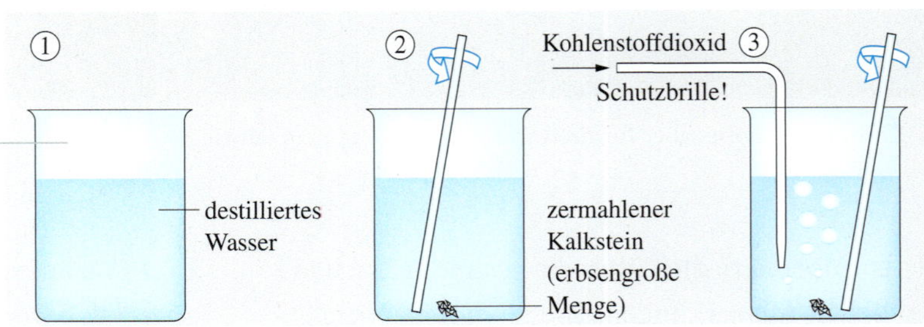

5

4

Vom Calciumcarbonat zurück zum Calciumcarbonat

Materialien: 1 Uhrglasschale, 1 Pipette, 1 Glasstab (schwarz lackiert); verdünnte Salzsäure◇ (10- bis 2%ig, Calciumcarbonat, Kalkwasser◇)

a Salzsäure wird auf Calciumcarbonat gegeben. Dann wird geprüft, ob das frei werdende Gas Kohlenstoffdioxid ist. ▷ 6 Welche Veränderungen des Kalkwassers am Glasstab sind zu beobachten?

b Wie müssen die folgenden Sätze lauten?
„Wenn Calciumcarbonat mit … zersetzt wird, entsteht …"
„Calciumcarbonat entsteht, wenn … mit … reagiert."

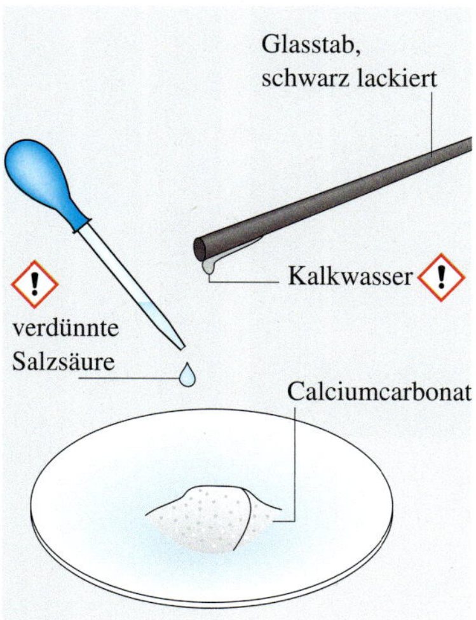

6

5

„Hartes" Wasser

a Füllt in ein Reagenzglas 3 mL destilliertes Wasser. Gebt mit einer Pipette tropfenweise Seifenlösung hinzu und schüttelt das Glas. ▷ 7

b Wiederholt den Versuch mit 3 mL Leitungswasser und dann mit 3 mL Mineralwasser ohne Kohlensäure. Vergleicht die Ergebnisse.

c Seht euch das Etikett des Mineralwassers genau an. Nennt mindestens zwei Salze, die im Mineralwasser gelöst sein könnten.

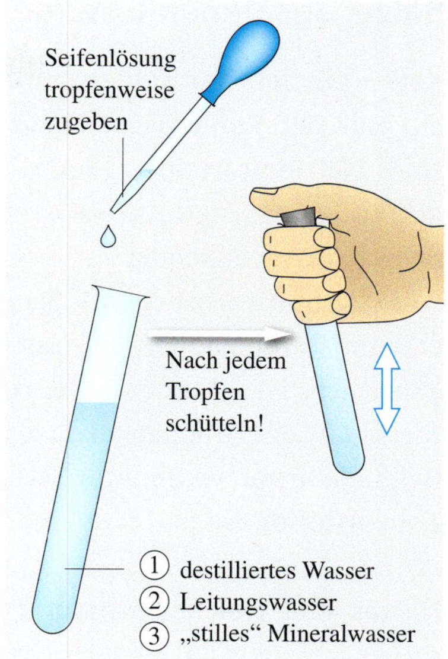

7

6

So stellen wir Kalkmörtel her

a Schüttet 20 g pulverförmigen Branntkalk (CaO)◇ oder Weißkalk in ein Becherglas (Schutzbrille!). Gießt dann nach und nach 70 mL Wasser hinzu.

b Verrührt Wasser und Branntkalk zu einem glatten Kalkteig (Vorsicht vor Spritzern!). Bis zur Weiterverarbeitung bleibt der Kalkteig 12 Stunden lang ruhig stehen.

c Danach wird er mit der dreifachen Menge Bausand zu Kalkmörtel vermischt.

d Füllt drei Streichholzschachteln mit Kalkmörtel. ▷ 8

e Mit dem übrig gebliebenen Mörtel könnt ihr zwei Ziegelsteine aneinandermauern.

8

◇ Branntkalk ⟨Gefahr-Symbol⟩ Gefahr

Kalk und Gips – Salze, aus denen Gebirge bestehen

Kalk – ein Salz der Kohlensäure Kalk (Calciumcarbonat, $CaCO_3$) ist ein Salz der Kohlensäure (H_2CO_3). Beispiele für weitere Carbonate sind Natriumcarbonat (Soda; Na_2CO_3), das zur Glasherstellung gebraucht wird, und Kaliumcarbonat (Pottasche; K_2CO_3), das man oft beim Backen verwendet.
Alle Carbonate haben als Säurerest den Carbonatrest CO_3. Man erkennt Carbonate an den Gasblasen, die bei Zugabe von Salzsäure aufsteigen, weil Kohlenstoffdioxid entsteht. ▷ 1 Dieses gemeinsame Merkmal der Carbonate dient als ihr Nachweis:
Bei Zugabe von verdünnter Salzsäure in ein Carbonat entsteht Kohlenstoffdioxid.

1

Mehr

Hartes und weiches Wasser In der Natur begegnet uns *Calciumcarbonat* (Kalkstein) auch als Gebirge oder Felsen. ▷ 2 Es ist in reinem Wasser nur schwer löslich. In Wasser, das Kohlenstoffdioxid enthält (Kohlensäure), löst es sich dagegen besser.
Dabei entsteht ein anderes Carbonat: das lösliche *Calciumhydrogencarbonat*. Du kennst es als Bestandteil von hartem Wasser. An den Reagenzgläsern rechts siehst du, wie weiches Wasser und hartes Wasser auf das Hineintropfen von Seifenlösung reagieren: Die Mischung bildet beim Schütteln mit weichem Wasser sofort weißen Schaum. ▷ 3
Mit hartem Wasser dagegen entsteht Kalkseife. ▷ 4
Diese bildet auch den schmierigen grauen „Rand“ im Waschbecken oder in der Badewanne.

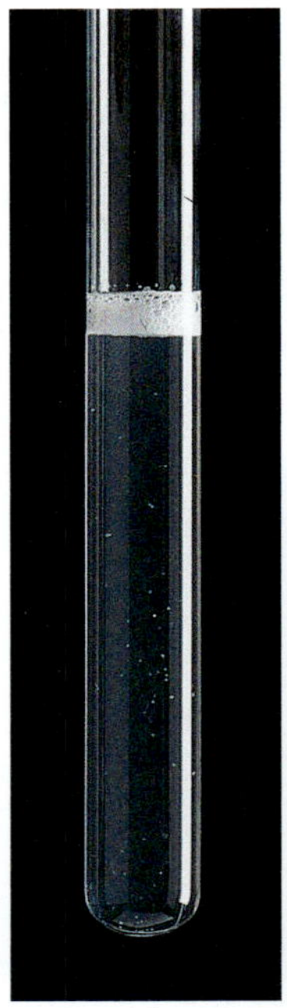
3

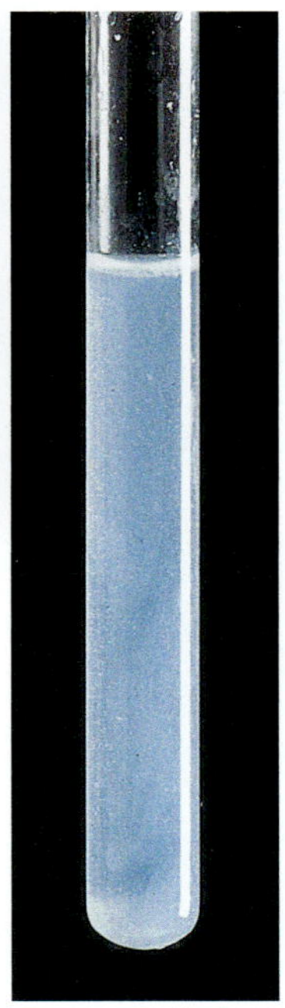
4

2 Kalk in großem Stil: Kalksinterterrassen in Pamukkale (Türkei)

5 Marienglas formt diese größten Kristalle der Welt (Höhle von Naica, Mexiko).

6 Figur aus Gips

Mehr

Gips – ein Salz der Schwefelsäure Gips (Calciumsulfat, Formel: $CaSO_4$) ist ein Salz der Schwefelsäure (H_2SO_4). Gips kommt in der Natur als Gestein oder als Mineral vor, z. B. im Harz und im Thüringer Wald. ▷ 5

Werkstoff Gips *Marienglas* ist Calciumsulfat mit Kristallwasser. Durch Erhitzen (Brennen) wird das Kristallwasser ausgetrieben. So entsteht das weiße Pulver Gips, das man in Baumärkten kaufen kann. Wenn man das Gipspulver mit Wasser anrührt, wird der Gips wieder fest. Gips wird vielseitig als Werkstoff verwendet. ▷ 6–10

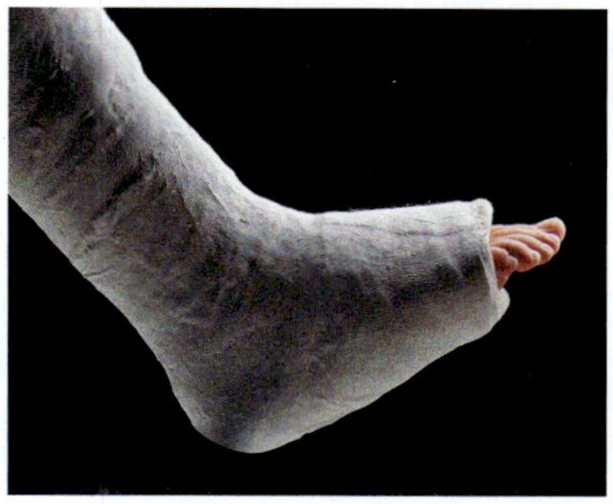

7 Gips beim Beinbruch

8 Vergipsen von Löchern

9 Deckenplatten aus Gipskarton

10 Stuck aus Gips

Aufgaben

1 ■ Carbonate werden durch Säuren zersetzt. Wie kann man das Kohlenstoffdioxid nachweisen, das dabei entsteht?

2 ◪ Beim Nachweis von Kohlenstoffdioxid entsteht ein Salz. Beschreibe die Reaktion.

3 ■ Calciumcarbonat kann man auch als „Baumeister Kalk“ bezeichnen. Das trifft sowohl auf die Natur als auch auf die Technik zu. Wie ist das wohl gemeint?

4 ◪ Welche Eigenschaften des Gipses eignen sich besonders gut für seine vielfältige Verwendung als Baustoff?

5 □ Gips ist nicht nur Baustoff. Wofür wird er noch verwendet?

Kalkkreisläufe

1 Mörtel auf der Baustelle

2 Kalkstein im Steinbruch

Der technische Kalkkreislauf Hast du schon einmal einem Maurer zugesehen? Stein auf Stein fügt er aufeinander. Dazwischen kommt jeweils eine Schicht Mörtel. ▷ 1 Was ist eigentlich Mörtel?

Der Kalk auf der Baustelle wird von Baufachleuten *Löschkalk* genannt. Chemiker würden *Calciumhydroxid* dazu sagen. Du kennst ihn – in Wasser gelöst – als Calciumlauge oder Kalkwasser. Der Löschkalk wird aus Kalkstein gewonnen. ▷ 2

Damit beginnt ein Kreislauf:

- *Brennen:* Zuerst wird der Kalkstein (Calciumcarbonat) in Brennöfen stark erhitzt. Dabei zerfällt er in Branntkalk (Calciumoxid) und Kohlenstoffdioxid.
- *Löschen:* Der Branntkalk wird mit Wasser „gelöscht" (daher der Name „Löschkalk"). Dadurch wird aus dem Calciumoxid das Calciumhydroxid. Der Löschkalk wird mit weiterem Wasser zu einem streichbaren Brei verrührt. Dazu kommt noch etwa die dreifache Menge Sand – und fertig ist der Mörtel.
- *Abbinden, Aushärten:* Der Sand ist nötig, weil der Kalkbrei allein nicht porös genug wäre; er soll nämlich Kohlenstoffdioxid aus der Luft aufnehmen und dabei Wasser abgeben. Dadurch wird der Mörtel fest; man sagt, er „bindet ab". Auf diese Weise wird er wieder zu Kalkstein.

  Bei diesem Vorgang läuft eine chemische Reaktion ab. Du kennst sie bereits als Nachweis für Kohlenstoffdioxid:

Aus dem Calciumhydroxid und dem Kohlenstoffdioxid wird wieder Calciumcarbonat. ▷ 3–4

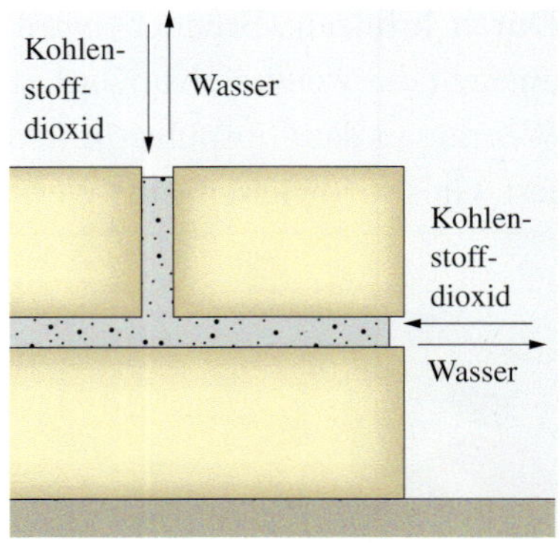

3 Abbinden von Löschkalk

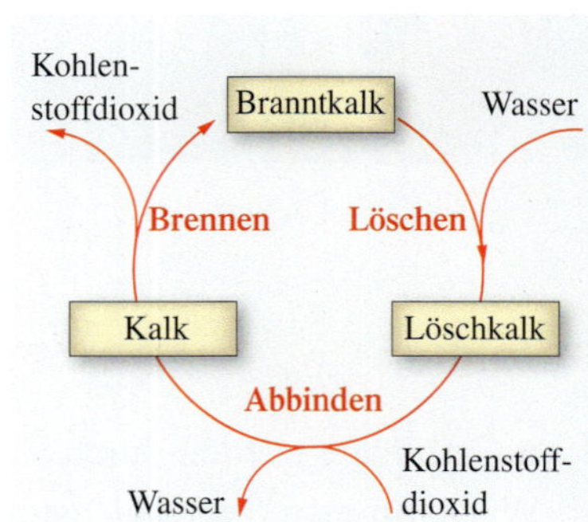

4 Der technische Kalkkreislauf

1 Der technische Kalkkreislauf

a □ Erläutere den Kreislauf.

b ◪ Beschreibe mit Wortgleichungen die drei chemischen Reaktionen, die dabei ablaufen.

c ■ Beim technischen Kalkkreislauf laufen drei chemischen Reaktionen ab.
Beschreibe sie mithilfe von Reaktionsgleichungen.

Der natürliche Kalkkreislauf Kalk ist schwer lösliches Calciumcarbonat. Wenn Regenwasser und Kohlenstoffdioxid aus der Luft ständig auf Kalk einwirken, entsteht gut lösliches Calciumhydrogencarbonat. Der Kalk wird so nach und nach aufgelöst und weggespült.
Das kalkhaltige Wasser gelangt auf diese Weise durch die Flüsse vom Kalkgebirge zu den Seen und Meeren. Dort bauen Muscheln, Schnecken und Korallen ihre Kalkgehäuse daraus auf. Das Calciumhydrogencarbonat wird damit wieder zu Calciumcarbonat.
Wenn die Meeresorganismen absterben und verwesen, sinken die Kalkschalen und Kalkgehäuse auf den Meeresboden. Dort bilden sie mächtige Ablagerungen. Wenn sich z. B. bei Erdbeben der Meeresboden hebt, können neue Kalkgebirge entstehen.
Kalkablagerungen und Korallen können überdauern, bis sie durch Veränderungen in der Erdkruste wieder an die Oberfläche gelangen. So können erneut kalkreiche Landschaften und Gebirge entstehen. Auch sie werden wieder verwittern. Wir sprechen von einem *natürlichen Kalkkreislauf*.
Wie sich in kalkreichen Gebirgen Tropfsteinhöhlen bilden, zeigen die Bilder. ▷ 5–6

139-1

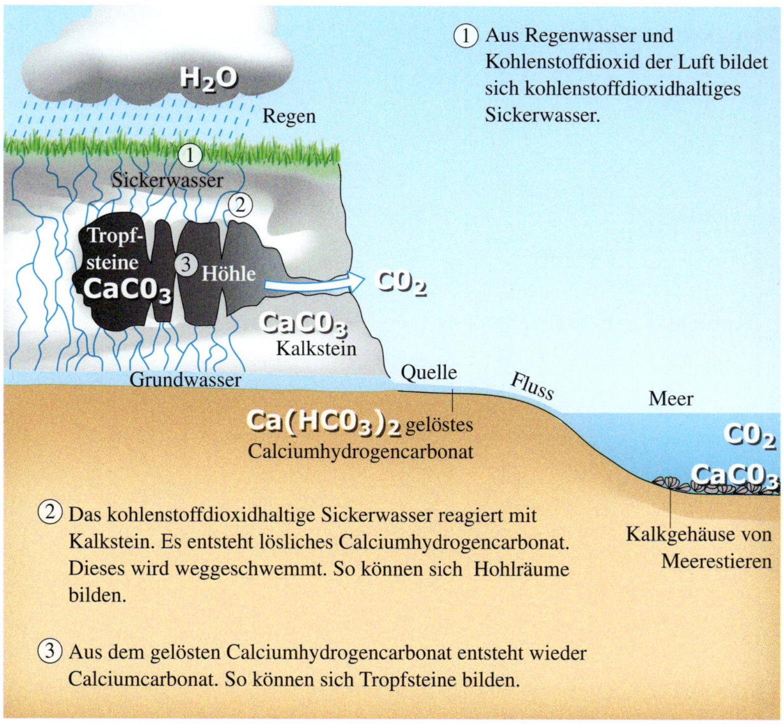

5 Tropfsteinhöhle (schematisch)

6 Tropfsteinhöhle

2 ■ Beschreibe, wie sich Tropfsteinhöhlen bilden.

3 ■ Versuche den natürlichen Kalkkreislauf schematisch darzustellen – änlich wie in die Darstellung in Bild ▷ 4.

Die Salzbildung

Salze entstehen, wenn …

… eine Säure mit einem unedlen Metall reagiert. ▷ 1

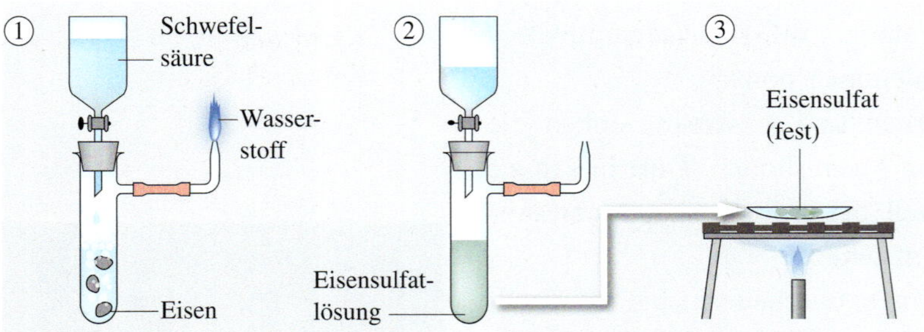

Eisen + Schwefelsäure ⟶ Eisensulfat + Wasserstoff

$Fe + H_2SO_4 \longrightarrow FeSO_4 + H_2$

1

… eine Säure mit einem Metalloxid reagiert. ▷ 2

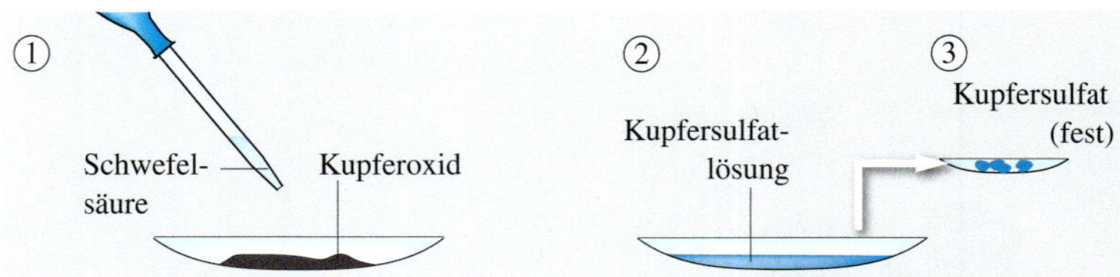

Kupferoxid + Schwefelsäure ⟶ Kupfersulfat + Wasser

$CuO + H_2SO_4 \longrightarrow CuSO_4 + H_2O$

2

… eine Säure mit einer Lauge reagiert. ▷ 3

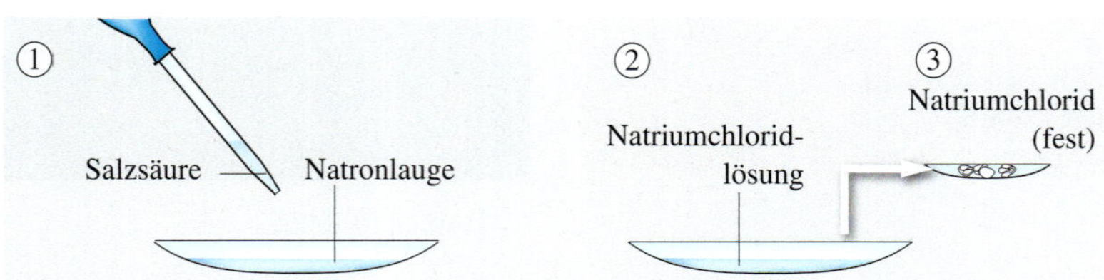

Natronlauge + Salzsäure ⟶ Natriumchlorid + Wasser

$NaOH + HCl \longrightarrow NaCl + H_2O$

3

Aufbau der Salze

Salze sind aus Metallatomen und Säurerestgruppen zusammengesetzt.

Metall **Säurerest**

Wichtige Salze sind:
Kochsalz (Natriumchlorid, NaCl) und
Kalk (Calciumcarbonat, $CaCO_3$).

Zwischen Oxiden, Säuren, Laugen und Salzen gibt es einen Zusammenhang: ▷ 4

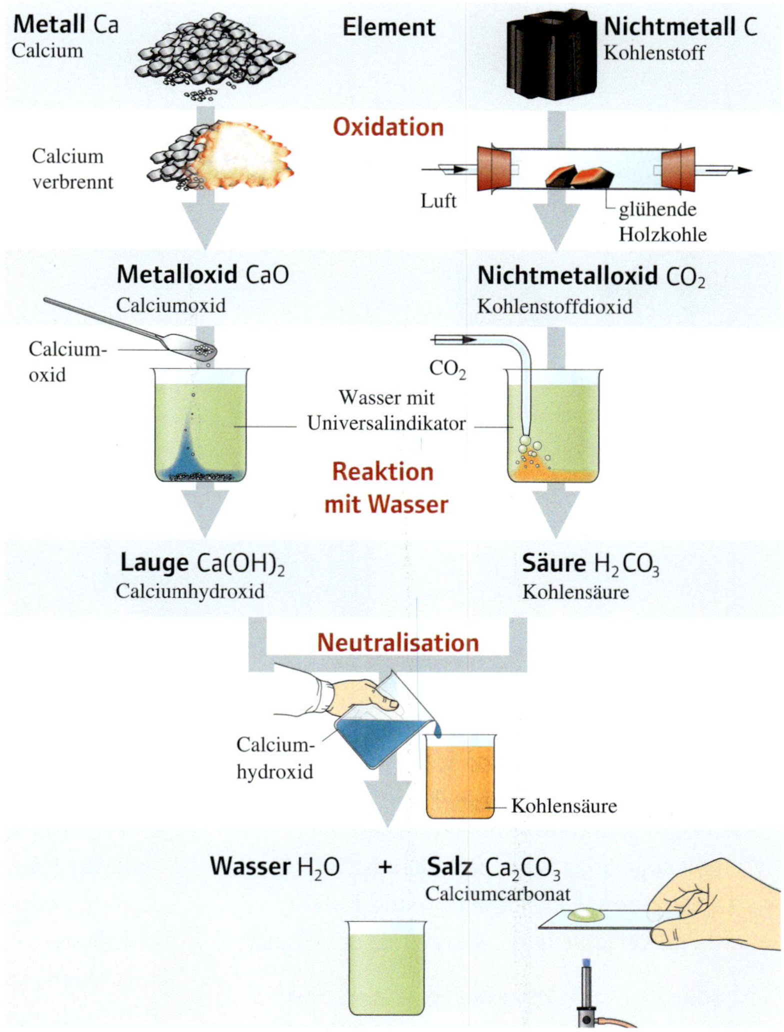

4

Alles klar

1 ◪ Man kann sagen: „Salz ist nicht gleich Salz.“ Erläutere diese Aussage.

2 ◪ Man bezeichnet die Sulfate als Salze der Schwefelsäure.
Suche dafür nach einer Erklärung.

3 ◪ Wenn Schwefelsäure („Batteriesäure“) auf ein Aluminiumblech tropft, wird das Blech „zerfressen“. Beschreibe die chemische Reaktion.

4 ■ Calciumcarbonat (Kalk) ist ein Salz, das von Säuren zersetzt werden kann. Welche Bedeutung hat das in der Natur und welche beim Bau?

5 □ Hier hat sich Getreide unterschiedlich gut entwickelt. ▷ 5 Erkläre, woran das liegen könnte.

5

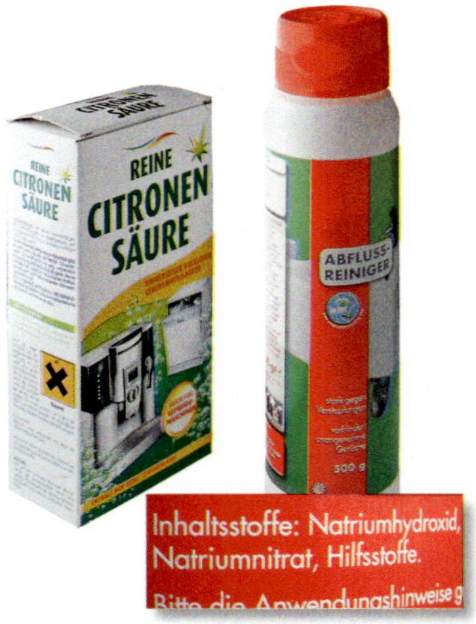

1

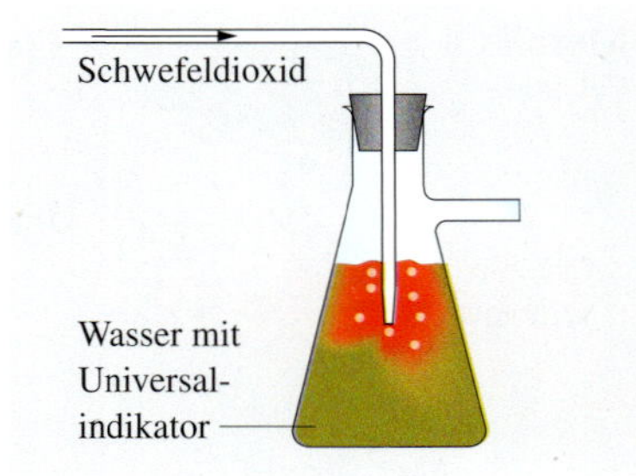

2

4

3

5

Reinigungsmittel

1 Aus den Inhaltsangaben auf Etiketten von Reinigungsmitteln kannst du ablesen, ob eine Lauge oder Säure enthalten ist. ▷ 1

a ◪ Lege eine solche Tabelle an und fülle sie anhand verschiedener Reinigungsmittel aus:

Name	*Verwendung als*	*Enthaltene Säure/Lauge*
...	...	...

b ■ Erläutere, inwiefern Eigenschaften der Inhaltsstoffe bei der Verwendung genutzt werden.

Säuren

2 Säurebildung

a ◪ Wasser wurde mit Universalindikator angefärbt. Beim Einleiten von Schwefeldioxid wird die Lösung rot. ▷ 2
Erläutere die Reaktion.

b □ Nenne weitere Oxide, die die gleiche Reaktion bewirken, sowie die Reaktionsprodukte, die dabei entstehen.

c ◪ Die Bildung von Salzsäure unterscheidet sich von der Bildung anderer Säuren. Erläutere den Unterschied.

3 Säurewirkung

a ◪ Beschreibe die chemische Reaktion, die zur Zersetzung der Steinfigur geführt hat. ▷ 3

b □ Nenne Möglichkeiten, solche Wirkungen einzuschränken oder zu verhindern.

c ◪ Mithilfe von Säuren kann man Türschilder aus Aluminium beschriften. ▷ 4
Erläutere, wie das möglich ist.

4 ◪ Wenn konzentrierte Schwefelsäure mit „organischen Stoffen“ wie Holz, Fleisch oder Zucker reagiert, verkohlen diese. ▷ 5
Erkläre!

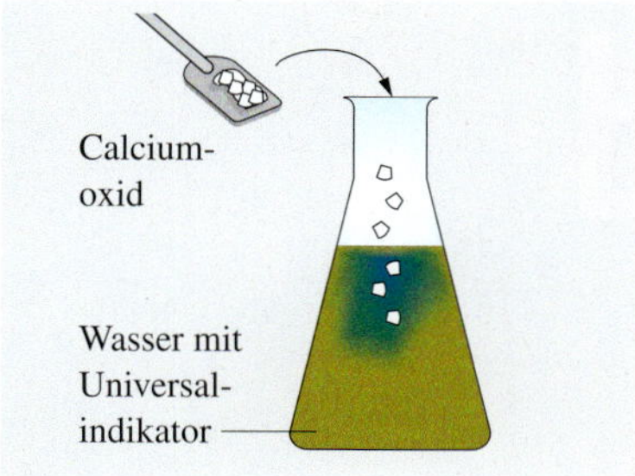

6

7

8

Laugen

5 Laugenbildung

a ◪ Wasser wurde mit Universalindikator angefärbt. Bei Zugabe von Calciumoxid wird die Lösung blau. ▷ 6
Erläutere die Reaktion.

b ■ Beim Einleiten von Kohlenstoffdioxid in das Reaktionsprodukt wird die Lösung trüb. Erkläre diese Erscheinung.

c ◪ Beim Einleiten von Ammoniak in Wasser entsteht eine Lauge.
Vergleiche diese Laugenbildung mit der anderer Laugen. Erläutere den Unterschied.

Sicherer Umgang mit Säuren und Laugen

6 Erste Hilfe

a □ Auf Etiketten von Reinigungsmitteln stehen meist Gefahrenhinweise. ▷ 7
Erläutere die Bedeutung dieses Zeichens.

b □ Beschreibe Vorsichtsmaßnahmen, die du als Anwender beachten musst.

c ◪ Als erste Hilfe bei Verätzungen mit Säuren oder Laugen soll mit viel Wasser gespült werden.
Erkläre, was „chemisch" damit erreicht wird.

d ◪ Bei Säureunfällen setzt die Feuerwehr viel Wasser oder Kalk ein.
Erläutere diese Maßnahme.

Neutralisation und Salze

7 Chemiebetriebe müssen ihr Abwasser selbst reinigen, bevor es in öffentliche Gewässer eingeleitet wird.

a □ Beschreibe, wie man erreichen kann, dass das Abwasser neutral ist.

b ◪ Damit sind noch nicht alle Gefahren beseitigt. Erläutere diese Aussage.

c ■ Nenne Folgen, die ungenügend gereinigtes Wasser verursachen kann.

8 ◪ Säuren haben auf unedle Metalle eine verheerende Wirkung.

a Beschreibe die chemische Reaktion, die dabei abläuft.

b Nenne die Reaktionsprodukte, die entstehen.

9 Salzbildungen ▷ 8
Du hast drei Möglichkeiten der Salzbildung kennengelernt.

a □ Beschreibe sie anhand von Beispielen.

b ◪ Nenne Gemeinsamkeiten und Unterschiede der Salzbildungsreaktionen.

Die Lösungen findest du im Anhang.

Elemente und ihre Ordnung

Eine Vielzahl von chemischen Elementen – wie ein Puzzle, bevor es zusammengesetzt ist und bei dem einige Teile fehlen! Das war die Situation um 1860.
Wissenschaftler suchten nach einer Ordnung in der Vielfalt – und fanden sie.

2 Räumliche Darstellung der Elektronenbahnen

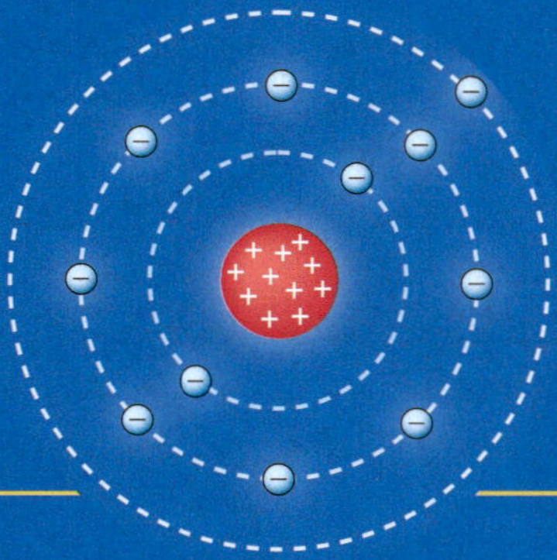

1 Modell des Natriumatoms

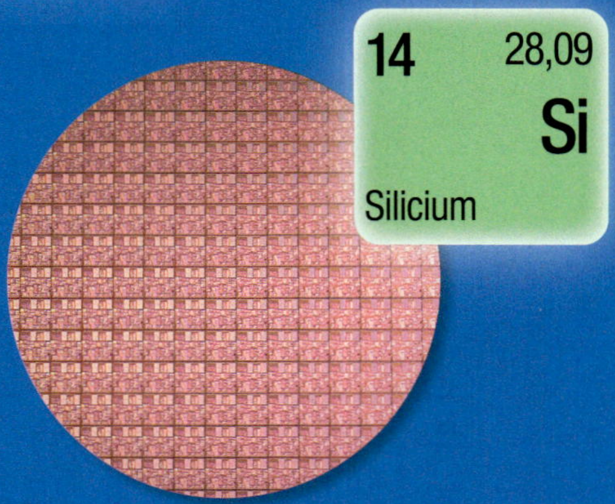

3 D. Mendelejew (1834–1907)

4 L. Meyer (1830–1895)

6 12,01
C
Kohlenstoff

7 14,007
N
Stickstoff

8 15,999
O
Sauerstoff

Das Periodensystem der Elemente

Wir suchen nach einer Ordnung der chemischen Elemente

Du kennst schon zahlreiche chemische Elemente. Nach welchen Gesichtspunkten könnte man sie anordnen?

1

Löst die folgenden Aufträge in Gruppenarbeit.

2

1

Bildung von Dreiergruppen und Informationsbeschaffung
Bildet Dreiergruppen. Holt euch von eurer Lehrkraft Kärtchen für 12 verschiedene Elemente.

a Bekannte Elemente: Sucht euch 12 bereits bekannte Metalle und auch Nichtmetalle aus. Beschriftet die Kärtchen mit Name, Symbol, Stoffgruppe (Metall/Nichtmetall), Vorkommen, Eigenschaften, Verwendung, Formel des Oxids, das Oxid bildet mit Wasser … (Säure/Lauge). ▷ 1
Vielleicht könnt ihr auch etwas über die Entdeckung des Elements oder über die Herkunft des Namens erfahren.
Sucht geeignete Bilder und klebt sie jeweils auf die Kärtchen.

b Unbekannte Elemente: Wählt Symbole und Namen von Elementen aus, die ihr zwar noch nicht kennt, die aber interessant sein könnten. Sucht Informationen über sie in Lexika oder im Internet. Fertigt auch für diese Elemente Kärtchen an.

2

Gegenseitige Information in Sechsergruppen

Jeweils 2 Dreiergruppen schließen sich nun zu Sechsergruppen zusammen.
Informiert euch gegenseitig darüber, was ihr über die ausgewählten Elemente notiert habt.

3

Überlegungen in den Sechsergruppen

Überlegt euch, wie ihr die Kärtchen ordnen könnt, sodass Gruppen ähnlicher Elemente entstehen.
Ordnet eure Kärtchen so, dass ihr euren Ordnungsvorschlag den anderen Gruppen vorstellen könnt. ▷ 3 Dazu benötigt ihr z. B. Plakate, Magnettafeln oder eine Pinnwand.
Vielleicht habt ihr auch andere Ideen.

3

4

Jede Sechsergruppe versucht, ihre Elemente so wie Mendelejew zu ordnen

Versucht zunächst herauszufinden, nach welchem Ordnungsprinzip *Mendelejew* vorgegangen ist (s. Folgeseite).

a Legt eure Kärtchen so untereinander, wie die Elemente im Periodensystem der Elemente angeordnet sind (s. Anhang).

b Vergleicht immer nur die Elemente einer Hauptgruppe miteinander.
Was stellt ihr fest?

c Wiederholt Aufgabe b mit den Karten für die Edelgase.
Was könnt ihr erkennen?

d Vergleicht eure Ergebnisse mit denen der beiden Chemiker. Formuliert Gemeinsamkeiten und Unterschiede.

So entstand das Periodensystem der Elemente

Ein „Puzzle“ mit fehlenden Teilen Stell dir vor, du solltest ein Puzzle zusammenlegen, von dem die Bildvorlage sowie einige der Puzzleteile fehlen. ▷ 1

In einer ähnlichen Situation befanden sich die Chemiker Mitte des 19. Jahrhunderts. Sie kannten damals erst etwa 60 der über 100 Elemente – wie sollten sie da eine Ordnung zwischen ihnen finden? Das gelang schließlich dem russischen Chemiker *Dimitrij Mendelejew* und dem deutschen Chemiker *Lothar Meyer*.

1

Wie Mendelejew vorging Er schrieb zuerst von jedem Element die Grundeigenschaften und das Atomgewicht (heute *Atommasse,* die Zahl über dem Symbol) auf ein Kärtchen.

Dann widmete er sich den Kärtchen mit nahe beieinanderliegenden Atomgewichten. Dabei stellte er fest, dass in bestimmten Abständen immer wieder Elemente mit ähnlichen Eigenschaften erschienen. Schließlich kam er zu der Anordnung, die du unten auf dieser Seite siehst. ▷ 2

Dabei stellte er fest: Das System hat noch Lücken. Und er sagte voraus: Es werden noch weitere Elemente entdeckt werden, z. B. solche, die dem Aluminium und Silicium ähnlich sind.

Mendelejews größter Erfolg Im Periodensystem war neben dem Silicium eine Lücke geblieben. Mendelejew nannte das dort fehlende Element *Eka-Silicium* und sagte einige seiner Eigenschaften voraus.

Im Jahr 1886 wurde das Element tatsächlich entdeckt – von dem deutschen Chemiker *Clemens Winkler* in Freiberg (Sachsen).

Er benannte es schließlich nach seinem Heimatland Deutschland *Germanium*.

Versuche eines Systems der Elemente nach ihren Atomgewichten und chemischen Functionen.

Von

D. Mendeleeff,

Professor an der Universität zu St. Petersburg.

			Ti = 50	Zr = 90	? = 180
			V = 51	Nb = 94	Ta = 182
			Cr = 52	Mo = 96	W = 186
			Mn = 55	Rh = 104,4	Pt = 197,4
			Fe = 56	Ru = 104,4	Ir = 198
		Ni =	Co = 59	Pl = 106,6	Os = 199
H = 1			[illegible] = 63,4	Ag = 108	Hg = 200
	Be = 9,4	Mg = 24	Zn = 65,[illegible]	Cd = 112	
	B = 11	Al = 27,4	? = 68	Ur = 116	Au = 197?
	C = 12	Si = 28	? = 70	Sn = 118	
	N = 14	P = 31	As = 75	Sb = 122	Bi = 210?
	O = 16	S = 32	Se = 79,4	Te = 128?	
	F = 19	Cl = 35,5	Br = 80	I = 127	
Li = 7	Na = 23	K = 39	Rb = 85,4	Cs = 133	Tl = 204
		Ca = 40	Sr = 87,6	Ba = 137	Pb = 207
		? = 45	Ce = 92		
		?Er = 56	La = 94		
		?Yt = 60	Di = 95		
		?In = 75,6	Th = 118?		

2 Mendelejews Versuch einer Anordnung der Elemente
(Atome mit ähnlichen Eigenschaften stehen in den Zeilen nebeneinander, in heutigen Darstellungen stehen sie übereinander.)

die Ordnungszahl
die Periode
die Hauptgruppe
die Nebengruppe

Die Ordnung der Elemente

Die Ordnungszahl Im Periodensystem der Elemente (PSE) finden wir heute alle chemischen Elemente. Sie sind durchnummeriert; das heißt, jedes von ihnen besitzt eine *Ordnungszahl*. ▷ 3

Wasserstoff mit dem Symbol H ist das erste Element im PSE. Es hat die Ordnungszahl 1, die geringste Atommasse und die kleinsten Atome. ▷ 4

Perioden Die waagerecht verlaufenden Zeilen des Periodensystems heißen *Perioden*. Innerhalb jeder Periode steigen die Ordnungszahlen von links nach rechts an. Die Atommasse der Elemente steigt in gleicher Weise an. In der 2. Periode z. B. gibt es 8 Elemente mit den Ordnungszahlen 3 bis 10. Das erste Element ist ein Metall, das letzte ein Edelgas.

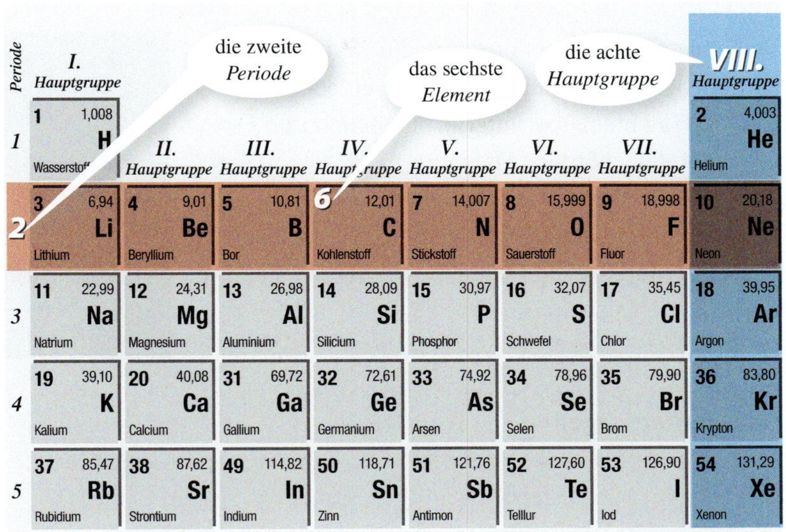

3 Anordnung der Elemente im Periodensystem (Ausschnitt)

4

Hauptgruppen Die senkrechten Spalten im Periodensystem nennt man *Gruppen*. Es gibt 8 Hauptgruppen. In jeder von ihnen findest du Elemente mit ähnlichen chemischen Eigenschaften: Alle Elemente der I. Hauptgruppe – mit Ausnahme des Wasserstoffs – sind Metalle. Alle Elemente der VIII. Hauptgruppe sind Edelgase.

Nebengruppen Zwischen die I. und die III. Hauptgruppe gehören noch *Nebengruppen*. Alle Nebengruppenelemente sind Metalle. Du findest sie in der Darstellung des Periodensystems im Anhang.

Aufgaben

1 □ Vergleiche die Atommassen der Elemente, die in der 3. Periode stehen.

2 □ Vergleiche in jeder Periode das erste Element mit dem letzten.

3 □ Suche im PSE die Hauptgruppen, die nur Metalle oder nur Nichtmetalle enthalten.

4 □ Was kannst du aus dem PSE über das Element Schwefel (S) ablesen?

5 ◪ Aluminium steht an der 13. Stelle des Periodensystems. Was bedeutet das?

6 ◪ Welche Informationen kann man dem Periodensystem über 1 Atom Wasserstoff entnehmen?

7 □ Welches Element steht in der II. Hauptgruppe in der 3. Periode? Was weißt du über dieses Element?

8 Partnerübungen:

a ◪ Sucht für Elementkärtchen, die ihr angefertigt hattet, den richtigen Platz im PSE.

b ■ Überlegt euch nach dem Muster der Aufgaben 4 und 5 weitere Aufgaben und löst sie.

Elemente bilden Elementgruppen

Einige Elementgruppen

Viele Metalle können brennen: So verbrennt bekanntlich Magnesiumband mit einer sehr hellen weißen Flamme. Salze von Alkalimetallen und Erdalkalimetallen können Flammen gelb, rot, violett oder grün färben. ▷ 1–3
Diese schönen Lichteffekte werden z. B. bei Feuerwerken genutzt.

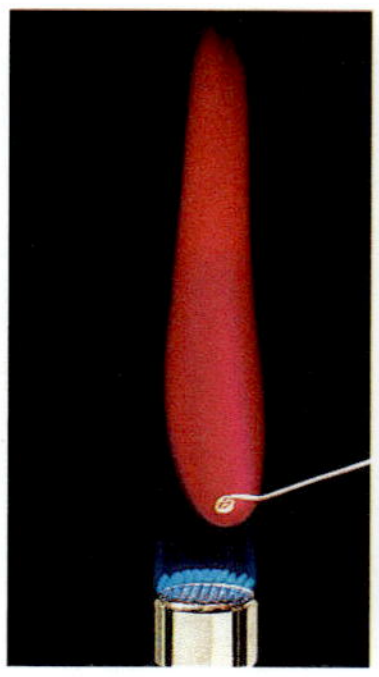
1

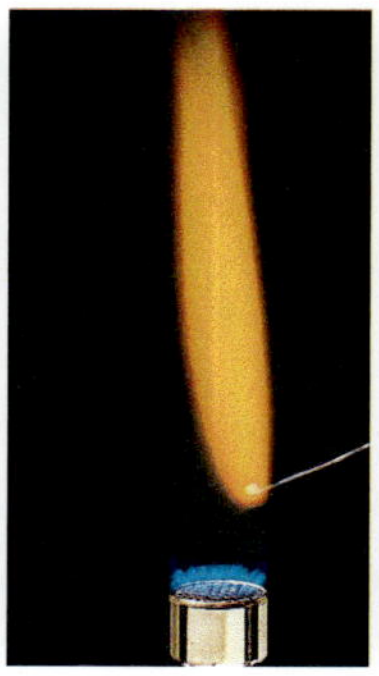
2

3

1

Flammenfärbungen

Salze können Flammen färben.

a Halte ein Magnesiastäbchen in die nicht leuchtende Brennerflamme, bis die Flamme sich nicht mehr färbt. ▷ 1 Tauche das Stäbchen in Natriumchlorid (Kochsalz) und halte es wieder in die Flamme.

b Wiederhole dasselbe mit anderen Salzen, z. B. Natriumcarbonat◇, Natriumnitrat◇, Kaliumchlorid, Kaliumcarbonat◇, einem Lithiumsalz, Magnesiumchlorid, Magnesiumsulfat, Calciumchlorid◇ und Calciumsulfat. (Brich nach jedem Versuch das vorher benutzte Stückchen vom Magnesiastäbchen ab.)

c Betrachte die Flammen bei Kaliumchlorid und Kaliumnitrat◇ genauer durch ein Cobaltglas hindurch. (Das Cobaltglas filtert die Farben heraus, die durch Verunreinigungen entstehen können.)

d Lege eine Tabelle an (Namen der Salze und betreffende Flammenfarbe). Trage deine Ergebnisse ein. Welcher Teil des Salzes ruft offenbar die Flammenfärbung hervor?

Durchschaust du den Trick? *Robert Wilhelm Bunsen* (1811–1899) ist der Entdecker der Flammenfärbung. Über ihn erzählt man sich folgende Geschichte:

4

Eines Tages geht Bunsen mit einem Freund in ein Speiserestaurant. Sie essen Hähnchen. Nachdem sie ihre Knochen abgenagt haben, legen sie diese auf den Teller. Doch bevor sie gehen, zieht Bunsen eine Tüte aus der Tasche und streut etwas Lithiumchlorid über die Knochen. Sein Freund wundert sich, doch Bunsen gibt keine Erklärung.
Am nächsten Tag gehen sie in dasselbe Restaurant. Diesmal gibt es Hühnersuppe. Die beiden Männer beginnen zu essen. Plötzlich zieht Bunsen einen Spiritusbrenner und ein Stück Platindraht aus der Tasche. Er taucht den Draht kurz in die Suppe ein und hält ihn in die Brennerflamme ▷ 4 – und siehe da, die Flamme färbt sich rot! …

Alkalimetalle – die I. Hauptgruppe im PSE

Gemeinsame Eigenschaften der Alkalimetalle Die Elemente *Lithium*, *Natrium*, *Kalium*, *Rubidium*, *Caesium* und *Francium* gehören zur I. Hauptgruppe des Periodensystems. Es handelt sich um die Gruppe der Alkalimetalle (arab. *alqali*: salzhaltige Asche aus Pflanzen).

- Die Alkalimetalle sind silberhell glänzende, ziemlich weiche Metalle. ▷ 5, 7, 9
- Sie leiten den elektrischen Strom.
- In ihren Verbindungen lassen sie sich durch Flammenfärbung nachweisen. Sie färben eine nicht leuchtende Flamme: Lithium rot, Natrium gelb und Kalium violett. ▷ 1–3
- Alkalimetalle reagieren unterschiedlich heftig mit Wasser. Dabei entsteht jeweils Wasserstoff. ▷ 6, 8, 10
- Weil die Alkalimetalle leicht mit Wasser und auch mit Luft reagieren, kommen sie in der Natur nur in ihren Verbindungen vor – entweder als Mineralien im Boden oder als Salze im Meerwasser.

5–6 Lithium

7–8 Natrium

9–10 Kalium

3	6,94	Li – Lithium
11	22,99	Na – Natrium
19	39,10	K – Kalium
37	85,47	Rb – Rubidium
55	132,91	Cs – Caesium
87	[223]	Fr* – Francium

Zwei wichtige Alkalimetalle

- *Lithium* (griech. *lithos*: Stein) wird in Akkus und Batterien für Taschenrechner, Fernbedienungen, Kameras und Autos verwendet. Für Elektroautos ist Lithium ein Hoffnungsträger zur Herstellung der Energiespeicher. Elektrische Energie ließ sich bisher nur mit den schweren Bleiakkumulatoren im Auto nutzen und nicht in großen Mengen speichern. Abhilfe sollen Lithiumakkus bringen. ▷ 11
  Mit dem leichten Lithium lassen sich Autoakkumulatoren bauen, die eine Reichweite von 100 Kilometern garantieren.
  Aber Lithiumsalze, die man für die neuen Akkutypen braucht, kann man nur in begrenztem Umfang und an nur wenigen Stellen fördern. Nur die südamerikanischen Länder Bolivien und Chile besitzen in den Salzseen ihrer Trockenregionen reichlich davon. Deshalb ist die Rückgewinnung des Lithiums aus unbrauchbar gewordenen Lithiumakkus von großer Bedeutung.
- *Natrium* ist das bekannteste Alkalimetall. Es ist ein wachsweiches, an seiner Schnittfläche silberglänzendes Metall. An Luft reagiert Natrium (wie alle Alkalimetalle) sofort mit Sauerstoff (weißgrau). Deshalb bewahrt man es unter Flüssigkeiten auf, die keinen Sauerstoff enthalten (Petroleum, Paraffinöl).
  Natriumdampflampen kennt ihr vielleicht von der Straßenbeleuchtung her. Sie spenden orangegelbes Licht. ▷ 12

11 Lithiumakku für Elektroautos

12 Natriumdampflampe

Gefahrenhinweis

→ Die Elemente der I. Hauptgruppe reagieren sehr heftig mit Sauerstoff – auch mit dem, der im Wasser gebunden ist!

◇ Natrium nitrat  Gefahr

◇ Natriumcarbonat Kaliumcarbonat Calciumchlorid  Achtung

Halogene – die VII. Hauptgruppe im PSE

Was sind Halogene und wie reagieren sie? Die Elemente *Chlor*, *Brom* und *Iod* sind farbige *Nichtmetalle*. ▷ 1–3

1

2

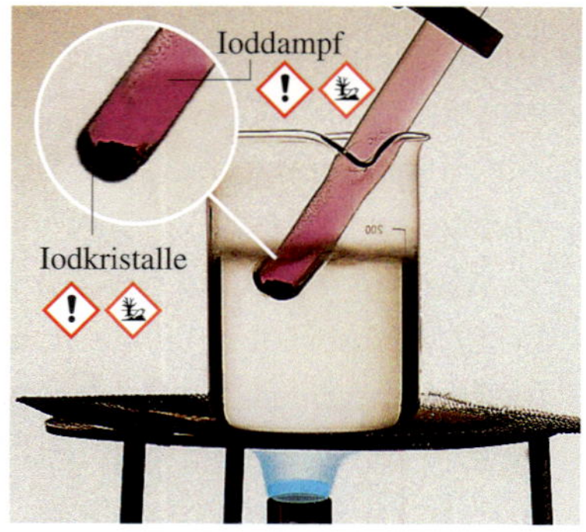

3

4

5

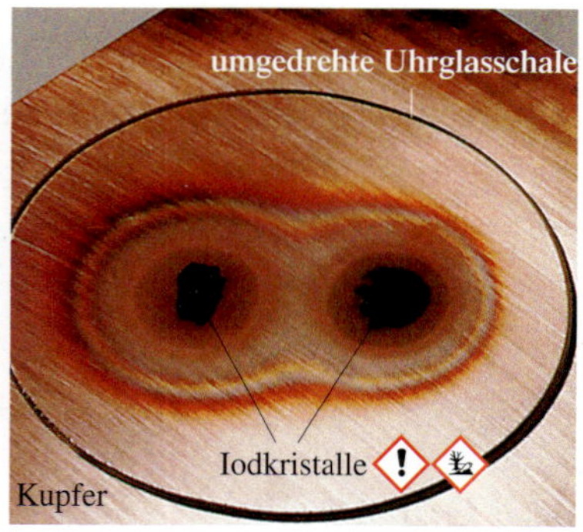

6

Halogene können mit Metallen reagieren. Das zeigen Versuche mit ihnen. ▷ 4–6 Es entstehen *Chloride*, *Bromide* oder *Iodide*.
Eines der Chloride ist Natriumchlorid, unser Kochsalz. Das Chlor ist also ein „Salzbildner". Daher kommt die Bezeichnung „Halogen" für alle Elemente dieser Elementgruppe (griech. *halos:* Salz).

Aufgabe

1 □ Die Bilder oben zeigen Lehrerversuche, die unter dem Abzug durchgeführt werden. Falls sie durchgeführt werden, beobachtet genau und beschreibt eure Beobachtungen.

Gefahrenhinweis

→ Die Elemente der VII. Hauptgruppe sind gefährliche Atemgifte.

◇ Chlor  Gefahr

◇ Iod  Achtung

◇ Brom  Gefahr

9	18,998	F Fluor
17	35,45	Cl Chlor
35	79,90	Br Brom
53	126,90	I Iod
85	[210]	At* Astat

Gemeinsame Eigenschaften von Halogenen Die Elemente *Fluor*, *Chlor*, *Brom*, *Iod* und *Astat* gehören zur VII. Hauptgruppe des Periodensystems. Sie haben ähnliche Eigenschaften.
Im gasförmigen Zustand sind die Halogene gefährliche Atemgifte. Beim Umgang mit ihnen ist deshalb größte Vorsicht geboten.

- *Fluor* ist ein stark ätzendes, giftiges Gas mit durchdringendem Geruch. Es ist das reaktionsfähigste Element. Man setzt es zur Herstellung von temperaturbeständigen Kunststoffen (Teflon®) ein. ▷ 7 Fluorverbindungen in der Zahnpasta, im Kochsalz oder im Trinkwasser sollen der Kariesbildung entgegenwirken.
- *Chlor* (griech. *chloros:* gelblich grün) ist ein giftiges Gas mit stechendem Geruch. Bei Raumtemperatur reagiert es mit den meisten anderen Elementen. Chlor wird zur Herstellung vieler Stoffe genutzt (z. B. PVC-Bodenbeläge). Es wird auch zur Desinfektion des Trinkwassers und des Wassers in Badeanstalten eingesetzt.
- *Brom* (griech. *bromos:* Gestank) ist bei Zimmertemperatur flüssig. Die aus der Flüssigkeit aufsteigenden Dämpfe kann man noch bei 100 000-facher Verdünnung riechen. Sie reizen die Schleimhäute. Ein Teil Brom in 10 000 Teilen Luft ist noch lebensgefährlich. Große Mengen Brom werden heute für die Herstellung von Flammschutzmitteln und für Pflanzenschutzmittel eingesetzt. Bromverbindungen findet man auch in einigen Farbstoffen und Beruhigungsmitteln.
- *Iod* (griech. *ioeides:* veilchenfarbig) bildet schwarzgraue, schuppenartige Kristalle, die schon bei Raumtemperatur gasförmig werden.
  Iod kann als Tinktur gegen Pilzerkrankungen und Infektionen eingesetzt werden. Iodtabletten werden gegen Erkrankungen der Schilddrüse verabreicht. Lithium-Iod-Batterien setzt man wegen ihrer langen Betriebsdauer in Herzschrittmachern ein. Mit fein verteilten Kristallen aus Silberiodid kann
  - zur Abwendung drohender Unwetter
  - das Abregnen von Regenwolken ausgelöst werden. ▷ 8

7 Teflon als Beschichtung

8 Versprühen von Silberiodid

Aufgabe

2 Mendelejew entdeckte die Ähnlichkeit der Elemente einer Elementgruppe.

a ◪ Nenne Eigenschaften der Alkalimetalle, die das zeigen.

b ◪ Nenne Eigenschaften der Halogene, die das zeigen.

c ■ Vergleiche die Stellung im PSE und die Eigenschaften von Alkalimetallen und Halogenen.

Vorsicht vor dem Halogen Chlor! Wenn man Chlor in größeren Mengen einatmet, verätzt es die Schleimhäute und zerstört die Lunge. ▷ 1 Schon 0,05 % Chlor in der Luft (5 mL in 10 Litern) wirken nach etwa zwei Stunden tödlich!
Chlor ist ein wichtiger Grundstoff für die chemische Industrie. Bei uns werden pro Jahr ca. 3,5 Mio. Tonnen Chlor produziert und verarbeitet. Kunststoffe (z. B. PVC), Pflanzenschutzmittel, Farbstoffe, Arzneimittel und Lösemittel enthalten oft unterschiedliche Mengen an Chlorverbindungen. Chlor ist auch zur Herstellung von Salzsäure erforderlich.

Was bedeutet 1 ppm?
1 **ppm** = 1 **p**art **p**er **m**illion (engl.)
= 1 Teil von 1 Million Teilen
Beispiel:
1 ppm Chlor in der Luft
= 1 Milliliter Chlor in 1 Million Milliliter Luft
= 1 Milliliter Chlor in 1000 Liter Luft
= 1 Milliliter Chlor in 1 Kubikmeter Luft

Gehalt in der Luft $\frac{mL}{m^3}$ (ppm)	$\frac{mg}{m^3}$	Wirkung
1–2	3–6	Geruch lästig, aber nicht schädigend
10–20	30–60	bei längerem Einatmen Atemnot, Lungenschäden
500	1500	5–10 min nach Einatmen tödlich

1 Wirkung von Chlor auf den Menschen

Chlor als Desinfektionsmittel Weil Chlor Krankheitserreger und Schimmelpilze abtötet, wird es als Desinfektionsmittel eingesetzt. ▷ 2 In Badeanstalten wird Chlor zum Desinfizieren des Wassers genommen. Dabei sind Schutzmaßnahmen für die Chloranlagen erforderlich: Der Raum muss z. B. mit einer Wassersprühanlage ausgerüstet sein. Mit diesem Wasser kann austretendes Chlor gelöst und damit gebunden werden. ▷ 3
Durch das Chlor sollen Bakterien im Wasser abgetötet werden. Das Chlor reagiert aber auch z. B. mit Haaren, Hautschuppen und Urin. Dabei entstehen Chlorverbindungen (z. B. Chloroform), die gesundheitliche Schäden verursachen können. Einige davon entweichen als Gase aus dem Wasser und sammeln sich an der Oberfläche. Augen, Nase und Ohren werden gereizt, was zu dauerhaften Entzündungen führen kann. Vor allem Vielschwimmer sind dadurch gefährdet.

2

Todbringendes Chlor Im Ersten Weltkrieg wurde von den deutschen Truppen Chlorgas als chemisches Kampfmittel eingesetzt. Das ausströnmende Gas drang wegen seiner hohen Dichte in die Schützengräben ein und tötete über 1000 Soldaten; 3000 wurden schwer verletzt oder behielten lebenslange Schäden.

3 Desinfektionstechnik im Schwimmbad

Edelgase – die VIII. Hauptgruppe im PSE

Gemeinsame Eigenschaften der Edelgase Zur VIII. Hauptgruppe des Periodensystems gehören *Helium*, *Neon*, *Argon*, *Krypton*, *Xenon* und *Radon*. Diese gasförmigen Elemente kennst du als Bestandteile der Luft. Außer dem Argon sind sie darin aber nur in geringen Mengen vorhanden.
Helium ist mit etwa 4 % im Erdgas enthalten. Es ist – nach dem Wasserstoff – das Element mit der geringsten Dichte. Helium hat die niedrigste Schmelz- und Siedetemperatur aller Elemente. Wegen seiner sehr niedrigen Siedetemperatur kann es von anderen im Erdgas enthaltenen Stoffen getrennt werden.
Im Gegensatz zu den meisten anderen Elementen reagieren die Edelgase nicht mit anderen Stoffen; man bezeichnet sie als *reaktionsträge*. Daher haben sie auch die Bezeichnung „Edelgase".

Ordnungszahl	Atommasse	Symbol	Name
2	4,003	He	Helium
10	20,18	Ne	Neon
18	39,95	Ar	Argon
36	83,80	Kr	Krypton
54	131,29	Xe	Xenon
86	[222]	Rn*	Radon

Die Verwendung der Edelgase

- *Helium* ist viel leichter als die gleiche Menge Luft. Deshalb verwendet man es als Füllgas für Ballons und Luftschiffe. ▷ 4–5 Hauptsächlich wird es aber zur Glasfaser- und Computerchipherstellung gebraucht.
- *Neon* wird für farbige Leuchtreklamen eingesetzt. ▷ 6
- *Argon* ist das häufigste und preiswerteste Edelgas. Es wird ebenfalls als Füllgas von Leuchtreklamen verwendet. Außerdem füllt man damit Energiesparlampen. ▷ 7
- *Krypton* und *Xenon* sind schlechte Wärmeleiter. Wenn Lampenkolben mit einem dieser Gase gefüllt sind, kann der Glühdraht so stark erhitzt werden, dass er grell glüht. Xenonlampen strahlen fast so hell wie die Sonne. Man setzt sie in Kinos, Sportstadien, Fotokopiergeräten und Autoscheinwerfern ein. ▷ 8

4 Luftballons (Helium)

5 Luftschiff (Helium)

6 Leuchtröhren (Neon)

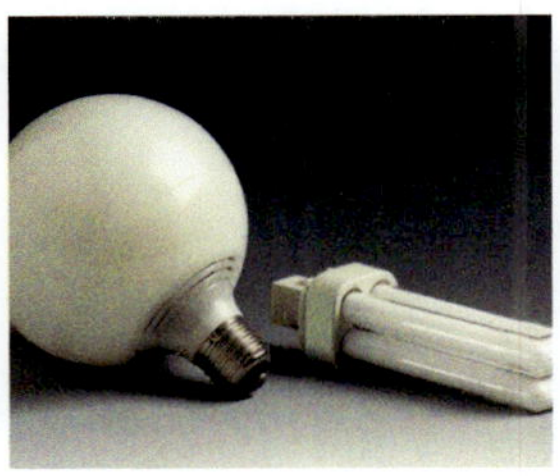

7 Sparlampen (Argon)

8 Scheinwerfer (Xenon)

Aufgabe

1 ◪ Nenne Verwendungszwecke für die Elemente Lithium, Chlor und Xenon und begründe sie.

PSE und Atombau

Was das PSE über den Atombau verrät

Im PSE wurden die Elemente nach ihren Eigenschaften geordnet. Deshalb kann man umgekehrt einige Eigenschaften eines Elements aus seiner Stellung im PSE ableiten: Links im PSE stehen die Metalle und rechts die Nichtmetalle. Innerhalb jeder Hauptgruppe nehmen die metallischen Eigenschaften von oben nach unten zu.
Die Stoffeigenschaften hängen mit dem Atombau zusammen. Deshalb bestimmt er die Stellung der Elemente im PSE. Man kann also von der Stellung eines Elements im PSE auf seinen Atombau schließen.

Das Kern-Hülle-Modell des Atoms Jedes Atom besteht aus *Atomkern* und *Atomhülle.* Im Atomkern befinden sich die positiv geladenen *Protonen*, in der Hülle die negativ geladenen *Elektronen*. Die Zahl der Protonen und die der Elektronen stimmen in einem Atom überein. Deshalb ist das Atom elektrisch neutral. ▷ 1

Ordnungszahl (Kernladungszahl) Jedes Element besitzt in jedem seiner Atome eine bestimmte Anzahl von Protonen und Elektronen. Im Periodensystem kann man aus der *Ordnungszahl* (links oben über dem Symbol) die Anzahl der Protonen und der Elektronen ablesen.
- Wasserstoffatome (Ordnungszahl 1) haben 1 Proton im Atomkern und 1 Elektron in der Atomhülle. ▷ 2
- Sauerstoffatome (Ordnungszahl 8) haben 8 Protonen im Atomkern und 8 Elektronen in der Atomhülle. ▷ 3

Ordnungszahl (Kernladungszahl) = Anzahl der Protonen = Anzahl der Elektronen

Relative Atommasse (Massenzahl) Der Atomkern enthält nahezu die gesamte Masse eines Atoms. Die Elektronen haben fast keine Masse und der größte Teil des Atoms ist leerer Raum. ▷ 4
Im Atomkern befinden sich auch neutrale Teilchen, die *Neutronen*. Ein Neutron ist genauso schwer wie ein Proton. Protonen und Neutronen zusammen ergeben die *Masse* des Atoms.
Diese kann man nicht auf der Waage bestimmen. Sie wird auch nicht in Gramm angegeben, sondern mit der *relativen Atommasse* in u (Massenzahl; links über dem Symbol). Das ist eine Vergleichszahl. Zum Vergleich benutzt man die relative Atommasse (Massenzahl) für ein Proton. Es hat die relative Atommasse 1 u (Massenzahl 1).
Beispiel: Sauerstoffatome mit der relativen Atommasse 16 u (Massenzahl 16) sind ebenso schwer wie 16 Protonen. Der Atomkern enthält nämlich 8 Protonen und 8 Neutronen. ▷ 5

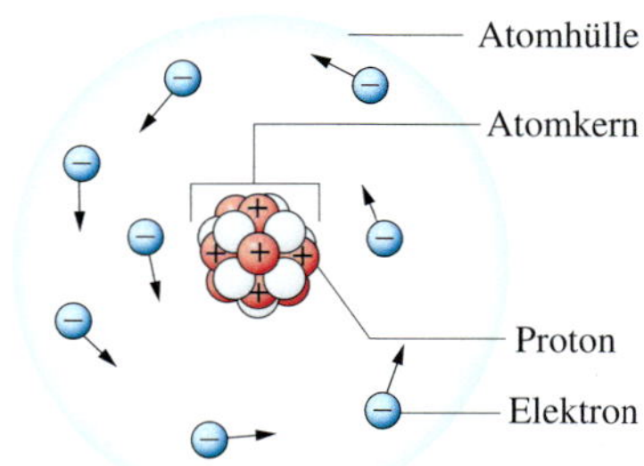

1 Modell eines Sauerstoffatoms

2

3

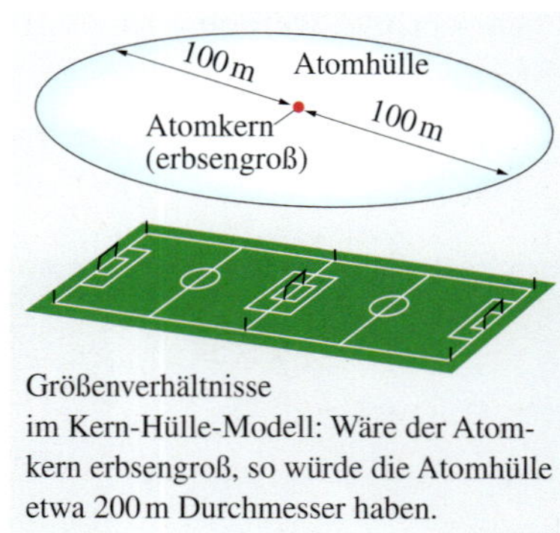

4 Ein Größenvergleich

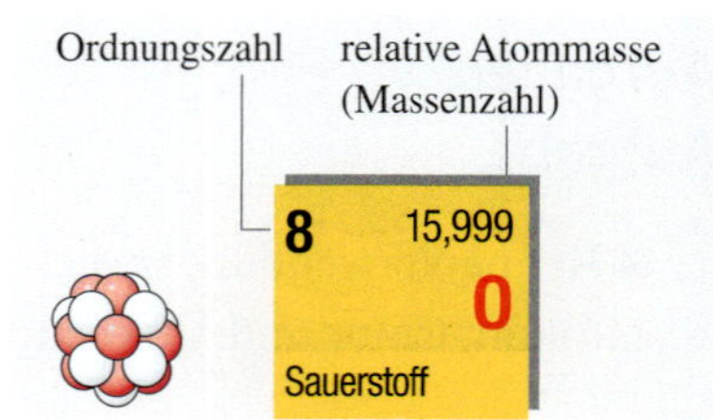

5 Element Sauerstoff

das Kern-Hülle-Modell
die Ordnungszahl
die Atommasse (Massenzahl)
das Isotop
das Schalenmodell

Isotope Alle Atome eines Elements haben zwar gleich viele Protonen, aber die Zahl der Neutronen kann unterschiedlich sein. Deshalb sind die relativen Atommassen (Massenzahlen) meist als Dezimalzahlen angegeben, z. B. 1,008 in Bild ▷ 2. Die Dezimalzahl gibt immer die *durchschnittliche* relative Atommasse (Massenzahl) der Atome eines Elements an. Atome mit unterschiedlichen relativen Atommassen (Massenzahlen) bezeichnet man als *Isotope* eines Elements.

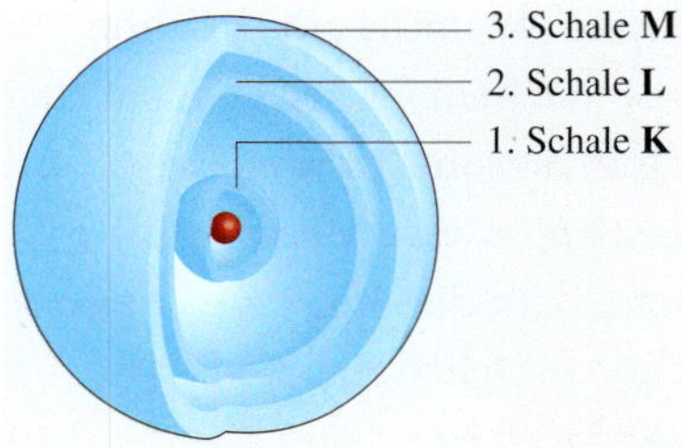

6 Schalenmodell

Das Schalenmodell der Atomhülle Die Elektronen bewegen sich *geordnet* in der Atomhülle: in kugelförmigen Räumen, die wie Schalen um den Kern herum angeordnet sind. ▷ 6 Vereinfacht kann man die Schalen auch als Kreise zeichnen. ▷ 7

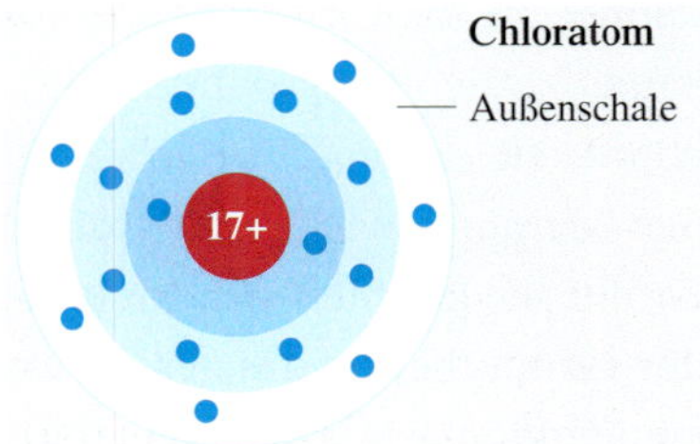

7 Vereinfachte Modelldarstellung

Stellung im PSE und Atomhülle Die Schalen können nur eine begrenzte Zahl von Elektronen aufnehmen. Die erste ist schon mit 2 Elektronen voll besetzt, die zweite Schale dagegen mit 8 Elektronen. Auch die Außenschalen sind mit 8 Elektronen immer voll besetzt. Das ist bei den Edelgasen der Fall.

Nach einem Edelgas beginnt im PSE jeweils eine neue *Periode*. Die Atome des ersten Elements in der nächsten Periode haben dann jeweils eine Schale mehr als die Elemente der vorhergehenden Periode. Aus der Nummer der Periode kann man ablesen, wie viele Schalen die Atome der Elemente dieser Periode haben. ▷ 8

Periodennummer = Anzahl der Schalen der Atomhülle

Elemente der I. Hauptgruppe haben nur ein einziges Elektron in der Außenschale. Elemente der VIII. Hauptgruppe (außer Helium) haben 8 Elektronen in der Außenschale.

Nummer der Hauptgruppe = Anzahl der Elektronen auf der Außenschale

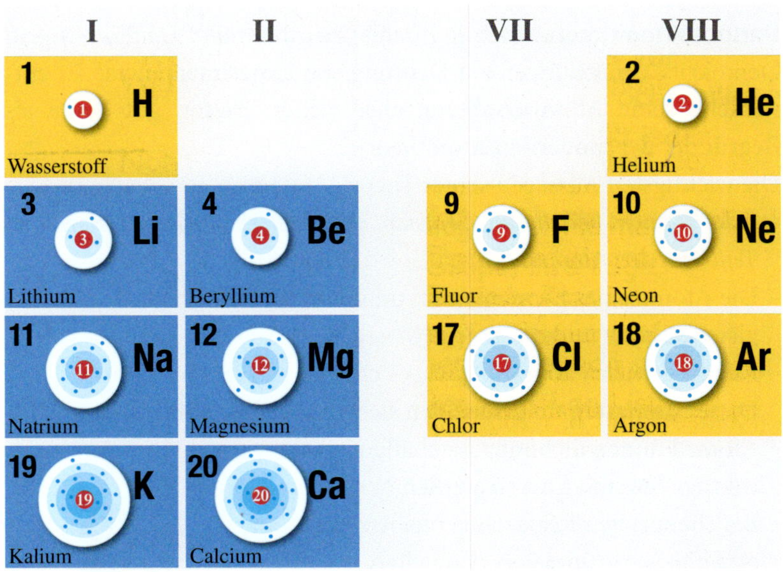

8 Stellung im PSE und Atombau einiger Elemente

Aufgaben

1 ◪ Erkläre, warum Atome elektrisch neutral sind.

2 ◪ Markiert auf dem Flur eine kleine Strecke von 1 mm. Das soll der vergrößerte Durchmesser eines Atomkerns sein. Wie groß wäre – im gleichen Maßstab – der Durchmesser des gesamten Atoms? Ob der Flur lang genug für eure Zeichnung ist?

3 ☐ Es gibt ein Atom, das nur ein einziges Elektron besitzt. Gib an, um welches Atom es sich handelt.

Modellvorstellungen zum Atombau

Frühe Atomtheorien Schon vor gut 2000 Jahren dachten Menschen darüber nach, wie die Stoffe unserer Umwelt aufgebaut sein könnten. *Leukippos von Milet* (5. Jh. v. Chr.) behauptete, dass die Stoffe aus vielen kleinen Teilchen bestehen müssten.
Demokrit (um 500 v. Chr.) ▷ 1 stellte sich vor, dass man alle Stoffe immer weiter zerteilen könne, bis man zu ihren kleinsten Bestandteilen käme – die seien dann nicht mehr teilbar. Er nannte sie „Atome" (griech. *atomos*: unteilbar). Seiner Meinung nach hätten die Atome unterschiedliche Gestalt und Größe. Sie könnten sich im luftleeren Raum bewegen, sich miteinander vermischen und sich auch aneinanderlagern. Auf diese Weise entstünden die verschiedenen Stoffe.
Demokrits Atomvorstellung geriet allmählich in Vergessenheit. ▷ 2

1 *Demokrit*

Daltons Atomtheorie Der englische Chemiker *John Dalton* ▷ 3 griff Demokrits Vorstellungen zur Deutung von Experimenten auf. Er entwickelte seine Atomvorstellung aber weiter. Dalton gilt heute als Begründer der modernen Atomtheorie.
Die wichtigsten Aussagen seiner Theorie lauten so:
- *Jedes Element besteht aus kleinsten, chemisch nicht weiter zerlegbaren Teilchen, den Atomen.*
- Die Atome eines Elements sind untereinander gleich. Sie haben die gleiche Größe und die gleiche Masse.
- Es gibt so viele Atomarten, wie es chemische Elemente gibt. Diese Atomarten unterscheiden sich vor allem in ihrer Masse.
- Atome können nicht neu geschaffen, aber auch nicht zerstört werden. Sie sind unveränderlich.
- Bei chemischen Reaktionen bleiben die Atome erhalten, sie gruppieren sich lediglich um.
- In chemischen Verbindungen treten die Atome in bestimmten einfachen Zahlenverhältnissen auf.

Daltons Vorstellung von der Unteilbarkeit der Atome konnte sich nur einige Jahrzehnte lang halten. Man hatte entdeckt, dass sich bestimmte Atome veränderten, indem sie Strahlung aussenden.

3 *John Dalton* (1766–1844)

5. Jh. v. Chr.
Demokrit entwickelt die Vorstellung von Atomen.

5. Jh. v. Chr.
Demokratie in Athen

58–51 v. Chr.
Cäsar erobert Gallien für das Römische Reich.

um 0
Christi Geburt

9
Varusschlacht

2. Jh.
Ptolemäus verbreitet das Geozentrische Weltbild.

5. Jh.
Völkerwanderung

622
Mohammed begründet den Islam.

800
Karl der Große zum Kaiser gekrönt.

1100–1291
Kreuzzüge

Um 1450
Gutenberg erfindet den Buchdruck.

1492
Kolumbus erreicht Amerika.

1517
Luther löst die Reformation aus.

1543
Kopernikus entwickelt das heliozentrische Weltbild.

1618–1648
Dreißigjähriger Krieg

1789
Französische Revolution

um 1800
John Dalton begründet die Atomtheorie.

2 Über 2000 Jahre Denkpause in Sachen Atomvorstellung

Rutherfords Kern-Hülle-Modell Der hier gezeichnete „Streuversuch“ ▷ 4 wurde von dem englischen Physiker *Ernest Rutherford* entwickelt. Rutherford versuchte, Goldatome mit noch kleineren Teilchen als diese zu „beschießen“. Wären die Goldatome massive Kugeln (wie Dalton dachte), müsste jedes „Teilchengeschoss“, das sie trifft, abprallen und seine Flugrichtung ändern. Aber nur ein Teilchen von hunderttausend änderte seine Flugrichtung erheblich. Alle anderen flogen nahezu geradeaus weiter. ▷ 5

Rutherford hat also das „große Nichts“ in der Materie entdeckt – den freien Raum zwischen der „Hülle“ des Atoms (der äußeren Begrenzung) und dem winzigen „Kern“ des Atoms in dessen Zentrum:

- *Ein Atom besteht aus einem Atomkern und einer Atomhülle.*
- Der Atomkern ist elektrisch positiv geladen. Die Träger dieser elektrischen Ladung heißen Protonen (griech. *proton*: das Erste). Im Kern sind 99,9 % der Masse des Atoms konzentriert.
- Der größte Teil eines Atoms ist leerer Raum.
- Der Durchmesser des Atomkerns beträgt etwa ein Zehntausendstel des Atomdurchmessers.
- Die Atomhülle wird durch Elektronen (elektrisch negativ geladene Teilchen) gebildet. Diese bewegen sich mit hoher Geschwindigkeit um den Atomkern herum.
- Die Anzahl der Elektronen der Atomhülle ist gleich der der Protonen im Kern. Daher ist das Atom insgesamt elektrisch neutral.

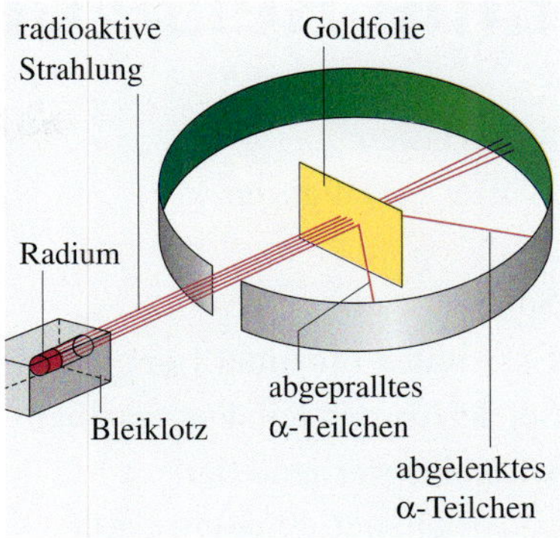

4 Rutherfords „Streuversuch“

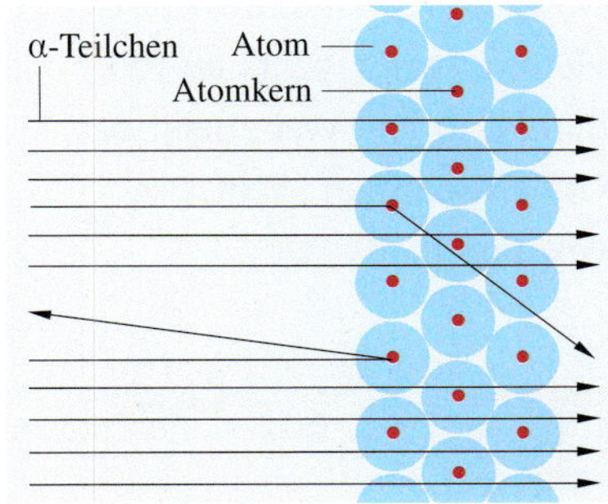

5 Experiment zum Ergebnis des „Streuversuchs“

Das bohrsche Schalenmodell Der Däne *Niels Bohr* ▷ 7 verfeinerte das Atommodell weiter. Er nahm Folgendes an: Ein Elektron müsste bei seiner Bewegung um den Atomkern herum ständig Energie verlieren und Licht abstrahlen. Es müsste immer engere Bahnen um den Kern ziehen und schließlich in ihn „hineinstürzen“. Das traf aber nicht zu. Er kam daher zu der Überzeugung, dass die Elektronenhülle der Atome anders aufgebaut sein müsse, als man bis dahin vermutete.

Im Jahr 1913 veröffentlichte Niels Bohr folgende Annahmen:

- *Die Elektronen der Atomhülle bewegen sich auf Kreisbahnen um den Atomkern herum.*
- Auf diesen Kreisbahnen bewegen sich die Elektronen ohne Energieverluste, das heißt, sie senden keinerlei Licht aus.
- Elektronen können von Bahn zu Bahn „springen“.
- Wenn ein Elektron auf eine näher am Kern liegende Bahn springt, wird Energie in Form von Licht abgegeben. Für Sprünge auf eine weiter außen liegende Bahn ist Energie erforderlich.

Das bohrsche Atommodell setzte sich rasch durch. Bohr erhielt 1922 den Nobelpreis für Physik.

Doch schon nach wenigen Jahren zeigte sich, dass auch dieses Modell seine Grenzen hat. Man musste es erneut verfeinern.

6 *Ernest Rutherford* (1871–1937)

7 *Niels Bohr* (1885–1962)

Eine Reise durchs PSE ᶻ

Materialien:
Würfel, Spielfiguren

Spielverlauf:
Es nehmen maximal vier Spieler/-innen teil. Die Spielfigur wird entsprechend der gewürfelten Zahl gesetzt. Alle beginnen beim Element Wasserstoff und folgen dann – über Helium (ganz rechts im PSE) – den Perioden. Wer zuerst das Copernicium erreicht, hat gewonnen.

Reisevorbereitungen:
Es gibt verschiedene Möglichkeiten zu reisen:
Man kann vor der Reise schon das Reiseziel planen und dann am Reiseziel viel Sehenswertes erkunden.
Oder aber man fährt einfach los, verweilt an verschiedenen Orten und lernt auch so auf der Reise viel Neues kennen.
Solch eine Reise wollen wir durch das PSE hindurch starten.

Du wirst dabei auf Elemente treffen, von denen du noch nie etwas gehört hast. Du kannst aber bereits einiges über sie aufgrund ihrer Stellung im PSE herausbekommen. Andere Elemente wiederum werden dir aus dem täglichen Leben oder aus dem Unterricht schon lange bekannt sein.

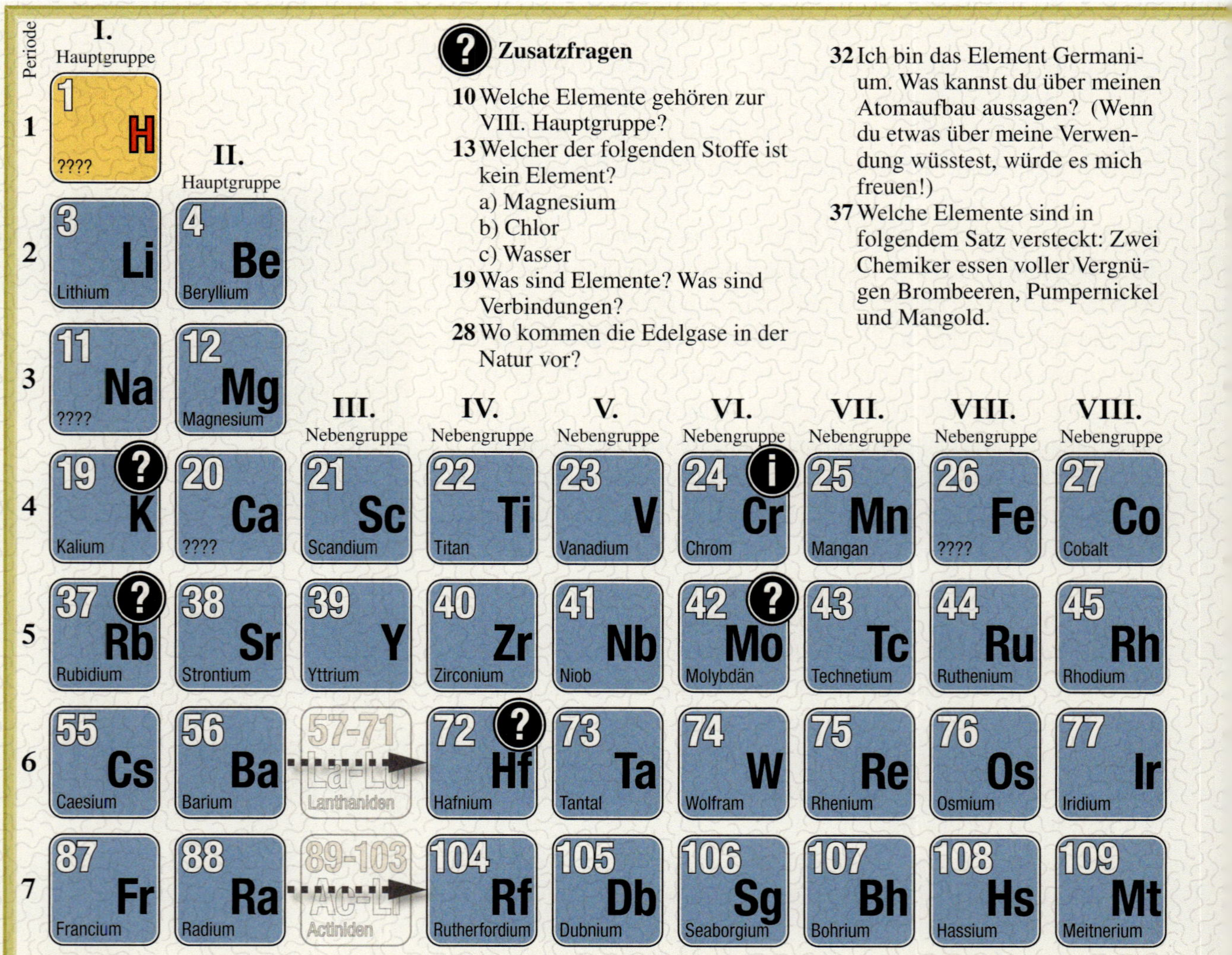

Spielregeln:

1 Egal, auf welches Element du während der Reise kommst: Nenne mindestens drei Fakten zu dem Element, z. B.:
- Es steht in der 3. Periode und hat deshalb 3 Schalen.
- Es hat 20 Protonen.
- Es ist ein Metall.
- Bei Zimmertemperatur ist es fest.
- Es ist Bestandteil der Luft.
- Man füllt damit Lampen.
- Wenn du keine drei Fakten zu dem Element nennen kannst, musst du eine Runde aussetzen.

2 Bei manchen Elementen stehen statt des Namens Fragezeichen. Wenn du den Namen nennen kannst, erhältst du einen Freiwurf.

3 Immer wenn du auf ein Nichtmetall triffst, darfst du – falls du drei Fakten zu ihm richtig nennen kannst – noch einmal würfeln.

4 Wenn du auf Elemente mit dem Symbol ? triffst, musst du die entsprechenden Zusatzfragen beantworten.

5 Triffst du auf Elemente mit dem Symbol i, erhältst du zur nächsten Stunde den folgenden Auftrag: Suche nach Informationen über das Element und informiere deine Mitschüler/-innen über dessen Vorkommen, Eigenschaften und Verwendung. (Eure Lehrkraft wird am Ende der Stunde fragen, wer einen solchen Auftrag hat.)

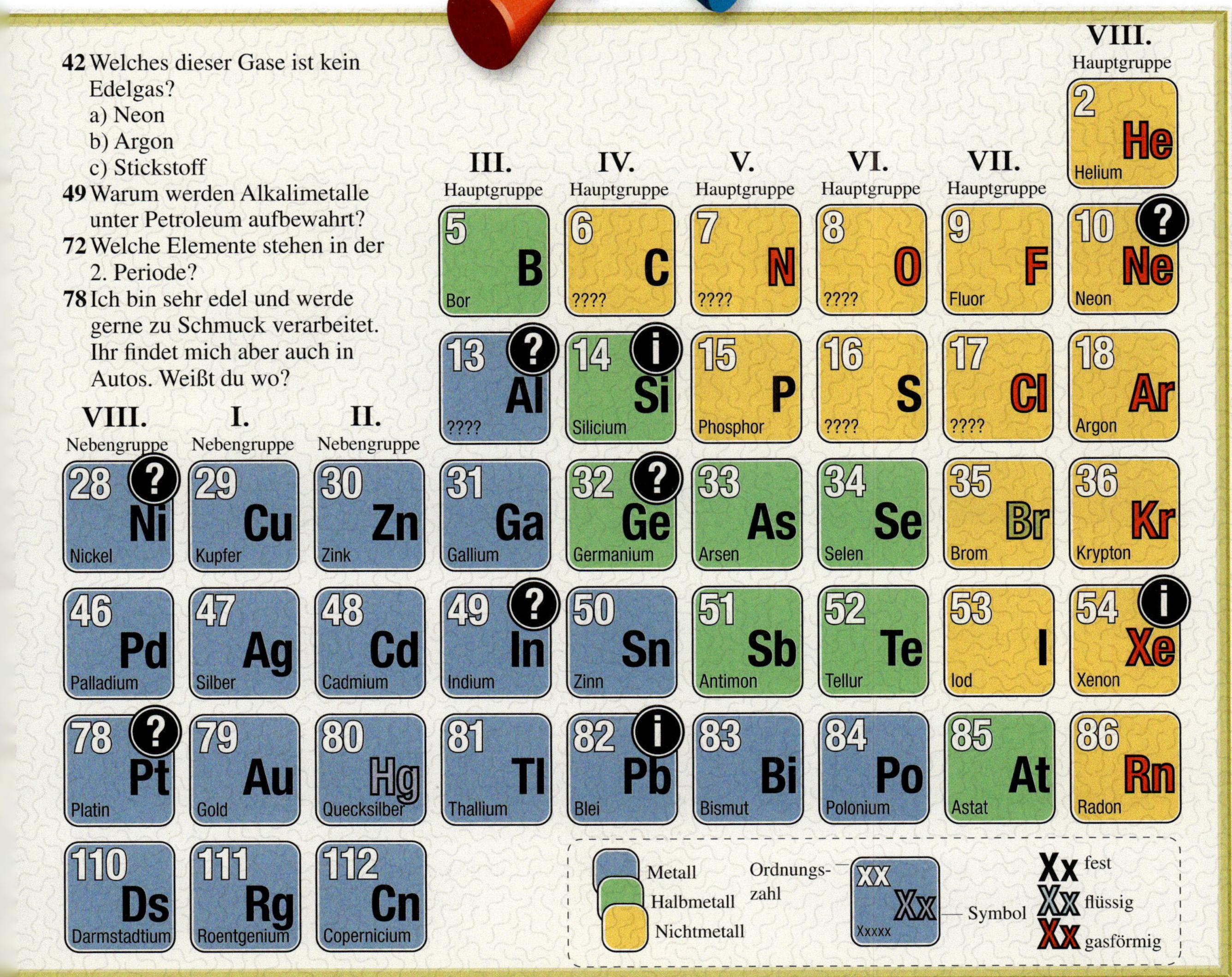

Das Periodensystem der Elemente (PSE)

Im Periodensystem der Elemente (kurz: PSE) sind alle chemischen Elemente nach ihrem Atombau geordnet. ▷ 1

Diese senkrechten Spalten heißen *Hauptgruppen*. Die *Nummer der Gruppe* gibt die Anzahl der Außenelektronen an.

Periode	*I. Hauptgruppe*	*II. Hauptgruppe*	*III. Hauptgruppe*	*IV. Hauptgruppe*	*V. Hauptgruppe*	*VI. Hauptgruppe*	*VII. Hauptgruppe*	*VIII. Hauptgruppe*	Periode
1	1 H 1,008 Wasserstoff							2 He 4,003 Helium	*1*
2	3 Li 6,94 Lithium	4 Be 9,01 Beryllium	5 B 10,81 Bor	6 C 12,01 Kohlenstoff	7 N 14,007 Stickstoff	8 O 15,999 Sauerstoff	9 F 18,998 Fluor	10 Ne 20,18 Neon	*2*
3	11 Na 22,99 Natrium	12 Mg 24,31 Magnesium	13 Al 26,98 Aluminium	14 Si 28,09 Silicium	15 P 30,97 Phosphor	16 S 32,07 Schwefel	17 Cl 35,45 Chlor	18 Ar 39,95 Argon	*3*
4	19 K 39,10 Kalium	20 Ca 40,08 Calcium	31 Ga 69,72 Gallium	32 Ge 72,61 Germanium	33 As 74,92 Arsen	34 Se 78,96 Selen	35 Br 79,90 Brom	36 Kr 83,80 Krypton	*4*
5	37 Rb 85,47 Rubidium	38 Sr 87,62 Strontium	49 In 114,82 Indium	50 Sn 118,71 Zinn	51 Sb 121,76 Antimon	52 Te 127,60 Telllur	53 I 126,90 Iod	54 Xe 131,29 Xenon	*5*
6	55 Cs 132,91 Caesium	56 Ba 137,33 Barium	81 Tl 204,38 Thallium	82 Pb 207,2 Blei	83 Bi 208,98 Bismut	84 Po* [209] Polonium	85 At* [210] Astat	86 Rn* [222] Radon	*6*
7	87 Fr* [223] Francium	88 Ra* 226,03 Radium	113 Uut* [284] Ununtrium	114 Fl [289] Flerovium	115 Uup* [288] Ununpentium	116 Lv [293] Livermorium	117 Uus* Ununseptium	118 Uuo* [294] Ununoctium	*7*

Nebengruppen

1

Die waagerechten Zeilen heißen *Perioden*. Die *Nummer der Periode* gibt die Anzahl der besetzten Elektronenschalen an.

Jedes Feld des PSE enthält Angaben zu dem betreffenden Element:

Die *Ordnungszahl* gibt den Platz des Elements im PSE an. Sie entspricht der Zahl der Protonen im Atomkern und der Zahl der Elektronen in der Atomhülle. → 8 O 15,999 Sauerstoff ← Die *Atommasse* gibt an, wie viele Protonen und Neutronen sich im Atomkern dieses Elements befinden.

Atombau

Jedes Atom besteht aus *Atomkern* und *Atomhülle*.
▷ 2

Der *Atomkern* ist elektrisch positiv geladen. Er besteht aus den positiv geladenen *Protonen* und den neutralen *Neutronen*.

Die *Atomhülle* wird durch die elektrisch negativ geladenen *Elektronen* gebildet. Die Anzahl der Elektronen ist gleich der Anzahl der Protonen des betreffenden Elements.

Die Elektronen bewegen sich in Räumen, die den Atomkern schalenförmig umgeben. ▷ 3
Jede Schale kann nur eine bestimmte Zahl von Elektronen aufnehmen.

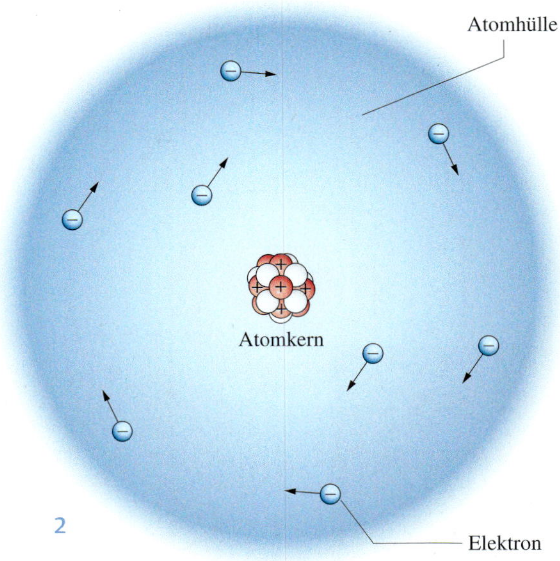

2

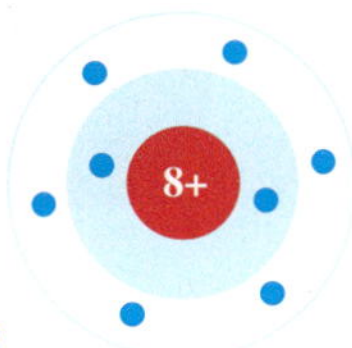

3

Alles klar?

1 ◪ Was bedeutet die waagerechte Anordnung im Periodensystem der Elemente? Und was bedeutet die senkrechte Anordnung?

2 ◪ Atome sind elektrisch neutral, obwohl sie aus entgegengesetzt geladenen Teilchen bestehen. Erkläre!

3 ◪ In der 1. Periode des PSE stehen nur zwei Elemente.
Suche nach einer Erklärung dafür.

4 ◪ Erkläre mithilfe des Atombaus der Edelgase, warum sie reaktionsträge sind.

5 ◪ Sieh im Periodensystem nach und beantworte folgende Fragen:
- a Welches Element hat 10 Protonen im Atomkern?
- b Wie sind die Schalen dieses Atoms besetzt?
- c Was kannst du über die Reaktionsfreudigkeit dieses Elements sagen?

6 Alkalimetalle und Halogene sind sehr reaktionsfreudige Elemente.
- a ◪ Begründe das mit dem Atombau.
- b ■ Vergleiche mit den Edelgasen.

7 ◪ Nenne die Elemente der VI. Hauptgruppe und beschreibe den Atombau der ersten zwei Elemente.

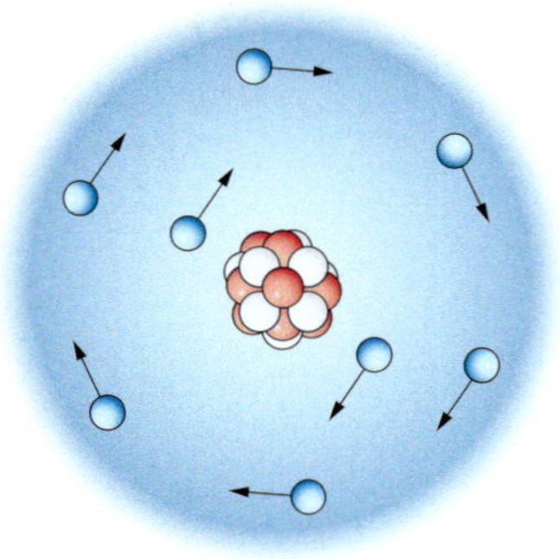

1

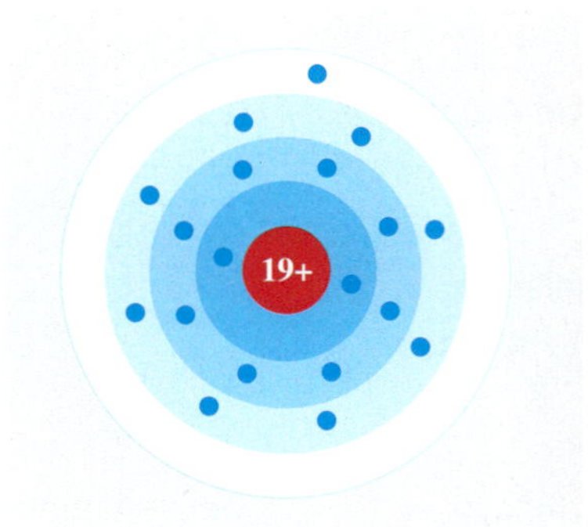

2

3

4

5

6

7

1 □ **Atombau** ▷ 1

a Übertrage die Zeichnung in dein Heft und beschrifte sie.

b Gib die Ladungen der verschiedenen Teilchen an.

2 **Bau der Atomhülle** ▷ 2

a □ Beschreibe anhand dieser vereinfachten Darstellung eines Kaliumatoms den Bau der Atomhülle.

b ◪ Erkläre, warum sich auf den Schalen 1 und 2 nur 2 bzw. 8 Elektronen befinden.

3 **Elementfamilien**

a □ Nenne mindestens drei Elementfamilien.

b ◪ Welcher Elementfamilie würdest du ein Metall zuordnen, das sehr heftig mit Wasser reagiert, sodass dabei eine Lauge entsteht? ▷ 3

c ◪ Zu welcher Elementfamilie könnte ein farbloses Gas gehören, das mit keinem anderen Element reagiert?

4 **Alkalimetalle**

a □ Gib an, bei welchen der folgenden Elemente es sich um Alkalimetalle handelt: Eisen, Natrium, Lithium, Magnesium.

b ◪ Welches der drei Alkalimetalle Kalium, Rubidium oder Caesium ist am reaktionsfreudigsten? Begründe deine Antwort.

5 □ **Halogene** ▷ 4–7

a Nenne die Halogene.

b Vergleiche drei Halogene miteinander. Nenne Gemeinsamkeiten und Unterschiede.

Angaben im Periodensystem	Atombau
Ordnungszahl	Anzahl der … Anzahl der …
Atommasse	Anzahl der … + Anzahl der …
Hauptgruppennummer	Anzahl der …
Periodennummer	Anzahl der …

8

Angaben im Periodensystem zum Element Phosphor	Atombau von Phosphor
Ordnungszahl: …	… …
Atommasse: …	… …
Hauptgruppennummer: …	…
Periodennummer: …	…

9

Angaben im Periodensystem zum Element Schwefel	Atombau von Schwefel
…	…
…	…
…	…
…	…

10

Die Lösungen findest du im Anhang.

6 Stellung im Periodensystem und Atombau

a ◪ Die Stellung eines Elements im PSE gibt Auskunft über seinen Atombau. Ergänze dazu die Tabelle ▷ 8 in deinem Heft.

b ◪ Die Tabelle ▷ 9 bezieht sich auf das Element Phosphor. Übertrage auch diese Tabelle in dein Heft und ergänze sie.

c ■ Lege eine entsprechende Tabelle für das Element Schwefel an. ▷ 10

d ◪ Zeichne das Schalenmodell für ein Schwefelatom.

7 Ein Element hat die Ordnungszahl 13.

a □ Um welches Element handelt es sich?

b ◪ Beschreibe die Stellung im PSE (Hauptgruppe, Periode).

c ◪ Beschreibe den Atombau.

d ◪ Zeichne das Schalenmodell dieses Atoms.

8 Metalle und Nichtmetalle im PSE

Metalle und Nichtmetalle unterscheiden sich in ihren chemischen Eigenschaften.

a □ Wo findet man im Periodensystem die Metalle und wo die Nichtmetalle?

b ■ Wo stehen Barium und Schwefel im PSE? Welche Eigenschaften könnten sie jeweils haben?

Ionen und chemische Bindungen

Saure und alkalische Lösungen sowie wässrige Lösungen von Salzen leiten den elektrischen Strom. Der Grund dafür sind *Ionen*, die sich in den Lösungen befinden.

- Was sind Ionen?
- Wie kommen die Ionen in die Lösung?
- Welche Rolle spielt dabei das Wasser?

Das sind einige der Fragen, die in diesem Kapitel beantwortet werden.

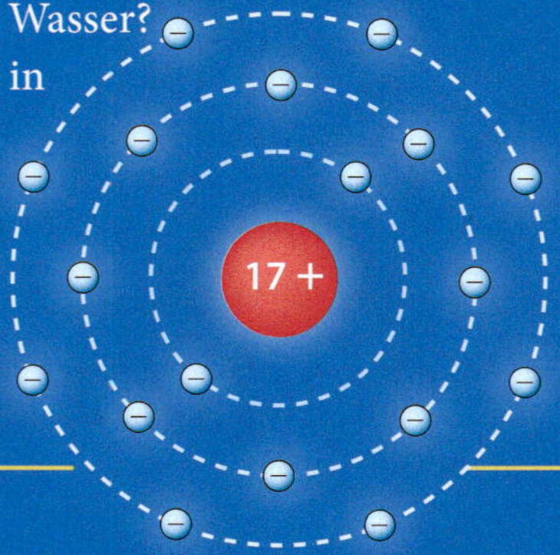

2 Modell des Chlorid-Ions

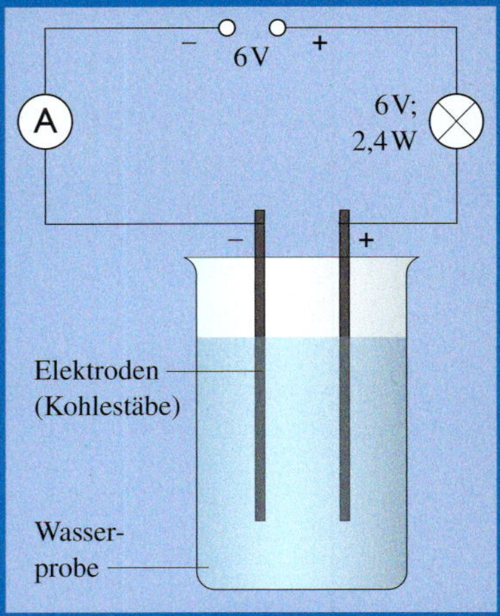

4

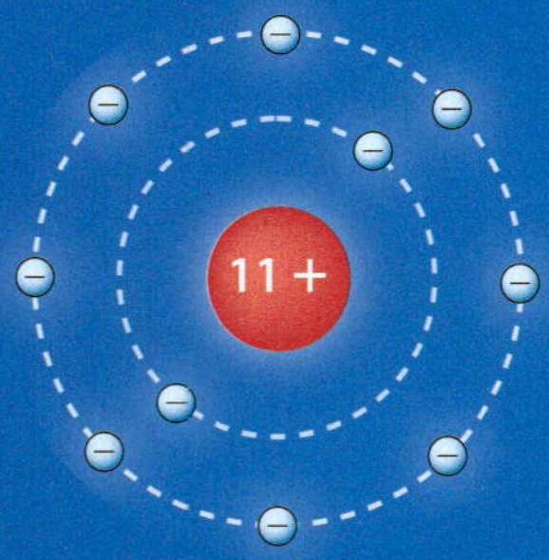

1 Modell des Natrium-Ions

3 Steinsalz in der Erde

6

5

7

8 Eisberg im Meer

Salze und Wasser – genauer betrachtet

Erste Begegnung mit Ionen

1

Wir untersuchen Mineralwasser

Eine Flasche enthält Meerwasser aus der Nordsee, eine zweite Mineralwasser aus dem Getränkemarkt.

a Zunächst soll das Meerwasser durch Filtration gereinigt werden. Gieße 100 mL Meerwasser nach und nach in den Filtertrichter. Die aufgefangene klare Flüssigkeit wird z. B. auf einem heißen Sandbad „eingedampft". (Schutzbrille!)

b In einem zweiten Becherglas werden 100 mL ungefiltertes Mineralwasser auf dem heißen Sandbad eingedampft.

c Beobachte, wie das Wasser jeweils langsam verdampft. Beschreibe, was schließlich mit dem Rest der beiden Flüssigkeiten geschieht. Vergleiche die beiden Rückstände.

2

Was steckt im Mineralwasser?
Auf Etiketten von Mineralwasserflaschen sind meist die wichtigen Mineralbestandteile des Getränks aufgelistet. ▷ 7–8

a Besorge dir Mineralwasseretiketten. (Solche von Heilwässern findest du z. B. im Reformhaus.)

b Vergleiche die beiden Etiketten. Fertige eine Liste der darin enthaltenen *Ionen* an. Welche Ionen sind positiv geladen? Und welche negativ?

c Vergleiche, welche Mengen jeweils gelöst sind.

d Das Etikett ganz unten auf dieser Seite stammt von einem besonderen Mineralwasser, einem *Heilwasser*. ▷ 8
Sieh dir die Aufschrift an: Warum soll dieses Mineralwasser die Gesundheit fördern?
Wogegen können seine Heilkräfte wirksam werden?
Informiere dich im Internet über den Unterschied zwischen normalem Mineralwasser und Heilwasser.

Wie kommen Mineralien ins Mineralwasser?
Das Regenwasser (frei von Mineralien) versickert im Boden. In den Gesteins- und Bodenschichten löst das Wasser aus den Gesteinsmineralien und Bodenpartikeln Ionen heraus und nimmt sie auf. Mit gelösten Mineralsalzen angereichert, tritt es an Quellen oder Brunnen wieder an die Oberfläche. Dann wird es als Trink-, Mineral- oder Heilwasser genutzt.
Dies ist ein Stück des ewigen natürlichen Kreislaufs des Wassers.

7

Auszug aus der Analyse der Laborunion Prof. Höll & Co. GmbH, vom 26.03.2008, bestätigt durch laufende Kontrollen:
Hauptbestandteile (mg/Liter)

Calcium	17,8
Natrium	6,7
Magnesium	3,6
Kalium	1,9
Sulfat	65,4
Chlorid	5,8

8

unmittelbar vor dem Schlafengehen 1,5 - 3,0 L zusätzlich zu der normalen Flüssigkeitsaufnahme trinken. Zur Vorbeugung von Harnsteinen ist die Dosierung durch den Arzt festzulegen. Sonst: mindestens 1,5 L über den Tag verteilt trinken. Zur Trinkkur und zum Dauergebrauch geeignet.
1000 ml enthalten: Kationen: Lithium-Ion 0,84 mg, Natrium-Ion 481 mg, Kalium-Ion 27,1 mg, Ammonium-Ion 0,53 mg, Magnesium-Ion 199 mg, Calcium-Ion 150 mg, Mangan(II)-Ion 0,007 mg, Eisen (II/III)-Ion 0,009mg.
Anionen: Fluorid-Ion 0,52 mg, Chlorid-Ion 118 mg, Sulfat-Ion 80 mg, Monohydrogenphosphat-Ion 0,06 mg, Hydrogencarbonat-Ion 2495 mg.
Undissoziierte Stoffe: Metakieselsäure 41,7 mg, Metaborsäure 5,72 mg.
Gelöste gasförmige Bestandteile: Kohlendioxid (CO_2) 2760 mg.

Wir untersuchen, wie Metalle mit Nichtmetallen reagieren

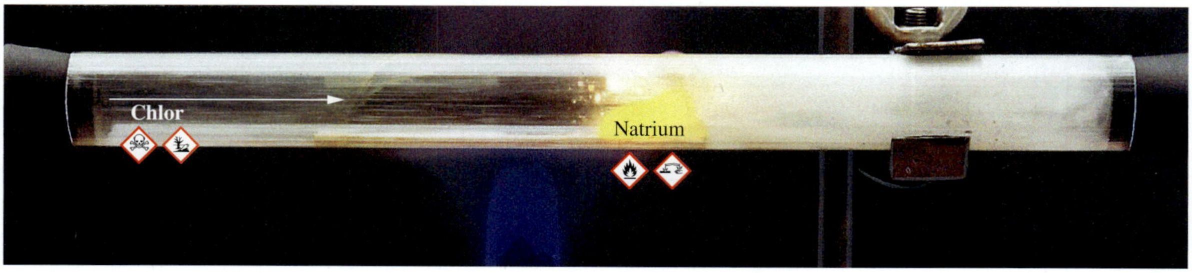

1

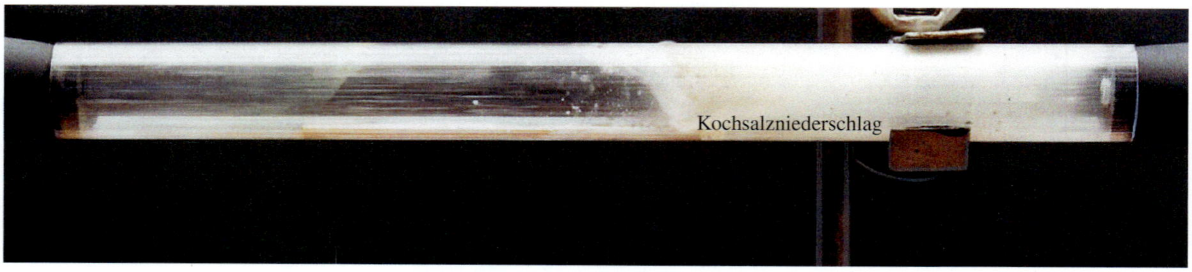

2

Ein eindrucksvoller Vorgang:
Natrium und Chlor reagieren heftig zu Natriumchlorid (Kochsalz).
▷ 1–2

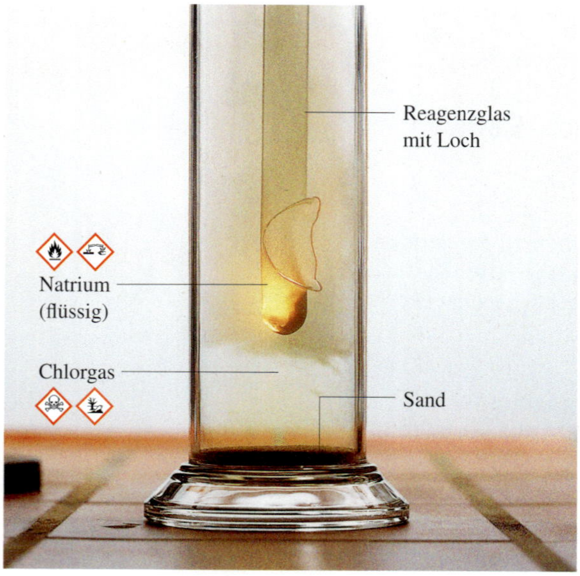

3

In dem hier abgebildeten Lehrerversuch lässt sich diese Reaktion mit einfacheren Versuchsgeräten vorführen. ▷ 3

Beschreibt bei den folgenden Experimenten jeweils die Ausgangsstoffe, die Reaktionsprodukte und eure Beobachtungen bei der Reaktion. Schreibt auch jeweils die Wortgleichung auf.

1
Metalle reagieren mit Sauerstoff

Blast nacheinander Magnesiumspäne, Aluminiumspäne und Zinkpulver◇ in die Brennerflamme. ▷ 4

2
Kupfer reagiert mit Schwefel

Ihr könnt den Versuch so durchführen: ▷ 5

Der Schwefel◇ wird erhitzt, bis er zu verdampfen beginnt. Danach wird das erhitzte Kupfer ins Reagenzglas gehalten.

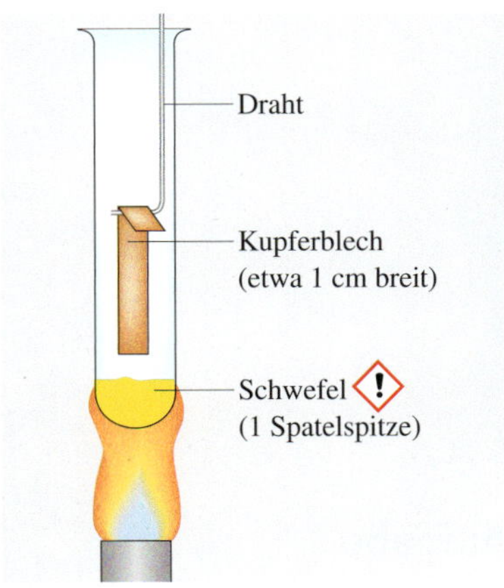

5

4

3
Magnesium reagiert mit Chlor (Lehrerversuch; Abzug!)

Ein niedriger Standzylinder wird mit Chlor◇ gefüllt (den Boden mit Sand bedecken!).
Ein brennendes Stückchen Magnesiumband (ca. 3 cm) wird in den Standzylinder gehalten.
▷ 6

6

4
Wie Zink mit Chlor reagiert (Lehrerversuch; Abzug!)

Ein niedriger Standyzlinder wird mit Chlor◇ gefüllt. (Den Boden mit Sand bedecken!) ▷ 7
Dann wird etwas Zinkpulver◇ stark erhitzt und in den Standzylinder gegeben.

7

5
Wie Zink mit Iod reagiert (Lehrerversuch; Abzug!)

In einer kleinen Porzellanschale wird 1 g Iod◇ mit 0,25 g Zinkpulver◇ gemischt. Dann wird destilliertes Wasser daraufgetropft.

◇ Natrium Gefahr

◇ Schwefel Achtung

◇ Iod Achtung

◇ Chlor Gefahr

◇ Zinkpulver Achtung

Aus Atomen werden Ionen

Wie Metalle mit Nichtmetallen reagieren Bei der Reaktion eines Metalls mit Sauerstoff *(oxygenium)* entsteht das entsprechende *Oxid*. Bei der Reaktion mit Chlor entsteht ein *Chlorid* und bei der Reaktion mit Schwefel *(sulfur)* ein *Sulfid*.
Bei der Reaktion des Metalls Natrium mit dem Nichtmetall Chlor entsteht *Natriumchlorid*, unser Kochsalz. Es setzt sich aus *Natrium-Ionen* und *Chlorid-Ionen* zusammen:
Natrium + Chlor ⟶ Natriumchlorid.

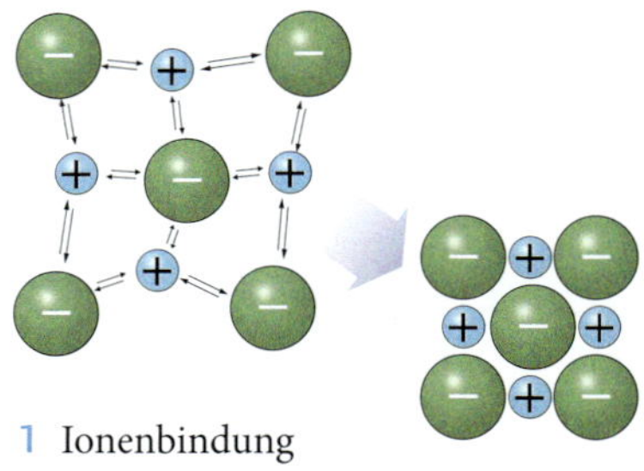

1 Ionenbindung

Die Ionenbindung Natrium-Ionen und Chlorid-Ionen haben entgegengesetzte elektrische Ladungen. Sie ziehen sich gegenseitig an. ▷ 1 Die Anziehungskräfte wirken gleichmäßig in alle Richtungen. Die Ionen sind so angeordnet, dass sich eine größtmögliche Anziehung ergibt. Diesen Zusammenhalt nennt man *Ionenbindung*. Die Ionen bilden ein *Ionengitter*. So entstehen würfelförmige Salzkristalle. ▷ 2

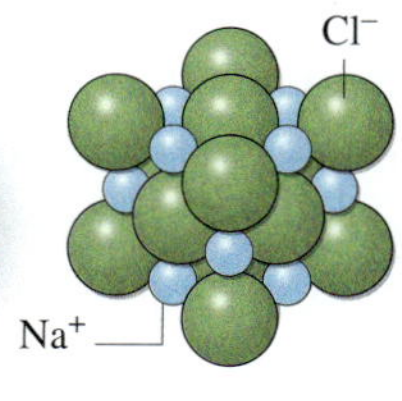

2 Salzkristall

Wie aus Atomen Ionen werden Natrium ist fest, Chlor gasförmig. ▷ 3 Beide Elemente reagieren miteinander. Dabei verändern sich die Teilchen: Jedes Natriumatom hat *ein* Elektron auf seiner Außenschale, jedes Chloratom *sieben*. Wenn ein Natriumatom auf ein Chloratom trifft, geht das Außenelektron des Natriumatoms auf das Chloratom über. Es findet eine *Elektronenübertragung* vom Natriumatom (Metallatom) zum Chloratom (Nichtmetallatom) statt. ▷ 4 Die entstehenden Teilchen sind – im Gegensatz zu den Atomen – elektrisch geladen: Es sind *Ionen*.

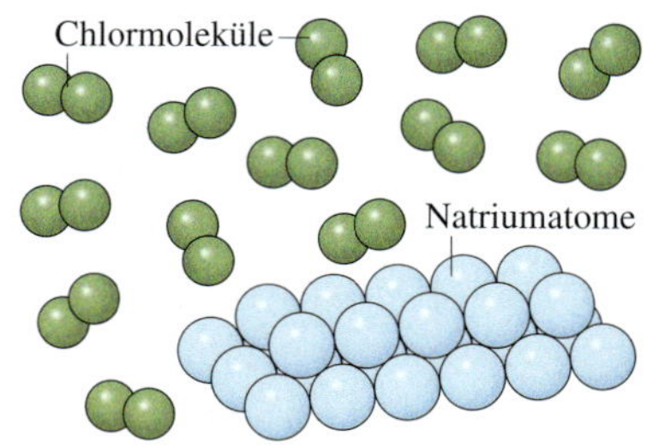

3

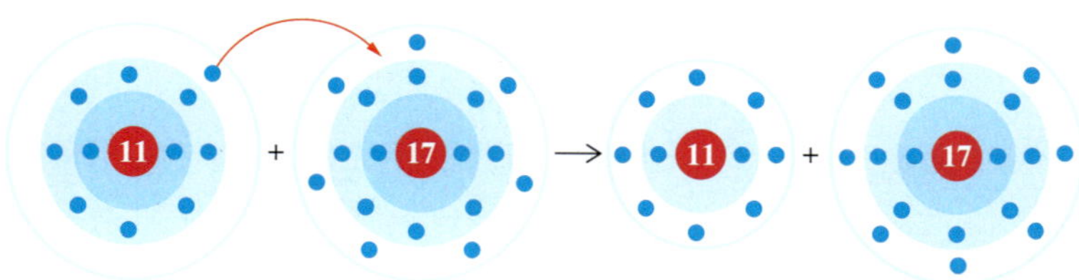

4

Bei der Reaktion von Natrium mit Chlor entstehen Natrium-Ionen und Chlorid-Ionen.
Ionen sind elektrisch geladene Teilchen. *Elektronenüberschuss* (zu viele Elektronen) bewirkt eine negative Ladung (–), *Elektronenmangel* (zu wenige Elektronen) bewirkt eine positive Ladung (+).

Die Ionenschreibweise Zur Unterscheidung von Atomen und Ionen verwenden Chemiker die *Ionenschreibweise*. Dabei wird die Ladung des Ions rechts oben am Symbol angegeben, z. B. Na^+ für das Natrium-Ion und Cl^- für das Chlorid-Ion.

172-1

Aufgabe

1 Magnesium reagiert mit Sauerstoff und mit Chlor.

a ◪ Beschreibe die Reaktionen. Vergleiche sie.

b ■ Schreibe die Reaktionsgleichungen auf.

c ◪ Beschreibe die jeweilige Ionenbildung.

der Edelgaszustand
die Ionenbindung
das Ionengitter
die Oktettregel

Edelgase und Oktettregel

Die Edelgase Edelgase reagieren kaum mit anderen Elementen. Warum ist das so?
Die Edelgase finden wir im PSE zwischen den reaktionsfreudigen Halogenen und den Alkalimetallen. ▷ 5 Das Besondere ihrer Stellung wird deutlich, wenn wir die Atome betrachten:
Die Atome der Edelgase haben acht Elektronen auf der Außenschale. Ausnahme: Heliumatome haben nur zwei Elektronen auf der Außenschale. Die Außenschalen sind damit voll besetzt.

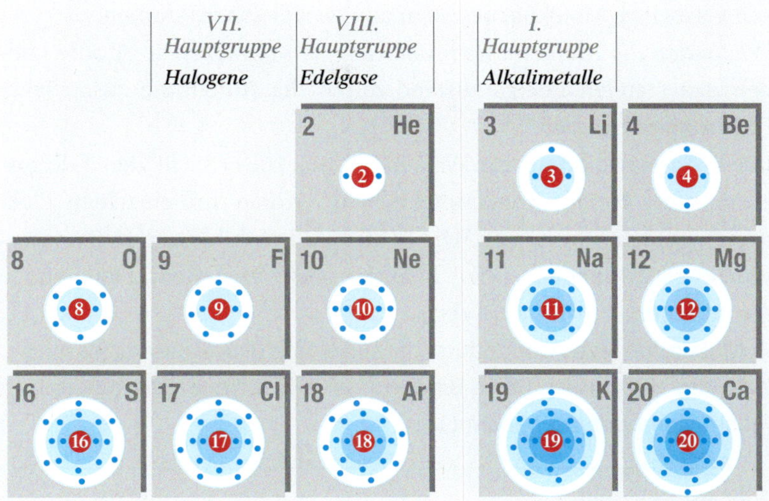

5 Die Edelgase im PSE (Ausschnitt)

Edelgaszustand und Oktettregel (Edelgasregel)
Die Anzahl von *acht* Elektronen auf der äußeren Schale (bzw. *zwei* bei nur einer Schale) bezeichnet man als *Edelgaszustand*. Er ist besonders *stabil*. Deshalb sind Edelgase *reaktionsträge*.
Die Atome anderer Elemente reagieren immer so, dass sie diesen Edelgaszustand erreichen: Die Atome der Alkalimetalle (z. B. Natrium) geben ihr einziges Außenelektron ab. ▷ 6 Und die Atome der Halogene (z. B. Chlor) nehmen zu ihren sieben Außenelektronen ein weiteres Elektron auf. ▷ 7 So erreichen sie die gleiche Atomhülle wie ein Edelgas. Das bezeichnet man als *Edelgasregel* oder als *Oktettregel* (*Oktett:* acht Stück).
Wenn Kalium mit Fluor reagiert, gibt ein Kaliumatom sein Außenelektron ab; ein Fluoratom nimmt das Elektron auf. ▷ 8
Oktettregel oder Edelgasregel: Alle Atome streben danach, in der äußersten Schale die Elektronenzahl eines Edelgases (8 Elektronen) anzunehmen.

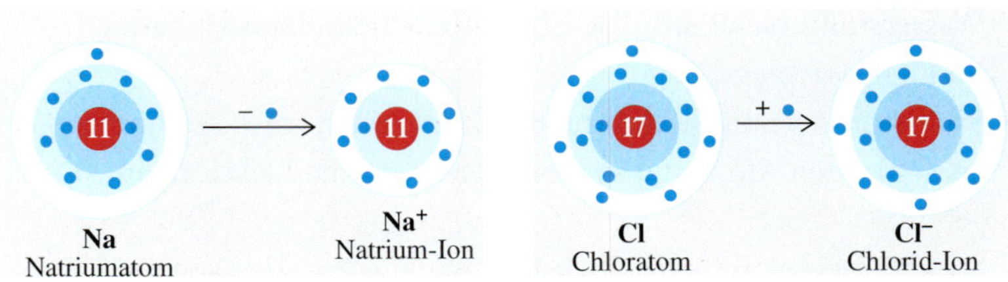

6 Natriumatom und Natrium-Ion
7 Chloratom und Chlorid-Ion

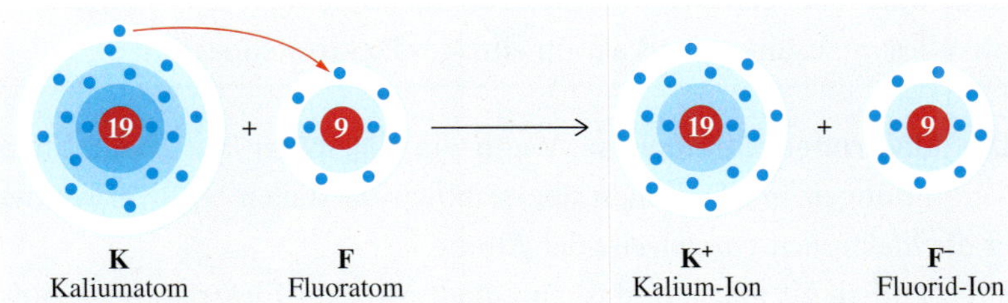

8 Bildung von Kalium- und Fluorid-Ionen

Aufgabe

1 □ Die Oktettregel
a Nenne die Oktettregel.
b Beschreibe, wie sie zu ihrem Namen kommt.
c Erkläre, weshalb man in diesem Zusammenhang vom „Edelgaszustand“ spricht.

Wie Atome in Molekülen zusammenhalten

Elektronenpaare – Bindungen zwischen Nichtmetallatomen Wasserstoff, Sauerstoff, Stickstoff und Chlor sind unter Normalbedingungen Gase. Ihre Moleküle bestehen aus zwei gleichen Atomen.
Wie halten die Atome in den Molekülen zusammen? Die Atome können den stabilen Edelgaszustand durch die Aufnahme zusätzlicher Elektronen erreichen.
Jedes Wasserstoffatom im Wasserstoffmolekül erreicht den Edelgaszustand des Heliumatoms, indem beide Atome ihre einzelnen Elektronen gemeinsam nutzen. Die beiden Atome bilden so ein gemeinsames Elektronenpaar. Es befindet sich zwischen den beiden Atomkernen. ▷ 1

In Molekülen sind Atome durch gemeinsame Elektronenpaare miteinander verbunden. Diese Bindung heißt Elektronenpaarbindung (auch *Atombindung* genannt).

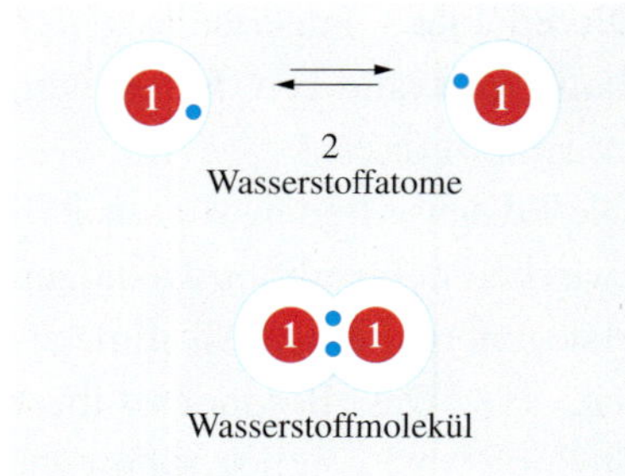

1 Elektronenpaarbindung am Beispiel des Wasserstoffmoleküls

Mehr

Weitere Beispiele

- Chlormolekül Cl_2: In Chlormolekülen sind zwei Atome durch ein gemeinsames Elektronenpaar aneinandergebunden (wie bei den Wasserstoffmolekülen). Die Chloratome befinden sich dadurch im Edelgaszustand. ▷ 2
- Sauerstoffmolekül O_2: In Sauerstoffmolekülen wird die Bindung zwischen den Atomen durch *zwei* gemeinsame Elektronenpaare gebildet.
- Stickstoffmolekül N_2: In Stickstoffmolekülen sind es sogar *drei* gemeinsame Elektronenpaare.

Zwei oder drei gemeinsame Elektronenpaare halten die Atome aber nicht fester zusammen als als ein einziges Elektronenpaar.

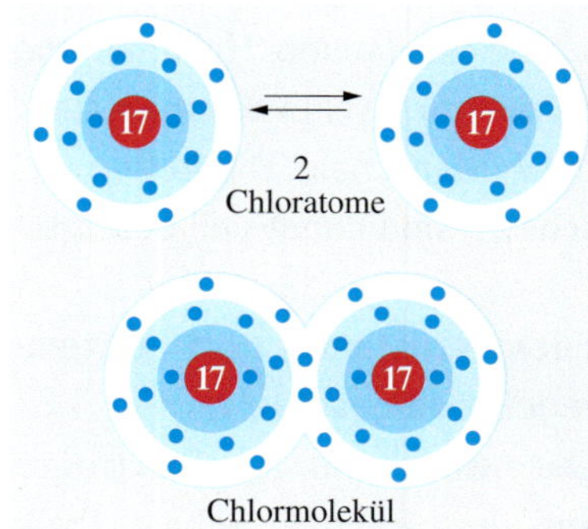

2 Elektronenpaarbindung am Beispiel des Chlormoleküls

Die Elektronenschreibweise Wenn ein Chemiker die chemischen Verbindungen in Molekülen übersichtlich darstellen will, verwendet er die *Elektronenschreibweise* der Atome.
Um deutlich zu machen, dass in einem Molekül Elektronenpaarbindungen vorliegen, werden die Elektronen der beiden Atome eines Elektronenpaars zu einem Strich zwischen den Symbolen vereint. ▷ 3

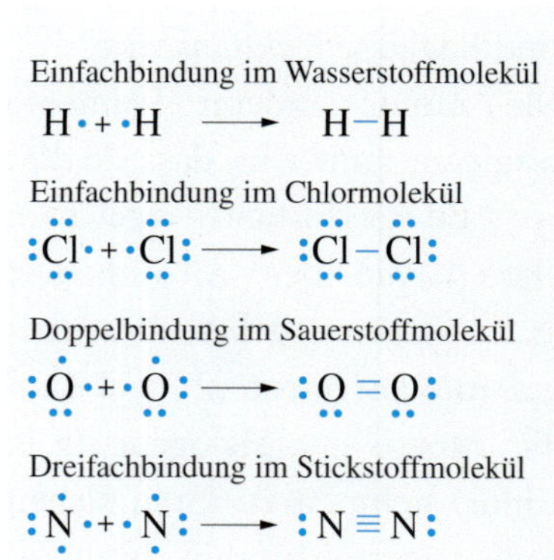

3 Elektronenschreibweise

Aufgaben

1 ◪ Erläutere die Elektronenpaarbindung am Beispiel des Wasserstoffmoleküls.

2 ◪ Erkläre an einem Beispiel, weshalb Moleküle *Dipole* sein können.

3 ◪ Zwischen den Atomen unterschiedlicher Nichtmetalle kommt es zur Bildung *polarer* Elektronenpaarbindungen. Zwischen den Atomen ein und desselben Nichtmetalls dagegen liegen *unpolare* Elektronenpaarbindungen vor. Suche dafür eine Erklärung.

4 ■ Beim Thema Laugen hast du das Ammoniak kennengelernt. Fertige eine Skizze an, mit der du den Zusammenhalt der Atome im Ammoniakmolekül und die Art der chemischen Bindung beschreiben und erklären kannst.

die Elektronenpaarbindung
die Elektronenschreibweise
der Dipol
die polare Elektronenpaarbindung
die Elektronegativität

Moleküle als Dipole Viele Moleküle bestehen aus Atomen unterschiedlicher Nichtmetalle, z. B. das *Molekül des Chlorwasserstoffs* HCl. Das ist das Gas, das – wenn man es in Wasser löst – Salzsäure bildet. Im Chlorwasserstoffmolekül sind ein Wasserstoffatom und ein Choratom durch ein gemeinsames Elektronenpaar aneinandergebunden. Den Unterschied zum Wasserstoffmolekül zeigt Bild ▷ 4.
Das bindende Elektronenpaar ist elektrisch negativ geladen. Deshalb wird hier der negative Ladungsschwerpunkt des Moleküls zur Seite des Chloratoms hin verschoben. Beim Chloratom befindet sich also ein negativer Pol und beim Wasserstoffatom ein positiver. Damit ist das Chlorwasserstoffmolekül ein *Dipol* (lat. *di:* zwei).
Das Chlorwasserstoffmolekül ist ein Dipol. Die Bindung in diesem Molekül bezeichnet man als *polare Elektronenpaarbindung*.

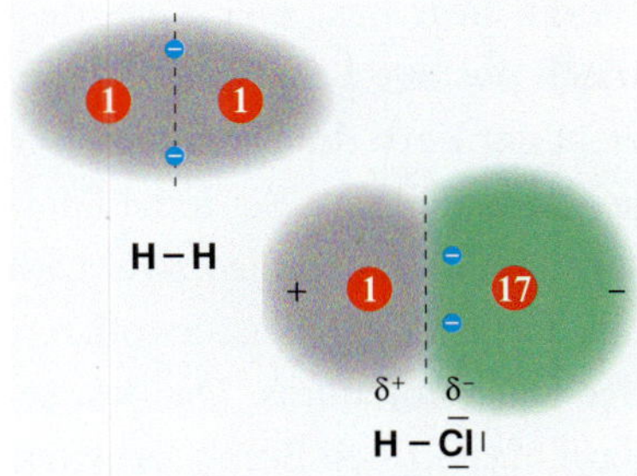

Wasserstoffmolekül: Das bindende Elektronenpaar hält sich auf der Mittelachse zwischen den beiden Atomen auf. Beide Atomkerne üben gleich große Anziehungskräfte auf das Elektronenpaar aus.

Chlorwasserstoffmolekül: Der Kern des Chloratoms enthält mehr positiv elektrische Ladungen als der Wasserstoffatomkern. Der Kern des Chloratoms zieht also das bindende, elektrisch negative Elektronenpaar stärker zu sich hin. Das Elektronenpaar befindet sich deshalb mehr auf der Seite des Chloratoms.

4 Wasserstoffmolekül und Chlorwasserstoffmolekül im Vergleich

Mehr

Die Elektronegativität In Molekülen befindet sich das bindende Elektronenpaar nur bei Molekülen aus gleichen Atomen genau in der Mitte zwischen den Atomkernen der Partner. Bei Molekülen aus unterschiedlichen Atomen wird das bindende Elektronenpaar von einem der beiden Kerne stärker angezogen.
Die Fähigkeit eines Atomkerns, ein Elektronenpaar in einer Elektronenpaarbindung an sich zu ziehen, heißt Elektronegativität.
Die Elektronegativität der Atome ist unterschiedlich groß. ▷ 5 Je größer die Elektronegativität ist, desto größer ist die Anziehungskraft des Atomkerns auf gemeinsame Elektronenpaare. Für das Element mit der größten Elektronegativität, das Fluor, wurde die Zahl 4 festgelegt. Man kann aufgrund der Elektronegativität abschätzen, welche Bindung zwei Atome eingehen. Dazu bildet man die Differenz der Elektronegativitäten:

- Wenn keine Differenz zwischen beiden Elektronegativitäten besteht, hält sich das bindende Elektronenpaar in der Mitte zwischen den Atomkernen auf. Es liegt eine unpolare Elektronenpaarbindung (Atombindung) vor (z. B. Wasserstoff).
- Wenn die Differenz kleiner als 1,7 ist, hält sich das bindende Elektronenpaar näher beim Atom mit der größeren Elektronegativität auf. Dann liegt eine polare Elektronenpaarbindung vor (z. B. Chlorwasserstoff).
  Wenn die Differenz 1,7 oder größer ist, geht mindestens ein Elektron zu dem Atom mit der größeren Elektronegativität über. So entstehen Ionen; zwischen ihnen liegt Ionenbindung vor (z. B. Natriumchlorid).

H 2,1							**He**
Li 1,0	**Be** 1,5	**B** 2,0	**C** 2,5	**N** 3,0	**O** 3,5	**F** 4,0	**Ne**
Na 0,9	**Mg** 1,2	**Al** 1,5	**Si** 1,8	**P** 2,1	**S** 2,5	**Cl** 3,0	**Ar**
K 0,8	**Ca** 1,0	**Ga** 1,6	**Ge** 1,8	**As** 2,0	**Se** 2,4	**Br** 2,8	**Kr**
Rb 0,8	**Sr** 1,0	**In** 1,7	**Sn** 1,8	**Sb** 1,9	**Te** 2,5	**I** 2,5	**Xe**
Cs 0,7	**Ba** 0,9	**Tl** 1,8	**Pb** 1,8	**Bi** 1,9	**Po** 2,0	**At** 2,2	**Rn**

5 Elektronegativitäten der Hauptgruppenelemente

Besonderheiten des Wassers

Das Wassermolekül Das Wassermolekül H_2O besteht aus einem Sauerstoffatom und zwei Wasserstoffatomen. Zwischen jedem Wasserstoffatom und dem Sauerstoffatom gibt es ein gemeinsames Elektronenpaar – das befindet sich aber nicht genau in der Mitte zwischen den Atomen. ▷ 1

Woran liegt das? Der Kern des Sauerstoffatoms enthält mehr elektrisch positive Ladungen als der Kern des Wasserstoffatoms. Deshalb zieht der Kern des Sauerstoffatoms das bindende Elektronenpaar stärker zu sich hin. Außerdem bildet das Molekül einen Winkel. Das Wassermolekül besitzt also zwei Ladungsschwerpunkte – einen positiven auf der Seite der Wasserstoffatome und einen negativen auf der Seite des Sauerstoffatoms. Das Wassermolekül ist somit ein *Dipol* – und damit lassen sich Besonderheiten des Wassers erklären.

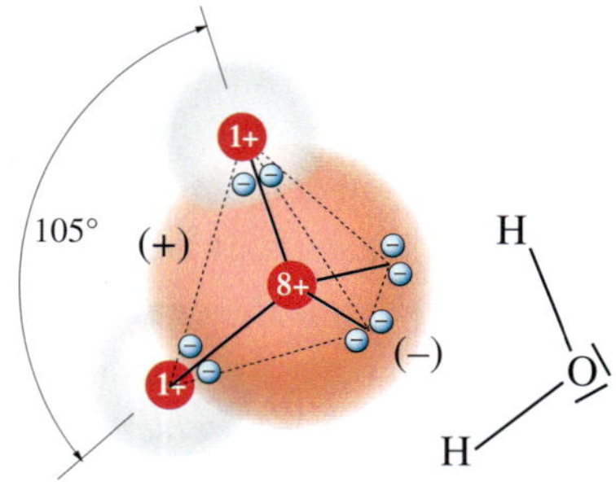

1

Mehr

Ein Experiment liefert den Beweis Wenn man aus einem Glasröhrchen einen dünnen Wasserstrahl auslaufen lässt und einen geladenen Kunststoffstab danebenhält, wird der Wasserstrahl abgelenkt. ▷ 2

Woran liegt das? Reibt man einen Kunststoffstab mit einem Wolltuch, wird er elektrisch aufgeladen; in der Umgebung des Stabs treten Kraftwirkungen durch elektrische Ladungen auf. Dadurch werden Flüssigkeiten, deren Moleküle Dipole sind, zu dem Stab hingezogen – im Gegensatz zu Stoffen, deren Moleküle keine Dipole sind. Wenn man den Versuch mit Benzin wiederholt, passiert gar nichts. ▷ 3 Benzinmoleküle sind nämlich keine Dipole.

2

3

Warum ist das Wasser bei Raumtemperatur flüssig? Die Siedetemperatur des Wassers (100 °C) ist – verglichen mit der Siedetemperatur seiner „Bestandteile“ Wasserstoff (–253 °C) und Sauerstoff (–183 °C) – sehr hoch. Ohne diese Besonderheit gäbe es kein Leben auf der Erde. Da Wassermoleküle Dipole sind, ziehen sie sich gegenseitig an. Außerdem bestehen zwischen den Molekülen *Wasserstoffbrückenbindungen*. ▷ 4 Diese Anziehungskräfte zwischen den Wassermolekülen müssen beim Sieden, also beim Verdampfen von Wasser, überwunden werden. Ohne diese Kräfte läge die Siedetemperatur von Wasser weit unter 0 °C. Bei Raumtemperatur wäre Wasser dann also gasförmig.

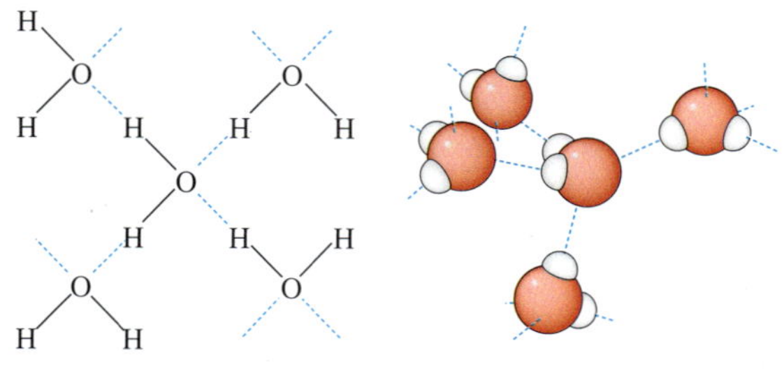

4 Blaue Striche: Anziehungskräfte zwischen Wassermolekülen

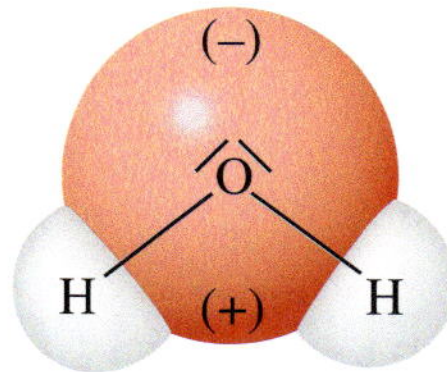

5

die Anomalie des Wassers
die Hydratisierung
der Lösevorgang
das Wassermolekül
die Wasserstoffbrückenbindung

Mehr

Wie Salze sich in Wasser lösen Beim Kartoffel- oder Spaghettikochen wird dem Wasser Kochsalz zugesetzt. Es wird im Wasser gelöst. Wie können wir uns den Lösevorgang vorstellen?
Die Salzkristalle zerfallen durch die Einwirkung der Wassermoleküle. Da die Wassermoleküle Dipole sind ▷ 5, lagern sie sich beim Lösen jeweils mit einem Pol an die entgegengesetzt geladenen Ionen des Salzkristalls an. Dadurch werden die Ionen des Salzes voneinander getrennt. Sobald sie aus dem Salzkristall herausgelöst sind, werden sie von den Wassermolekülen „umhüllt". ▷ 6 Das nennt man *Hydratisierung*. Dabei werden die Anziehungskräfte, die im Ionenkristall zwischen den Ionen wirksam waren, fast „ausgeschaltet". Das gelingt nicht bei allen Salzen gleich gut. Oft kann man aber die Löslichkeit durch Erwärmen erhöhen.

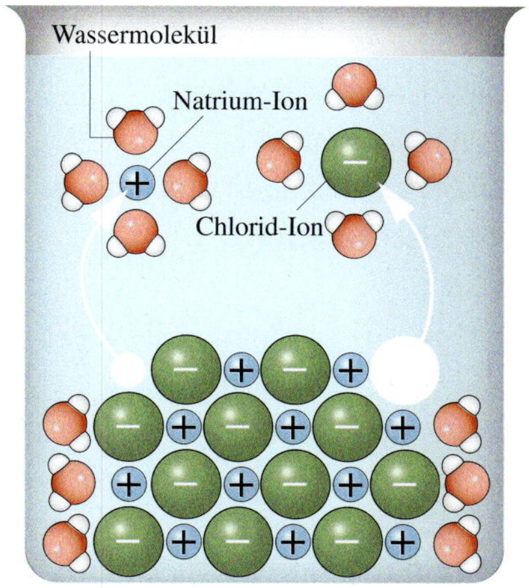

6 Lösevorgang im Modell

Die Anomalie des Wassers In Eiskristallen sind die Wassermoleküle besonders regelmäßig angeordnet. ▷ 7 Dabei ergibt sich eine sehr weiträumige, sperrige Anordnung der Moleküle – Wasser dehnt sich also aus, wenn es zu Eis wird. Wenn das Eis schmilzt, bricht diese sperrige Ordnung weitgehend zusammen. Dann können sich die Wassermoleküle enger aneinanderlagern.
Mit steigender Temperatur zieht sich das Wasser wieder zusammen. Das kann man zwischen 0 °C und 4 °C beobachten. Oberhalb von 4 °C nimmt die „normale Wärmeausdehnung" zu: Die Wassermoleküle brauchen mehr Platz, weil ihre Eigenbewegungen heftiger werden.

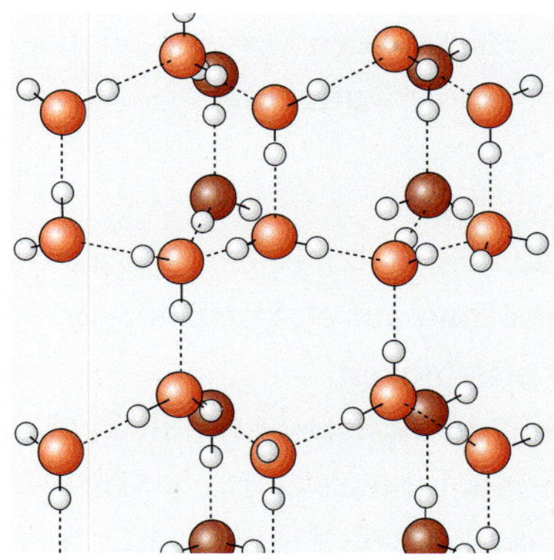

7 Anziehungskräfte zwischen den Wassermolekülen im Eis

Aufgaben

1 ◪ Wassermoleküle sind Dipole.
a Was heißt das?
b Wie kommt der Dipol zustande?
c Von welcher Bedeutung ist das für die Eigenschaften des Wassers?

2 ◪ Im Gegensatz zum Wasser sind Wasserstoff und Sauerstoff bei 20 °C gasförmig. Erkläre den Unterschied anhand des Baus der jeweiligen Moleküle.

3 ◪ Erläutere, was man als „Anomalie des Wassers" bezeichnet.

4 ◪ Erkläre die folgenden Erscheinungen:
– Eis schwimmt auf Wasser.
– Eis kann Felsen sprengen.

5 ■ Erläutere die Bedeutung dieser Anomalie für Natur und Technik.

Säuren und Laugen – genauer betrachtet

Wir untersuchen Säuren und Laugen

Dass durch Salzlösungen elektrischer Strom fließt, ist dir bekannt. ▷ 1
Leiten auch Laugen und Säuren elektrischen Strom?

1

1

Was zeigt der pH-Wert an?

a Der pH-Wert einer sauren oder alkalischen Flüssigkeit lässt sich mit Wasser stufenweise ändern.
Plant dazu Versuche.

b Führt einen Versuch durch und erläutert ihn.

2

Prüfung auf elektrische Leitfähigkeit

Mit der Apparatur von Bild ▷ 2 könnt ihr die elektrische Leitfähigkeit von destilliertem Wasser, verdünnter Schwefelsäure◇, verdünnter Salzsäure◇ und verdünnter Natronlauge (bis 2 %) prüfen.

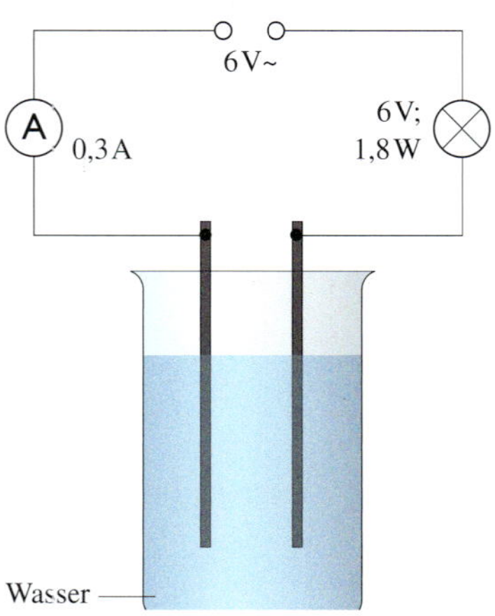

2

a Prüft zuerst die elektrische Leitfähigkeit von destilliertem Wasser.
Gebt dann 5 Tropfen Schwefelsäure◇ hinzu und rührt mit einem Glasstab um (Schutzbrille!). Der Strom bleibt eingeschaltet.
In Abständen werden noch zweimal je 5 Tropfen Schwefelsäure zugegeben. Rührt jeweils vorsichtig um.

b Beschreibt eure Beobachtungen.

c Wiederholt den Versuch mit Natronlauge.

d Vergleicht die Ergebnisse der Versuche.

3

Die Bildung von Laugen

Ein Plätzchen Natriumhydroxid◇ wird in etwa 20 mL destilliertem Wasser gelöst.

a Prüft die elektrische Leitfähigkeit der Flüssigkeit und stellt den pH-Wert fest.

b Der Versuch wird mit einer Spatelspitze Calciumoxid◇ wiederholt. Vergleicht!

◇ Natriumhydroxid, Calciumoxid, Schwefelsäure (konzentriert) – Gefahr

◇ Chlorwasserstoff – Gefahr

4

Lösen von Chlorwasserstoff in Wasser (Lehrerversuch)

Das Bild zeigt, wie man größere Mengen Chlorwasserstoff◇ herstellen kann. ▷ 3 (Achtung: Der Trichter darf nicht nass werden!)

a Was ist im Becherglas zu beobachten?

b Welchen Geruch stellt ihr schon nach kurzer Zeit fest? (Vorsicht!)

c Prüft den pH-Wert der Lösung im Becherglas.

d Ermittelt die elektrische Leitfähigkeit der Lösung.

e Prüft die Lösung mit Silbernitratlösung◇ (Nachweis von Chlorid-Ionen).

f Beschreibt eure Beobachtungen.

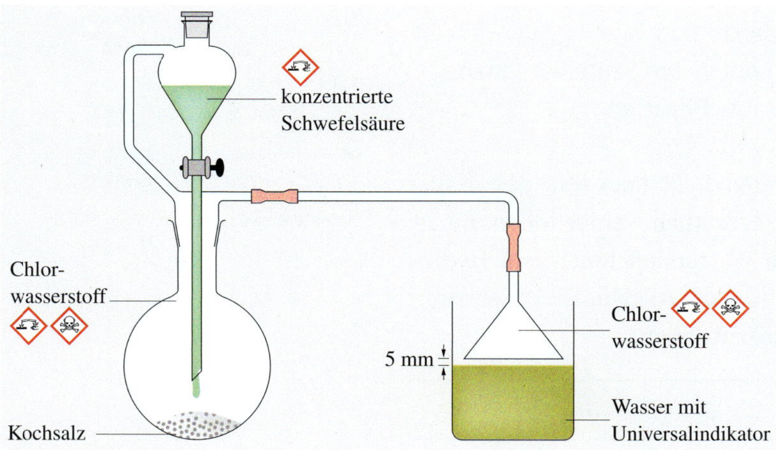

3

5

Nachweis von Chlorid-Ionen

Die Fällung von weißem Silberchlorid dient als Nachweis für Chlorid-Ionen. ▷ 4

Etwa 2 mL der zu prüfenden Lösung werden in ein sauberes Reagenzglas gegeben. Hinzu kommen je 2 Tropfen Salpetersäure◇ und Silbernitratlösung◇.

Hinweise: Die Untersuchung gibt nur sichere Ergebnisse, wenn man in saurer Lösung arbeitet. Dazu dient verdünnte Salpetersäure.

Beim Experimentieren auf größte Sauberkeit achten! Ein schlecht gespültes Reagenzglas verdirbt alles.

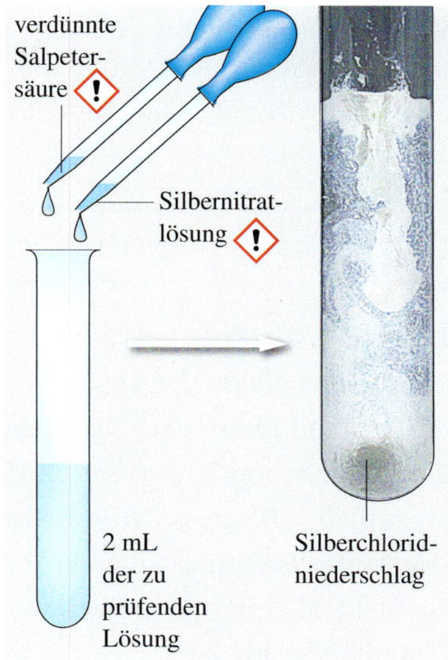

4

6

Lösen von Ammoniak in Wasser (Lehrerversuch)

Das Bild zeigt, wie man Ammoniak◇ in Wasser lösen kann. ▷ 5 (Achtung: Der Kolben darf nicht nass werden!)

a Was ist im Kolben zu sehen?

b Wir bestimmen den pH-Wert der Lösung im Kolben.

c Beschreibt eure Beobachtungen.

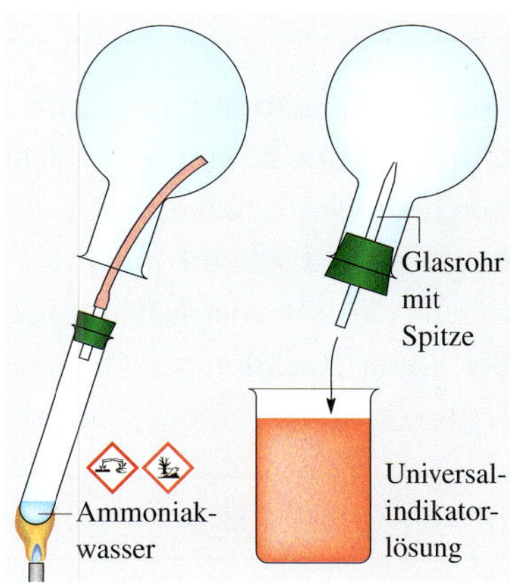

5

◇ Salpetersäure (verdünnt)
Salzsäure (verdünnt)
Natronlauge (verdünnt)
Schwefelsäure (verdünnt)
Silbernitratlösung — Achtung

◇ Ammoniak — Gefahr

Ionen in wässrigen Lösungen

Laugen Als „Laugen“ bezeichnet man umgangssprachlich *alkalisch wirkende wässrige Lösungen von Alkalien*, z. B. Natriumhydroxid und Calciumhydroxid. Calciumhydroxid entsteht z. B. bei der Reaktion von Calciumoxid mit Wasser.

$$CaO + H_2O \longrightarrow Ca(OH)_2$$

Nur die Hydroxide von Metallen der I. und II. Hauptgruppe bilden mit Wasser alkalische Lösungen. Diese Metallhydroxide sind im festen Zustand elektrische Nichtleiter, in Schmelze und Lösung leiten sie den elektrischen Strom. Sie sind *Ionenkristalle* wie die Salze.
So enthält z. B. das Natriumhydroxid positiv geladene Natrium-Ionen (Na^+). Die negativ geladenen Ionen sind die *Hydroxid-Ionen* mit der Formel OH^-. Sie sind einfach negativ geladen.
Metallhydroxide bestehen aus Metall-Ionen und Hydroxid-Ionen.
Die Hydroxid-Ionen bewirken die alkalische Reaktion der Hydroxidlösungen.

Einige Hydroxide und ihre Zusammensetzung

Name	Formel und Ionen
Lithiumhydroxid	$LiOH$ $Li^+ + OH^-$
Natriumhydroxid	$NaOH$ $Na^+ + OH^-$
Kaliumhydroxid	KOH $K^+ + OH^-$
Magnesiumhydroxid	$Mg(OH)_2$ $Mg^{2+} + 2\,OH^-$
Calciumhydroxid	$Ca(OH)_2$ $Ca^{2+} + 2\,OH^-$

Säuren Saure Lösungen leiten den elektrischen Strom. Die Salzsäurelösung enthält nämlich Wasserstoff-Ionen und Chlorid-Ionen. Die Chlorid-Ionen lassen sich mit Silbernitrat nachweisen.
Alle sauren Lösungen enthalten Wasserstoff-Ionen.
Untereinander unterscheiden sie sich durch ihre Säurerest-Ionen.
Die Wasserstoff-Ionen bewirken die saure Reaktion.

Einige Säuren und ihre Zusammensetzung

Name	Formel und Ionen
Salzsäure	HCl $H^+ + Cl^-$
Schwefelsäure	H_2SO_4 $2\,H^+ + SO_4^{2-}$
Salpetersäure	HNO_3 $H^+ + NO_3^-$

Wasser Mit empfindlichen Messgeräten stellt man fest, dass reines Wasser den elektrischen Strom leitet. Es enthält wenige Ionen. Einige Wassermoleküle zerfallen nämlich in Wasserstoff-Ionen und Hydroxid-Ionen: Wasser ist neutral (pH 7), weil die Anzahl der Wasserstoff-Ionen gleich groß ist wie die der Hydroxid-Ionen.

$$H_2O \longrightarrow H^+ + OH^-$$

Die Neutralisation Wenn eine bestimmte Menge verdünnter Salzsäure und eine bestimmte Menge verdünnter Natriumhydroxidlösung miteinander reagieren, kann eine neutrale Lösung entstehen. Dabei reagieren Wasserstoff-Ionen (H^+) aus der Salzsäure und Hydroxyd-Ionen (OH^-) aus der Natriumhydroxidlösung.
Bei dieser Reaktion vereinigt sich je ein Wasserstoff-Ion mit einem Hydroxid-Ion zu einem Wassermolekül.

$$H^+ + OH^- \longrightarrow H_2O$$

Aufgaben

1 ◪ Erkläre, warum sowohl verdünnte Schwefelsäure als auch Kalkwasser den elektrischen Strom leiten.

2 ■ Wenn man während der Neutralisation den Stromfluss misst, stellt man beim Neutralpunkt die geringste Stromstärke fest.
Versuche das zu erklären.

Protonenübergänge Wenn du dir das Modell eines Wasserstoffatoms ansiehst, erkennst du, dass Wasserstoff-Ionen *Protonen* sind. ▷ 1 Diese können nicht allein existieren. Deshalb vereinigen sie sich mit Wassermolekülen zu einfach positiv geladenen *Hydronium-Ionen:* $H^+ + H_2O \longrightarrow H_3O^+$
Diesen Vorgang nennt man *Protonenübergang.*
Die Neutralisation kann man deshalb genauer beschreiben:
$H_3O^+ + OH^- \longrightarrow 2\,H_2O$. ▷ 2
Dabei ist das Hydronium-Ion der Elektronenspender, das Hydroxid-Ion der Protonenempfänger.

Wasserstoff-Ionen sind Protonen. Bei Protonenübergängen gibt der Protonenspender Protonen an den Protonenempfänger ab.

1

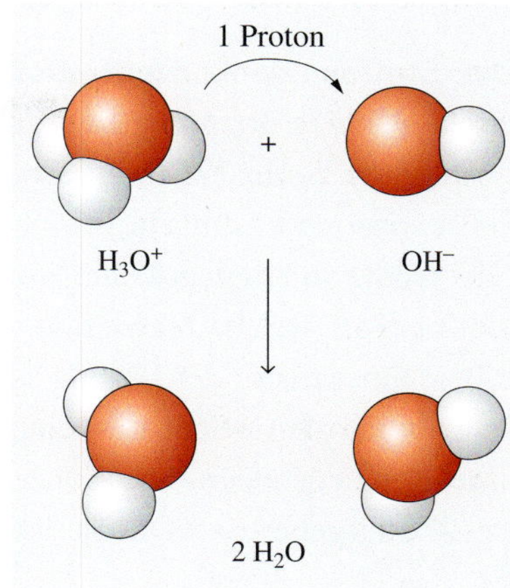

2 Protonenübergang bei der Neutralisation

Salzsäure – die Lösung von Chlorwasserstoff in Wasser Versuch 4 hat gezeigt, dass die entstehende Flüssigkeit stark sauer ist. Also müssen Wasserstoff-Ionen (Hydronium-Ionen) entstanden sein. Auch Chlorid-Ionen, die Säurerest-Ionen der Salzsäure, kann man nachweisen. Es ist also eine Lösung von Salzsäure entstanden.
Die Moleküle des Chlorwasserstoffgases zerfallen beim Kontakt mit Wasser in Wasserstoff-Ionen und Chlorid-Ionen.
$HCl \longrightarrow H^+ + Cl^-$
Die Wasserstoff-Ionen (Protonen) reagieren mit Wassermolekülen zu Hydronium-Ionen. ▷ 3

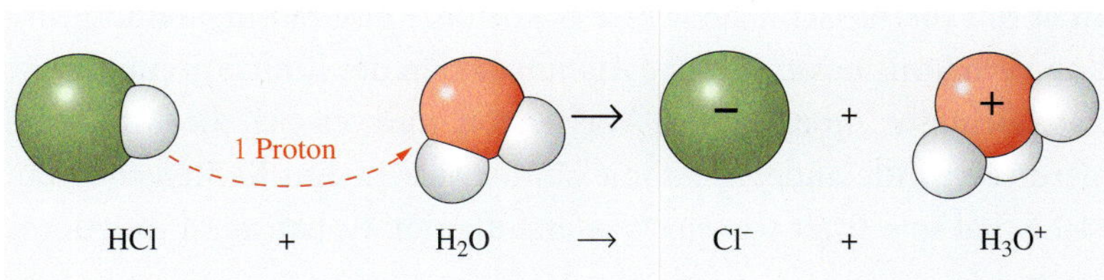

3 Ein Chlorwasserstoffmolekül gibt ein Proton an ein Wassermolekül ab.

Ammoniaklösung – eine Lauge Versuch 6 hat gezeigt, dass die entstehende Flüssigkeit alkalisch ist. Es ist eine Lauge entstanden. Also müssen sich Hydroxid-Ionen gebildet haben. Die Ammoniakmoleküle reagieren mit Wassermolekülen. Dabei zerfallen Wassermoleküle in Wasserstoff-Ionen und Hydroxid-Ionen.
$H_2O \longrightarrow H^+ + OH^-$ ▷ 4
Die Wasserstoff-Ionen (Protonen) reagieren mit Ammoniakmolekülen zu Ammonium-Ionen (NH_4^+).

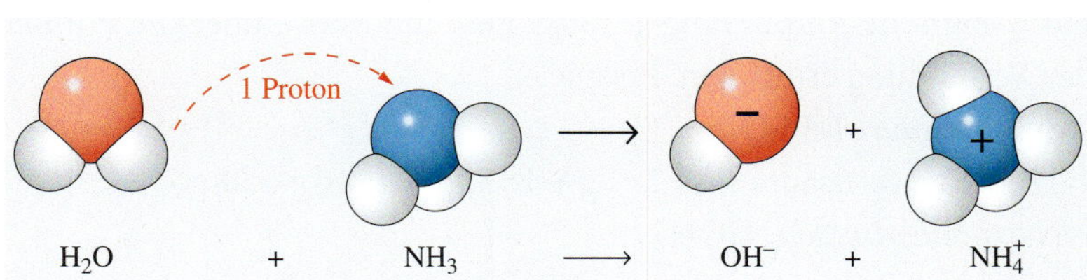

4 Ein Wassermolekül gibt ein Proton an ein Ammoniakmolekül ab.

3 □ Nenne den Protonenspender und den Protonenempfänger bei der Reaktion:
a von Clorwasserstoff mit Wasser
b von Ammoniak mit Wasser

4 ◪ Gib auch für die Neutralisation von Salzsäure mit Natronlauge den Protonenspender und den Protonenempfänger an.

Konzentration von sauren und alkalischen Lösungen

Die Stoffmengenkonzentration Die Konzentration einer Lösung ergibt sich aus der Menge des gelösten Stoffs und dem Volumen der Lösung. In vielen Fällen sprechen wir einfach von *verdünnten* oder *konzentrierten* Lösungen. Damit drücken wir aus, ob die Lösung viel oder wenig von dem gelösten Stoff enthält. ▷ 1 Will man genauer sein, gibt man an, welche Masse oder welches Volumen des gelösten Stoffs z. B. in einem Liter der Lösung enthalten ist ($\frac{g}{L}$ oder $\frac{mL}{L}$).
In Laboratorien reicht das meist nicht aus. Hier spricht man von „molaren“ Lösungen. Die Konzentration wird meist auf dem Etikett in $\frac{mol}{L}$ angegeben. ▷ 2 Das ist die *Stoffmengenkonzentration.*

Das Mol Ein Mol (1 mol) eines Stoffs sind $6 \cdot 10^{23}$ Teilchen. Das ist eine 6 mit 23 Nullen (600 000 000 000 000 000 000 000). Genauso viele Teilchen sind in 12 g Kohlenstoff enthalten. „Warum gerade 12 g Kohlenstoff? Wer hat das gezählt?“, fragst du vielleicht. Niemand hat das gezählt; es handelt sich um eine Vereinbarung.
Ein Blick ins PSE zeigt, dass für jedes Element eine Atommasse angegeben ist: die Zahl, die über dem Symbol steht. Es handelt sich dabei nicht um die tatsächliche Masse des Atoms in Gramm, sondern um eine Verhältnismasse *(relative Atommasse)* in der Einheit u (unit).
Das leichteste Atom ist das Wasserstoffatom; es hat die Masse 1 u (gerundet). Alle anderen Atome sind schwerer. Ein Kohlenstoffatom ist 12-mal so schwer wie ein Wasserstoffatom. Es hat somit die Atommasse 12 u.
12 g Kohlenstoff wiederum enthalten genauso viele Atome wie 1 g Wasserstoff. Das kann man nicht zählen, nur berechnen: Man teilt die 12 g durch die tatsächliche Masse eines Kohlenstoffatoms.

Die Masse eines Mols Für chemische Elemente können wir die (gerundete) Atommasse aus dem PSE ablesen. So wissen wir z. B., dass 1 mol Schwefel die Masse 32 g hat. ▷ 3
Für chemische Verbindungen muss man die Masse über die Formel der Verbindung errechnen. Beispiele:
- *Schwefelsäure* (H_2SO_4):
  1 mol Schwefelsäure sind $2 \cdot 1\,g + 1 \cdot 32\,g + 4 \cdot 16\,g = 98\,g$.
- *Natriumhydroxid* (NaOH):
  1 mol Natriumhydroxid sind $23\,g + 16\,g + 1\,g = 40\,g$.

1 Auf die Konzentration der Säure kommt es an.

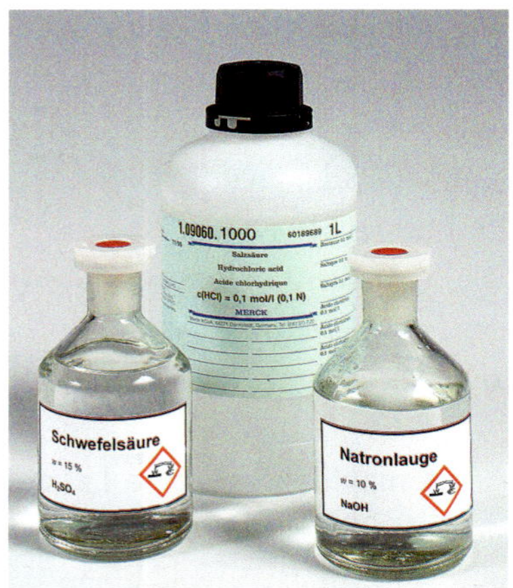

2 Beschriftete Chemikalienflaschen

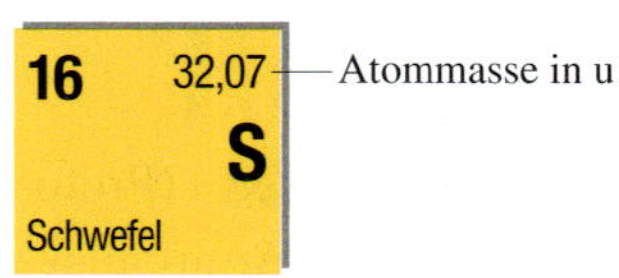

3

Aufgaben

1 □ Ermittle jeweils die Masse von 1 mol folgender Stoffe:
Natrium, Calcium und Calciumhydroxid $Ca(OH)_2$.

2 ◪ Auf einem Etikett steht: $c\,(NaOH) = 0{,}1\,\frac{mol}{L}$.
Was bedeutet das?

3 ■ Erkläre den Begriff *Stoffmengenkonzentration* am Beispiel der Salzsäure.

Konzentrationsbestimmung durch Neutralisation Oft ist es nötig, die Konzentration einer alkalischen oder sauren Lösung zu messen. Das gelingt mithilfe der Neutralisation.
Bei der Neutralisation reagiert immer ein Hydronium-Ion mit einem Hydroxid-Ion: $H_3O^+ + OH^- \longrightarrow 2\,H_2O$. Man kann auch sagen: 1 mol Hydronium-Ionen reagieren mit 1 mol Hydroxid-Ionen.
Verwendet man zum Neutralisieren eine Lösung bekannter Stoffmengenkonzentration, kann man mit dem *Volumen* dieser Lösung arbeiten (statt mit der Stoffmenge in g oder in mol). Dazu ein *Beispiel:*
Gesucht wird die Konzentration einer Natriumhydroxidlösung. Man nimmt ganz genau 10 mL dieser Lösung und neutralisiert sie mit Salzsäure der Konzentration $0{,}1\,\frac{mol}{L}$. Wenn man zum Neutralisieren z. B. 10 mL Salzsäure braucht, hat auch die untersuchte Natriumhydroxidlösung die Stoffmengenkonzentration $0{,}1\,\frac{mol}{L}$.

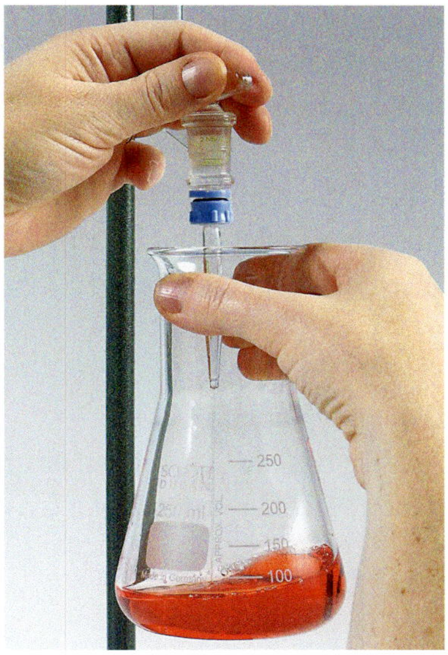

4 Bürette zum Bestimmen des Volumens einer zugetropften Lösung

Konzentrationsbestimmung durch Titration So einfach wie in dem Beispiel oben geht es jedoch nie. Um die Konzentration einer Natriumhydroxidlösung zu bestimmen, wendet man deshalb das *Titrationsverfahren* an:
Zunächst werden z. B. 20 mL der Lösung ganz genau abgewogen und in einen Erlenmeyerkolben mit etwas Indikatorlösung gefüllt. In eine Bürette kommt eine Säurelösung der Konzentration $1\,\frac{mol}{L}$. ▷ 4 Der Füllstand wird genau abgelesen. ▷ 5
Nun lässt man nach und nach die Säure der Hydroxidlösung hinzutropfen, bis sich die Indikatorfarbe schlagartig ändert. Wenn man jetzt an der Bürette das verbrauchte Volumen abliest, lässt sich die Konzentration der Natriumhydroxidlösung errechnen.

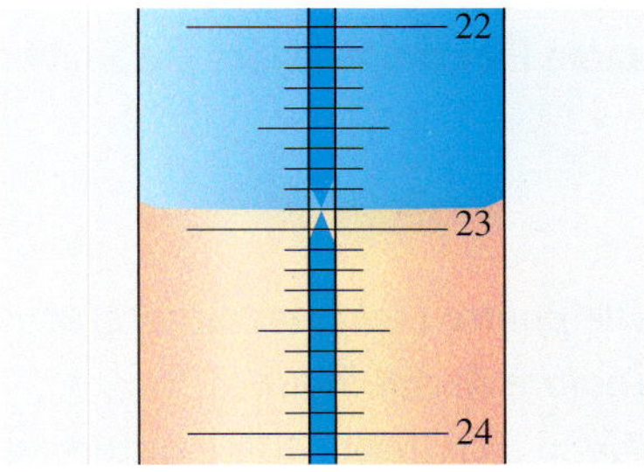

5 Bürette mit blauem Schellbachstreifen als Ablesehilfe: Die Einschnürung des blauen Streifens markiert den Ablesewert, hier 22,9.

Neutralisation von Natronlauge mit Salzsäure
Wir füllen eine Bürette (50 mL) mithilfe eines Trichters bis etwas über die obere Markierung mit verdünnter Salzsäure. Der Trichter wird dann entfernt.
Durch den Hahn lassen wir so viel Salzsäure in ein Becherglas (50 mL) ab, bis 50 mL Salzsäure in der Bürette bleiben.
Nun geben wir 25 mL verdünnte Natronlauge in einen Erlenmeyerkolben mit weitem Hals und fügen ein paar Tropfen Lackmuslösung hinzu. Wir neutralisieren die Lauge, indem wir vorsichtig Salzsäure aus der Bürette zutropfen. Dabei schwenken wir den Kolben vorsichtig hin und her, damit Säure und Lauge gut miteinander vermischt werden.
Wenn die Indikatorfarbe umschlägt, ist die Lösung neutral. (Vorsicht: Das passiert ganz plötzlich!)
– Wie viel Salzsäure ist nötig, um diese Lösung zu neutralisieren?
– Wie viel Salzsäure ist nötig, um 1 Liter der Natronlauge zu neutralisieren?

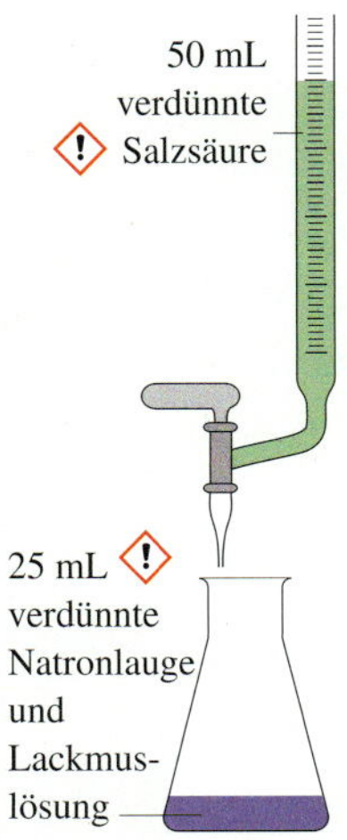

6

Chemische Bindungen und Elektronenübertragung

Atome und Ionen:
Atome haben das Bestreben, eine voll besetzte Außenschale zu erreichen (Edelgas- oder Oktettregel).
Dabei werden elektrisch neutrale Atome durch Aufnahme oder Abgabe von Elektronen zu elektrisch geladenen Ionen. ▷ 1

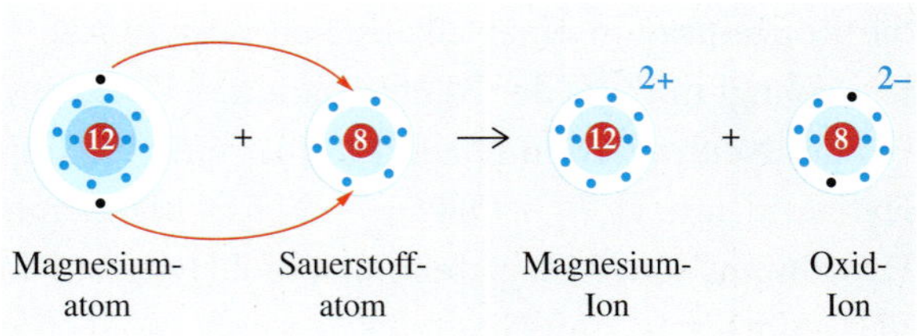

1

Die Ionenbindung:
Anziehungskräfte zwischen entgegengesetzt geladenen Nachbar-Ionen bewirken die *Ionenbindung*. ▷ 2

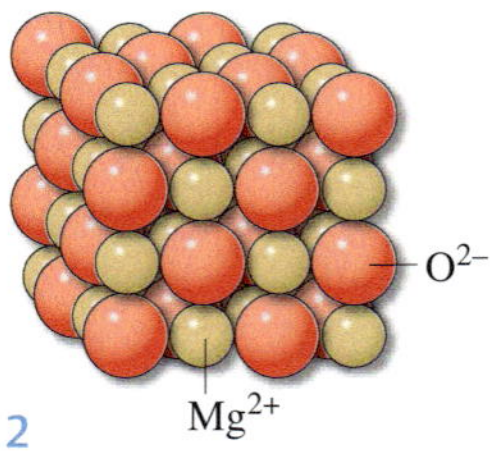

2

Die Elektronenpaarbindung (Atombindung):
In Molekülen werden die Atome durch gemeinsame Elektronenpaare zusammengehalten. ▷ 3

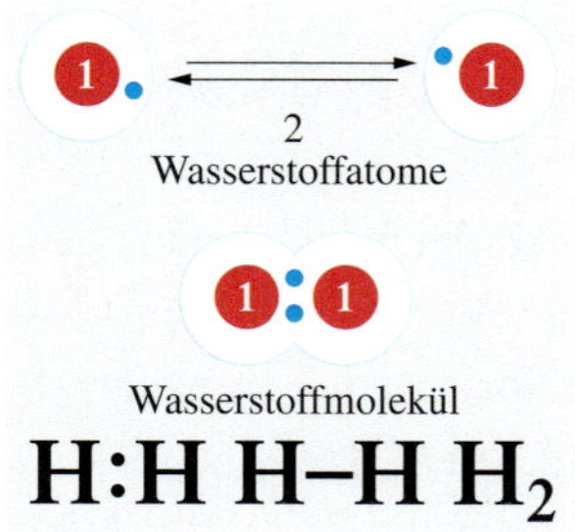

3

Die polare Elektronenpaarbindung (polare Atombindung):
Wenn sich zwei Atome unterschiedlicher Nichtmetalle miteinander verbinden, zieht das Atom mit der größeren Kernladungszahl das jeweils bindende Elektronenpaar stärker zu sich hin.

Dipole:
Moleküle mit ungleichmäßig verteilter elektrischer Ladung sind *Dipole*, z. B. das Wassermolekül. ▷ 4
Zwischen Dipolmolekülen treten zusätzliche Anziehungskräfte auf, z. B. die *Wasserstoffbrückenbindung*.

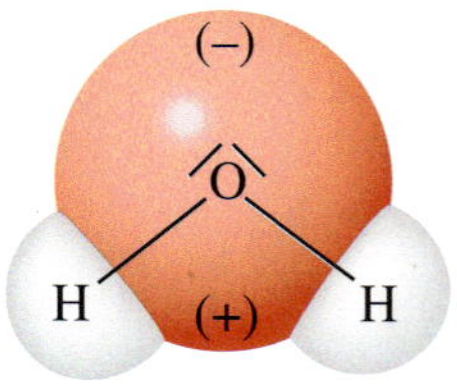

4

Mehr

Protonenübergänge:

Wassermoleküle können Protonen an andere Moleküle abgeben. Sie können *Protonenspender* sein. ▷ 5

Wassermoleküle können Protonen von anderen Molekülen aufnehmen. Sie können *Protonenempfänger* sein. ▷ 6

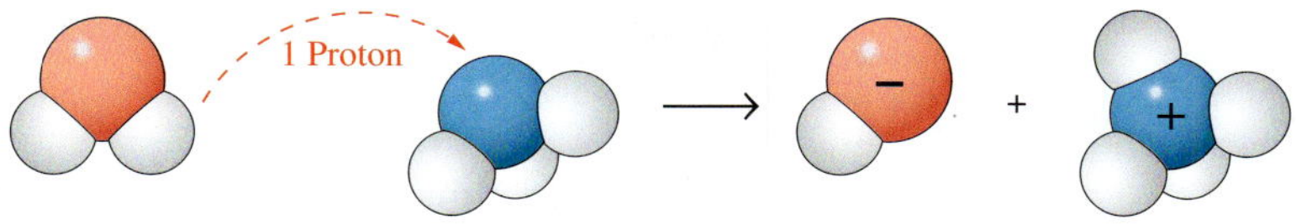

$H_2O + NH_3 \longrightarrow OH^- + NH_4^+$

5 Ein Wassermolekül gibt ein Proton an ein Ammoniakmolekül ab.

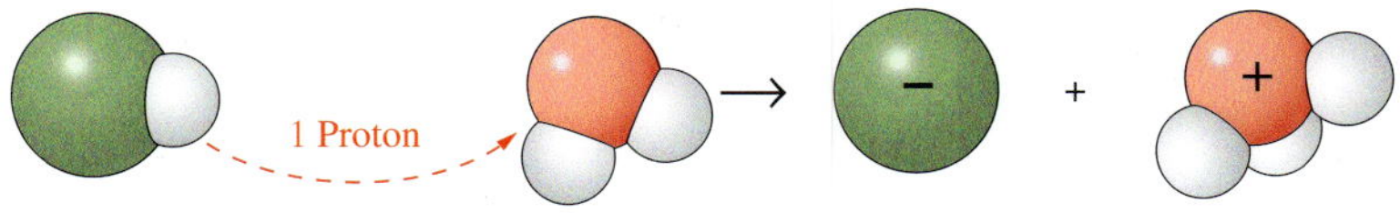

$HCl + H_2O \longrightarrow Cl^- + H_3O^+$

6 Ein Chlorwasserstoffmolekül gibt ein Proton an ein Wassermolekül ab.

Alles klar?

1 ◪ Aus einem Magnesiumatom entsteht ein Magnesium-Ion.
Zeichne und beschreibe den Vorgang.

2 Auch durch Ionenbildung können Atome den Edelgaszustand erreichen und so eine Ionenbindung eingehen.

a ◪ Erläutere das am Beispiel von Natriumchlorid.

b ■ Nenne weitere Beispiele dazu.

3 ■ Magnesium reagiert nicht mit Neon.
Begründe das mihilfe des Atombaus.

4 ◪ Auch wenn sich unterschiedliche Atomsorten verbinden, können Moleküle entstehen. Ein Beispiel ist die Verbindung von Wasserstoff und Chlor zu Chlorwasserstoff. Wie kommt es zur Bildung des Chlorwasserstoffmoleküls? ▷ 7

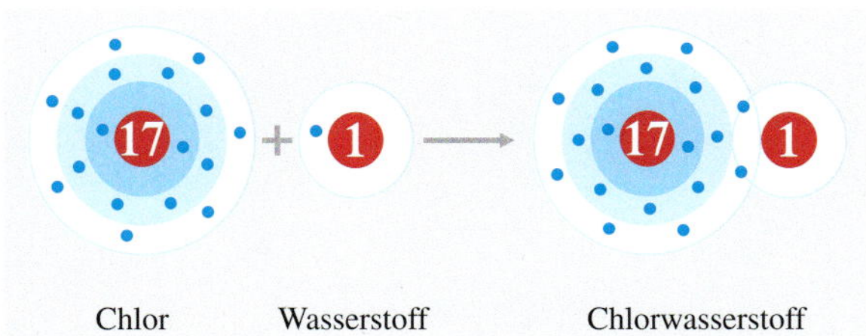

7

5 □ Beschreibe den Bau des Wassermoleküls. (Denke dabei auch an die Ladungsschwerpunkte.)

6 ◪ Welche Folgen hätte es, wenn die Wassermoleküle keine Dipole wären?
Nenne einige Beispiele.

7 ◪ Die Anomalie des Wassers ist von großer Bedeutung für die Natur.

a Erläutere, weshalb Fische in einem ausreichend tiefen Teich im Winter überleben können.

b Beschreibe, wie es zu Frostaufbrüchen auf den Straßen kommen kann.
Warum machen die sich erst im Frühjahr bemerkbar?

8 □ Welche Ionen bewirken die saure und welche die alkalische Reaktion einer Lösung?

9 Die Neutralisation

a □ Welche Reaktion wird damit gekennzeichnet?

b ◪ Gib dazu die Ionengleichung an.

10 ◪ Vergleiche einige Eigenschaften und die Zusammensetzung von Natriumhydroxid und Natriumchlorid.

11 ◪ Erläutere den Protonenübergang beim Lösen von Chlorwasserstoff in Wasser.

1

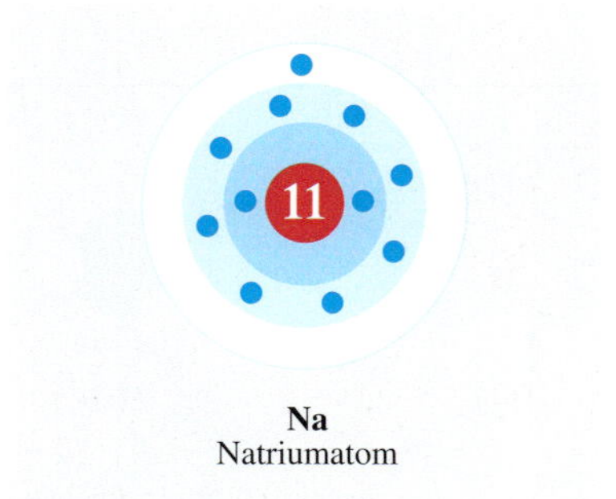

2

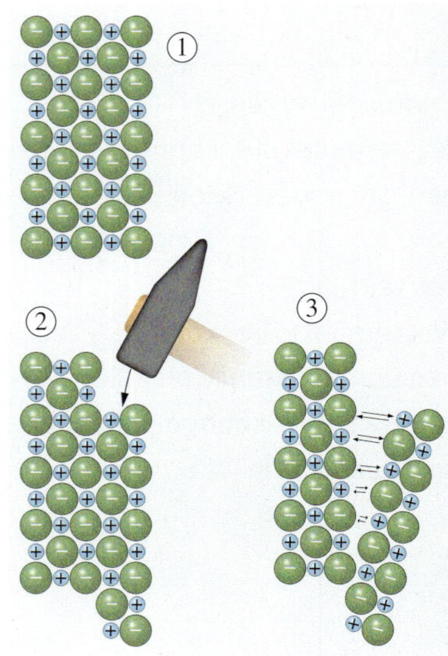

3

Atome und Ionen

1 Atome und Ionen kann man mit verschiedenen Modellen darstellen. ▷ 1–2
So zeigt z. B. Bild ▷ 2 Chloratome und Chlorid-Ionen als Kugeln.
In Bild ▷ 2 ist ein Natriumatom im Schalenmodell dargestellt.

a □ Zeichne das Schalenmodell eines Chloratoms und das eines Chlorid-Ions.

b ◪ Vergleiche beide miteinander: Nenne Gemeinsamkeiten und Unterschiede.

Die Ionenbildung

2 ◪ Reaktionen von Zink mit Sauerstoff und mit Iod

a Schreibe die Reaktionsgleichungen auf.

b Beschreibe die jeweilige Ionenbildung.

3 □ Wie lautet die Reaktionsgleichung für die Bildung von Magnesiumchlorid aus den Elementen Magnesium und Chlor?

Chemische Bindungen

4 Die Ionenbindung

a ■ Wenn man die quaderförmigen Natriumchloridkristalle spaltet, erhält man wieder quaderförmige Kristalle. ▷ 3 Erkläre das mit dem Bau von Kochsalz.

b ◪ Eine Natriumchloridschmelze und auch eine Natriumchloridlösung leiten den elektrischen Strom – festes und trockenes Kochsalz leiten ihn aber nicht. Erkläre das mit dem Bau von Kochsalz.

5 ◪ Die Elektronenpaarbindung

a Wie kommt es zu dieser Bezeichnung?

b Erläutere diese Bindung am Beispiel des Wasserstoffmoleküls.

c Beschreibe die chemische Bindung in einem Sauerstoffmolekül.

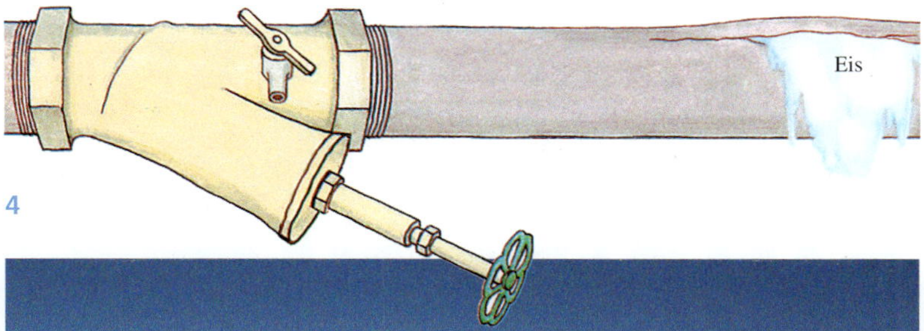

4

5

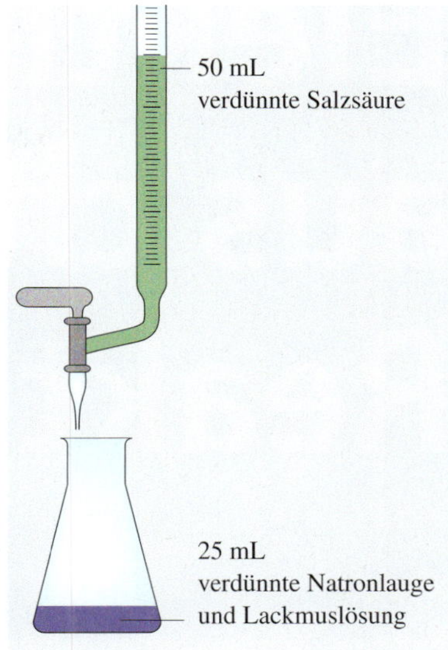

6

Besonderheiten des Wassers

6 Das Wassermolekül als Dipol

a □ Beschreibe den Bau des Wassermoleküls.

b ◪ Erkläre die folgenden Erscheinungen:
- Wasser ist bei 20 °C flüssig.
- Bei Frost kann eine gefüllte Wasserleitung bersten. ▷ 4
- Eis schwimmt auf dem Wasser ▷ 5, weil …
  … die Kälte nur an der Oberfläche wirkt
  … Eis leichter ist als Wasser
  … gefrorenes Wasser mehr Raum einnimmt als flüssiges

7 ◪ Wasser als Lösemittel

a Beschreibe, wie sich ein Kochsalzkristall in Wasser löst.

b Erkläre die Wirkung des Wassers auf den Kochsalzkristall beim Lösevorgang.

Protonenübergänge

8 ◪ Beschreibe die Entstehung einer sauren Lösung beim Lösen von Chlorwasserstoff in Wasser.

9 ◪ Beschreibe die Entstehung einer alkalischen Lösung beim Lösen von Ammoniak in Wasser.

10 ◪ Beschreibe den Protonenübergang bei der Neutralisation von Natronlauge mit Salzsäure. ▷ 6

Die Lösungen findest du im Anhang.

Elektrische Energie aus chemischen Reaktionen

In diesem Kapitel werden folgende Fragen beantwortet:
- Wie können chemische Reaktionen genutzt werden, um auf direktem Weg elektrische Energie zu gewinnen?
- Was passiert, wenn elektrischer Strom auf wässrige Lösungen einwirkt?
- Lässt sich die Wasserzersetzung durch elektrischen Strom auch umkehren?

1 Zerlegung von Wasser im Hybridkraftwerk

$$2\,H_2O \xrightarrow{\text{elektrische Energie}} 2\,H_2 + O_2 \text{ (endotherm)}$$

2 Brennstoffzellenfahrzeug

$$2\,H_2 + O_2 \longrightarrow 2\,H_2O \text{ (exotherm)}$$

Jules Verne:
„Ich glaube, dass eines Tages Wasserstoff und Sauerstoff, aus denen sich Wasser zusammensetzt, allein oder zusammen verwendet eine unerschöpfliche Quelle von Wärme und Licht bilden werden.“

3

Transportable Spannungsquellen

4

$Zn \longrightarrow Zn^{2+} + 2\,e^-$

5

$Li \longrightarrow Li^{+} + e^-$

6

$Pb \longrightarrow Pb^{4+} + 4\,e^-$

7 Ein glänzender Oldtimer – durch elektrischen Strom

Chemische Reaktionen und elektrische Spannung

Strom aus der Zitrone?

Eine Zitrone als elektrische Energiequelle. ▷ 1
Woher kommt der Strom?
Wie entsteht die Spannung?

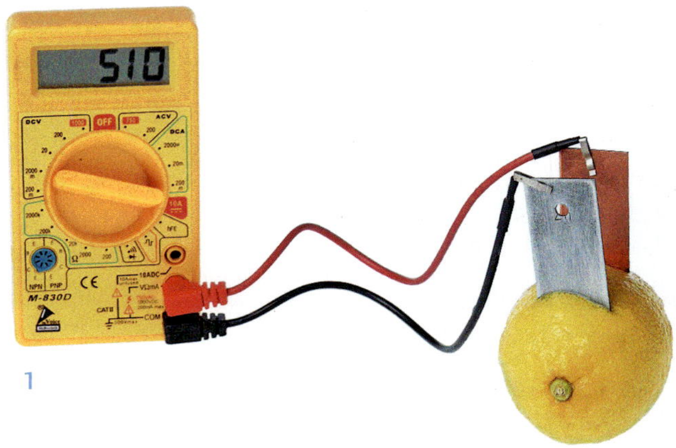

1

1

Elektrische Spannung aus Früchten und Kartoffeln?

Baut eine Spannungsquelle nach Bild ▷ 1. Arbeitet mit verschiedenen Früchten (z. B. Äpfeln oder Kartoffeln), aber immer mit Kupfer und Zink als Elektroden.

a Zeichnet den Versuchsaufbau.

b Messt jeweils die Spannung. Notiert die Messwerte und formuliert ein Ergebnis.

c Wiederholt den Versuch und verwendet statt der Früchte verdünnte Schwefelsäure◇ (10 %ig) in einem Becherglas (50 mL).

2

Wir erforschen die „Fruchtbatterie"

a Wählt eine Frucht oder ein Becherglas mit verdünnter Schwefelsäure◇ (10 %ig) aus V1 für eure Forschung aus. Begründet eure Wahl.

b Euch stehen Bleche aus verschiedenen Metallen zur Verfügung (Zn, Cu, Fe, Al). Steckt jeweils zwei unterschiedliche Bleche im Abstand von 3 bis 4 cm gleich tief in die Frucht. Sie sollen parallel ausgerichtet sein.

c Arbeitet mit verschiedenen Metallpaaren ▷ 2 und messt jeweils die erzeugte Spannung. Notiert die gemessenen Spannungen in einer solchen Tabelle. ▷ 3
Ermittelt das günstigste Metallpaar.

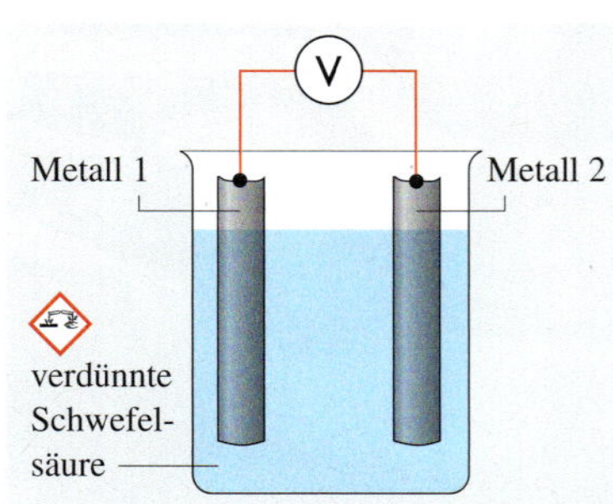

2

Metall 1	Metall 2	Spannung
…	…	…

3

3

Wie reagieren Zink und Kupfer?

Gebt sauberes Zinkblech (eine Zinkgranalie) in eine 15 %ige Kupfer(II)-sulfatlösung. ▷ 4
Das Glas bleibt einige Zeit lang stehen.
Gebt zum Vergleich ein reines Kupferblech in eine Zinksulfatlösung.
Beschreibt eure Beobachtung.

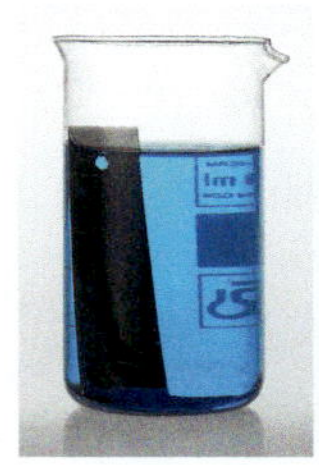

4

◇ verdünnte Schwefelsäure – Achtung

◇ Kupfersulfat – Gefahr

4

Elektrischer Strom aus Kupfer und Zink

Taucht ein Zinkblech in eine 10 %ige Zinksulfatlösung und ein Kupferblech in eine 10 %ige Kupfersulfatlösung.
Verbindet danach beide Lösungen mit einem Filterpapier, das in konzentrierte Kaliumnitratlösung◇ getaucht wurde („Stromschlüssel"). ▷ 5

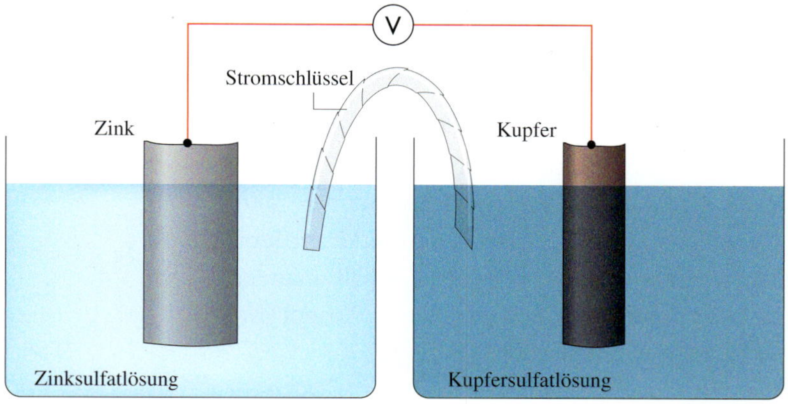

5

a Messt die Spannung zwischen den Metallblechen. Ermittelt den Plus- und den Minuspol.

b Überprüft, ob die Spannung groß genug ist, um eine Lampe (1,5 V; 0,1 A) zum Leuchten zu bringen.

c Wechselt die Lampe gegen einen kleinen Motor (Solarmotor) aus.

5

Die Ionenwanderung (Lehrerversuch)

Wir stellen uns zunächst zwei Lösungen her:
Lösung 1: Je 1 Spatelspitze Kupfersulfat◇ und Kaliumpermanganat◇ werden in einigen Tropfen Ammoniaklösung gelöst. (Die Lösung enthält elektrisch positiv geladene Kupfer-Ionen und negativ geladene Permanganat-Ionen.)
Lösung 2: In 10 mL verdünnter Ammoniaklösung◇ werden etwa 2 g Kaliumnitrat◇ gelöst.
Dann wird ein Streifen Filterpapier (ca. 12 cm · 3 cm) mit der Lösung 2 getränkt, außerdem ein dicker Baumwollfaden mit der Lösung 1.
Der Versuch wird aufgebaut. ▷ 6
Beschreibt, was ihr nach ein paar Minuten beobachtet.

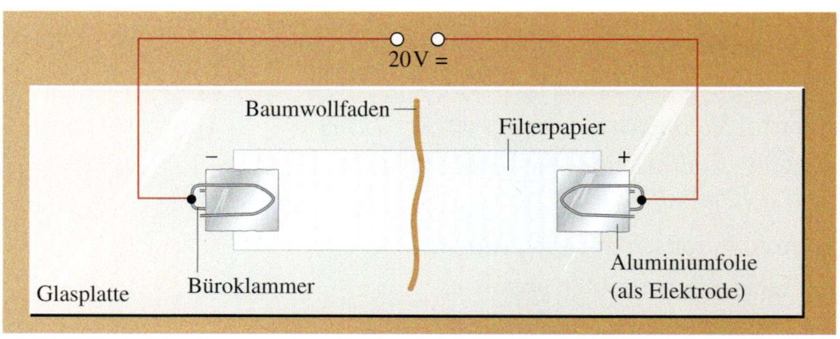

6

◇ Kaliumpermanganat – Gefahr

◇ verdünnte Ammoniaklösung – Achtung

◇ Kaliumnitrat – Gefahr

6

Die Elektrolyse einer Zinkiodidlösung

Was spielt sich an den Elektroden ab, wenn elektrischer Gleichstrom auf eine Salzlösung einwirkt? ▷ 7
Eine 20 %ige Zinkiodidlösung wird in ein U-Rohr gefüllt. Dann werden zwei Kohlestifte als Elektroden in diese Lösung getaucht. Der Gleichstrom soll ca. 10 min lang fließen (I = 0,5 A).
Beobachtet dabei die Elektroden und achtet auf die Farbe.
Notiert eure Beobachtungen getrennt nach Plus- und Minuspol.

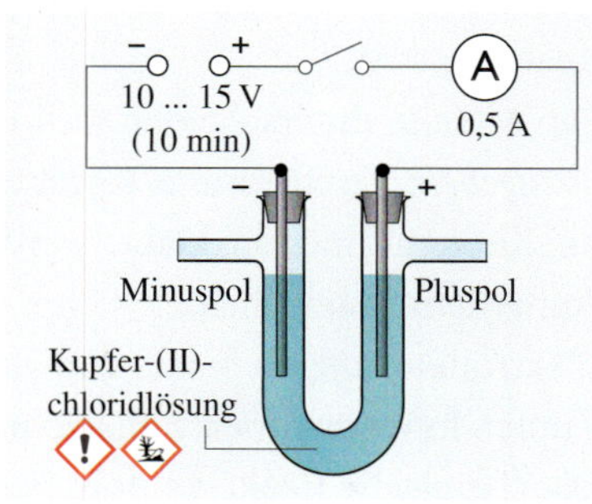

7

Elektrische Spannung durch chemische Reaktionen

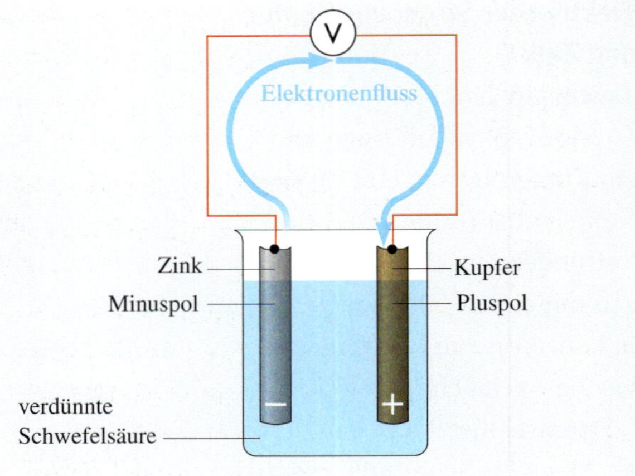

1

Eine chemische Reaktion als elektrische Energiequelle Unsere Versuchsergebnisse zeigen:
Wenn Zink und Kupfer oder zwei andere unterschiedliche Metalle in Zitronensaft oder verdünnte Schwefelsäure getaucht werden, erhält man eine einfache Spannungsquelle mit einem Pluspol (Kupfer) und einem Minuspol (Zink).
Werden die beiden Pole durch einen elektrischen Leiter miteinander verbunden, entsteht ein Stromkreis. Dabei findet ein *Elektronenübergang* vom Zink zum Kupfer statt: Zink gibt Elektronen ab, Kupfer nimmt Elektronen auf.
Wie ist das zu erklären?
Der Stromkreis besteht aus einem elektrischen Leiter, zwei Metallen und einer Flüssigkeit, in die die beiden Metalle tauchen. ▷ 1
Die Flüssigkeit ist eine Elektrolytlösung. Sie enthält im Wasser gelöste positive und negative Ionen (z. B. die wässrigen Lösungen von Salzen oder saure und alkalische Lösungen).
Elektrolytlösungen leiten den elektrischen Strom. Dabei wandern die Ionen. In Versuch 5 der vorherigen Seite können wir diese *Ionenwanderung* an den Farben der positiv geladenen Kupfer-Ionen (blau) und der negativ geladenen Permanganat-Ionen (violett) gut beobachten: Wird eine Gleichspannung angelegt, so wandern die positiv geladenen Ionen zum Minuspol und die negativ geladenen Ionen zum Pluspol der Spannungsquelle.
Wenn zwei unterschiedliche Metalle in eine Elektrolytlösung eintauchen und leitend miteinander verbunden werden, entsteht ein geschlossener elektrischer Stromkreis.

Warum brauchen wir zwei unterschiedliche Metalle? Versuch 3 hat gezeigt: Stellt man ein Zinkblech in eine Salzlösung, die Kupfer(II)-Ionen enthält, wird das Zink mit metallischem Kupfer überzogen. Die blaue Lösung wird nach und nach entfärbt. Wenn man dagegen ein Kupferblech in Zinksulfatlösung eintaucht, findet keine chemische Reaktion statt.
Die Metalle unterscheiden sich durch ihre „Bereitschaft“, Elektronen *abzugeben*: Zinkatome z. B. geben ihre Elektronen leichter ab, als es die Kupferatome tun. Dabei werden die Metallatome zu Metall-Ionen. Außerdem unterscheiden sich die Metall-Ionen durch ihr Vermögen, Elektronen *aufzunehmen* und damit wieder zu Atomen zu werden. Kupfer-Ionen nehmen z. B. leichter Elektronen auf als Zink-Ionen.
Die chemische Reaktion zwischen Zink und Kupfer ist die Quelle der elektrischen Energie.

der Elektronenübergang

Elektronenübergang von Zinkatomen zu Kupfer-Ionen Wenn Zink mit Kupfer(II)-Ionen reagiert, werden Elektronen von Zinkatomen auf Kupfer-Ionen übertragen: $Zn + Cu^{2+} \longrightarrow Zn^{2+} + Cu$. ▷ 2–3

- Die Zinkatome geben Elektronen ab. Sie werden zu Zink-Ionen: $Zn \longrightarrow Zn^{2+} + 2\,e^-$.
- Die frei werdenden Elektronen werden von den Kupfer-Ionen aufgenommen. Die Kupfer-Ionen werden damit zu Kupferatomen: $Cu^{2+} + 2\,e^- \longrightarrow Cu$.
  Sie bilden den metallischen Überzug auf dem Zink. Dadurch nehmen die Kupfer(II)-Ionen ab. Die Lösung wird allmählich farblos.

Bei der Reaktion von Zink mit Kupfer findet somit eine *Elektronenübertragung* statt:

- *Elektronenabgabe:* $Zn \longrightarrow Zn^{2+} + 2\,e^-$
- *Elektronenaufnahme:* $Cu^{2+} + 2\,e^- \longrightarrow Cu$
- *Elektronenübergang:* $Zn + Cu^{2+} \longrightarrow Zn^{2+} + Cu$

Die Elektronen werden vom unedleren zum edleren Metall hin übertragen. Kupfer ist ein edleres Metall als Zink. Ein Kupferblech reagiert deshalb nicht mit einer Zinksalzlösung.

2

Eine Kupfer-Zink-Batterie Taucht man ein Zinkblech in eine Kupfer(II)-sulfatlösung ein ▷ 2, werden Elektronen von Zinkatomen direkt auf Kupfer(II)-Ionen übertragen. ▷ 3

Um nutzbare elektrische Energie zu erhalten, wurden in Versuch 4 (der vorherigen Doppelseite) die beiden Teilreaktionen räumlich voneinander getrennt. Es wurden jeweils Zink in eine Zinksalzlösung und Kupfer in eine Kupfersalzlösung getaucht und die Bleche leitend miteinander verbunden. Das Amperemeter zeigte an, dass ein elektrischer Strom floss. Bei dieser Anordnung werden die beiden Metalle durch einen Leiter miteinander verbunden. Dadurch „zwingt" man die Elektronen, durch diesen äußeren Leiter zu wandern. Die „Filterpapierbrücke" zwischen den Lösungen ist für Ionen durchlässig und schließt den Stromkreis. Zwischen der Zinkplatte (Minuspol) und der Kupferplatte (Pluspol) fließt ein elektrischer Strom.

Die räumliche Trennung von Elektronenabgabe und Elektronenaufnahme ist das Prinzip aller Batterien.

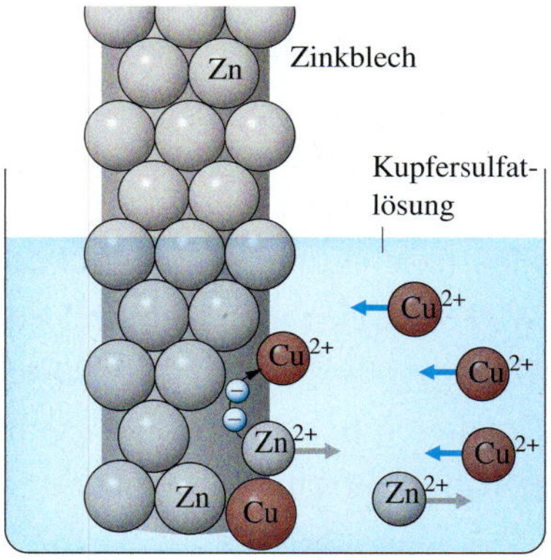

3

Aufgaben

1 ◪ Beschreibe den Stromkreis, der bei dem Versuch mit einer „Fruchtbatterie" entsteht (V 1 der vorherigen Doppelseite), sobald die Pole mit einer Glühlampe verbunden werden.

2 ◪ Beschreibe die Elektronenübergänge, die bei der „Fruchtbatterie" am Zink und am Kupfer ablaufen.

3 ◪ Eine chemische Rekation kann elektrischen Strom liefern. Erläutere das am Beispiel einer Zink-Kupfer-Batterie (Bild 5 der vorherigen Doppelseite).

Elektronenübergänge – Redoxreaktionen

Oxidation und Reduktion Bei der sehr heftigen Redoxreaktion von Magnesium mit Kupferoxid ▷ 1 entstehen weißes Magnesiumoxid und rotes Kupfer. Der Sauerstoff hat dabei seinen Partner gewechselt. Es finden gleichzeitig zwei Reaktionen statt: eine *Reduktion (Oxidspaltung)* und eine *Oxidation (Oxidbildung)*. Die Sauerstoff-Ionen (Oxid-Ionen O^{2-}) verändern sich nicht, sie wechseln nur ihren Partner.

Kupferoxid + Magnesium ⟶ Kupfer + Magnesiumoxid

$$CuO + Mg \longrightarrow Cu + MgO$$

Bei der Reaktion von Magnesium mit Kupfer(II)-Ionen löst sich das Magnesiummetall auf; es entstehen Magnesium-Ionen. Gleichzeitig verliert die bläuliche Lösung ihre Farbe. Aus Kupfer-Ionen werden Kupferatome. Es bildet sich roter metallischer Kupferschlamm.

Betrachtet man bei beiden Reaktionen die Atome der Metalle und ihre Elektronenschalen, stellt man fest, dass in der Atomhülle von Magnesium und Kupfer *Gleiches* geschieht: Elektronen werden vom Magnesium zum Kupfer übertragen. Für diesen Vorgang verwendet man die Begriffe *Oxidation*, *Reduktion* und *Redoxreaktion*:

Die Teilchen, die die Elektronen abgeben (hier: die Magnesiumatome) werden oxidiert.

Elektronenabgabe = Oxidation

Die Elektronen werden vom Reaktionspartner (hier: Kupfer-Ionen im Oxid bzw. Ionen in der Lösung) aufgenommen; der Reaktionspartner wird damit reduziert.

Elektronenaufnahme = Reduktion

Weil die Elektronen nicht frei existieren, ist jede Reduktion mit einer Oxidation verbunden. Man spricht deshalb von einer *Redoxreaktion*. Bei diesen Reaktionen gibt es immer einen „Elektronenspender“ und einen „Elektronenempfänger“. ▷ 2

1 Magnesium reagiert mit Kupferoxid.

Reaktion von Magnesium mit Kupferoxid: Übertragung von Sauerstoff	Reaktion von Magnesium mit Kupferoxid: Übertragung von Elektronen	Reaktion von Magnesium mit einer Kupfersalzlösung: Übertragung von Elektronen
Oxidbildung: $2\,Mg + O_2 \longrightarrow 2\,MgO$	$2\,Mg \longrightarrow 2\,Mg^{2+} + 4\,e^-$ $O_2 + 4\,e^- \longrightarrow 2\,O^{2-}$	Oxidation: $Mg \longrightarrow Mg^{2+} + 2\,e^-$
Oxidspaltung: $2\,CuO \longrightarrow 2\,Cu + O_2$	$2\,Cu^{2+} + 4\,e^- \longrightarrow 2\,Cu$ $2\,O^{2-} \longrightarrow O_2 + 4\,e^-$	Reduktion: $Cu^{2+} + 2\,e^- \longrightarrow Cu$
Sauerstoffübertragung: $Mg + CuO \longrightarrow Cu + MgO$	$Mg + Cu^{2+}O^{2-} \longrightarrow Mg^{2+}O^{2-} + Cu$	Redoxreaktion: $Mg + Cu^{2+} \longrightarrow Mg^{2+} + Cu$

2

Die Redoxreihe der Metalle Die Metalle lassen sich ordnen, und zwar nach ihrem Vermögen, Elektronen abzugeben (*oxidiert* zu werden). ▷ 3 Diese Anordnung nennt man *Redoxreihe der Metalle*.

Auch die Fähigkeit der Ionen verschiedener Metalle, Elektronen aufzunehmen (also *reduziert* zu werden), ist unterschiedlich. Man kann sie ebenfalls nach dieser Fähigkeit ordnen. ▷ 4

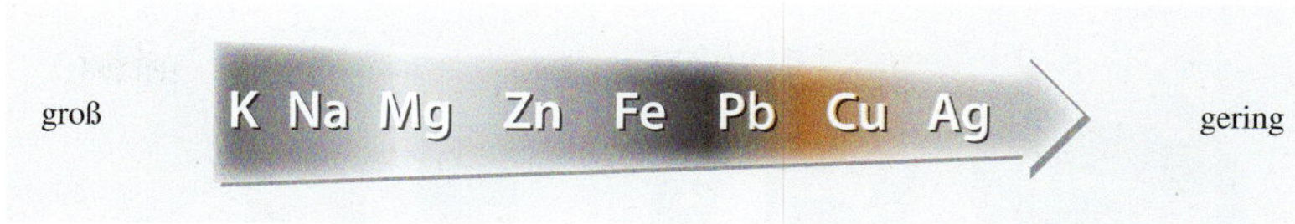

3 Fähigkeit der Atome zur Elektronenabgabe: *Redoxreihe der Metalle*

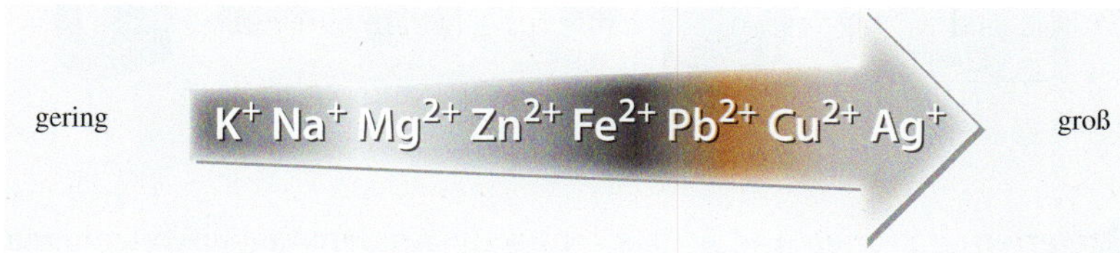

4 Fähigkeit der Ionen zur Elektronenaufnahme

Aus den Reihen ist z. B. Folgendes abzulesen:

- Zinkatome können zwar Elektronen auf die Ionen der rechts vom Zink stehenden Metalle übertragen, nicht aber auf die Ionen der links stehenden Metalle.
- Umgekehrt können die Atome der links vom Zink stehenden Metalle Elektronen auf Zink-Ionen übertragen, nicht aber die Atome der rechts vom Zink stehenden Metalle.

Das kann man mit den Bezeichnungen *edel* und *unedel* ausdrücken:

Metalle, die links vom Zink stehen, sind edler als Zink. Metalle, die rechts vom Zink stehen, sind unedler als Zink.

Durch genauere Untersuchungen kann man ermitteln, welche elektrische Spannung man erreichen kann, wenn man bestimmte Metalle und deren Salzlösungen miteinander kombiniert. Daraus ergibt sich die *Spannungsreihe der Metalle* (s. Anhang).

Aufgaben

1 ◪ Reaktionen mit Elektronenübertragung bezeichnet man als *Redoxreaktionen*. Erläutere die Elektronenübertragung bei der Redoxreaktion von Zink mit Kupferoxid.

2 ◪ Magnesium brennt; es reagiert mit Sauerstoff. Erläutere diese Reaktion als Reaktion mit Elektronenübertragung.

3 ■ Elektronen können nicht nur von Zinkatomen an Kupfer-Ionen abgegeben werden.

a Zwischen welchen Metallatomen und Metall-Ionen müsste das ebenfalls möglich sein?

b Überprüft eure Vermutung mit einem Versuch nach Bild 4 von S. 190.

c Überprüft eure Vermutung mit einem Versuch nach Bild 5 von S. 191.

4 ■ Legt man ein Zinkstück in eine Silbernitratlösung, so wächst ein silbermetallisches „Bäumchen" am Zink. (*Hinweis:* Die Lösung enthält positive Silber-Ionen Ag^+.)
Stelle die ablaufenden beiden Teilreaktionen Oxidation und Reduktion jeweils in einer Gleichung dar.

Mobile elektrische Energiequellen

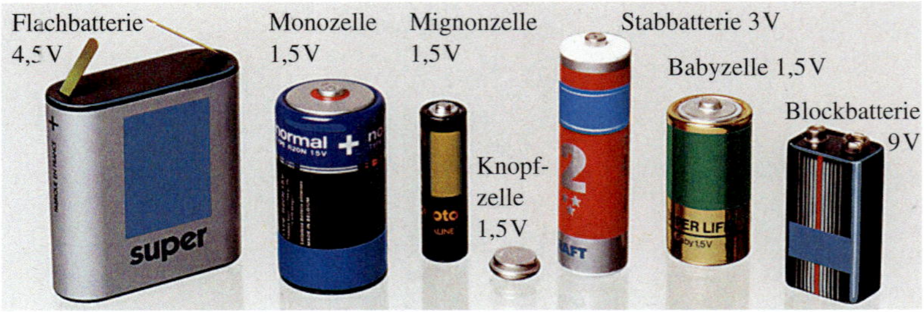

1

196-1

Batterien Batterien und Akkus kennst du aus dem täglichen Umgang als „Energiequellen für unterwegs". Es gibt viele unterschiedliche Batterien. ▷ 1 Oft handelt es sich dabei um Zink-Kohle-Batterien. Sie bestehen aus einem Zinkbecher, der eine feuchte Paste enthält. In diese taucht eine Kohleelektrode ein. ▷ 2
Wird ein Verbraucher angeschlossen, geben die Zinkatome des Zinkbechers Elektronen ab. (Der Zinkbecher ist der Minuspol.) Die Elektronen wandern zur Kohleelektrode, dem Pluspol. Bei diesem Vorgang wird laufend Zink zersetzt, sodass die Batterie schließlich unbrauchbar wird.

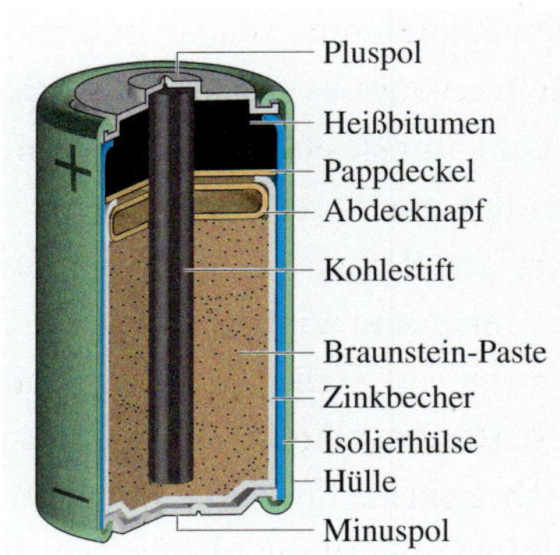

2

Akkumulatoren Für viele Zwecke benötigt man elektrische Energiequellen, die wieder aufgeladen werden können. Der *Bleiakkumulator für Autos* ist solch ein „Akku". ▷ 3 Er besteht aus Bleiplatten, die in ca. 20 %ige Schwefelsäure gestellt werden.

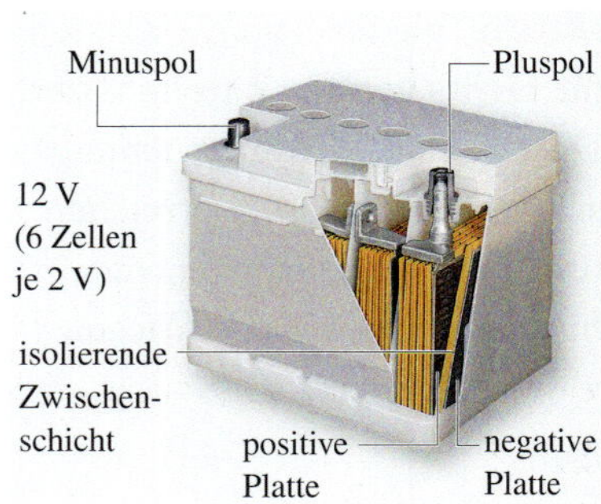

3

Der Lithium-Ionen-Akku Handys, Notebook, Camcorder, Bohrmaschinen und Akkuschrauber werden mit *Lithium-Ionen-Akkus* betrieben. Im Lithium-Ionen-Akku entsteht die Spannung durch *Verschiebung von Lithium-Ionen zwischen den Elektroden* (einer Graphit- und einer Manganoxidelektrode).
Während die Elektronen beim Laden und Entladen über den äußeren Stromkreis fließen, wandern die Lithium-Ionen innerhalb des Akkus von einer Elektrode zur anderen; dabei verändern sie sich nicht. Die Ionen werden also nicht entladen, sondern nur „verschoben". Deshalb sind Lithium-Ionen-Akkus länger haltbar als andere.
Beim *Laden* wandern die positiv geladenen Lithium-Ionen von der positiven Metalloxidelektrode zur negativen Graphitelektrode.
Beim *Entladen* wandern die Lithium-Ionen zurück in das Metalloxid. Gleichzeitig fließen die Elektronen über den äußeren Stromkreis zur positiven Elektrode. ▷ 4

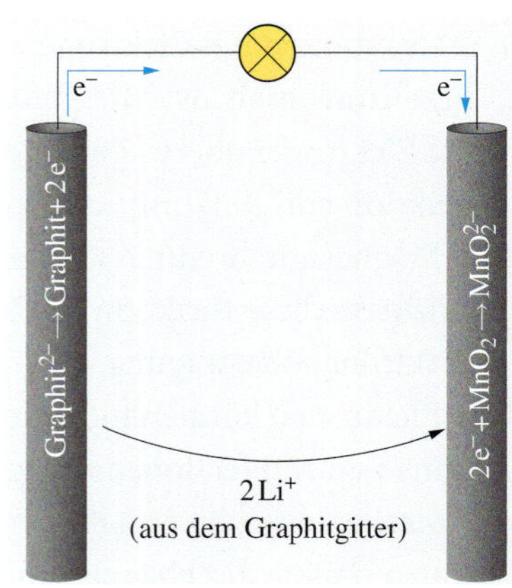

4 Entladen des Lithium-Ionen-Akkus

Batterierecycling Die deutsche Batterieverordnung verbietet, dass bestimmte schadstoffhaltige Batterien in Umlauf gebracht werden. Sie verpflichtet die Händler zur Rücknahme schadstoffhaltiger Batterien.
In der Verordnung ist auch festgelegt, dass gebrauchte Batterien zurückgenommen und entsprechend den Vorschriften des Kreislaufwirtschafts- und Abfallgesetzes ordnungsgemäß und schadlos verwertet werden. Es ist vorgeschrieben, dass nicht verwertbare Batterien „gemeinwohlverträglich“ beseitigt werden ▷ 5–6 sowie dass Batterien mehrfach verwendbar und langlebig sein sollen. Ziel ist es, das Einbringen von Schadstoffen aus Batterien in Abfälle zu verringern.

5 Sortieren in automatischen Anlagen

6 Batteriensammelbehälter

Die Brennstoffzelle Bei der Reaktion von Wasserstoff mit Sauerstoff wird Energie frei – bestenfalls unter gleichmäßiger Verbrennung, schlimmstenfalls explosionsartig (wie bei der Knallgasexplosion).

$$2\,H_2 + O_2 \longrightarrow 2H_2O \text{ (exotherm)}$$

Dabei wird von jedem Wasserstoffatom ein Elektron auf je ein Sauerstoffatom übertragen.
In der Brennstoffzelle werden die Elektronenabgabe und die Elektronenaufnahme räumlich voneinander getrennt. ▷ 7 Dadurch entsteht dazwischen eine elektrische Spannung. Wasserstoff und Sauerstoff reagieren miteinander ohne Verbrennung. Man kann auch von einer „gezähmten Knallgasexplosion“ sprechen.
In der Brennstoffzelle wird chemische Energie direkt in elektrische Energie umgewandelt.
Brennstoffzellen finden seit Langem in der Raumfahrt Verwendung. Inzwischen werden sie auch in Kraftfahrzeugen eingesetzt. ▷ 8 Außerdem wird erforscht, welche anderen Stoffe den Wasserstoff ersetzen könnten.

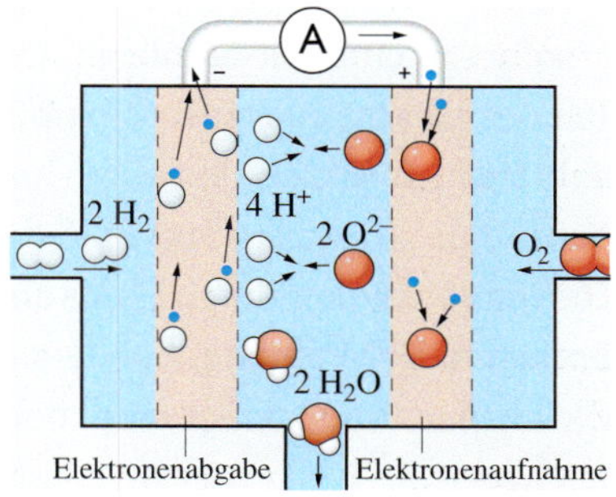

7 Brennstoffzelle

8 Brennstoffzelle im Auto

1 ◪ Informiert euch:
- welcher Batterietyp bei uns am häufigsten eingesetzt bzw. verkauft wird
- aus welchen Rohstoffen dieser Batterietyp besteht
- über die Stoffe Quecksilber, Blei und Cadmium
- über Möglichkeiten der Batterierückgabe in eurem Umfeld

Berichtet über die Ergebnisse eurer Nachforschungen.

2 ■ Worin liegt eurer Meinung nach der Sinn des Batterierecyclings?
Sammelt Argumente.

Chemische Reaktionen durch elektrische Energie

Elektrolyse einer Zinkiodidlösung Wenn elektrischer Strom durch eine Zinkiodidlösung fließt, bildet sich am Minuspol metallisches Zink. Am Pluspol scheidet sich Iod ab.

Wie kommt es dazu?

Sobald der Stromkreis geschlossen ist, beginnen die Ionen in der Lösung zu wandern: Die Zink-Ionen (Zn^{2+}) wandern zum Minuspol, die Iodid-Ionen (I^-) wandern zum Pluspol. An den Elektroden werden die Ionen entladen. Dabei spielen sich folgende Vorgänge ab ▷ 1:

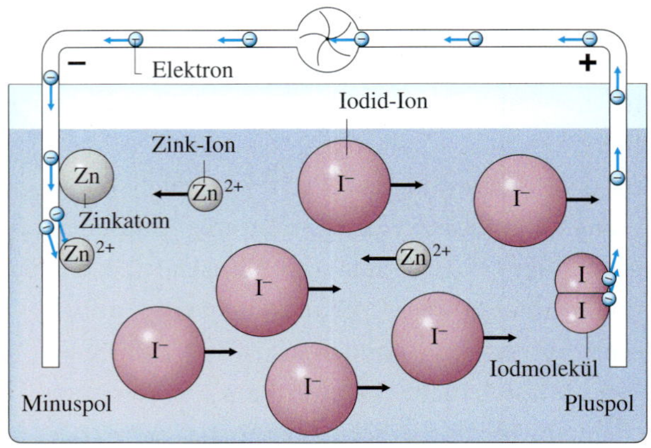

1 Ionenwanderung in einer Zinkiodidlösung

- Je ein Zink-Ion nimmt zwei Elektronen auf und wird dadurch wieder zu einem elektrisch neutralen Zinkatom reduziert. Die Zinkatome setzen sich an der Oberfläche der Elektrode ab und bilden metallisches Zink.
- Am Pluspol gibt je ein Iodid-Ion ein Elektron ab und wird zu einem Iodatom oxidiert. Zwei Iodatome verbinden sich jeweils sofort zu einem Iodmolekül. Iod scheidet sich ab.

Bei der Elektrolyse einer Zinkiodidlösung gehen also Elektronen von den Iodid-Ionen zu den Zink-Ionen über. Die Spannungsquelle stellt dabei eine „Elektronenpumpe“ dar.

Die Ionen werden durch Elektronenaufnahme bzw. -abgabe entladen. Der Vorgang, bei dem ein Stoff mithilfe einer elektrischen Gleichspannung zerlegt wird, heißt *Elektrolyse*.

Metallabscheidung bei der Elektrolyse Bei der Elektrolyse einer Zinkiodidlösung wird das Metall am Minuspol abgeschieden. Die Metall-Ionen wurden entladen. Das kann man nutzen, um Gegenstände zu verzinken.

Zum Verkupfern werden Körper in eine Kupfersalzlösung getaucht und mit dem Minuspol einer Gleichspannungsquelle verbunden. ▷ 2

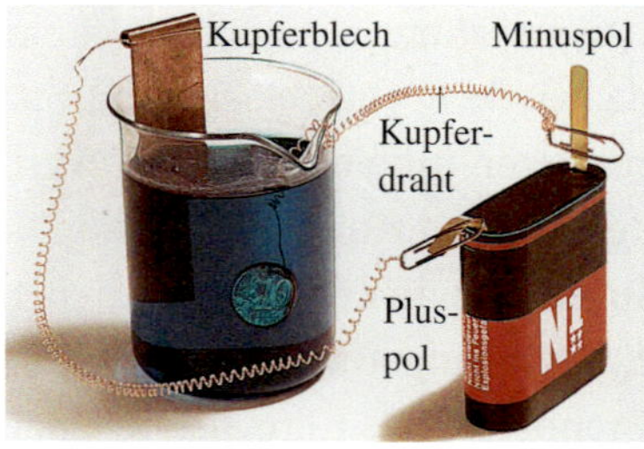

2

Das Kupfer, aus dem der Überzug werden soll, ist mit dem Pluspol verbunden. Wenn der Strom eingeschaltet wird, werden am Pluspol den Kupferatomen je 2 Elektronen entzogen; sie werden zu Kupfer-Ionen. Die Atome geben Elektronen ab, sie werden oxidiert.

$Cu \longrightarrow Cu^{2+} + 2e^-$

Die so gebildeten positiven Ionen lösen sich vom Blech und wandern zum Minuspol. Gleichzeitig werden am Minuspol Kupfer-Ionen entladen. Sie scheiden sich als Kupferatome ab. Es entsteht langsam ein rotbrauner Kupferbelag. Die Metall-Ionen nehmen Elektronen auf und werden zu Metallatomen reduziert.

$Cu^{2+} + 2\,e^- \longrightarrow Cu$

die Elektrolyse
das Galvanisieren

Mehr

Galvanisieren Dieses Verfahren wendet man zur Oberflächenbehandlung von Metallen an, z. B. zur Abscheidung metallischer Schichten von Kupfer, Nickel, Silber, Gold und anderen Metallen. ▷ 3
In Alltag und Technik gibt es zwei große Anwendungsbereiche:
- *Dekorative Galvanotechnik:* Schmuck, Bestecke, Stahlrohrmöbel oder Autoteile werden galvanisch mit Gold, Silber oder Chrom überzogen, damit sie ein glänzendes, schönes Aussehen bekommen.
- *Funktionelle Galvanotechnik:* Man bringt auf viele stählerne Gegenstände Metallschichten auf, die vor Korrosion schützen, den Verschleiß verringern oder die elektrische Leitfähigkeit erhöhen sollen.

Mithilfe der Metallabscheidung kann man auch Kunstwerke kopieren, indem man z. B. eine Gipsplastik mit Kupfer überzieht. ▷ 4

3 Mit Metallüberzügen versehen – durch Galvanisieren

So kann man Metallgegenstände verkupfern ▷ 5

250 mL 20 %ige Kupfer(II)-chloridlösung werden in ein Becherglas gegeben. Hinzu kommen 25 mL Essig (5 %ig). Am besten eignen sich Gegenstände aus Messing zum Verkupfern, z. B. eine alte Münze. Das Metallstück muss zunächst gründlich mit einem Fett lösenden Reinigungsmittel gesäubert werden. Es muss völlig fettfrei sein.

Das Metallstück wird am Kupferdraht in die Kupferchloridlösung gehängt. Es darf das Kupferblech nicht berühren!

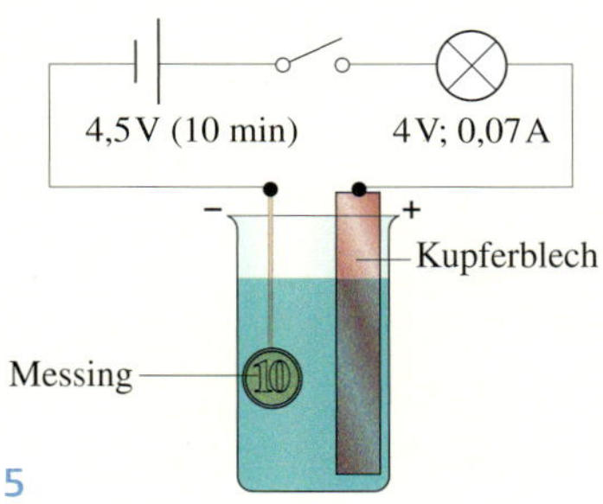

5

4 Johannes-Gutenberg-Denkmal in Frankfurt am Main: Galvanoplastik von Eduard Schmidt von der Lausitz

Aufgaben

1 ◪ Durch eine Zinkiodidlösung und durch eine Kupferiodidlösung wird jeweils ein elektrischer Gleichstrom geleitet.
Vergleiche die beiden Vorgänge.

2 ◪ An eine Zinkiodidlösung wird eine elektrische Gleichspannung angelegt.
Beschreibe die Ionenwanderung. Gib auch an, welche Teilreaktionen an der negativen und an der positiven Elektrode ablaufen.

3 ◻ Welcher Vorgang läuft bei einer Elektrolyse immer an der negativen Elektrode ab, welcher an der positiven?

4 Eine Münze wird verkupfert.

a ◪ Muss die Münze als negative Elektrode oder als positive Elektrode in den Elektrolyten eingesetzt werden?

b ■ Beschreibe die Vorgänge, die an den beiden Elektroden ablaufen.

5 ◪ Elektrische Energie kann in chemische und diese wieder in elektrische Energie umgewandelt werden. Wasserstoff kann dabei als Energiespeicher dienen. Beschreibe die chemischen Reaktionen, die dabei ablaufen. Verwende dabei den Begriff *Synthese.*

Elektrische Energie aus chemischen Reaktionen

Bei vielen exothermen chemischen Reaktionen finden *Elektronenübergänge* statt. Wenn die Elektronenabgabe durch den Elektronenspender und die Elektronenaufnahme durch den Elektronenempfänger räumlich voneinander getrennt sind, entsteht eine *elektrische Spannung*. ▷ 1 Sie kann zum Betreiben elektrischer Geräte verwendet werden.

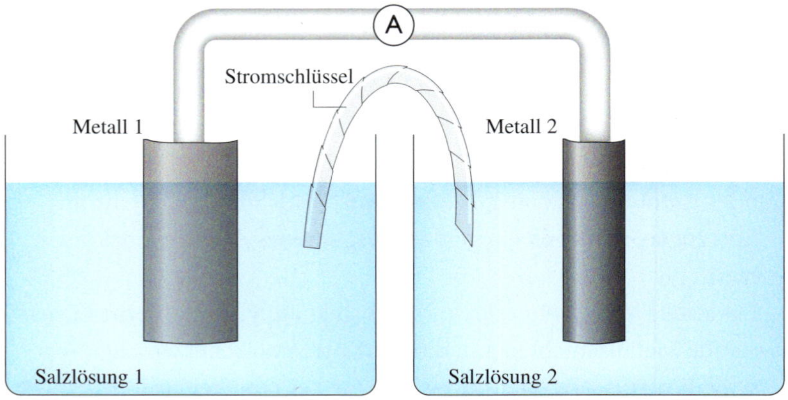

1

Batterien und Akkus

Batterien wandeln chemische Energie in elektrische Energie um. Dabei laufen chemische Reaktionen ab. ▷ 2
Akkumulatoren (Akkus) sind Speicher für elektrische Energie. Sie können entladen und wieder aufgeladen werden. ▷ 3

2

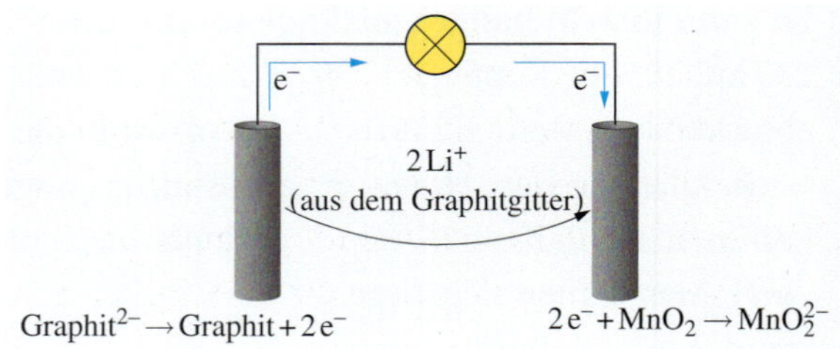

3

Brennstoffzellen

In Brennstoffzellen reagiert Wasserstoff mit Sauerstoff zu Wasser.
$2\,H_2 + O_2 \longrightarrow 2\,H_2O$ ▷ 4
Die Elektronenabgabe der Wasserstoffatome und die Elektronenaufnahme durch die Sauerstoffatome sind voneinander getrennt. So entsteht die elektrische Spannung.
Brennstoffzellen arbeiten, solange die erforderlichen Ausgangsstoffe vorhanden sind.

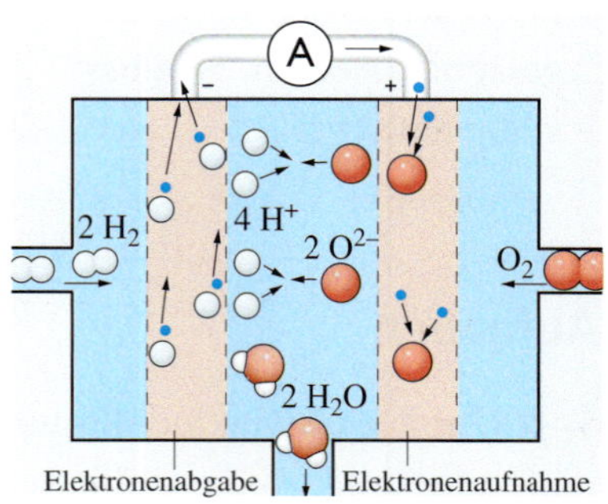

4

Oxidation – Reduktion – Redoxreaktion

Als „Oxidation" bezeichnet man die *Abgabe von Elektronen* und als „Reduktion" die *Aufnahme* von Elektronen. ▷ 5
Unter einer „Redoxreaktion" versteht man die *gleichzeitige Oxidation und Reduktion* bei chemischen Reaktionen.

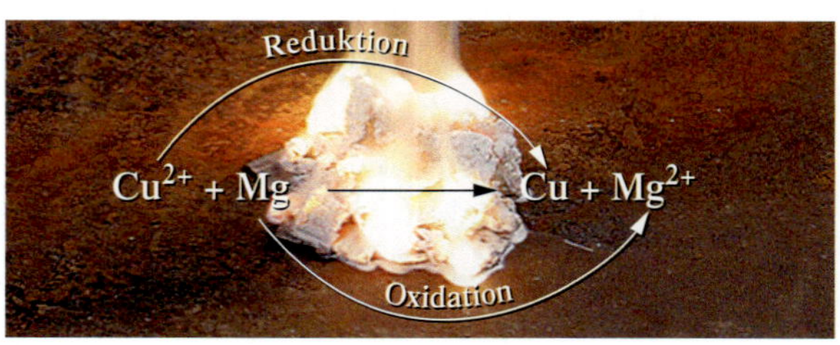

5

Leitfähigkeit und Elektrolyse

Die elektrische Leitfähigkeit in Salzlösungen und Salzschmelzen lässt sich durch wandernde Ionen deuten. ▷ 6
Die Spaltung der Stoffe durch elektrischen Strom bezeichnet man als *Elektrolyse*.
Die Elektrolyse kann in der Technik zur Gewinnung von Stoffen eingesetzt werden (Zersetzung von Wasser, Galvanisieren).

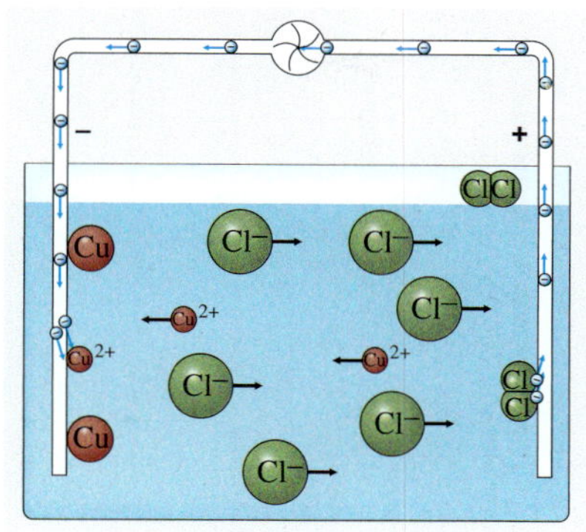

6

Alles klar?

1 ◪ Erkläre, warum sowohl eine Natriumhydroxid- als auch eine Natriumchloridlösung den elektrischen Strom leitet.

2 ◪ Bei Gewitter muss man in Freibädern das Wasser verlassen. Gib dafür eine Begründung an.

3 ◪ An eine Kupfer(II)-chloridlösung wird eine Gleichspannung angelegt. Beschreibe, was daraufhin passiert.

4 ■ Übertrage die unten stehende Zeichnung in dein Heft. ▷ 7 Beschrifte die Zeichnung so, dass damit die Elektrolyse einer Zinkbromidlösung beschrieben wird.

5 ■ Auf S. 190 haben wir mithilfe einer Zitrone eine elektrische Spannung erzeugt. Mit welchen Stoffen kann der Versuch ebenfalls gelingen?

6 ◪ Der menschliche Körper ist ein elektrischer Leiter. Begründe diese Aussage.

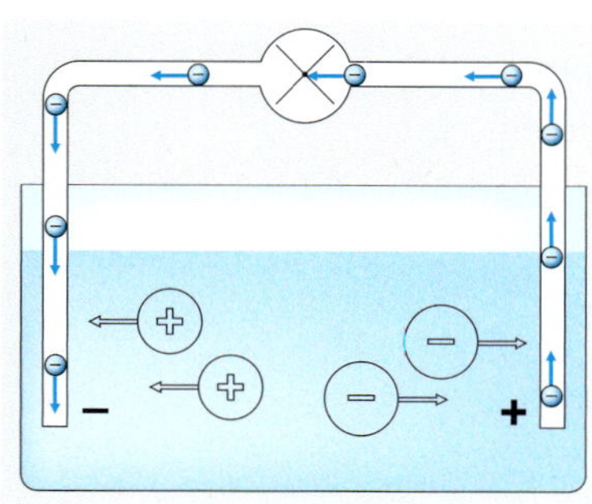

7

7 ◪ Beschreibe die Gemeinsamkeiten der folgenden Reaktionen:
- Bildung von Zinkoxid
- Bildung von Zinkchlorid
- Elektrolyse einer Zinkchloridlösung

8 ◪ Beschreibe die Elektrolyse und die Synthese von Wasser. Beachte die Energie bei diesen Reaktionen.

9 ◪ Beschreibe den Aufbau und die Arbeitsweise:
a einer Batterie
b eines Akkumulators
c einer Brennstoffzelle
d Vergleiche Batterien, Akkumulatoren und Brennstoffzellen. Nenne Vor- und Nachteile.

10 ◪ Nenne und begründe Maßnahmen zum Recycling von Batterien und Akkumulatoren.

11 In der Wasserstoff-Brennstoffzelle läuft eine „kontrollierte Knallgasreaktion" ab.
a ◪ Schreibe die Reaktionsgleichung dazu auf.
b ■ Erläutere die Elektronenübertragung bei dieser Reaktion. Verwende die folgenden Begriffe: *Oxidation*, *Reduktion*, *Elektronenspender* und *Elektronenempfänger*.
c ■ Vergleiche die kontrollierte Knallgasreaktion in der Brennstoffzelle mit der Elektrolyse von Wasser.

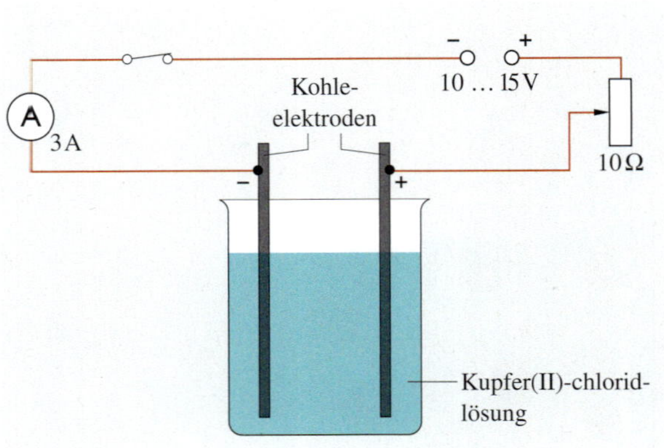

1

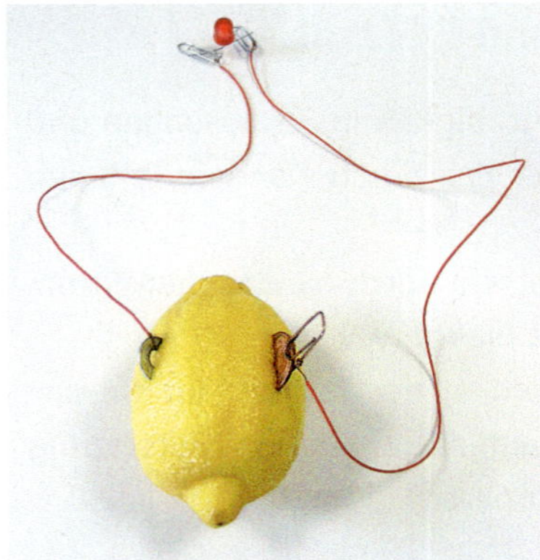
2

Die elektrische Leitfähigkeit

1 ◪ Ein trockener Kupferchloridkristall und eine Kupferchloridlösung werden geprüft, ob sie den elektrischen Strom leiten.

a Nenne die Ergebnisse und begründe sie.

b Ergänze die folgenden Sätze:
„Trockenes Kupferchlorid leitet den …, weil …“
„Kupferchloridlösung leitet den …, weil …“

Die Ionenwanderung

2 ◪ Durch eine Kupferchloridschmelze und durch eine Kupferchloridlösung wird elektrischer Gleichstrom geleitet.

a Vergleiche die beiden Vorgänge.

b An eine Kupferchloridlösung wird eine elektrische Gleichspannung angelegt. ▷ 1 Beschreibe die Ionenwanderung. Gib dabei auch an, welche Teilreaktionen an der negativen und an der positiven Elektrode ablaufen.

Redoxreaktionen

3 ◪ Beschreibe und vergleiche die Reaktionen von Zink mit Sauerstoff, mit Chlor und mit Iod.

a Schreibe die Reaktionsgleichungen auf.

b Beschreibe die jeweilige Ionenbildung.

4 □ Wie lautet die Reaktionsgleichung für die Bildung von Magnesiumchlorid aus Magnesium und Chlor?

Die Elektrolyse

5 ■ Wähle ein Beispiel aus und erläutere daran die beiden folgenden Aussagen:

a Positiv geladene Ionen werden am Minuspol reduziert.

b Negativ geladene Ionen werden am Pluspol oxidiert.

Die elektrische Spannung

6 ◪ Das Erzeugen einer elektrischen Spannung mithilfe einer Zitrone ▷ 2 hat eine Klasse veranlasst, ähnliche Experimente durchzuführen. Sie probierten den Versuch mit Kartoffeln, Brot, Bananen und Äpfeln aus.

a Mit welchen Lebensmitteln wird der Versuch erfolgreich verlaufen sein?

b Begründe deine Auswahl.

3

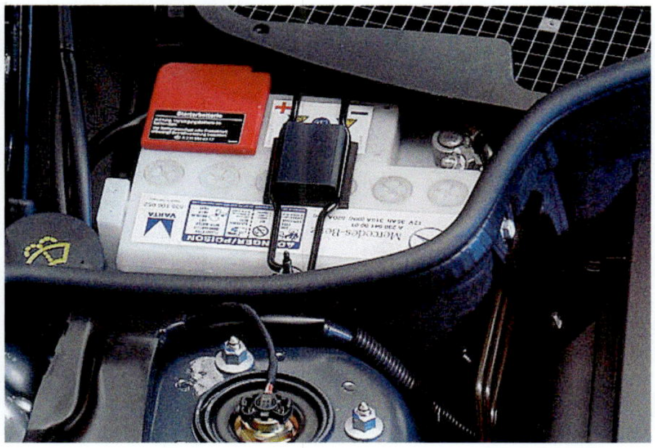

4

Batterien und Akkumulatoren

7 Die beiden Pole jeder Batterie müssen aus zwei unterschiedlichen Stoffen (in einem Elektrolyten) bestehen, damit eine elektrische Spannung entsteht.

a ◪ Erkläre das.

b ■ Ein Akkumulator ▷ 3 gilt schon als entladen, wenn seine Spannung 10 V statt 12 V beträgt. Er muss dann wieder aufgeladen werden. Beschreibe, wie man dabei vorgeht und welche Pole von Batterie und Ladegerät miteinander verbunden werden müssen.

c ◪ Akkus dürfen nicht in den Hausmüll geworfen werden. Begründe das Verbot.

d ◪ Einen Akku kann man laden und entladen. Bei einer Flachbatterie geht das nicht. Erkläre diesen Unterschied.

Akkus in Fahrzeugen

8 Fahrzeuge sind mit Akkus ausgestattet.

a □ Beschreibe die Aufgabe, die ein Akku in einem Auto oder einem Motorrad hat. ▷ 4

b □ Erläutere, wodurch erreicht wird, dass der Akku eines Autos eine Spannung von 12 V liefert.

c ◪ Wenn der Motor nicht anspringt, hilft eine Starthilfebatterie.
Welche Aufgabe hat sie?
Wie wird sie angeschlossen?

Energieumwandlungen

9 ◪ Wasserstoff kann als Energiespeicher verwendet werden. Elektrische Energie wird dabei in chemische Energie umgewandelt. Später kann die chemische Energie wieder in elektrische Energie ungewandelt werden.
Beschreibe, auf welche Weise das gelingt.

Die Lösungen findest du im Anhang.

Stoffe als Energieträger

1 Ölsandförderung in Kanada

2

3 Carsharing

4 Erdgasbohrung im Emsland

5 Anlandestation der Erdgaspipeline Nordstream in Greifswald

6

7 Braunkohlentagebau (hinten) und Kraftwerk Niederaussem

8

10 Biogasanlage

9 Zuckerrohr

11

12

Kohlenstoff und Kohle

Überall Kohlenstoff

1

2

Unsere Nahrung liefert uns Energie – aus Kohlenstoffverbindungen! ▷ 1–2

1

Wir untersuchen Zucker

Dieser Versuch zeigt, welche chemischen Elemente am Aufbau von Kohlenstoffverbindungen beteiligt sind.

a Wir füllen ein trockenes Reagenzglas etwa 2 cm hoch mit Zucker. Dann erhitzen wir den Inhalt vorsichtig mit einer Brennerflamme, bis die entstandene Schmelze eine rot- bis schwarzbraune Färbung annimmt.
Die Schmelze lassen wir abkühlen und prüfen, ob sie sich in Wasser löst.

b Wir füllen ein weiteres Reagenzglas 2 cm hoch mit Zucker und erhitzen kräftiger und länger. Beschreibt eure Beobachtung.
Wir versuchen die Gase oder Dämpfe an der Öffnung des Reagenzglases zu entzünden. Wir halten ein kühles, trockenes Becherglas über die Flamme am Reagenzglas. ▷ 3
Was könnt ihr beobachten?
Wir spülen ein Becherglas mit Calciumlauge◇ (Kalkwasser) aus und halten es ebenfalls umgekehrt über die Flamme.

c Den abgekühlten Rückstand im Reagenzglas untersuchen wir. Wir vergleichen ihn mit dem Ausgangsstoff Zucker.

d Deutet die Versuchsergebnisse.

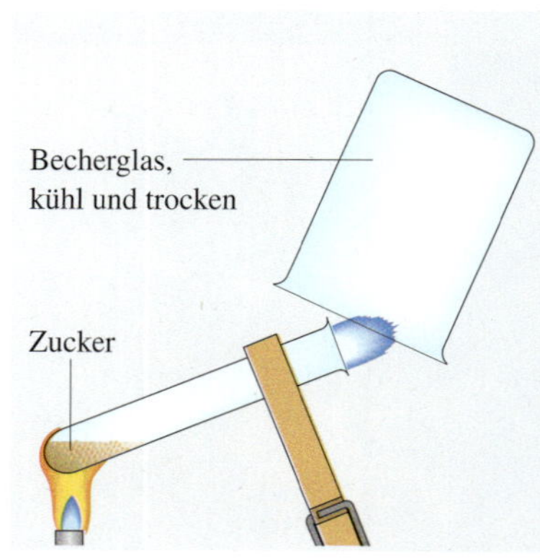

3

2

Schwefelsäure und Zucker (Lehrerversuch)

Ein Becherglas wird bis zur Höhe von 2–3 cm mit Haushaltszucker gefüllt. Dazu kommt konzentrierte Schwefelsäure◇.

a Beschreibt eure Beobachtungen.

b Versucht, eine Erklärung zu finden.

3

Toastbrot

a Wir füllen ein Reagenzglas 2 cm hoch mit Toastbrotbrocken und erhitzen es kräftig und über längere Zeit.

b Die Gase oder Dämpfe an der Öffnung des Reagenzglases versuchen wir zu entzünden.

c Ein kühles, trockenes Becherglas wird über die Flamme am Reagenzglas gehalten. ▷ 4
Was könnt ihr beobachten?

d Dann spülen wir ein Becherglas mit Calciumlauge◇ (Kalkwasser) aus und halten es ebenfalls umgekehrt über die Flamme.

e Deute die Ergebnisse. Vergleiche sie mit den Ergebnissen von Versuch 1.

4

Kohlenstoffverbindungen in Wasser

Wir untersuchen Kohlenstoffverbindungen auf ihre Löslichkeit in Wasser. Dazu geben wir etwa einen halben Zentimeter hoch Traubenzucker, Haushaltszucker, Mehl (Stärke) und Zellstoff (Cellulose) in jeweils ein Reagenzglas und füllen das Glas bis zu etwa 5 cm hoch mit Wasser auf.
Zunächst versuchen wir die Stoffe durch Schütteln zu lösen. Falls sich die Stoffe nicht lösen, erwärmen wir vorsichtig.

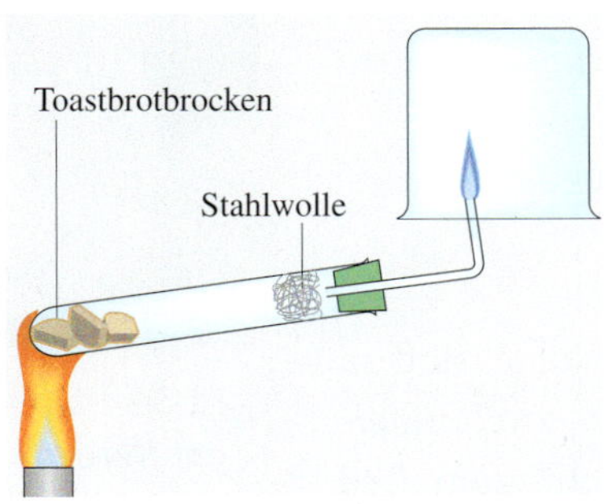

4

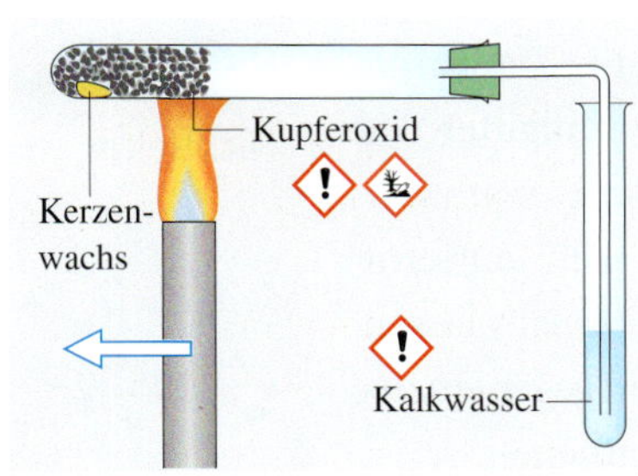

5

5

Leitfähigkeit von Kohlenstoffverbindungen

Plant einen Versuch, in dem die elektrische Leitfähigkeit von Traubenzuckerlösung geprüft werden kann.

6

Ruß und Graphit

a Informiere dich über Ruß (Steckbrief!).

b Fasse auch die Eigenschaften von Graphit in einem Steckbrief zusammen.

c Vergleiche die Eigenschaften der beiden Stoffe.

d Betrachtet Ruß unter der Lupe.

7

Kerzenwachs

Wir geben ein Stückchen Kerzenwachs in ein trockenes Reagenzglas. Darauf kommt 4 cm hoch schwarzes Kupferoxid◇.
▷ 5
Nun erhitzen wir – zunächst vorsichtig und dann kräftig (in der Mitte beginnen, den Brenner langsam nach links schieben). Welche Reaktionsprodukte entstehen?

◇ Calciumlauge (Kalkwasser) — Achtung

◇ Schwefelsäure (konzentriert) — Gefahr

◇ Kupfer(II)-oxid — Achtung

Der Kohlenstoff

Rußbildung Die untersuchten Stoffe Zucker, Holz, Toastbrot und Kerzenwachs „verkohlen“ bei unvollständiger Verbrennung. Es scheidet sich Ruß ab, also Kohlenstoff. Wenn wir weiter erhitzen, verbrennen sie vollständig.

Bei der Verbrennung von Holz, Zucker oder Wachs entstehen Kohlenstoffdioxid und Wasser.

Durch die Reaktion mit Kalkwasser kann man Kohlenstoffdioxid als Verbrennungsprodukt des Kohlenstoffs nachweisen. ▷ 1 Außerdem entsteht Wasser, das Verbrennungsprodukt von Wasserstoff.

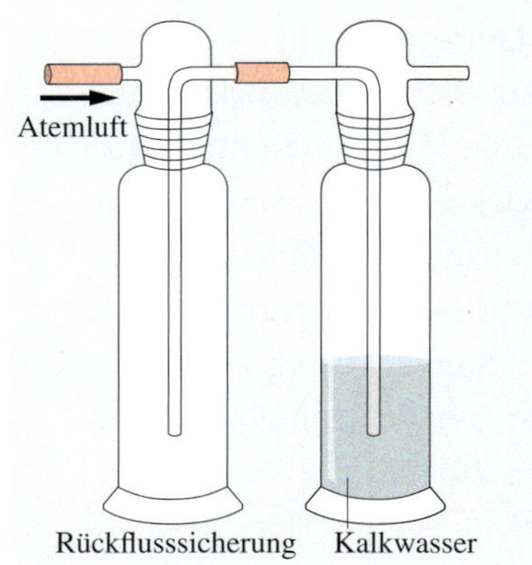

1

Kohlenstoff – Element des Lebens Unsere Nahrungsmittel wie Zucker und einige Werkstoffe wie Holz und Leder erhalten wir von Pflanzen (z. B. Zuckerrüben oder Zuckerrohr) und Tieren.
Auch wenn du es ihnen nicht ansiehst – andere Stoffe haben ebenfalls ihren Ursprung in Lebewesen. *Kerzenwachs* besteht aus *Paraffin*, welches wie *Benzin* oder *Diesel* durch die Destillation von *Erdöl* gewonnen wird. Das Erdöl wiederum ist wahrscheinlich über Jahrmillionen aus Kleinstlebewesen der Meere entstanden.

Alle Lebewesen sind aus Stoffen aufgebaut, die das Element Kohlenstoff enthalten.

Diamant und Graphit Man findet Kohlenstoff in Form von Graphit und Diamant – zwei unterschiedlichen Erscheinungsformen mit zum Teil gegensätzlichen Eigenschaften. ▷ 2
Dennoch sind beide Erscheinungsformen aus Kohlenstoffatomen aufgebaut. Nicht nur die Art seiner Teilchen, sondern auch deren Anordnung bestimmt die Eigenschaften eines Stoffs. Im Kristallgitter des Diamanten ist jedes Kohlenstoffatom von vier anderen Kohlenstoffatomen gleich weit entfernt und fest mit ihnen verbunden. ▷ 2 Deshalb lassen sich die Kohlenstoffatome nur schwer gegeneinander verschieben oder voneinander trennen.
Im Graphit dagegen bilden die Kohlenstoffatome ebene Schichten. ▷ 2 Der Abstand von Schicht zu Schicht ist dabei größer als zwischen den Kohlenstoffatomen einer Schicht: Die Schichten lassen sich leicht gegeneinander verschieben. Deshalb hinterlässt die Bleistiftmine eine Spur Graphit auf dem Papier.

Diamant	Graphit
glasklar, lichtdurchlässig	lichtundurchlässig

– ist der härteste Stoff in der Natur – ritzt Glas und Stahl – wird in Bohrköpfen eingesetzt	– weich, lässt sich mit dem Fingernagel ritzen – dient als Schmierstoff
Dichte: 3,51 $\frac{g}{cm^3}$	Dichte: 2,26 $\frac{g}{cm^3}$
Nichtleiter	leitet den elektrischen Strom
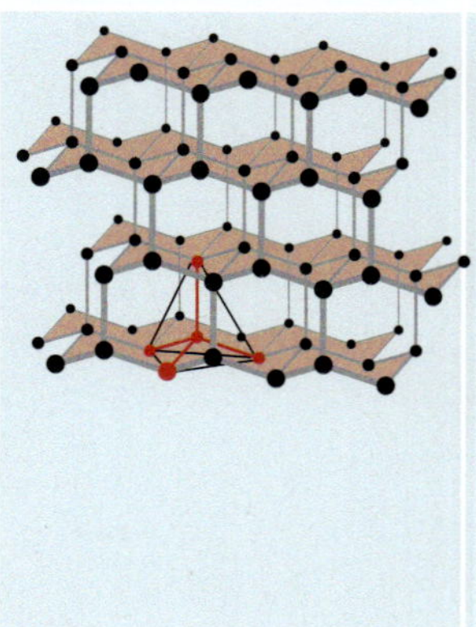	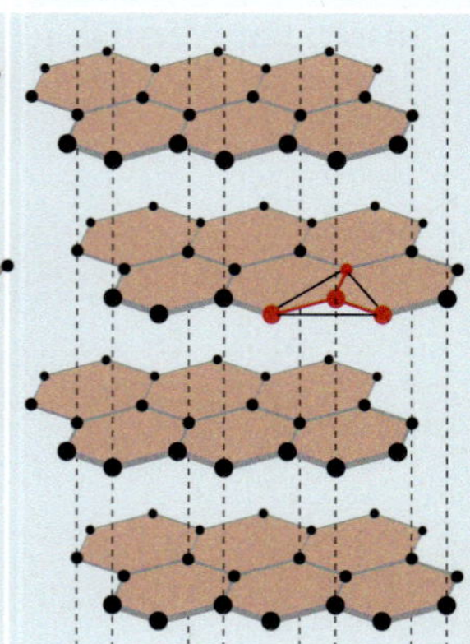

2 Zwei Erscheinungsformen des Kohlenstoffs

der Graphit

Mehr

Ruß und Graphit – äußerst wertvoll Bei unvollständiger Verbrennung des Kohlenstoffs entsteht *Ruß*. Er besteht aus winzigen Graphitkristallen.
Bei der Herstellung eines Pkw-Reifens werden ca. 3 kg Ruß zugesetzt, um den Gummi zu festigen. Ruß findet man auch in Druckerschwärze und Schuhpflegemitteln.
Wenn man Kohle bei ca. 2900 °C in einem Elektroofen erhitzt, entsteht *Kunstgraphit*. Es ist ein elektrischer Leiter, der chemisch sehr widerstandsfähig ist. Die elektrische Leitfähigkeit von Kunstgraphit wird bei der Stahl- und Aluminiumgewinnung und bei Taschenlampenbatterien genutzt. Auch Schleifstücke in Stromabnehmern von Elektrofahrzeugen bestehen aus Kunstgraphit. Er „schmiert" sich selbst, verträgt plötzliches Erhitzen und Abkühlen und schmilzt nicht – ideal für die Auskleidung von Hochöfen und Raketentriebwerken.

3

Mehr

Fullerene und Nanoröhrchen Erst in den letzten 25 Jahren wurden weitere Erscheinungsformen des Kohlenstoffs entdeckt: die *Fullerene* und die *Kohlenstoff-Nanoröhrchen*.
- In einem der *Fullerene* bilden 60 Kohlenstoffatome einen kugelförmigen „Käfig", dessen Hülle aus 20 Sechsecken und 12 Fünfecken besteht. Genauso ist ein Fußball aufgebaut. ▷ 3–4
- Man kann sich die *Nanoröhrchen* als eine aufgerollte Lage Graphit vorstellen. ▷ 5 Ihr Durchmesser beträgt wenige Nanometer (1 nm = 1 Millionstel mm).

Nanoröhrchen sind äußerst stabil, zug- und druckfest. Wegen dieser Eigenschaften werden sie z. B. als Füllstoff in den Rotorblättern von Windkraftanlagen genutzt. Besonders interessant ist ihr Verhalten gegenüber Elektrizität: Sie können isolieren, als Halbleiter wirken oder leiten. Auf dem Gebiet der *Nanotechnologie* forscht man nach weiteren Anwendungsmöglichkeiten. Ob durch das Einatmen von Nanoteilchen gesundheitliche Schäden entstehen können, wird noch untersucht.
Bestehen die Nanoröhrchen aus nur *einer* Schicht Kohlenstoffatome, so spricht man von *Graphen*.

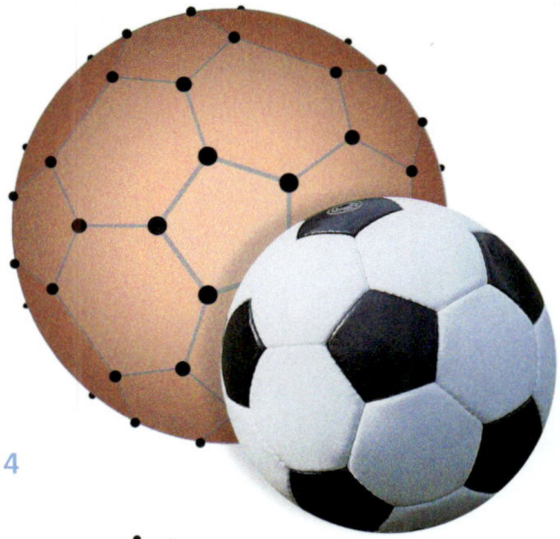
4

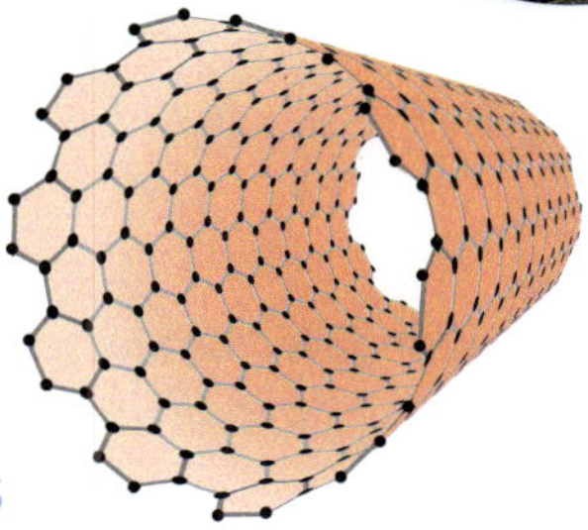
5

Aufgaben

1 □ Erkläre den Begriff „Kohlenstoffverbindung".

2 □ Nenne Stoffe, von denen du annimmst, es seien Kohlenstoffverbindungen.

a Begründe deine Vermutung.

b Wie kannst du deine Vermutung überprüfen?

3 ◪ Wie entsteht Ruß und wo wird er eingesetzt?

4 ■ Kunstgraphit wird vielfältig genutzt. Nenne die Vorteile von Kunstgraphit.

5 ■ Was sind Erscheinungsformen des Kohlenstoffs?

6 In der Technik kann man auf Nanoröhrchen kaum noch verzichten.

a ◪ Schreibe auf, wo Nanoröhrchen verwendet werden.

b ■ Welche Eigenschaften zeichnen die Nanoröhrchen aus?

Die Entstehung fossiler Energieträger

Du erinnerst dich Pflanzen reichern durch *Fotosynthese* Kohlenstoff in ihrer *Biomasse* an. Mithilfe des Sonnenlichts und des Blattgrüns stellen sie aus Wasser und Kohlenstoffdioxid *Traubenzucker (Glucose)* her. Dabei wird Sauerstoff frei. Aus dem Traubenzucker bilden die Pflanzen weitere Stoffe für alle Pflanzenteile (z. B. Blätter, Holz). ▷ 1

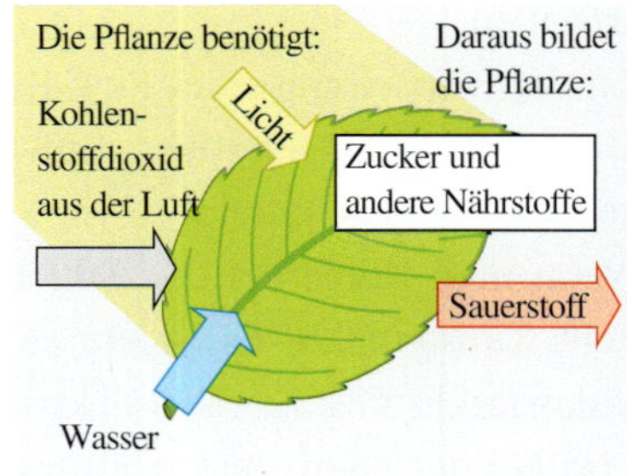

1 Fotosynthese

Der Kohlenstoffkreislauf Der Kohlenstoff ist aus chemischer Sicht das zentrale Element des Lebens auf unserem Planeten. Zwischen den großen „Kohlenstoffspeichern“ – den fossilen Brennstoffen und der Biomasse – wird ständig Kohlenstoff ausgetauscht. Dieser Vorgang wird als *Kohlenstoffkreislauf* bezeichnet. ▷ 2
Immer mehr wird die gewachsene Biomasse (Holz) zur Energieerzeugung eingesetzt.

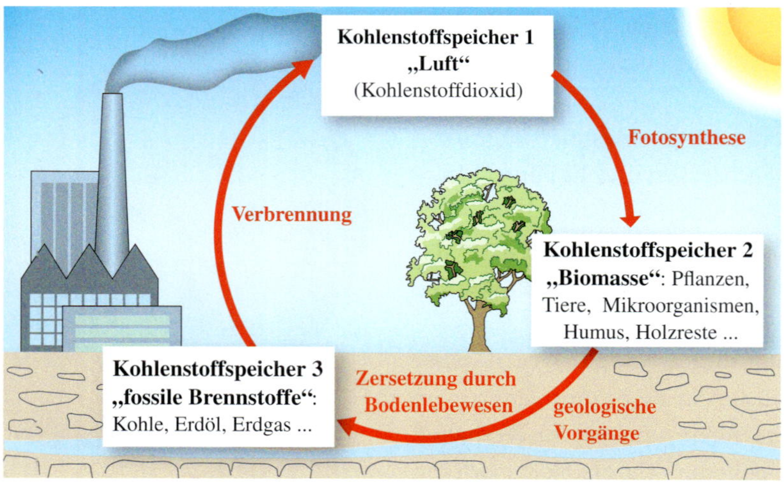

2 Der globale Kohlenstoffkreislauf

Die Entstehung der Kohle Man nimmt an, dass die erste *Steinkohle* vor rund 350 Millionen Jahren in der *Karbonzeit* (lat. *carbon:* Kohle) gebildet wurde.

- Damals herrschte ein feuchtes, subtropisches Klima. Das begünstigte die Bildung von Sumpfwäldern mit baumhohen Bärlappgewächsen, riesigen Farnen und Schachtelhalmen. ▷ 3
- Diese Wälder wuchsen auf Sumpfboden, in denen absterbende Pflanzen versanken und unter Luftabschluss gerieten. So blieben sie als *Torf* erhalten. ▷ 4
- Je mächtiger die Torfschicht wuchs, umso tiefer sank sie. Umso stärker wurde auch der Druck auf die unteren Schichten. ▷ 5
- So wurde allmählich das Wasser aus dem Torf bei hohen Temperaturen herausgepresst. Der Torf wurde damit in *Braunkohle* umgewandelt. ▷ 6

3

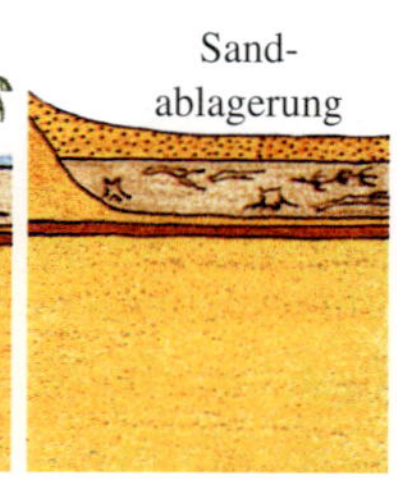

4

5

6

die Fotosynthese
der Kohlenstoffkreislauf
die Kohle
das Erdöl
das Erdgas

Es entstand Braunkohle mit einem Kohlenstoffanteil von 58 bis 73 %. Durch weiteren Druck wurde im Lauf der Zeit aus Braunkohle Steinkohle mit einem Kohlenstoffgehalt von 75 bis 94 %. Schließlich bildete sich *Anthrazit* mit dem noch höheren Kohlenstoffanteil von 96 %.

Die Entstehung von Erdöl und Erdgas Man nimmt an, dass Erdöl und Erdgas vor Millionen von Jahren aus Kleinstlebewesen des Wassers, dem *Plankton*, gebildet wurden.
- Aus abgestorbenem Plankton bildeten sich auf den Böden zahlreicher flacher Meere Schichten von Faulschlamm. ▷ 7
- Diese wurden im Lauf der Zeit von verschiedenen anderen Schichten überlagert. Der Druck auf den Faulschlamm erhöhte sich. ▷ 8
- Steigende Temperaturen und Sauerstoffarmut wandelten schließlich den Faulschlamm in Erdöl und Erdgas um. Erdöl – und besonders Erdgas – sind leichter als alle Arten von Gesteinsschichten. Sie steigen daher auf, bis sie auf eine undurchlässige Schicht stoßen. Darunter sammeln sie sich und tränken das Gestein wie einen Schwamm. ▷ 9
- Das Erdgas kann im Erdöl gelöst vorliegen. Bei vielen Vorkommen bildet sich jedoch über dem Erdöl ein mit Erdgas gefüllter Hohlraum aus. ▷ 10

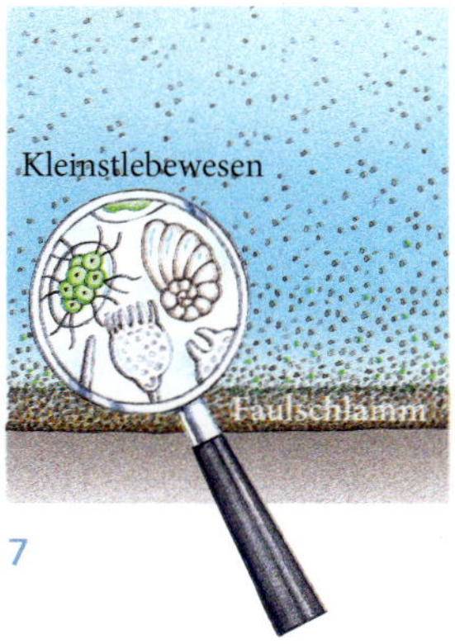

7

8

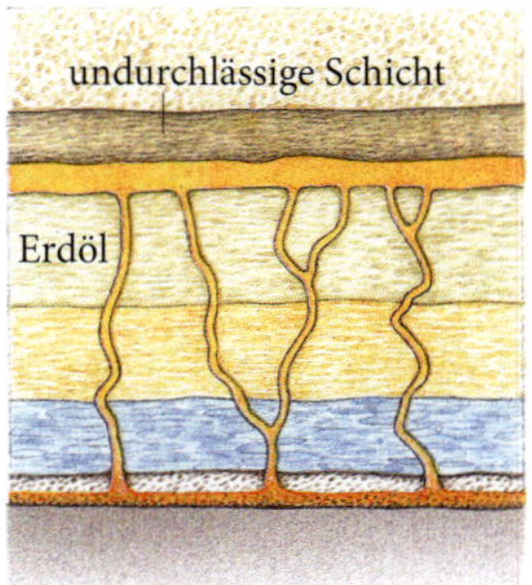

9

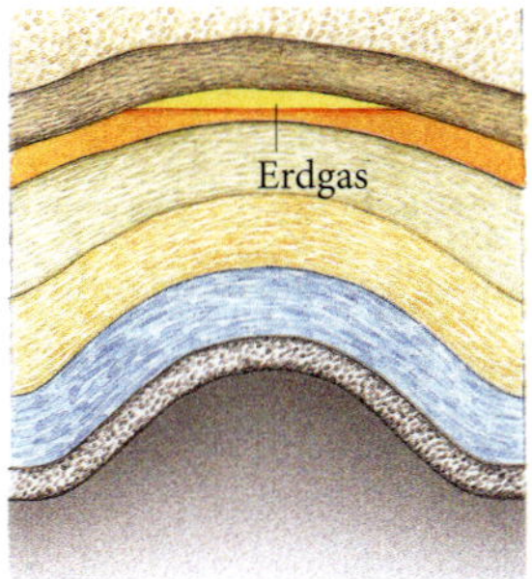

10

Aufgaben

1 □ Beschreibe den Kohlenstoffkreislauf. ▷ 2
Beginne bei der Fotosynthese.
Erläutere, wie der Kohlenstoff in den Speichern 1–3 gespeichert ist.

2 □ Aus welchen Ausgangsstoffen ist das Erdöl entstanden?

3 ◪ Kohle, Erdöl und Erdgas bezeichnet man auch als „gespeicherte Sonnenenergie“. Begründe das.

Fossiler Rohstoff Kohle

1 Braunkohle

2 Steinkohle

1
Die Eigenschaften der Kohle
Untersucht Braunkohle, Steinkohle und Holzkohle auf ihre Eigenschaften. ▷ 1–2
Erstellt Steckbriefe.

◇ Calciumlauge (Kalkwasser) — Achtung

2
Glühende Kohle
Mit dem Gasbrenner erhitzen wir ein Stück Kohle, bis es kräftig glüht. Dann halten wir die Kohle unter ein umgestülptes Becherglas, das kurz zuvor mit Kalkwasser◇ (10 %ig) ausgespült wurde.
Erklärt eure Beobachtung.

3
Was entsteht beim Erhitzen von Steinkohle unter Sauerstoffabschluss? (Lehrerversuch)
Ein Stückchen Steinkohle wird kräftig erhitzt (Abzug!). ▷ 3
Es entstehen verschiedene Stoffe. Wir versuchen die aufsteigenden Gase mit einem Streichholz zu entzünden.

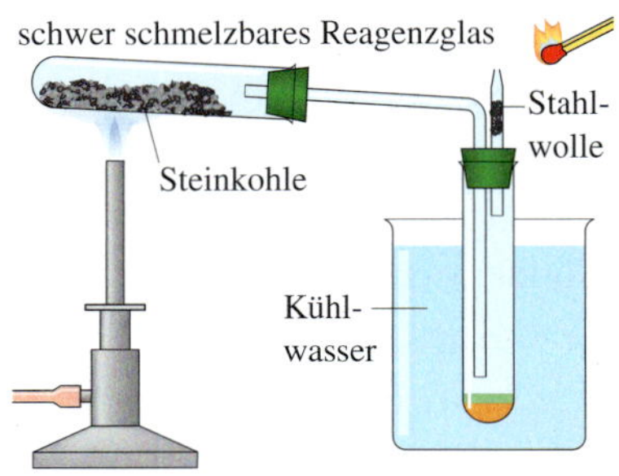

3

Kohle – mehr als reiner Kohlenstoff Beim Erhitzen von Steinkohle unter Sauerstoffabschluss entstehen brennbare Gase, ein Gemisch verschiedener Kohlenstoffverbindungen und fester *Koks* (Versuch 3).
Kohle ist also nicht nur reiner Kohlenstoff, sondern ein Gemisch aus Kohlenstoffverbindungen. Diese sind aus Kohlenstoff und Wasserstoff aufgebaut und können auch Sauerstoff, Stickstoff oder Schwefel enthalten.
Außerdem enthält Kohle Salze und andere Verbindungen, die als Asche bei der Verbrennung übrig bleiben.

212-1

Braunkohle Auf Braunkohle stößt man bereits nach wenigen Erdschichten. Bis zu 400 m liegt sie unter der Erde. Der Abbau von Braunkohle erfolgt daher im *Tagebau* mit riesigen Schaufelradbaggern. ▷ 4 Bevor die Bagger arbeiten können, müssen manchmal ganze Dörfer umgesiedelt und gigantische Mengen Abraum abgetragen werden. Die geförderte Kohle wird meist vor Ort in Kraftwerken verbrannt.

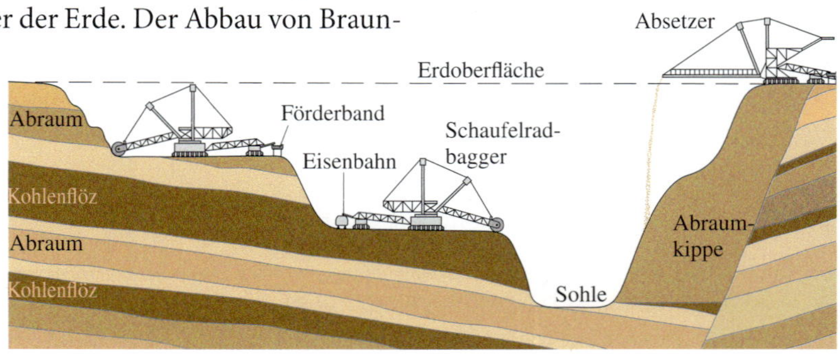

4 Abbau von Braunkohle

Steinkohle Die deutschen Steinkohlenvorkommen liegen in großer Tiefe (bis 1750 m) unter der Erdoberfläche. Die Steinkohle wird deshalb in Bergwerken *unter Tage* abgebaut. ▷ 5
Der Abbau erfolgt maschinell mit Kohlenhobeln. ▷ 6 Über Förderbänder gelangt die Kohle durch den Förderschacht an die Oberfläche, wo sie weiterverarbeitet oder in Kraftwerken verfeuert wird.
Weltweit wird etwa die Hälfte der geförderten Kohle für die Stromerzeugung genutzt.
Bei der Verbrennung von Kohle wird Kohlenstoffdioxid freigesetzt. Es trägt zur Erderwärmung bei. Deshalb sucht man gegenwärtig technische Verfahren, das Kohlenstoffdioxid aus den Abgasen von Kohlekraftwerken abzuscheiden. Noch ist unklar, wo das Kohlenstoffdioxid endgültig gespeichert werden kann.
Steinkohlenvorkommen in anderen Ländern sind oft leichter zugänglich als die im heimischen Ruhrgebiet. Deshalb ist es billiger, Steinkohle auf dem Weltmarkt einzukaufen als sie aufwendig aus der Tiefe zu fördern. Immer mehr Steinkohlenbergwerke (Zechen) sind daher geschlossen worden. Die wenigen restlichen können nur durch staatliche Hilfen zu Marktpreisen liefern. Über das endgültige Aus des Steinkohlenbergbaus bei uns soll noch einmal im Jahr 2018 beraten werden. Die EU fordert ein Ende des Steinkohlenbergbaus bis 2014.

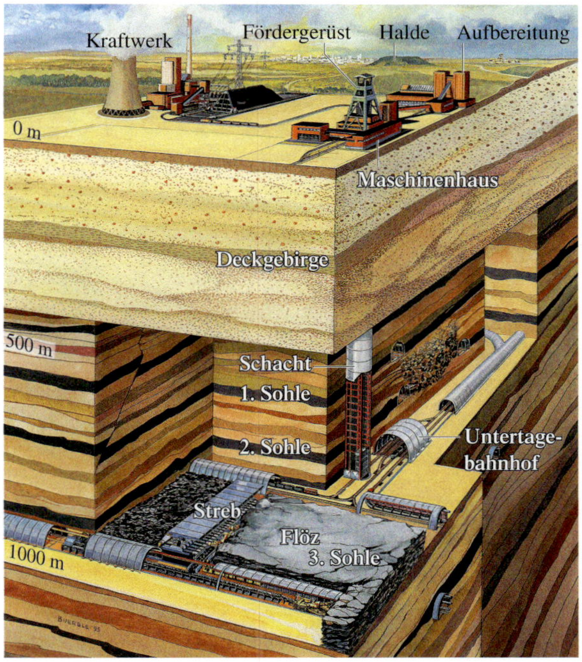

5 Förderung von Steinkohle

6 Abbau mit dem Kohlenhobel

1 □ Trage in einer Umrisskarte große Stein- und Braunkohlenlagerstätten der Welt ein.
2 □ Suche auf einer Deutschlandkarte Gebiete mit großen Steinkohlen- und solche mit Braunkohlenvorkommen heraus. Notiere sie.
3 ◪ Informiere dich über die Kosten für Steinkohle auf dem Weltmarkt und vergleiche sie mit den Produktionskosten in Deutschland.
4 ◪ Kohle war früher der wichtigste Energielieferant in Haushalten. Begründe, warum sie von anderen Energieträgern verdrängt wurde.
5 ■ Berichtet in Gruppenarbeit über den Abbau von Steinkohle und Braunkohle bei uns.
6 ◪ Nach der Gewinnung von Braunkohle bleiben Kraterlandschaften zurück.
a Erstelle ein Plakat über die Wiederherstellung der Landschaft.
b Welche Maßnahmen werden zur Rekultivierung der Landschaft unternommen?
c Stelle Möglichkeiten der Landschaftsgestaltung dar.
7 ■ Informiere dich über Bergschäden im Ruhrgebiet.
8 ■ Bewerte den Einsatz von Kohle zur Energieerzeugung im Vergleich mit anderen Energieträgern (z. B. Erdgas).

Erdöl – Gemisch aus Kohlenwasserstoffen

Wir untersuchen Erdöl

1 Ein Rennwagen wird aufgetankt

2 Heizöllieferung

Treibstoffe und Heizöl liefern Energie. Sie sind *Energieträger*. ▷ 1–2

1
Erdöl wird in Fraktionen zerlegt (Lehrerversuch)

50 mL Erdöl◇ werden im Kolben nach Bild ▷ 3 erhitzt.
Die entstehenden Flüssigkeiten werden bei 70 °C, 100 °C, 150 °C und 250 °C in 5 Reagenzgläsern aufgefangen.

2
Wir untersuchen die Fraktionen aus Versuch 1

Die einzelnen Fraktionen aus Versuch 1 haben unterschiedliche Eigenschaften.

- **a** Nennt mögliche Eigenschaften.
- **b** Plant Versuche, die Eigenschaften zu ermitteln, und führt sie durch.

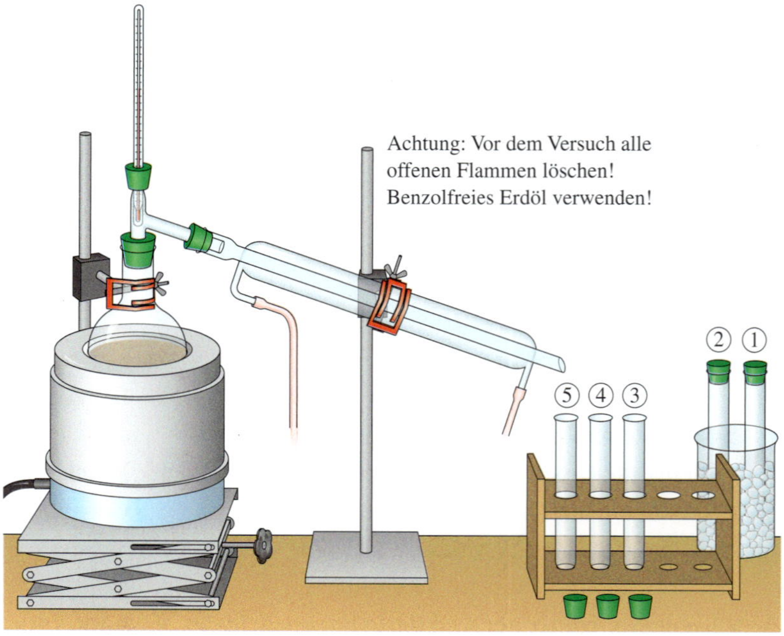

3

◇ Erdöl Gefahr

3
Wir untersuchen Reinigungsbenzin

Etwas Reinigungsbenzin◇ wird in einem Porzellantiegel verbrannt. Wir halten eine Porzellanschale schräg in die Flamme. Beschreibe, was du siehst.

4
Wo liegen Erdöllagerstätten?

Die Erdöllagerstätten sind auf der Welt sehr ungleich verteilt.

a Sucht im Atlas die Erdöllagerstätten der Welt. Tragt sie in eine Umrisskarte ein.

b Erklärt, welche Probleme sich aus der ungleichen Verteilung der Lagerstätten ergeben können.

c Erdöl wird nicht nur in Tankschiffen transportiert. Beschreibt mithilfe von Bild ▷ 4 den Verlauf wichtiger Pipelines in Deutschland.

d Informiert euch über wichtige Pipelines der Welt. Zeigt ihren Verlauf auf der Weltkarte. Berichtet über Gefahren, die auf dem Weg des Erdöls auftreten können.

4 Erdölpipelines und Raffinierien in Norddeutschland

5
Die Suche nach Erdöl

Beschafft euch aus dem Internet Material verschiedener Firmen zur Suche nach Erdöl und Erdgas.

a Wertet die Materialien nach folgenden Gesichtspunkten aus:
- Erdölsuche auf dem Festland
- Suche im Küstenbereich
- Erdölsuche unter dem Meeresboden
- Klassische und moderne Verfahren der Erdölsuche

Stellt die Methoden der Erdölsuche in einer Tabelle zusammen.

b An der Erdölsuche sind zahlreiche Berufsgruppen beteiligt. Erstellt eine Übersicht zu den beteiligten Berufen und Tätigkeitsfeldern.

◇ Reinigungsbenzin  Gefahr

Erdöl und seine Bestandteile

Erdöl ist ein Gemisch verschiedener Kohlenwasserstoffe. Diese bestehen aus den Elementen Kohlenstoff und Wasserstoff.

Die Zusammensetzung bestimmt die Eigenschaften Die Zusammensetzung der Erdöle unterscheidet sich von Fundort zu Fundort. Sie hängt von den Bedingungen ab, unter denen das Erdöl entstanden ist (z. B. die Erdwärme, Einwirkungen von Sauerstoff und Bakterien). ▷ 1

Aufgrund ihrer unterschiedlichen Zusammensetzung haben Erdöle auch unterschiedliche Eigenschaften: Sie sind dünnflüssig bis fest, honiggelb bis tiefschwarz. ▷ 2–3

Auch ihr Schwefelgehalt schwankt: Nordsee- und Nigeria-Erdöl sind schwefelarm. Kommt das Erdöl aus Kuwait, ist es schwefelreich. Von der Zusammensetzung der Rohöle hängt es ab, wie sie verwendet werden.

Die Zerlegung des Erdöls Bei der fraktionierten Destillation in großen *Fraktioniertürmen* ▷ 4 zerlegt man die Erdöle in ihre Bestandteile *(Fraktionen)*:

- *Benzine*
- *leichtes Heizöl*
- *schweres Heizöl*
- *Dieselöl*
- *Schmieröle*
- *Paraffine (z. B. Wachs)*
- *Bitumen (z. B. Teer)*

Jede Fraktion ist ein Gemisch verschiedener Kohlenwasserstoffe mit ähnlichen Siedetemperaturen.

Elemente	Anteil
Kohlenstoff	83–87 %
Wasserstoff	11–15 %
Schwefel, Stickstoff, Sauerstoff, Metalle	< 6 %

1 Zusammensetzung von Erdöl

2 Russland Arabien Australien Nordsee

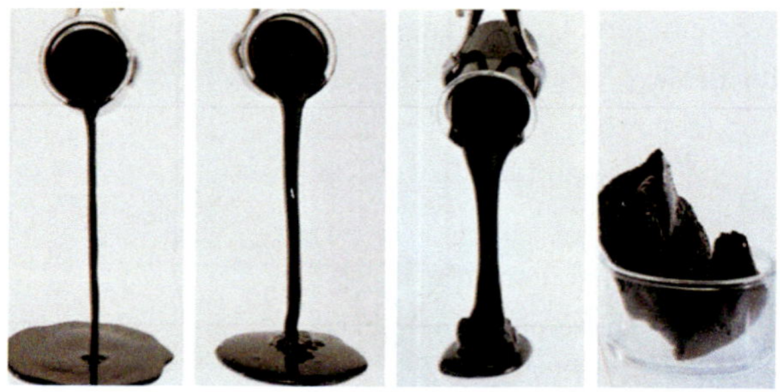

3 Nigeria Angola Venezuela Sumatra

4 Erdölraffinerie mit Fraktionierturm

Öle – eine Begriffsklärung

Im Alltag meint man mit der Bezeichnung „Öl“:
- die fetten Öle unserer Nahrung (z. B. Olivenöl)
- Erdölprodukte, sogenannte Mineralöle (z. B. Motoröl)

Beide Arten sind brennbar und mischen sich nicht mit Wasser. Weil sie leichter sind, schwimmen sie darauf.

Mineralöle unterscheiden sich von den Ölen unserer Nahrung durch ihre Herkunft und ihre chemische Zusammensetzung. Sie sind ungenießbar und oft sogar sehr giftig.

das Bitumen
das Erdöl
die fraktionierte Destillation
das Paraffin

Die fraktionierte Destillation Das auf ca. 350 °C erhitzte Rohöl tritt unten in den Fraktionierturm ein. Bei dieser Temperatur ist es teils gasförmig und teils flüssig. ▷ 5
Die Kohlenwasserstoffe mit Siedetemperaturen von über 300 °C sammeln sich am Boden des Fraktionierturms. Ihre Hauptbestandteile sind Bitumen und schweres Heizöl. Die gasförmigen Fraktionen steigen auf. Auf dem Weg nach oben kühlt sich der Gasstrom zunehmend ab. Im Fraktionierturm befinden sich ungefähr 40 Glockenböden. An ihnen werden die Gase von den Flüssigkeiten getrennt.
Die Hälfte des Erdöls liegt nach der fraktionierten Destillation als *Bodenprodukt* vor – viel mehr, als benötigt wird. Durch besondere Verfahren wie z. B. das *Cracken* gewinnt man deshalb wichtige Produkte wie *schweres Heizöl* und *Benzin* aus dem Bodenprodukt.

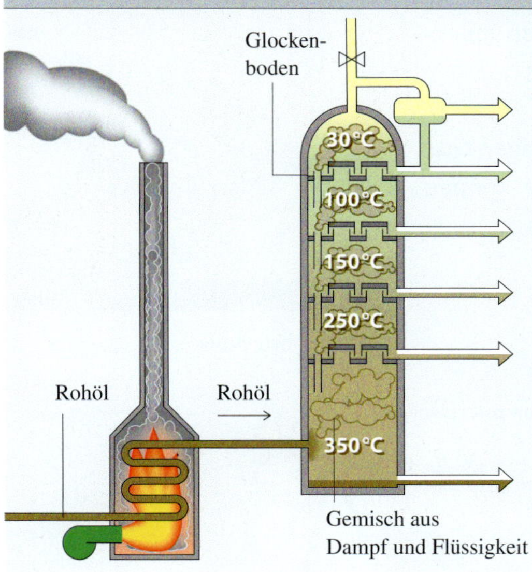

Erdölfraktionen (Siedebereich)	Erdölprodukte, -verwendung
gasförmige Kohlenwasserstoffe (unter 30 °C)	Heizgase, Ausgangsstoffe für die chemische Industrie
Leichtbenzin (30 … 100 °C)	Petrolether, Spezial- und Testbenzin als Lösemittel
Schwerbenzin (100 … 150 °C)	Autobenzin
Petroleum (150 … 250 °C)	Kerosin (Flugkraftstoff), Leuchtpetroleum
Gasöl (250 … 300 °C)	Dieselkraftstoff, leichtes Heizöl für Haushalte und Industrie
Bodenprodukt (über 300 °C)	schweres Heizöl für Kraftwerke, Schmieröl, Paraffin für Kerzen und Salben, Bitumen für Asphalt und Teer

5

Aufgaben

1 □ Was versteht man bei der Erdöldestillation unter einer Fraktion? Welche Fraktionen sammeln sich am Boden des Fraktionierturms?

2 Sieh dir das Bild oben an. ▷ 5

a □ Einige Fraktionen werden im Haushalt verwendet. Nenne sie und ihre Verwendung.

b ◪ Informiere dich, wofür Bitumen eingesetzt wird.

3 ◪ Erstelle ein Diagramm über den Verbrauch von Dieseltreibstoff, Benzin, Kerosin und schwerem Heizöl pro Jahr in Deutschland in den letzten zwei Jahren.

a Finde heraus, ob der Absatz rückläufig oder womöglich angestiegen ist.

b Suche nach Gründen für diese Entwicklung.

4 ■ Bei der Destillation von Erdöl fallen nicht genug Benzin und Diesel an. Deshalb wendet man das Verfahren des Crackens an. Beschaffe dir Informationen über das Crackverfahren.

Erdölerkundung und Erdölförderung

Der Bedarf an Erdöl wächst ständig. Da die großen Felder bereits entdeckt sind und zum Teil bereits zur Neige gehen, werden weitere Quellen gesucht.

Die Erkundung *Satelliten* tasten mit Spezialkameras die Erdoberfläche ab. Computer können die Bilder so verändern, dass man die Gesteinsschichten erkennt, die Erdöl führen könnten.
Aus den Luftaufnahmen lassen sich noch nicht die genauen Gesteinstypen bestimmen. Dazu muss ein Geologe das betreffende Gebiet aufsuchen. Gute Erkenntnisse über die Struktur der Erdschichten liefern *seismische Verfahren*: Erschütterungen (z.B. durch Sprengungen) pflanzen sich – je nach Gesteinsart – unterschiedlich schnell fort. Sie werden an den Grenzflächen verschiedener Gesteinsschichten reflektiert und gebrochen.

Die Probebohrung Mit der Tiefbohrtechnik wird die Erdöllagerstätte geöffnet. Die Bohrmeißel sind mit Diamanten besetzt, sie können selbst härtestes Gestein durchdringen. ▷ 1

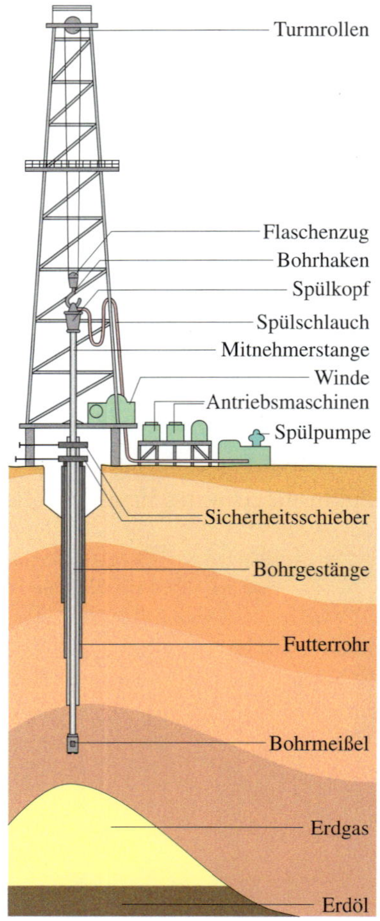

1 Tiefbohrtechnik

Die Förderung Wenn eine Lagerstatte erschlossen ist, steigt das Erdöl zunächst durch den sogenannten Lagerstättendruck von selbst zu den Rohrleitungen auf. Da dieser Druck aber allmählich nachlässt, muss das Öl mit Tiefpumpen aus der Erde gepumpt oder gepresst werden. ▷ 2 Damit lässt sich eine 20%ige „Entölung" erreichen. Presst man zusätzlich Wasser oder Kohlenstoffdioxid in die Lagerstätte, wird die Entölung auf 32% gesteigert. Der Wasserbedarf ist hierbei oft beträchtlich. Mit Wasserdampf oder anderen Chemikalien wird versucht, die Entölung weiter zu steigern. Bisher gelingt es nicht, mehr als etwa 40% des im Gestein gespeicherten Erdöls zu fördern.

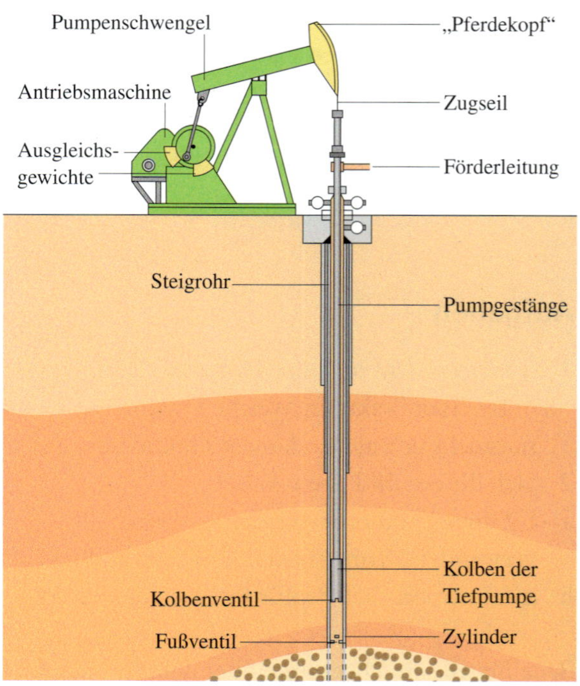

2 Förderung mit der Pferdekopfpumpe

1 □ Beschreibe, wie neue Erdölfelder erkundet werden.
2 □ Nur ein geringer Teil des Erdöls kann aus den Lagerstätten gefördert werden. Wie versucht man, die Ausbeute zu erhöhen?
3 ◪ Informiere dich, welche Nachteile die erhöhte Entölung hat.

Lesen, Nachschlagen, Fragen, Recherchieren, Diskutieren

Ende des Erdölzeitalters? Und welches Zeitalter folgt darauf?
Immer wenn in den Medien über das Ende der Ölreserven berichtet wird, ist gleichzeitig auch von der Erschließung neuer gigantischer Ölfelder zu hören, zu sehen und zu lesen.

Schritt 1 Lesen
Sammelt Informationen zu der Frage „Ende des Erdölzeitalters?" in Tageszeitungen, im Internet, in Zeitschriften.

Schritt 2 Nachschlagen
Wortschatz und Wissen können sich nur erweitern, wenn man unbekannte Begriffe nachschlägt.

Schritt 3 Fragen
Lies den Text noch einmal durch, nachdem alles Unbekannte geklärt ist. Notiere Fragen, die sich dir stellen.

Schritt 4 Recherchieren
Suche durch Recherche in verschiedenen Medien Antworten auf deine Fragen.

Schritt 5 Diskutieren
So viel Information muss diskutiert werden.

Erprobe die fünf Schritte an den nebenstehenden Texten.

A Der Klimawandel macht's möglich
Die Erschließung gigantischer Öl- und Gasreserven in der Arktis werden durch die Verschiebung der Treibeisgrenzen nach Norden immer wahrscheinlicher. Allein in der Barentssee sollen 50 Milliarden bis 10 Billionen m^3 Erdgas liegen. Das Gas soll in teilweise 600 km langen Pipelines auf dem Meeresboden an Land gebracht werden. Dort wird das Gas verflüssigt und in Flüssiggastankern verschifft. Es sollen Förderanlagen unter dem Meeresspiegel entstehen. Spezialschiffe sollen „störende" Eisberge abschleppen.

B Weiterverarbeitung des Rohstoffs Erdöl
Kein anderer Rohstoff lässt sich so einfach verarbeiten und vielseitig verwenden. Fast 90 % der Chemieprodukte werden aus Erdöl gewonnen. Erdöl ist somit der Rohstoff für Tausende von Alltagsprodukten.

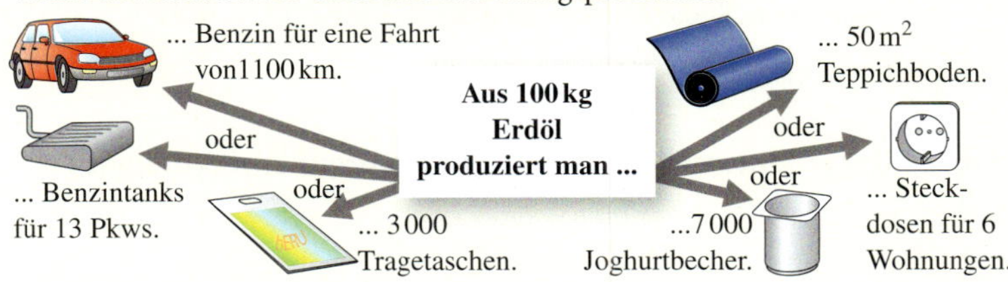

C Die Weiterverarbeitung des Erdöls
Neben anderen fossilen Energieträgern greift die chemische Industrie auch auf nachwachsende Rohstoffe zurück. Biokunststoffe sind abbaubar, kompostierbar und – wenn man sie verbrennt – CO_2-neutral. Man kann sie für Verpackungen oder als Einmalprodukte bei Lebensmitteln verwenden.
Für 100 000 t Biokunststoffe auf Basis von Milchsäure benötigt man ca. 240 000 t Weizen oder Mais. Sie könnten auf einer Fläche von 50 000 ha (1 ha = ca. 1 Fußballfeld) angebaut werden.

D Bis zum letzten Tropfen
Auf der verzweifelten Suche nach Erdöl werden zunehmend auch schwer zugängliche „Ölquellen" angezapft. Aus Ölsänden und Ölschiefern wird mit einem riesigen Energie- und Wasseraufwand versucht das Öl herauszulösen. Aus 1 t Ölschiefer kann etwa 1 Liter Erdöl gewonnen werden. Das Gestein muss dabei mit viel Energie auf 500 °C erhitzt werden. Zurück bleiben große Mengen an Gesteinsresten, die nur schwer oder gar nicht zu entsorgen sind.

E Mein Blick in die Zukunft (von einer 16-Jährigen)
Vermutlich werde ich das Ende des Erdölzeitalters hautnah erleben. Ich glaube, dass wir in 25–30 Jahren in Lehmhäusern wohnen oder dass Häuser nach dem Thermoskannenprinzip erstellt werden. So wird Energie gespart, die wir vor allem aus erneuerbaren Energien beziehen werden. Die Fahrzeuge werden batteriebetrieben sein oder das Fortbewegungsmittel wird über Magnetstreifen (eingelassen in den Straßenbelag) geleitet. Ich könnte mir vorstellen, dass ...

Kohlenwasserstoffe als Brennstoffe

Wir untersuchen gasförmige Kohlenwasserstoffe

1 Erdgasauto

2 Gasherd

Gasförmige Kohlenwasserstoffe werden als Brennstoff verwendet.
▷ 1–2

1

Knallgasprobe mit Methan

Prüft wie bei der Knallgasprobe, ob das Gas luftfrei ist.
Das hierfür benötigte Methan◇ wird am einfachsten einer Druckdose entnommen.
▷ 3

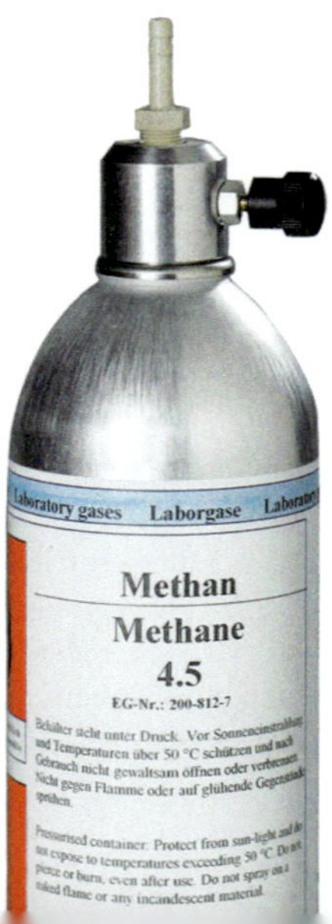

3

2

Wir untersuchen Methan

a Zwei dickwandige Reagenzgläser werden über Wasser mit luftfreiem Methan◇ gefüllt. ▷ 4

b Wir befestigen die Gläser in einem Stativ – eines mit der Öffnung nach unten und eines mit der Öffnung nach oben. ▷ 5
Bei einem der Reagenzgläser lässt sich nach einer Minute das Gas entzünden.

c Welche Eigenschaft des Methans leitet ihr aus dem Versuchsergebnis ab?

◇ Methan, Butan — Gefahr

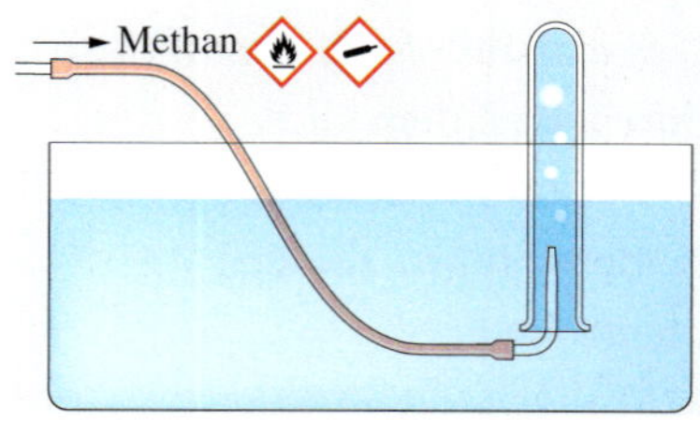

4

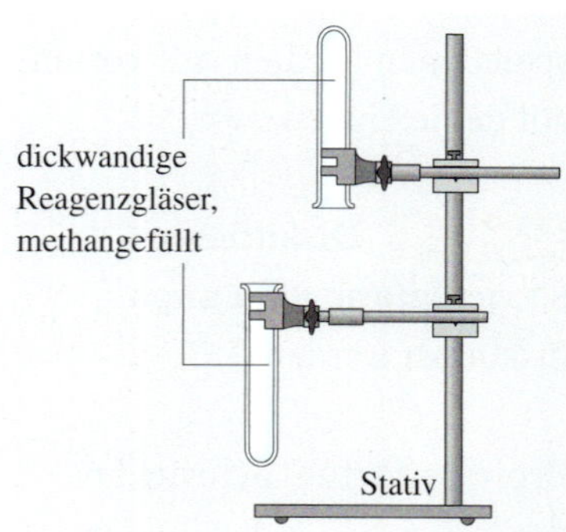

5

3

Wir verbrennen Methan

a Ein 15–20 cm hoher Standzylinder wird mit luftfreiem Methan◇ gefüllt. Er wird dann mit der Öffnung nach unten in ein Stativ gespannt. Das Gas wird entzündet.

b Seht euch die Innenseite des Zylinders an. Erklärt, was ihr seht.

c Der Standzylinder wird mit etwas Calciumlauge◇ (Kalkwasser) ausgespült.

d Welche Bestandteile von Methan konntet ihr nachweisen?

4

Wir untersuchen Butan

a Wir untersuchen das Butangas◇ des Kartuschenbrenners. Dazu halten wir ein trockenes, kaltes Becherglas umgekehrt über die Flamme. Erklärt eure Beobachtungen.

b Jetzt halten wir ein Becherglas, das mit Calciumlauge◇ (Kalkwasser) ausgespült wurde, kurz umgekehrt über die Flamme.
- Was beobachtet ihr?
- Was schließt ihr daraus?

c Diesmal halten wir ein großes Uhrglas oder eine Porzellanschale schräg über die leuchtende Butangasflamme.
- Was beobachtet ihr?
- Was könnt ihr daraus und aus den Ergebnissen der Versuchsteile a und b für die Zusammensetzung des Butans herleiten? Vergleicht die Zusammensetzung mit der von Methan.

◇ Calciumlauge  Achtung

5

Butan wird verdampft (Lehrerversuch)

a Aus der Butankartusche◇ werden 2 mL Flüssigkeit in ein Reagenzglas getropft. ▷ 6 Zunächst wird die Temperatur der Flüssigkeit gemessen.

b Die Flüssigkeit wird mit den Fingern erwärmt. ▷ 7 Was beobachtet ihr am Butan?

c Das Gas wird entzündet.

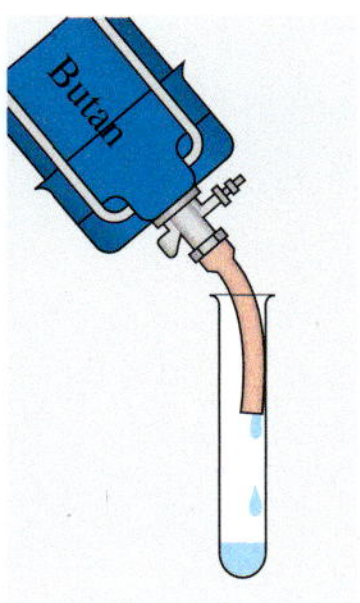

6

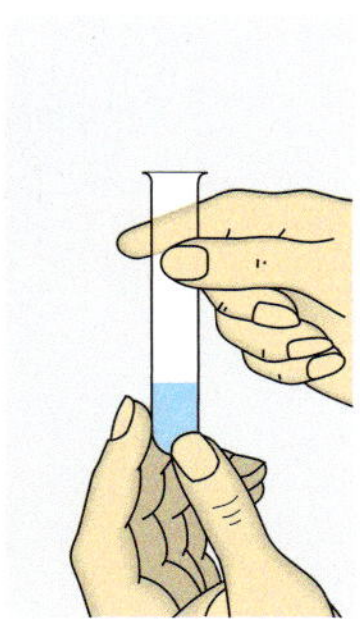
7

6

Wir untersuchen den Inhalt eines Flüssiggasfeuerzeugs ▷ 8

Flüssiggas besteht aus einem Kohlenwasserstoffgemisch von Propan und Butan.

a Plant einen Versuch, mit dem die Reaktionsprodukte des brennenden Gasgemischs aufgefangen und nachgewiesen werden können.

b Stellt Vermutungen über die Reaktionsprodukte an.

c Deutet die Versuchsergebnisse.

d Beobachtet die Flamme, während das Reagenzglas wieder unten mit den Fingern erwärmt wird.

8

Einfache Kohlenwasserstoffe

Eigenschaften von Methan Methan ist farb- und geruchlos und bei Zimmertemperatur gasförmig. Es ist brennbar und leichter als Luft (1 Liter Methan: 0,72 g; 1 Liter Luft: 1,3 g). Mit Luft oder Sauerstoff bildet es explosive Gemische.

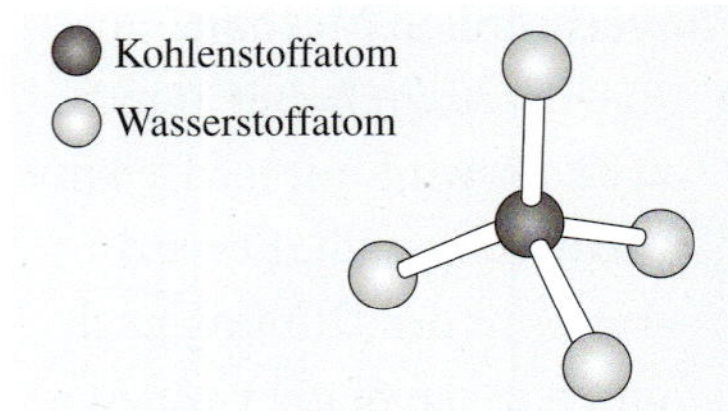

1 Modell eines Methanmoleküls

Der Bau des Methanmoleküls Methan ist der einfachste Kohlenwasserstoff. Das Methanmolekül besteht aus einem Kohlenstoffatom, das mit vier Wasserstoffatomen verbunden ist. ▷ 1 Im Bild ▷ 2 ist Methan als *Strukturformel* dargestellt. Die Wasserstoffatome sind regelmäßig um das Kohlenstoffatom herum angeordnet. Jeder Strich bedeutet eine „Bindung". Die *Summenformel* gibt die Art und die Zahl der Atome an, aus denen das Molekül besteht.

Die Summenformel für Methan lautet CH_4.

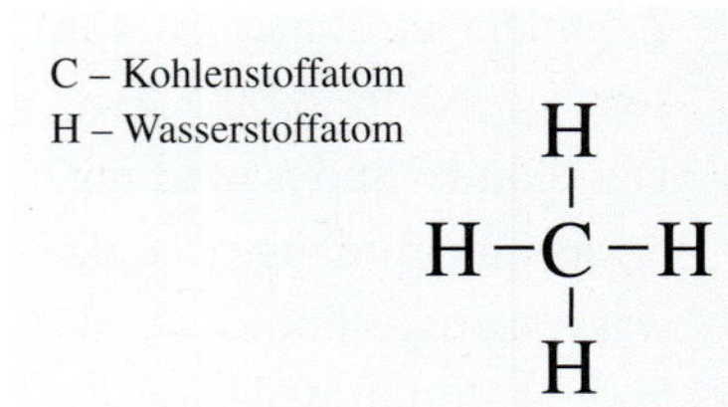

2 Strukturformel des Methans

222-1

Wenn Methan verbrennt Bei der vollständigen Verbrennung von Methan entstehen *Kohlenstoffdioxid* und *Wasser*. Die Wortgleichung für diese Reaktion lautet:

Methan + Sauerstoff ⟶ Kohlenstoffdioxid + Wasser

$$CH_4 + 2\,O_2 \longrightarrow CO_2 + 2\,H_2O$$

Zur Erinnerung: Wie sich die Kohlenstoff- und Wasserstoffatome verbinden Die Gase Wasserstoff, Sauerstoff, Stickstoff und Chlor bilden unter Normalbedingungen Moleküle, die aus zwei gleichen Atomen aufgebaut sind. Die Atome erreichen ihren stabilen Edelgaszustand, indem sie Elektronen aufnehmen. Dazu brauchen sie geeignete Partner.

- Beim Wasserstoffmolekül H_2 sind die beiden Wasserstoffatome Partner. Sie bilden ein gemeinsames Elektronenpaar, das sich zwischen den Atomkernen befindet. ▷ 3 Du kennst diese Bindung als *Atombindung* oder *Elektronenpaarbindung*.
- Beim Methan CH_4 nutzt das Kohlenstoffatom die Elektronen der Wasserstoffatome: Je ein Wasserstoffelektron bindet sich mit einem Elektron des Kohlenstoffs. ▷ 4 Das sind *polare Atombindungen* (s. S. 174).

3

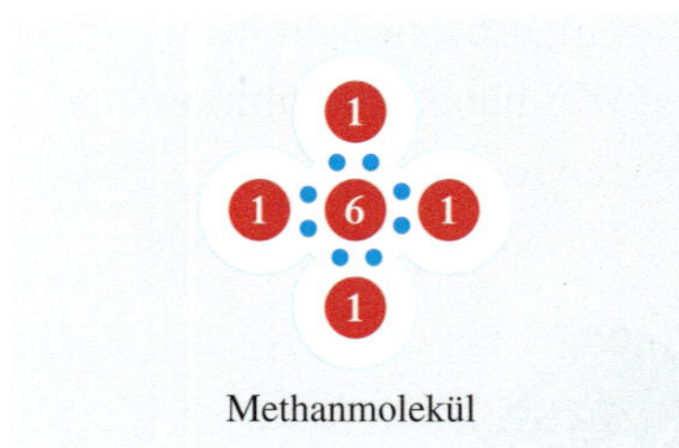

4

Zwischen den Kohlenwasserstoffmolekülen gibt es aufgrund der polaren Atombindungen relativ schwache Wechselwirkungen. Sie werden als *Van-der-Waals-Kräfte* bezeichnet.

Je größer die Moleküle sind, desto stärker sind die Kräfte zwischen ihnen. Deshalb lassen sich langkettige Kohlenwasserstoffmoleküle schwerer voneinander trennen als kurzkettige. Die betreffenden Stoffe haben höhere Schmelz- und Siedetemperaturen (s. S. 224). Man kann die Kohlenwasserstoffe wegen des gleichartigen Baus ihrer Moleküle gut miteinander mischen.

das Methan
die Van-der-Waals-Kraft
das Erdgas
das Grubengas

Erdgas/Grubengas Methan ist ein wesentlicher Bestandteil von Erdgas, das u. a. als Heizgas und Treibstoff eine wichtige Rolle bei der Energieversorgung spielt.
Methan entsteht auch in Mülldeponien, Sümpfen und Komposthaufen. In Biogasanlagen wird aus Gülle und Mais Methan gewonnen, das ins Erdgasnetz eingespeist oder in elektrische Energie umgewandelt wird. Dabei fällt Wärme an, die zu Heizzwecken genutzt wird.
Beim Abbau von Steinkohle unter Tage wird aus den Poren des Gesteins Methan frei, das *Grubengas* genannt wird. Es kann bei schlechter Belüftung in Bergwerken explosive Methan-Luft-Gemische bilden. Sie entzünden sich schon durch einen Funken und rufen schwere Zerstörungen hervor („schlagende Wetter“). Immer wieder kommt es durch unbemerktes Ausströmen von Erdgas aus Gasleitungen zu verheerenden Explosionen.

Vorsicht beim Umgang mit Gas! Neben dem Erdgas und dem Biogas, die hauptsächlich aus Methan bestehen, nutzen wir noch Butan. Es befindet sich in kleinen blauen Campinggasflaschen ▷ 5 und in Kartuschen. Das häufig genutzte Propan wird in großen roten oder kleineren grauen Flaschen (als Campinggas) geliefert. ▷ 6–7
Beim Umgang mit diesen Gasen können sich schwere Unfälle ereignen, denn Gas-Luft-Gemische sind explosiv. Schon ein Funke (vom Lichtschalter, von der Klingel oder vom Telefon) kann die Explosion auslösen. Sobald es also in einem Raum nach Gas riecht (im Haushalt eingesetztes Erdgas enthält einen Geruchsstoff), sofort alle Fenster öffnen und gut lüften! Jede Funkenbildung vermeiden!
In Gasanlagen (Gasöfen, Wassererhitzer) droht Gefahr, wenn nicht genügend Sauerstoff vorhanden ist.
Dann verbrennen Gase nur unvollständig und es entsteht das giftige Kohlenstoffmonooxid, das man nicht riecht. Solange Gase mit bläulicher Flamme verbrennen, besteht keine Gefahr.

5

6

Sicherheitsmaßnahmen

Für Gasflaschen ▷ 6 und Kartuschen gelten folgende Sicherheitsmaßnahmen:
- Gefäße immer aufrecht stellen!
- Nie an Heizkörper oder in die Sonne stellen!
- Gegen Umfallen schützen!
- Nach Gebrauch prüfen, ob der Verschluss noch dicht ist! Man bepinselt dazu den Verschluss mit einer Spülmittellösung; dann kann man sehen, ob sich Blasen bilden.

7

Aufgaben

1 ☐ Beschreibe das Methanmolekül. ▷ 1

2 ☐ Nenne die Summenformel von Methan. Was sagt sie über die Zusammensetzung des Methans aus?

3 ☐ Baue mit eurem Molekülbaukasten das Modell des Methanmoleküls. Lege eine Tabelle an, in die du Name, Anordnung, Strichformel, Summenformel, Aggregatzustand und Siedetemperatur einträgst.

4 ◪ Bei mit Gas betriebenen Heizgeräten muss ständig für eine ausreichende Be- und Entlüftung gesorgt werden. Begründe, warum man z. B. die Boden- und Dachentlüftungen bei Campingheizungen auf keinen Fall zustopfen darf.

Die Alkane

Alkane *Methan* ist der einfachste in einer Reihe von gasförmigen Kohlenwasserstoffen. ▷ 1 Man bezeichnet diese Kohlenwasserstoffe als *Alkane*.
Sämtliche Alkane haben die Endsilbe *-an* (z. B. Methan, Ethan). Das *Ethanmolekül* hat ein Kohlenstoff- und zwei Wasserstoffatome (eine CH_2-Gruppe) mehr als das Methanmolekül. Die nachfolgenden Gase *Butan*, *Propan* usw. haben jeweils eine weitere CH_2-Gruppe mehr im Molekül.
Eine Reihe von Verbindungen, in der sich die Moleküle jeder Verbindung von der folgenden Verbindung durch die Atomgruppe CH_2 unterscheiden, nennt man eine *homologe Reihe*.
Homolog heißt sinngemäß „entsprechend“; die Glieder der Reihe sind in ihrem Molekülaufbau und in ihren Eigenschaften ähnlich.

Name	Molekülmodell	Strukturformel	Summenformel	Aggregatzustand (Raumtemperatur)	Siedetemperatur
Methan	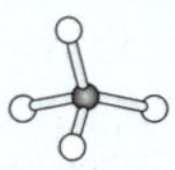	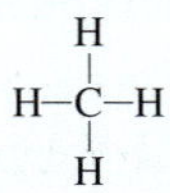	CH_4	gasförmig	−161,4 °C
Ethan	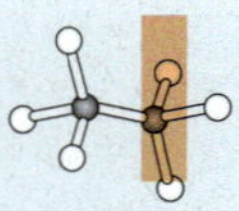	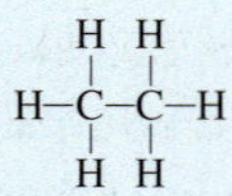	C_2H_6	gasförmig	−88,6 °C
Propan	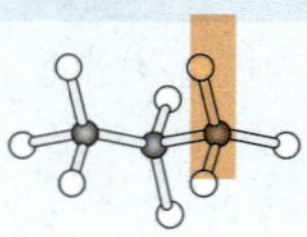	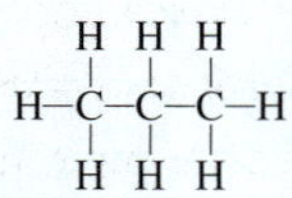	C_3H_8	gasförmig	−42,1 °C
Butan	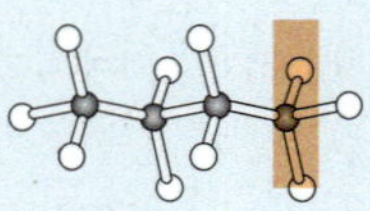	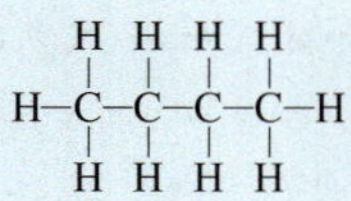	C_4H_{10}	gasförmig	−0,5 °C
Pentan	…	…	C_5H_{12}	flüssig	36,1 °C
Hexan	…	…	C_6H_{14}	flüssig	68,7 °C
Heptan	…	…	C_7H_{16}	flüssig	98,4 °C
Octan	…	…	C_8H_{18}	flüssig	125,6 °C
Nonan	…	…	C_9H_{20}	flüssig	150,6 °C
Decan	…	…	$C_{10}H_{22}$	flüssig	174,0 °C
…	…	…	…	…	…
Hexadecan	…	…	$C_{16}H_{34}$	flüssig	287,0 °C
Heptadecan	…	…	$C_{17}H_{36}$	fest	303,0 °C
…	…	…	…	…	…

1 Die homologe Reihe der Alkane

die Alkane
die homologe Reihe

Die Summenformel der Alkane Wenn die Anzahl der Kohlenstoffatome im Molekül bekannt ist, lässt sich die Anzahl der Wasserstoffatome auf einfache Weise berechnen. Sie ist nämlich doppelt so groß wie die Zahl der Kohlenstoffatome, wobei noch 2 Wasserstoffatome vom Anfang und vom Ende der Kette addiert werden müssen.
Die allgemeine Summenformel der Alkane lautet: C_nH_{2n+2}
(n = Anzahl der Kohlenstoffatome im Molekül).

Aggregatzustände der Alkane ▷ 2

- Alkane mit 1–4 Kohlenstoffatomen in den Molekülen sind *gasförmig*. Dazu gehören Methan, Ethan, Propan und Butan. ▷ 1 Sie stammen alle aus dem Erdgas und aus Erdöl.
- Alkane mit 5–16 Kohlenstoffatomen in ihren Molekülen sind *flüssig*. Zu ihnen zählen Pentan, Hexan usw. (s. Tabelle im Anhang). Benzin, Dieselöl, Heizöl, Schmieröl und Kerosin (für Flugzeuge) sind Gemische flüssiger Alkane.
- Alkane mit 17 und mehr Kohlenstoffatomen in ihren Molekülen sind *fest*. Sie sind umso härter, je mehr Glieder ihre Molekülkette hat. Ein weiches Paraffin ist z. B. Vaseline, die Grundlage zahlreicher Salben. Für Kerzen eignet sich nur Hartparaffin mit bis zu 70 Kohlenstoffatomen im Molekül.

2 Verschiedene Alkane

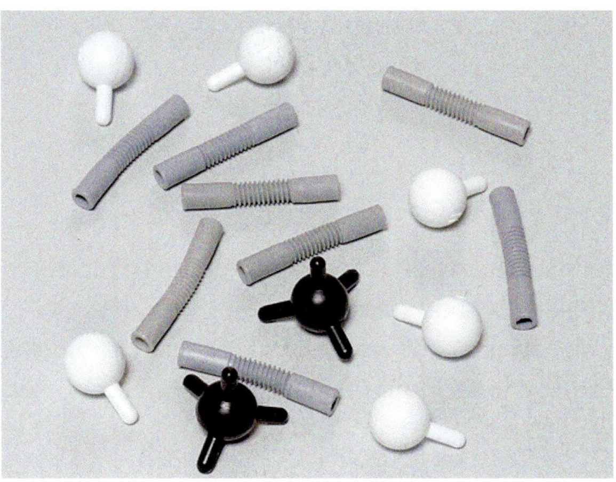
3

Aufgaben

1a □ Erstelle Modelle für die Moleküle der gasförmigen Kohlenwasserstoffe. ▷ 3

b □ Lege die Molekülmodelle der gasförmigen Kohlenwasserstoffe nebeneinander und vergleiche. Suche nach dem Unterschied zwischen Methan und Ethan, Ethan und Propan, Propan und Butan.

2 □ Zwischen der Anzahl der Kohlenstoffatome im Molekül und der Siedetemperatur besteht ein Zusammenhang. Erläutere ihn am Beispiel von Methan, Butan, Hexan und Heptadecan.

3 ◪ Die Stoffe einer homologen Reihe haben ganz ähnliche Zusammensetzungen und Eigenschaften. Erläutere das am Beispiel der Alkane.

Kohlenstoff und Kohle

Alle Lebewesen sind aus Stoffen aufgebaut, die das Element *Kohlenstoff* enthalten.
Reiner *Ruß* und *Graphit* ▷ 1 bestehen aus reinem Kohlenstoff, auch *Diamant* ▷ 2 ist aus Kohlenstoff aufgebaut.
Dünne Schichten von Kohlenstoffatomen bilden Fullerene ▷ 3–4, Nanoröhrchen und Graphen. Sie weisen besondere Eigenschaften auf.
Zur Energieerzeugung werden in vielen Kraftwerken Braunkohle und Steinkohle genutzt. Sie haben sich in der Karbonzeit durch abgestorbene Sumpfwälder gebildet.
Steinkohle wird bei uns unter Tage, Braunkohle im Tagebau abgebaut.

1

2

3

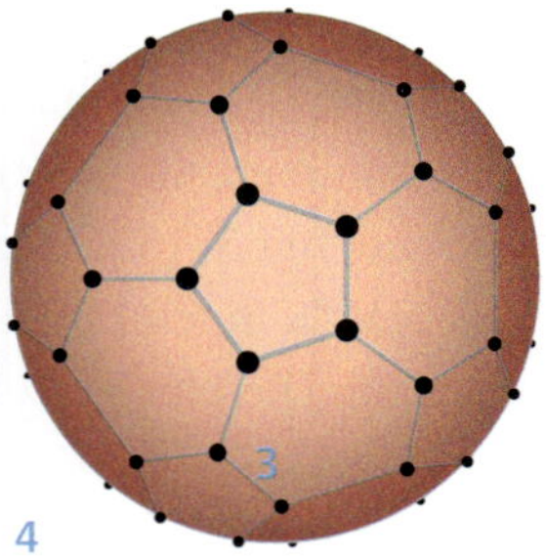

4

Erdöl

Erdöl kann durch *fraktionierte Destillation* in seine Bestandteile zerlegt werden. ▷ 5
Aus dem erhitzten Gemisch Rohöl sammeln sich an den Glockenböden die Fraktionen des Rohöls – entsprechend der Siedetemperatur: auf dem untersten Glockenboden der Rückstand mit der höchsten Siedetemperatur, auf dem obersten die Benzine mit der niedrigsten.
Der Rückstand kann durch entsprechende Verfahren weiterverarbeitet werden.
Erdölfraktionen sind Kohlenwasserstoffe.

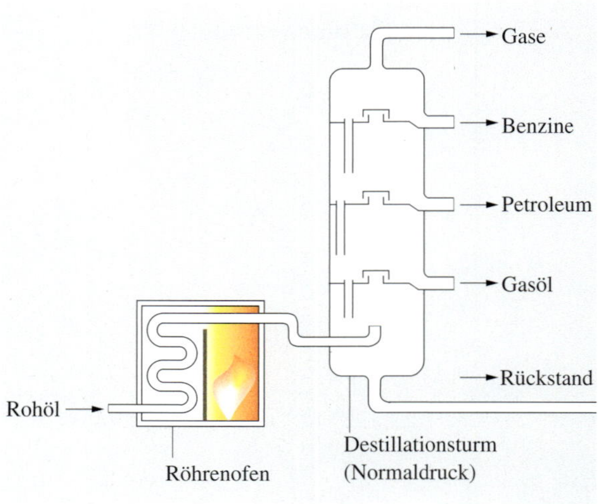

5

Kohlenwasserstoffe

Kohlenwasserstoffe bestehen aus den Elementen Kohlenstoff und Wasserstoff.
Kohlenwasserstoffmoleküle können durch Modelle, Strukturformeln und Summenformeln beschrieben werden. ▷ 6

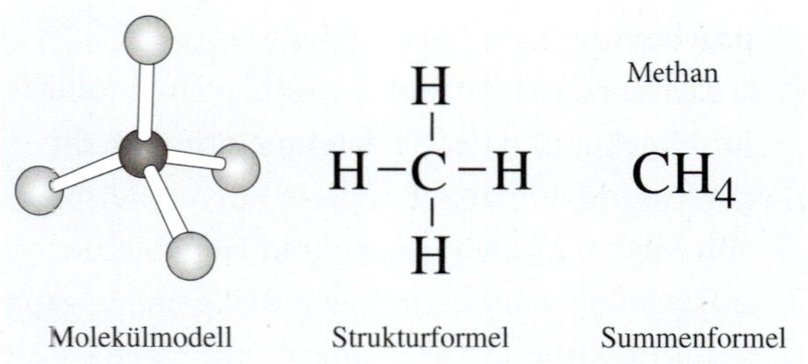

6

Alkane

Alkane (z. B. Methan, Ethan, Butan, Propan) bilden eine homologe Reihe. ▷ 7

Zwischen der Molekülgröße sowie den Schmelz- und den Siedetemperaturen der Alkane besteht ein Zusammenhang.

Name	Molekülmodell	Strukturformel	Summenformel	Aggregatzustand (Raumtemperatur)	Siedetemperatur
Methan	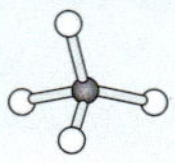	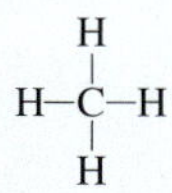	CH_4	gasförmig	−161,4 °C
Ethan	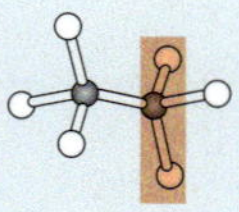	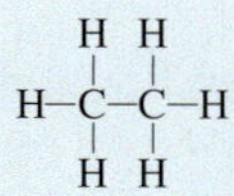	C_2H_6	gasförmig	−88,6 °C
Propan	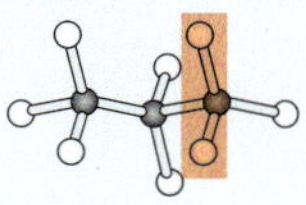	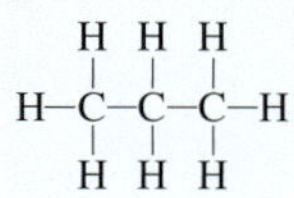	C_3H_8	gasförmig	−42,1 °C
Butan	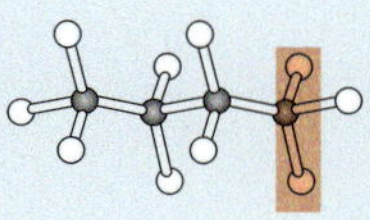	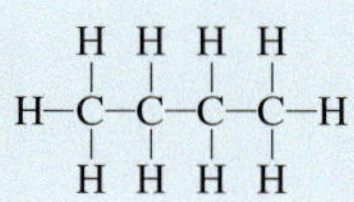	C_4H_{10}	gasförmig	−0,5 °C

7

Alles klar?

1 □ Beschreibe einen Versuch, mit dem du beweisen kannst, dass Kohlenwasserstoffe Kohlenstoff enthalten.

2 □ Schildere die Entstehung von Kohle, Erdgas und Erdöl.

3 ◪ Informiere dich über die Gefahren von Grubengas.

4 ◪ Nenne die Gefahren, die beim Transport von Erdöl über Tanker oder Pipelines bestehen.

5 □ Aus Erdöl kann hochwertiges Benzin gewonnen werden. Dabei spielt die fraktionierte Destillation eine wichtige Rolle. Erkläre das Verfahren.

6 ◪ Erläutere an der Tabelle: ▷ 7

a den Begriff „homologe Reihe“

b den Zusammenhang zwischen Molekülgröße und Siedetemperatur

7 ■ Erläutere die Atombindung (Elektronenpaarbindung) am Beispiel des Methans.

8 ◪ Zeichne ein Methanmolekül und gib dessen Struktur- und Summenformel an.

9 □ Worin besteht der Unterschied zwischen einer Strukturformel und einer Summenformel?

10 □ Erkläre, warum die Kohle als Energieträger an Bedeutung verliert.

Die Alkohole

Wir untersuchen alkoholische Flüssigkeiten

1

2

Alkoholische Flüssigkeiten findet man in vielen Produkten des Alltags. ▷ 1
Der in Wein enthaltene Alkohol entsteht durch die alkoholische Gärung. ▷ 2

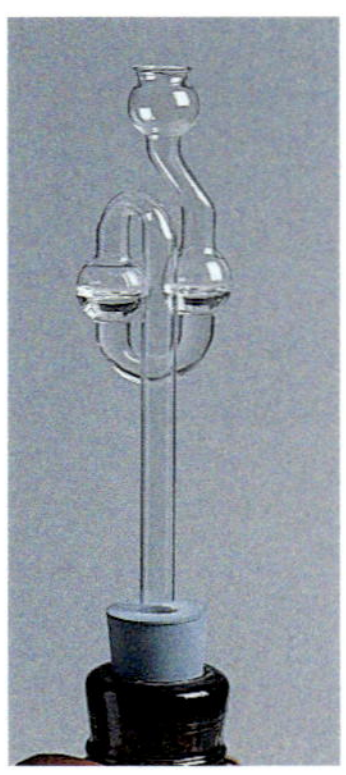
3

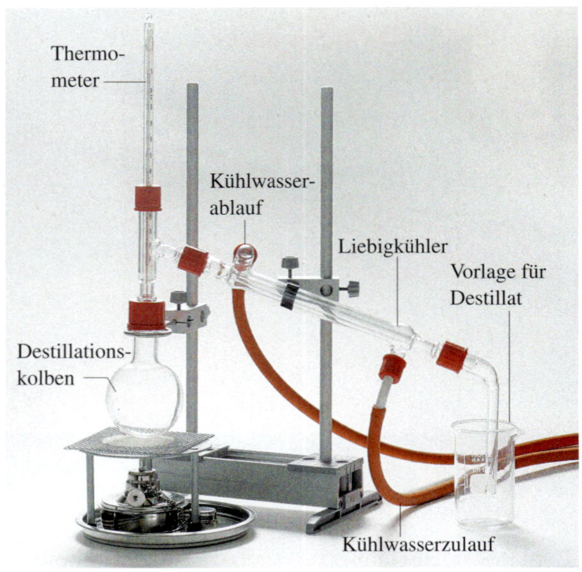

4

1

Alkohol (Ethanol) aus Zucker?
In einem Stehkolben (1000 mL) wird eine Lösung aus 20 g Traubenzucker und 50 mL Wasser mit einem halben Beutelchen Trockenhefe angesetzt. Diese Lösung wird gut umgerührt und der Kolben mit einem Gärröhrchen verschlossen, das zur Hälfte mit Kalkwasser◇ gefüllt ist. ▷ 3
Der Kolben wird in einem Wasserbad bei 30 °C warm gehalten.

a Wir bestimmen nach wenigen Minuten das entstehende Gas und ersetzen das Gärröhrchen durch einen Wattebausch.

b Gegen Ende der Stunde entnehmen wir dem Stehkolben mit einer Pipette eine Probe. Wir filtrieren sie und prüfen das Filtrat mit Cerammoniumnitrat-Reagenz◇, einem Nachweismittel für Alkohol. Beschreibt eure Beobachtungen.

2

Alkohol durch Destillation
Plant einen Versuch, durch den höherprozentiger Alkohol durch Destillation gewonnen werden kann.
Zur Verfügung steht euch die Destillationsapparatur aus der Gerätesammlung. ▷ 4

3
Alkohole als Lösemittel

Wir prüfen die Löslichkeit einiger Stoffe in Wasser und in Brennspiritus◇ (Ethanol).

- **a** Zerreibt grüne Blätter im Mörser. Verrührt je eine Probe mit beiden Lösemitteln. Filtriert dann die Rückstände ab. ▷ 5
- **b** Wiederholt den Versuchsteil a mit Orangenschalen.
- **c** Gebt je eine Iodschuppe◇ in 2 mL destilliertes Wasser sowie in Ethanol◇ und schüttelt jeweils.
- **d** Prüft die Löslichkeit von Benzin◇ in Wasser und Ethanol.
- **e** Vergleicht die Löslichkeit von Zucker und Salz in beiden Lösemitteln.
- **f** Wiederholt Versuchsteil e mit Propanol◇.

5

4
Die Mischbarkeit von Alkoholen mit Wasser

Benötigte Geräte und Stoffe:
3 Uhrgläser oder Petrischalen, 4 Pipetten; Wasser, Ethanol◇, Propanol◇, Butanol◇, Pentanol◇
Versuchsdurchführung:
Wir geben in jedes Uhrglas 10–15 Tropfen Wasser.
Tropft jeweils in eines der vorbereiteten Uhrgläser einen Tropfen eines Alkohols. ▷ 6
Messt die Zeit bis zur vollständigen Durchmischung.
Vergleicht!

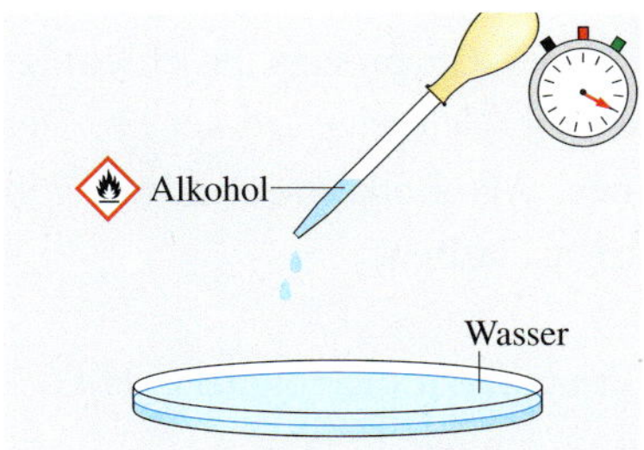

6

5
Die Mischbarkeit von Alkoholen mit Benzin

Benötigte Geräte und Stoffe:
2 Uhrglas- oder Petrischalen, 3 Pipetten; Wasser und Butanol◇ oder Pentanol◇
Versuchsdurchführung:
Gebt in beide Schalen jeweils ca. 10 Tropfen Butanol oder Pentanol.
Tropft in eine der vorbereiteten Schalen einen Tropfen Wasser und in die andere einen Tropfen Benzin◇.
Messt die Zeit bis zur vollständigen Durchmischung.
Vergleicht!

6
Propanol und Glycerin

- **a** Beschreibt Aussehen und Geruch von Propanol und Glycerin.
- **b** Plant einen Versuch, in dem ihr die Viskosität der beiden Alkohole vergleichen könnt.
- **c** Prüft ihre Löslichkeit in Wasser und Benzin, indem ihr einige Tropfen in Wasser bzw. in Benzin gebt.

◇ Cerammonium-nitrat-Reagenz — Gefahr
◇ Ethanol, Brennspiritus — Gefahr
◇ Benzin — Gefahr
◇ Iod — Achtung
◇ Calciumlauge (Kalkwasser) — Achtung
◇ Propanol, Butanol — Gefahr
◇ Pentanol — Gefahr

Alkohol – viel mehr als nur Trinkalkohol

Die Herstellung von Alkohol (Ethanol) durch alkoholische Gärung Hefepilze wandeln Traubenzucker (Glucose), Fruchtzucker (Fructose) und Rübenzucker (Saccharose) in *Alkohol* (*Ethanol;* auch „*Trinkalkohol*") und in *Kohlenstoffdioxid* um. ▷ 1

Glucose $\xrightarrow{\text{Hefe}}$ Ethanol + Kohlenstoffdioxid

Mehr

$$C_6H_{12}O_6 \xrightarrow{\text{Hefe}} 2\,C_2H_5OH + 2\,CO_2$$

Die Hefepilze ▷ 2 besitzen *Enzyme (Biokatalysatoren)*, die den chemischen Vorgang beschleunigen, ohne sich dabei zu verändern. Sie wandeln den Zucker nur dann um, wenn bei der Gärung kein Sauerstoff vorhanden ist. Die dafür notwendige Energie gewinnen sie durch die alkoholische Gärung. Das mit Kalkwasser gefüllte Gärröhrchen lässt das entstehende Kohlenstoffdioxid aus dem Kolben heraus, aber keine Luft (Sauerstoff) hinein. Der Kohlenstoffdioxidnachweis erfolgt anhand der Trübung des Kalkwassers.
Durch Erwärmung des Kolbens kann der Gärprozess beschleunigt werden. Zu hohe Temperaturen töten die Hefepilze jedoch ab. Der Gärprozess wird ebenfalls bei einer Alkoholkonzentration von ca. 15 % beendet, da dann die Hefepilze absterben.

1

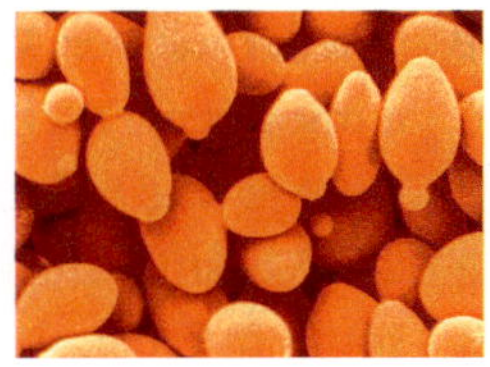

2 Hefepilze (Mikroskop)

Die Struktur des Ethanolmoleküls Ethanol hat die Formel C_2H_5OH. Das Ethanolmolekül besteht demnach – wie das Ethanmolekül – aus zwei Kohlenstoffatomen und aus Wasserstoffatomen. ▷ 3 Zudem enthält das Ethanolmolekül eine *Hydroxylgruppe (OH-Gruppe)*. Sie bestimmt die Eigenschaften des Ethanols. Das Ethanolmolekül ist dem Wassermolekül ähnlich. ▷ 4

Ethan	Ethanol
C_2H_6	C_2H_5OH

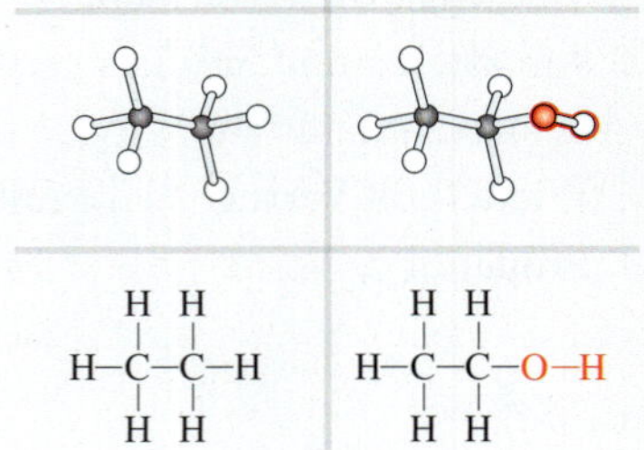

3

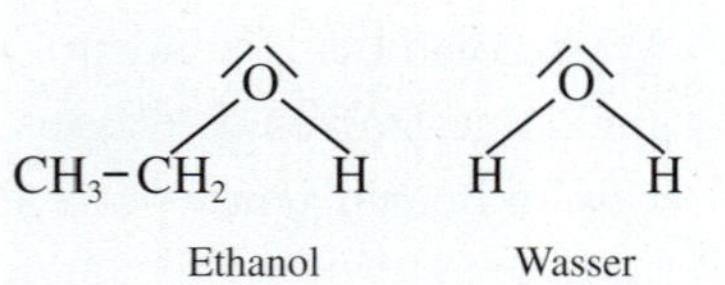

4

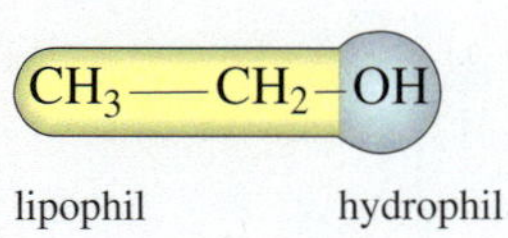

5

Die OH-Gruppe ist für die gute Mischbarkeit mit Wasser verantwortlich. Sie wird deshalb als *hydrophil* bezeichnet (griech. *hydro*: Wasser, *philos*: Freund). Der Kohlenwasserstoffrest am anderen Ende des Moleküls sorgt hingegen dafür, dass sich Ethanol mit Kohlenwasserstoffen und Fett mischt. Diese Eigenschaft wird *lipophil* (griech. *lipos*: Fett) genannt. ▷ 5

Ethanolmoleküle enthalten eine OH-Gruppe. Dadurch ist Ethanol mit Wasser in jedem Verhältnis mischbar.

das Ethanol
die OH-Gruppe

Alkohol in vielen Produkten des Alltags Alkohol lässt sich gut lösen und ist Lösemittel für viele Stoffe. Es wird daher vielfach verwendet:
- in *Arzneimitteln*, z. B. Hustensaft, als Löse- und Konservierungsmittel ▷ 6
- in *Kosmetika* wie Parfüms, Haar- und Rasierwassern als Löse-, Konservierungs- und Desinfektionsmittel
- in *Reinigungsmitteln* wie Glasreinigern als Fettlöser
- in *Treibstoffen* wie Benzin als Beimischung (E10)

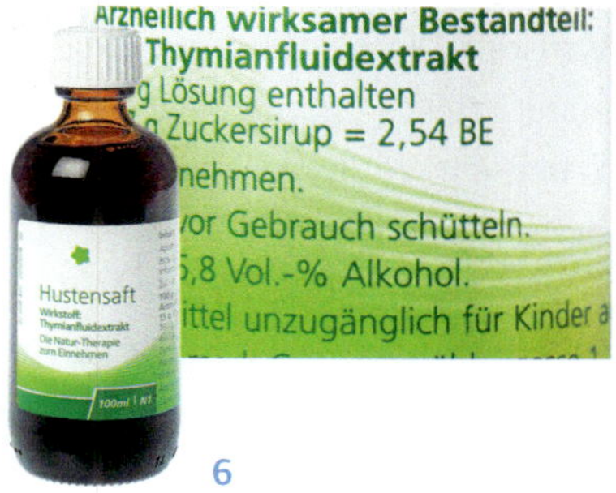

6

Weitere Alkohole Auch *Methanol*, *Propanol* und *Butanol* haben eine OH-Gruppe im Molekül, sie gehören damit zur *homologen Reihe* der *Alkanole*. ▷ 7 Ihre Namen leiten sich aus den Namen der Alkane ab und enthalten den Zusatz *-ol*.

Alkohole bilden eine homologe Reihe: die *Alkanole*.

Methanol entsteht auch bei der alkoholischen Gärung. Es ist gut brennbar. Man nutzt Methanol als Treibstoffzusatz und zur Herstellung von *Biodiesel*. Methanol ist ein gefährliches Gift. Eingeatmete Dämpfe schädigen das Nervensystem. Schon die Einnahme von 5 mL Methanol kann zur Erblindung oder sogar zum Tod führen.

Methanol, Ethanol und Propanol lösen sich gut in Wasser. Die hydrophile OH-Gruppe in ihren Molekülen beeinflusst ihre Eigenschaften stärker als der kurze Kohlenwasserstoffrest. Je länger dagegen die Moleküle sind, desto besser lösen sich die Alkanole in Benzin: In ihren Molekülen überwiegt jeweils der Einfluss der lipophilen Kohlenwasserstoffreste (s. Tabelle im Anhang).

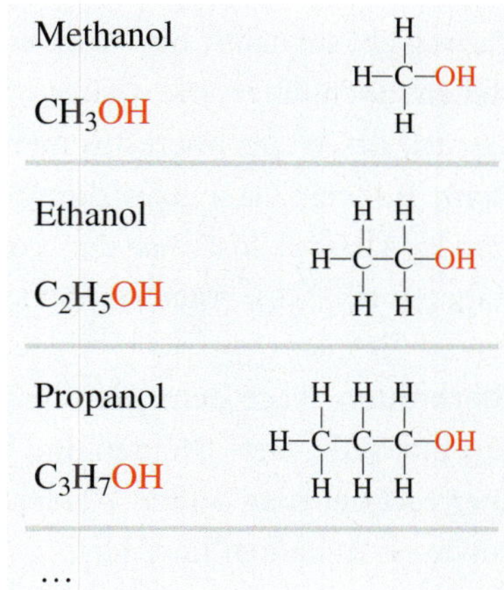

7 Homologe Reihe der Alkanole

Mehr

Mehrwertige Alkohole Alkohole mit mehreren Hydroxylgruppen (OH-Gruppen) im Molekül bezeichnet man als *mehrwertige* Alkohole. *Glykol* (Ethandiol) z. B. wird als Frostschutzmittel und zur Herstellung von Kunststoffen eingesetzt. *Glycerin* (Propantriol) enthält drei OH-Gruppen. ▷ 8

Je mehr OH-Gruppen im Alkanolmolekül vorhanden sind, desto zähflüssiger und süßer ist der Alkohol. In Zahnpasta und in Feuchtigkeitscremes sorgt er dafür, dass die Produkte nicht austrocknen. Er wirkt nämlich wasseranziehend; außerdem ist er ungiftig.

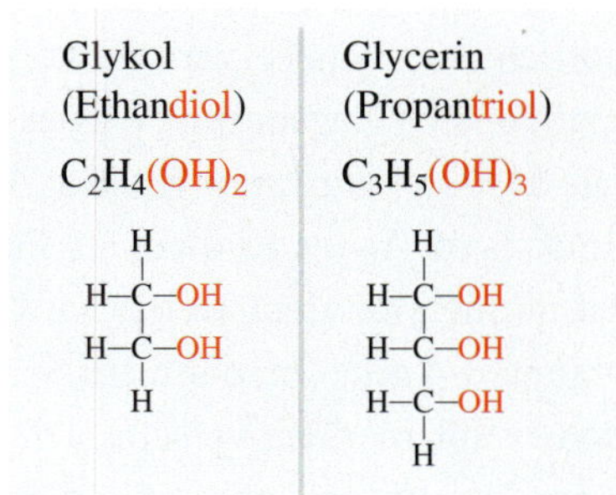

8 Formeln mehrwertiger Alkohole

Aufgaben

1 □ Nenne die Bedingungen für eine alkoholische Gärung.

2 □ Nenne die Eigenschaften, die Alkohol so vielseitig nutzbar machen.

3 ■ Erkläre die Begriffe Katalysator und Enzym. Gib ihre Aufgabe und Bedeutung an.

4 ◪ Informiere dich über Todesfälle durch gepanschten Alkohol.

Die Herstellung alkoholischer Getränke

Von der Weintraube zum Wein Wenn der Wein im Oktober genügend Zucker gebildet hat, beginnt die Weinlese. ▷ 1 Die entstielten Früchte werden zu einem Brei zerquetscht – der Maische.
Bei der anschließenden Lagerung geben die Fruchtschalen die typischen Aromastoffe an die Maische ab. Beim Keltern trennt man den süßen Traubensaft, den Most, von den Rückständen, dem Treber. Aus etwa 115 kg Trauben macht man 65–85 Liter Most, in den man meist noch Schwefeldioxid leitet, um unerwünschte Bakterien abzutöten.
In Fässern oder Metalltanks läuft in 6–8 Tagen die stürmische Hauptgärung ab; sie liefert bis zu 15 Volumenprozent des Alkohols. Es entstehen noch über 400 weitere Verbindungen, die Geschmack und Geruch des Weins mitbestimmen.
Beim Rotwein lässt man die Maische gären. ▷ 2 Der dabei entstehende Alkohol löst aus den roten Fruchtschalen Farbstoffe. Wird dagegen der Most roter Trauben vergoren, entsteht Roséwein.

1 Weinlese bei Rüdesheim

2 Gärende Rotweinmaische

Bierbrauen Nach dem „Reinheitsgebot“ aus dem Jahr 1516 darf Bier nur mit Malz, Hefe, Hopfen und Wasser gebraut werden. Für 100 Liter Bier rechnet man außer Wasser etwa 18 kg Malz ▷ 3, 250 g Hopfen sowie einen halben Liter Hefe.
Aus Gerste muss zunächst Malz hergestellt werden. Die Gerstenkörner werden in Wasser eingeweicht, quellen und beginnen bei etwa 15 °C innerhalb von 2 Tagen zu keimen. Nach etwa 7 Tagen ist aus der Gerste Grünmalz geworden. Grünmalz wird erhitzt, getrocknet und geröstet, es bildet sich das typische Malzaroma.
Das Malz wird geschrotet (gemahlen, zerquetscht) und im Maischbottich mit Wasser vermischt (gemaischt). Enzyme im Malzschrot spalten nach Zugabe von Wasser die restliche Stärke zu Malzzucker.
Die Maische wird nun gefiltert. Das Filtrat wird Würze genannt, der Rückstand Treber. Er dient als Viehfutter.
Zusammen mit dem Treber wird die Würze eine Zeit lang in der Sudpfanne ▷ 4 gekocht, dann auf 5–10 °C gekühlt und in großen Gärbottichen mit Bierhefe versetzt. Die Würze beginnt zu gären. Innerhalb einer Woche entstehen aus dem Malzzucker Alkohol und Kohlenstoffdioxid. Das Bier muss bei 1 °C in geschlossenen Tanks 2–3 Monate nachgären – dann ist es trinkfertig.

3 Malz

4 Sudpfanne

1 ◪ Erläutere die unterschiedliche Herstellung von Weißwein, Rotwein und Rosé.

2 ■ Recherchiere, wie aus Wein Weinbrand gebrannt wird. Berichte darüber.

3 ■ Auch aus Kartoffeln wird Alkohol hergestellt. Forsche nach und berichte über das Verfahren.

Alkohol – Gefahr für den Menschen

Jugend und Alkohol *Binge-Drinking* – Trinken bis zum Umfallen – ist „in". Die Zahl der Jugendlichen, die mit Alkoholvergiftung ins Krankenhaus eingeliefert wird, steigt ständig. „Spaß", Freundeskreis und Gruppenzwang führen häufig zum vorsätzlichen Betrinken. Am häufigsten müssen Jungen mit 17 und Mädchen mit 16 Jahren ins Krankenhaus. Der Einstieg in das Alkoholproblem erfolgt häufig über *Alcopops*. Das *Jugendschutzgesetz* verbietet daher die Abgabe alkoholischer Getränke an Kinder und Jugendliche. ▷ 5

§ 9
(1) In Gaststätten, Verkaufsstellen oder sonst in der Öffentlichkeit dürfen
1. Branntwein, branntweinhaltige Getränke oder Lebensmittel, die Branntwein in nicht nur geringfügiger Menge enthalten, an Kinder und Jugendliche,
2. andere alkoholische Getränke an Kinder und Jugendliche unter 16 Jahren weder abgegeben noch darf ihnen der Verzehr gestattet werden.
(4) Alkoholhaltige Süßgetränke [...] nur mit dem Hinweis „Abgabe an Personen unter 18 Jahren verboten, § 9 Jugendschutzgesetz" in den Verkehr gebracht werden.

5 Aus dem Jugendschutzgesetz

Wirkungen alkoholischer Getränke Alkohol geht direkt ins Blut. So kann Alkohol schon Sekunden nach dem ersten Schluck „in den Kopf steigen". In den nächsten 30 Minuten wird ein Großteil des Alkohols im ganzen Körper verteilt. Der Alkohol verursacht dann eine zunehmende Lähmung der Gehirnzellen. ▷ 6–7

Getränk	Alkoholgehalt*
Bier	5 Vol.-%; entspricht 40 g pro Liter
Alcopops	5,5 Vol.-%; entspricht 44 g pro Liter
Wein	12 Vol.-%; entspricht 96 g pro Liter
Wodka, Weinbrand	40 Vol.-%; entspricht 320 g pro Liter

6 Alkoholgehalt einiger Getränke
* Volumenprozent gibt die Menge des gelösten Ethanols in mL an, die in 100 mL des Getränks enthalten ist.

Enthemmung	Rausch	Betäubung	Lähmung
weniger als 1,0 ‰ (Promille); bis 50 mL Alkohol	1,0–2,0 ‰; 50–100 mL Alkohol	2,0–3,0 ‰; 100–200 mL Alkohol	3,0–5,0 ‰; mehr als 200 mL Alkohol
Wärmegefühl, Zwanglosigkeit, Fröhlichkeit, Rededrang, Selbstüberschätzung, Verlangsamung der Reaktionen und Bewegungen	Störungen der Bewegungsabläufe und des Gleichgewichts, Sprachstörungen, Verlust der Selbstkontrolle	Verwirrtheit, Gedächtnisstörungen, Bewusstseinstrübung, Erbrechen, Ermüdung, Muskelerschlaffung, Atmungsschwierigkeiten	tiefe Lähmung, flache Atmung, Unterkühlung, übergehend in Koma mit Reflexlosigkeit und Atemlähmung

7 Stadien der Alkoholwirkung

Der Genuss der gleichen Alkoholmenge kann bei verschiedenen Personen unterschiedliche Auswirkungen haben. Sie hängen vom Körpergewicht ab, aber auch von der Gewöhnung und von der augenblicklichen Verfassung des Trinkenden. Besonders gefährlich ist, dass der Alkohol die Selbsteinschätzung beeinträchtigt. Der Angetrunkene nimmt sein verändertes Verhalten oft gar nicht wahr oder glaubt, er könne es vertuschen.
Alkohol wirkt auch auf die inneren Organe: ▷ 8 Wenn regelmäßig Alkohol getrunken wird, führen auch schon geringe Mengen zu organischen Schäden. Bei regelmäßigem Alkoholkonsum gewöhnt sich der Körper an bestimmte Alkoholmengen. Es entwickelt sich so ein Bedürfnis nach Alkohol – oft verbunden mit der Enttäuschung über sich selbst, dass man diesem Drang immer wieder nachgeben muss. Es ist dann nur noch ein kleiner Schritt zur völligen Abhängigkeit, zur Alkoholkrankheit.

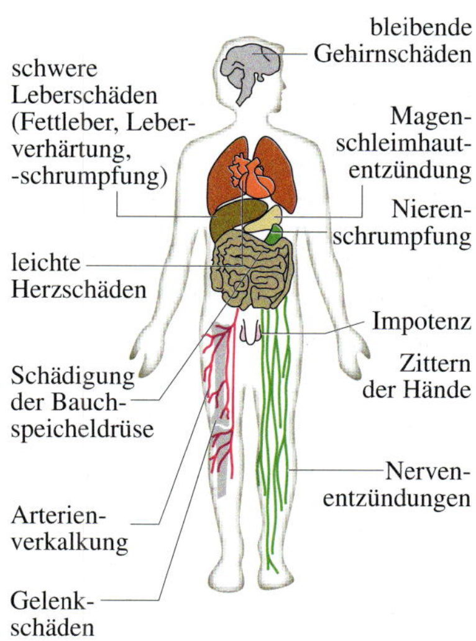

8 Alkohol schädigt den Körper.

Nachwachsende Rohstoffe

Ist Energie aus Biomasse die Lösung?

Bei der Verbrennung der Erdölfraktionen entstehen die Klimagase Kohlenstoffdioxid und Wasserdampf.
Je mehr Benzin, Kerosin oder Heizöl verbrannt wird, desto mehr wird der natürliche Treibhauseffekt verstärkt. Das Klima verändert sich; es wird immer wärmer auf der Erde.

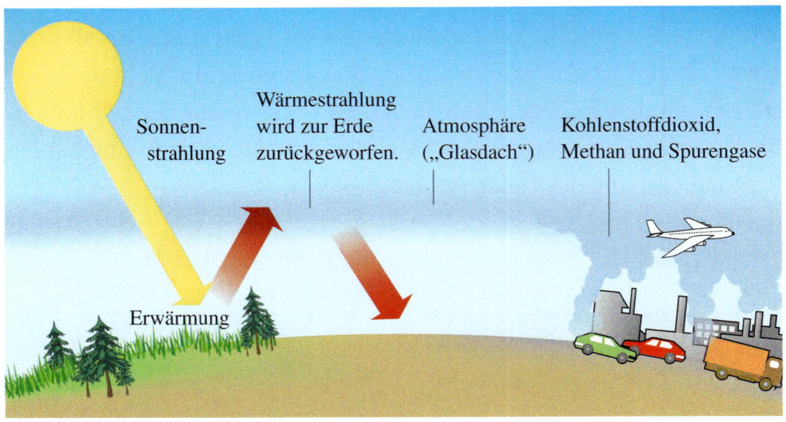

1

1

Wir untersuchen, wie Luft und wie Kohlenstoffdioxid die Sonnenstrahlung aufnehmen

Das Experiment wird nach der Zeichnung aufgebaut. ▷ 2
Die PE-Flasche ist mit Luft gefüllt und wird mit PE-Folie verschlossen. Zur zusätzlichen Isolierung wird das Ganze in einen Styroporbehälter gestellt.

a Die Anfangstemperatur der Luft in der PE-Flasche wird gemessen.
Danach wird die Lampe eingeschaltet und nach 5 min die Messung wiederholt.

b Dann wird die PE-Flasche mit Kohlenstoffdioxid◇ gefüllt und der Versuchsteil a wiederholt.

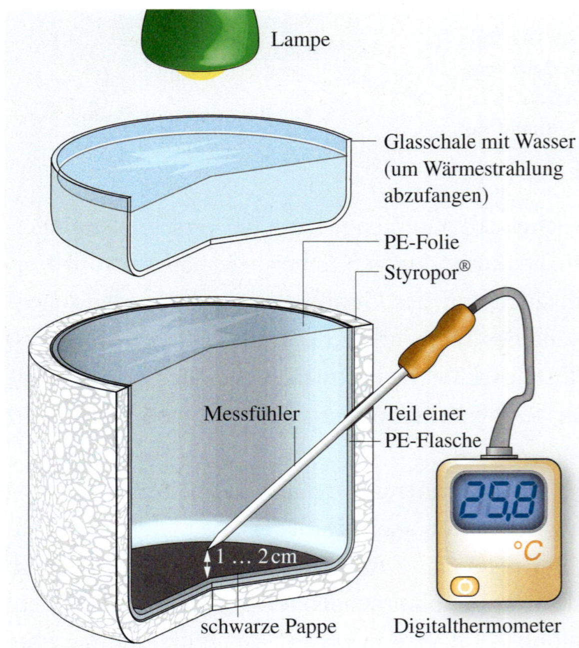

2

◇ Kohlenstoffdioxid (Druckgas) — Achtung

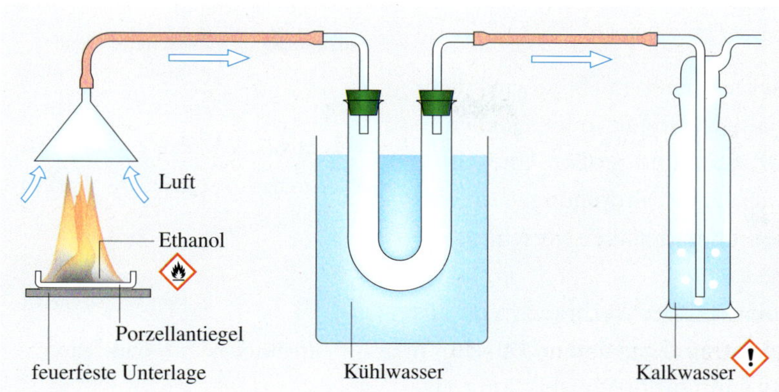

3

2

Wir untersuchen Bioethanol (Lehrerversuch)

a Etwas Ethanol◇ wird in einem Porzellantiegel verbrannt. Eine Porzellanschale wird schräg in die Flamme gehalten.
Beschreibt, was ihr seht.

b Die Verbrennungsprodukte werden aufgefangen. ▷ 3

c Der gleiche Versuch wird mit Biodiesel durchgeführt.

d Vergleicht die Ergebnisse.

3

Wir untersuchen die Zähflüssigkeit (Viskosität)

Dieser Versuch zeigt die Zähflüssigkeit (Viskosität) von Rapsöl, Biodiesel und Diesel◇.
Je langsamer die Büroklammer zum Reagenzglasboden fällt, desto zähflüssiger („viskoser") ist die Flüssigkeit.

a Füllt 3 Reagenzgläser gleich hoch (zu drei Vierteln) mit Rapsöl, Biodiesel und Diesel.
Haltet mit einer Pinzette eine Büroklammer über die Öffnung des ersten Reagenzglases.
Lasst die Büroklammer fallen, wenn ein weiteres Teammitglied die Stoppuhr startet.

b Messt die Zeit, bis die Büroklammer auf dem Reagenzglasboden auftrifft.
Notiert die Zeit in einer selbst angelegten Tabelle.

c Führt den Versuch genauso mit den anderen beiden Flüssigkeiten durch.
Notiert ebenfalls die Zeiten.

d Vergleicht die Messwerte und formuliert ein Ergebnis.

4

Wir untersuchen Holzpellets

a Wir füllen ein Reagenzglas 2 cm hoch mit Holzpellets und erhitzen sie kräftig über längere Zeit.
Beschreibt die Beobachtungen.

b Die Gase oder Dämpfe an der Öffnung des Reagenzglases versuchen wir zu entzünden.

c Ein kühles, trockenes Becherglas wird über die Flamme am Reagenzglas gehalten. ▷ 4
Überprüft das Verbrennungsprodukt mit Watesmo-Papier.

d Dann spülen wir ein Becherglas mit Calciumlauge (Kalkwasser)◇ aus und halten es ebenfalls umgekehrt über die Flamme.

e Deutet die Ergebnisse.

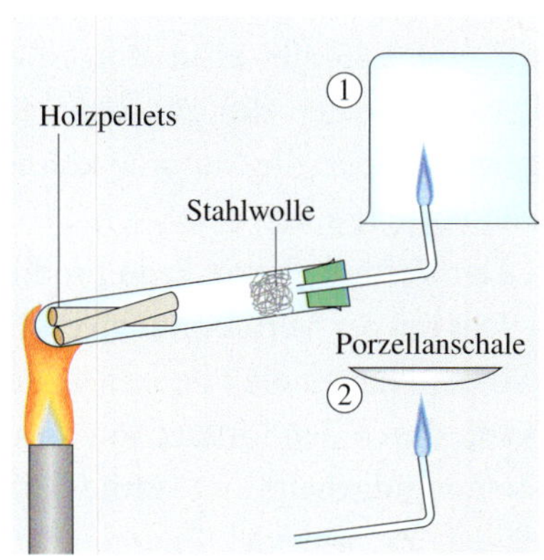

4

◇ Diesel Gefahr

◇ Ethanol Gefahr

◇ Calciumlauge (Kalkwasser) Achtung

Biotreibstoffe

Warum Biotreibstoffe? Die Erdölreserven nehmen ab, es wird mehr Erdöl gefördert als neu entdeckt. Ölhaltiges Gestein oder Quellen in der Tiefsee können nur unter hohen Kosten und großen Umweltbelastungen ausgebeutet werden. Der wachsende „Erdölhunger" in aufstrebenden Ländern wie China, Indien oder Brasilien verschärft die Lage. In der Folge steigen die Rohölpreise.
Durch Beimischung von Biotreibstoffen soll der Verbrauch von aus Erdöl gewonnenem Benzin und Diesel vermindert werden. Das durch den Einsatz von Ethanol gesparte Erdöl kann für die Produktion wertvollerer Stoffe genutzt werden.
Biotreibstoffe der 1. Generation gewinnt man aus Kulturpflanzen wie Zuckerrohr, Zuckerrüben oder Getreide. ▷ 1 *Biotreibstoffe der 2. Generation* werden aus Abfällen der Land- und Forstwirtschaft gewonnen.

Wirklich „alternativ"? Bei der Verbrennung von Bioethanol, Biodiesel oder Holzpellets (gewonnen z. B. aus Zuckerrohr, Raps oder Sägespänen) entstehen *Kohlenstoffdioxid* und Wasserdampf. Dennoch bezeichnet man Biogas aus Gärung, Deponiegas aus Mülldeponien, Biodiesel und Bioethanol als „alternative Treibstoffe". Holzpelletheizungen gelten als „umweltfreundlichere Alternative" zum Heizen mit fossilen Brennstoffen. ▷ 2–5
Man nennt die Energiegewinnung *CO_2-neutral,* wenn bei der Verbrennung pflanzlicher Treibstoffe nur so viel Kohlenstoffdioxid freigesetzt wird, wie vorher der Atmosphäre entnommen wurde.

Bioethanol im Tank An deutschen Tankstellen wird Treibstoff mit der Bezeichnung „Super E10" verkauft. Das Superbenzin enthält 10 % Ethanol. E25 gibt es in einigen europäischen Ländern und in Brasilien, das wegen des günstigen Klimas sein Ethanol aus Zuckerrohr gewinnt. Spezielle Motoren können auch mit E85 gefahren werden.
Die Vorteile sind:
- Der Verbrauch von Erdölprodukten wird vermindert.
- Das bei der Verbrennung von Bioethanol freigesetzte Kohlenstoffdioxid haben die Pflanzen vorher aus der Atmosphäre entnommen.

Kann durch den Einsatz von Bioethanol also der Anstieg des Kohlenstoffdioxidgehalts der Atmosphäre vermindert werden? Das hängt davon ab, wie viel Energie zur Ethanolgewinnung benötigt wird. Anbauweise, Herkunft, Transportwege und Weiterverarbeitung der Energiepflanzen sind dafür entscheidend. Bei der Gewinnung von Bioethanol aus Weizen mithilfe von Braunkohle und seiner Verbrennung wird insgesamt sogar mehr Kohlenstoffdioxid freigesetzt als bei der Verbrennung von Benzin aus Erdöl!

Ausgangsstoff	Zwischenprodukt	Endprodukt
Mais	Zucker	Ethanol
Zuckerrohr	Zucker	Ethanol
Zuckerrüben ▷ 3	Zucker	Ethanol
Raps ▷ 4	Zucker	Ethanol
Palmen	Zucker	Ethanol

1 Biotreibstoffe der 1. Generation

2 Holzpellets

3 Zuckerrüben

4 Raps

5 Biomasse – Quelle für Biogas

Biodiesel ▷ 6 Man mischt es dem Dieseltreibstoff bei. Biodiesel wird aus dem zähflüssigen und klebrigen Öl der Rapspflanzen gewonnen. Da es ungeeignet für moderne Motoren ist, muss man Rapsöl mit Methanol aufbereiten. Für die Herstellung von Raps und Methanol sind Dünge- und Pflanzenschutzmittel sowie der Betrieb landwirtschaftlicher Maschinen erforderlich, die Energie benötigen; dabei wird Kohlenstoffdioxid frei. Die Rapspflanzen entnehmen der Luft nur etwa die Hälfte des Kohlenstoffdioxids, das bei der Herstellung und Nutzung von Biodiesel als Brennstoff entsteht. Kohlenstoffdioxid wird nicht eingespart.

6

Abschied vom Erdöl auf Kosten der Umwelt? Egal, aus welchen „Energiepflanzen" ▷ 7 Biotreibstoffe gewonnen werden – man benötigt riesige Flächen für ihren Anbau. Oft genug wird dazu Regenwald gerodet. Wenn man Ackerflächen für „Energiepflanzen" nutzt, fehlen diese dann für die Lebensmittelerzeugung. Bei gleichzeitig steigender Nachfrage werden Nahrungsmittel somit für Menschen in ärmeren Ländern unerschwinglich.

Nach neueren Studien ist die Energiebilanz für Biotreibstoffe schlecht. Während Solarzellen 15–20 % der eingestrahlten Sonnenenergie „ernten", setzen die Pflanzen nur 10 % der Sonnenenergie in chemische Energie um. Davon brauchen die Pflanzen für ihren Stoffwechsel die Hälfte. Die Feldarbeiten, der Dünger und die Umwandlung in Zucker und Bioethanol verschlingen 90 % der gespeicherten Energie. Es verbleiben nur noch 0,5 % der ursprünglichen Sonnenenergie.

Durch die Verwendung von Biotreibstoffen der 1. Generation stoppt man nicht die Energieverschwendung im Verkehrswesen. Um den Treibstoffverbrauch in den nächsten Jahren zu reduzieren, müssen vielmehr sparsamere Fahrzeuge eingesetzt, der öffentliche Nahverkehr ausgebaut und die Anzahl der Fahrten vermindert werden. Neue Mobilitätskonzepte wie Carsharing werden in großen Städten schon genutzt.

7 Energieholzernte

Aufgaben

1 □ Nenne Vor- und Nachteile von Treibstoffen aus Biomasse der 1. Generation.

2 ◪ Mit der Gewinnung von Treibstoffen aus Biomasse der 2. Generation ist die Ökobilanz günstiger. Begründe das.

3 ◪ Nimm Stellung zu folgender Aussage: „Die Verbrennung von Biodiesel ist CO_2-neutral."

4 ■ Eine Umweltorganisation behauptet: „Mehr Getreide im Tank bedeutet mehr Hungernde!" Erläutere, was damit gemeint ist.

5 ■ Erforsche, wie Biogasanlagen funktionieren.

6 ◪ Auch Methangas ist ein Treibhausgas. Informiere dich über Methanvorkommen. Berichte!

7 ■ Finde heraus, warum die Qualität der Holzpellets so entscheidend für deren Umweltverträglichkeit ist.

8 ■ Nach neueren gesetzlichen Bestimmungen müssen auch Holzheizungen und offene Kamine demnächst mit Filtern ausgestattet werden. Erkundige dich danach.

Alkohol

Unser Trinkalkohol, das *Ethanol,* wird durch *alkoholische Gärung* von Früchten, Getreide oder Kartoffeln hergestellt. ▷ 1 Dabei wird Zucker durch Hefeenzyme in Ethanol (C_2H_5OH) umgewandelt.

Glucose ⟶ Ethanol + Kohlenstoffdioxid

1 Alkoholische Gärung

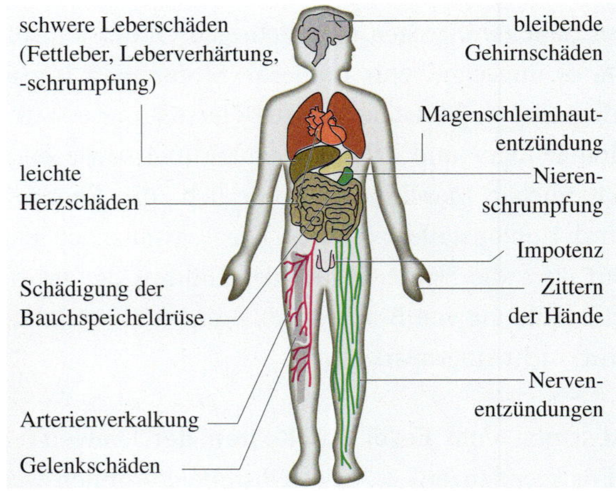

2 Gesundheitliche Schäden durch Alkoholgenuss

Regelmäßiger Alkoholgenuss führt zu gesundheitlichen Schäden. ▷ 2 Im Straßenverkehr kann Alkohol verheerende Unfälle verursachen.

Alkanole

Außer dem Ethanol gibt es weitere Alkohole, die – wie die Alkane – eine *homologe Reihe* bilden. Man nennt sie die *Alkanole*. ▷ 3

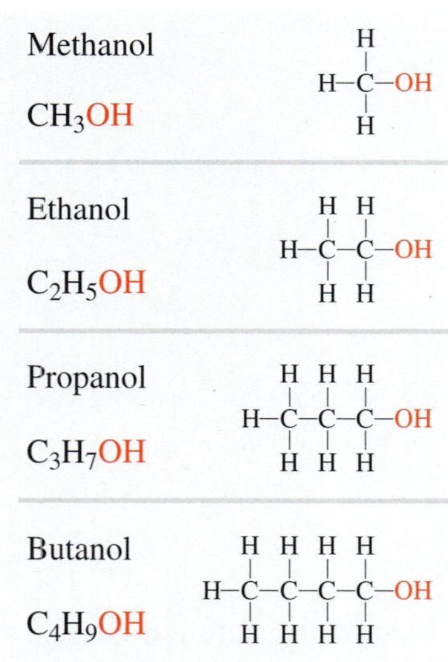

3 Homologe Reihe der Alkanole

Bei der alkoholischen Gärung kann sich auch giftiges *Methanol* (CH_3OH) bilden. Selbst bei einmaligem Genuss in kleinsten Mengen führt es zu schweren Gesundheitsstörungen, ja sogar zum Tod.

Alle Alkanolmoleküle haben eine OH-Gruppe (Hydroxylgruppe). Eine solche Atomgruppe, die das Verhalten einer Stoffreihe bestimmt, nennt man *funktionelle Gruppe*.

Die OH-Gruppe ist *hydrophil* (wasserliebend) und für die gute Mischbarkeit mit Wasser verantwortlich. Der *lipophile* (fettliebende) Kohlenwasserstoffrest macht die Alkanole mit Fett mischbar. ▷ 4

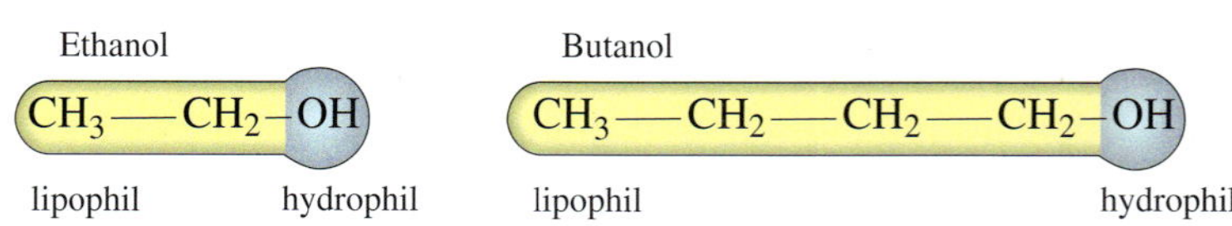

4

Die ersten Alkanole der Tabelle mischen sich gut mit Wasser, weil der Einfluss der OH-Gruppe groß ist; er lässt allerdings bei längeren Ketten nach. Die Alkanole mit den längeren Ketten mischen sich besser mit Benzin.

Nachwachsende Rohstoffe

Nachwachsende Rohstoffe sollen den Verbrauch von fossilen Energieträgern vermindern.
- Bioethanol wird dem Kraftstoff zugemengt.
- Aus Biomasse (Abfälle, Gülle, Mais) wird Biogas produziert, das ins Gasnetz eingespeist oder in elektrische Energie umgewandelt wird.
- Rapsöl wird zu Biodiesel aufbereitet.
- Holz als CO_2-neutraler Brennstoff wird in Verbrennungsanlagen zur Wärmegewinnung genutzt.

Alle nachwachsenden Rohstoffe verbrauchen wertvolles Ackerland, Dünger und oft knappes Wasser.

Alles klar?

1 □ Erkläre den Unterschied zwischen der Herstellung von Wein, Rotwein und Roséwein.

2 □ Notiere die Vorteile alkoholfreien Biers.

3 □ Gib an, weshalb Ethanol in vielen Arzneimitteln, Reinigungsmitteln und Kosmetika vorkommt.

4 □ Selbst gebrauter oder gepanschter Alkohol ist gefährlich. Begründe!

5 ■ Erkläre den Begriff „funktionelle Gruppe" anhand der Reihe der Alkanole.

6 ◪ Nenne einige mehrwertige Alkohole und erkläre ihre Unterschiede.

7 ■ Erstelle einen Steckbrief von Glycerin. Baue das Modell vom Glycerinmolekül.

8 Hier siehst du die Strukturformel eines Alkanolmoleküls:

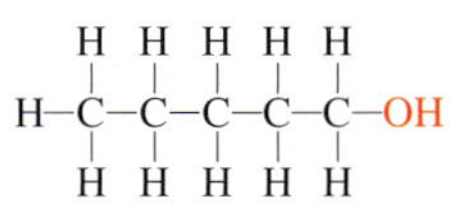

a ◪ Um welchen Alkohol handelt es sich dabei?

b ■ Zeichne dazu ein entsprechendes Molekülmodell und beschrifte es mit folgenden Begriffen: Kohlenwasserstoffkette (Alkylrest), OH-Gruppe, polar, unpolar, hydrophil und lipophil.

9 ◪ Baue mithilfe eines Molekülbaukastens Modelle von je einem Molekül der folgenden Stoffe:
Methan, Ethan, Propan, Methanol, Ethanol und Propanol.
Vergleiche die Modelle mit den Strukturformeln.

10 ■ Methanol, Ethanol und Propanol sind praktisch unbegrenzt mit Wasser mischbar. Alkanole mit langen Molekülketten kann man aber nicht mit Wasser mischen.
Erkläre das mithilfe des Molekülbaus.

11 Durch nachwachsende Rohstoffe soll der CO_2-Ausstoß vermindert werden.

a ◪ Nachwachsende Rohstoffe können in vielen Bereichen eingesetzt werden.
Nenne einige und gib ihre Vor- und Nachteile an.

b ■ Oftmals wird bei der Verwendung von nachwachsenden Rohstoffen als Ersatz für fossile Brennstoffe kein CO_2 gespart.
Erkläre!

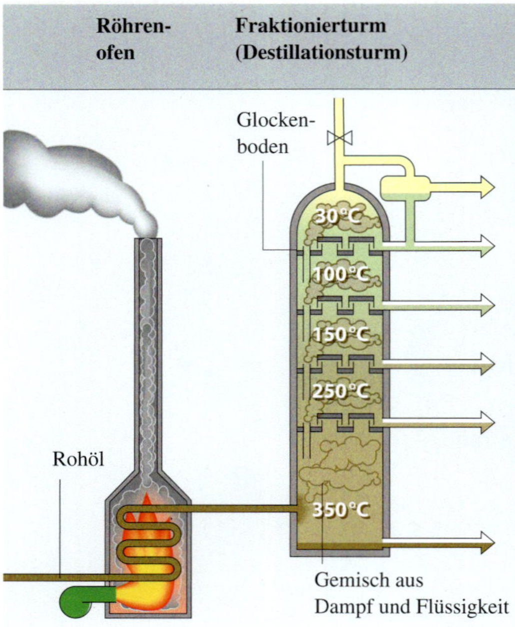

Erdölfraktionen (Siedebereich)	Erdölprodukte, -verwendung
gasförmige Kohlenwasserstoffe (unter 30 °C)	Heizgase, Ausgangsstoffe für die chemische Industrie
Leichtbenzin (30 … 100 °C)	Petrolether, Spezial- und Testbenzin als Lösemittel
Schwerbenzin (100 … 150 °C)	Autobenzin
Petroleum (150 … 250 °C)	Kerosin (Flugkraftstoff), Leuchtpetroleum
Gasöl (250 … 300 °C)	Dieselkraftstoff, leichtes Heizöl für Haushalte und Industrie
Bodenprodukt (über 300 °C)	schweres Heizöl für Kraftwerke, Schmieröl, Paraffin für Kerzen und Salben, Bitumen für Asphalt und Teer

1

Kohlenstoff und Kohle

1 □ Kohlenstoff kommt in vielfältigen Formen vor. Zähle sie auf und nenne ihre Verwendung.

2 □ Kohlenstoff kann aus Schichten bestehen, die nur so dick wie ein Atom sind.
Erkläre den Aufbau der verschiedenen kleinsten Kohlenstoffschichten.

3 Es gibt bei uns noch große Lager verschiedener Kohlensorten.

a □ Wodurch unterscheiden sich die beiden Kohlensorten?

b □ Berichte über ihre Förderung.

c ◪ Der Steinkohlenbergbau läuft im Jahr 2018 aus, der Braunkohlenbergbau nicht.
Begründe!

d ◪ Berichte über Bergschäden und Rekultivierung.

Erdöl

4 □ Die fraktionierte Destillation ist ein Verfahren zur Verarbeitung von Erdöl. ▷ 1

a Was soll damit erreicht werden?

b Beschreibe, wie die fraktionierte Destillation durchgeführt wird. Verwende dabei die Begriffe Stoffgemisch, Siedebereich und Fraktion.

c Erläutere die Unterschiede zwischen einem *Stoffgemisch* und einer *chemischen Verbindung*.

5 □ Bei der fraktionierten Destillation von Erdöl erhält man verschiedene Fraktionen.

a Nenne wichtige Erdölprodukte, die man aus den Erdölfraktionen gewinnen kann.

b Vergleiche verschiedene Erdölfraktionen miteinander:
Nenne Gemeinsamkeiten und Unterschiede.

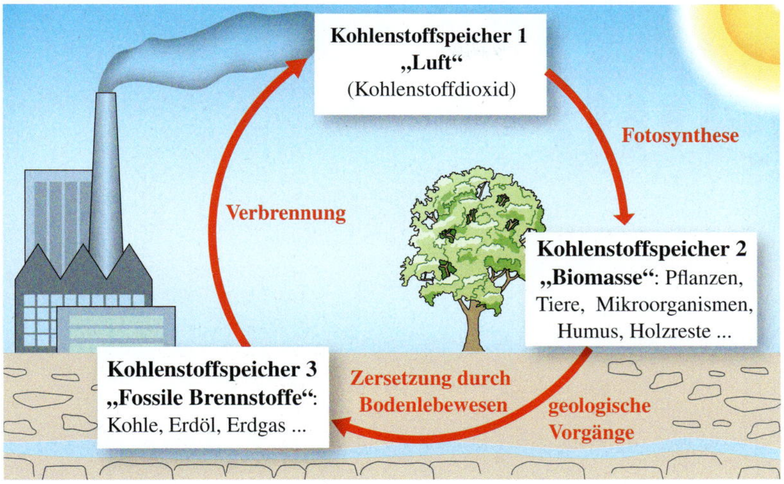

2

Alkane

6 Alkane werden vielfältig verwendet. Dabei werden ihre Eigenschaften genutzt.

a □ Bereite eine Tabelle mit drei Spalten vor. Trage dann mindestens fünf Beispiele in die Tabelle ein.

Alkan oder Gemisch	*Aggregatzustand*	*Verwendung*
Methan	*gasförmig*	*Heizgas*
...	...	...

b □ Beschreibe die chemische Reaktion, die zur Wärmegewinnung genutzt wird.

c ◪ Erläutere den Zusammenhang zwischen dem Aggregatzustand eines Alkans unter Normalbedingungen und dem Bau seiner Moleküle.

Alkanole

7 □ Brennspiritus enthält hauptsächlich Ethanol. Trotzdem ist er billig und ohne Altersbeschränkung zu erwerben. Alkoholische Getränke (ebenfalls mit Ethanol) sind dagegen teuer und dürfen erst ab 16 Jahren gekauft werden. Warum?

8 ◪ Die Alkanole weisen unterschiedliche Eigenschaften auf.
Nenne sie und erkläre sie mit dem Aufbau.

9 ■ Vergleiche Glykol und Glycerin.

Nachwachsende Rohstoffe

10 Belastung der Umwelt

a ◪ Beschreibe am Kohlenstoffkreislauf, warum immer mehr Kohlenstoffdioxid in die Luft (Atmosphäre) gelangt. ▷ 2

b ◪ Stelle die Vorteile der Biotreibstoffe den Nachteilen gegenüber.

c ◪ Erkläre den Begriff „CO_2-neutral“.

d ■ Biotreibstoffe der 2. Generation sind klimafreundlicher als die der 1. Generation. Begründe diese Aussage.

e ■ Notiere die Anforderungen an einen nachhaltigen Biotreibstoff.

Die Lösungen findest du im Anhang.

Produkte der Chemie

Leben ohne Chemie – geht das?
Nein! Produkte der chemischen Industrie sind aus unserem Leben nicht mehr wegzudenken. Sie begleiten uns rund um die Uhr.
Vielleicht legst du selbst einmal eine Liste an, in die du alle chemischen Produkte notierst, die du an einem Tag von morgens bis abends benutzt.

Du wirst dir selbst viele Informationen dazu beschaffen und an andere weitergeben können. Oft ist dabei Teamarbeit angesagt.
Vielleicht gestaltet ihr Projekte zu einzelnen Themen.

zum Beispiel Kunststoffe …

… schützen uns. 1

… kleiden uns. 2

… speichern unsere Daten. 3

… halten uns fit. 4

Duft- und Aromastoffe …

… aus der Natur

5

… im Auto

7

… in unserem Essen

6

8

… lassen uns gut riechen.

Die Kunststoffe

Kunststoff = Kunststoff?

1 Die Glasflasche (rechts) ist 200 g schwerer als die Flasche aus Kunststoff.

Kunststoffe sind wertvoll – sie ersetzen oder übertreffen teurere herkömmliche Werkstoffe. ▷ 1
Um die Kunststoffe zweckmäßig einsetzen zu können, muss man ihre jeweiligen Eigenschaften kennen.

1

Wir sammeln Kunststoffe
Jeder bringt für den Unterricht verschiedene Kunststoffe mit.

2

Wir sortieren die Kunststoffe
Überlegt, wie ihr die gesammelten Kunststoffe sortieren könnt.

3

Die Schwimmprobe – eine erste Bestimmung von Kunststoffen
Ihr habt drei gleich große Kunststoffproben mit den Ziffern 1–3 gekennzeichnet. Um welche der Kunststoffe Polyethen (PE)/Polypropen (PP), Polystyrol (PS) und Polyvinylchlorid (PVC) es sich handelt, ist euch unbekannt.

a Untersucht die Proben und prüft sie auf Härte, Biegsamkeit, Reißfestigkeit, Oberfläche und Wärmeleitfähigkeit. Legt eine Tabelle an.

b Gebt die Proben in ein Gefäß mit ca. 0,5 L Wasser. Stellt fest, welche Probe schwimmt.

c Verrührt nun kleine Portionen Salz im Wasser. Welcher Kunststoff steigt nach oben, welcher bleibt unten?

d Die Dichte der Kunststoffe beträgt:
- PE oder PP: $0{,}90–0{,}96\,\frac{g}{cm^3}$
- PS: $1{,}05\,\frac{g}{cm^3}$
- PVC: $1{,}40\,\frac{g}{cm^3}$

Bezeichnet die Proben 1–3 in eurer Tabelle mit dem richtigen Namen.

e Kennzeichnet die Proben mit einem Farbstift und gebt sie der Lehrkraft. Sie wird mit der Brennprobe feststellen, ob ihr die Kunststoffe richtig bestimmt habt.

◇ Phenol Methanallösung  Gefahr

◇ Salzsäure (konzentriert) 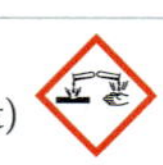 Gefahr

◇ Citronensäure  Gefahr

4
Die Brennprobe – sie zeigt, ob richtig bestimmt wurde (Lehrerversuch)

Hinweise: Den Versuch möglichst im Abzug durchführen, sonst die Proben nur kurz brennen lassen! Vorsicht vor fallenden Tropfen! Nicht brennbare Unterlage verwenden!

Längliche Stücke der in Versuch 1 ermittelten Kunststoffe werden mit der Tiegelzange in die Flamme gehalten. ▷ 2 In die Dämpfe wird ein Streifen Lackmuspapier gebracht.

a Welche Probe brennt rauchlos?
b Welche Proben qualmen beim Verbrennen?
c Welche Probe gibt beim Verbrennen ein stechend riechendes, saures Gas ab?

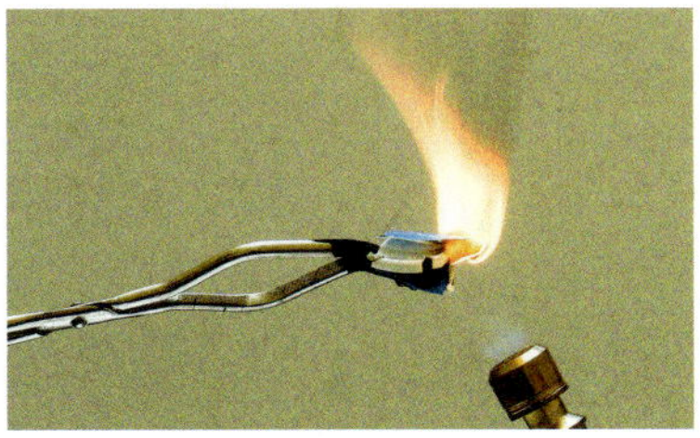

2

5
Ein Verbundstoff als Verpackungsmaterial

a Schneidet einen Getränkekarton auseinander und beschreibt seinen Aufbau.
b Überlegt, worin die Vorteile der einzelnen Materialien bestehen.

6
Ein Kunststoff aus einem nachwachsenden Rohstoff

Erhitzt 10 g feste Citronensäure◇ unter ständigem Rühren in einem 50-mL-Becherglas, bis sich eine gelbe, klebrige Masse bildet.
Gießt die zähflüssige Masse auf Papier und lasst sie abkühlen.

7
Wasserdichtes Material

Nach DIN gilt ein Bekleidungsmaterial als wasserdicht, wenn es eine Wassersäule von 1300 mm aushält.

a Entwickelt einen Versuchsaufbau, mit dem ihr verschiedene Materialien auf ihre Wasserdichtigkeit prüfen könnt.
b Ordnet eure Materialien nach ihrer Wasserdichtigkeit.

8
Ein Nylonfaden entsteht

a Erhitzt im Reagenzglas etwa 2 g Nylon® (z. B. graue Dübel oder einen alten Nylon- oder Perlonstrumpf) über dem Brenner. Das Reagenzglas muss dabei ständig gedreht werden, damit es an keiner Stelle zur Überhitzung (Braunfärbung) kommt.
b Nehmt mit dem Glasstab eine Probe aus der Schmelze und tupft sie an den oberen Rand des Reagenzglases. Zieht den Glasstab dann rasch weg. Dabei entsteht ein Faden. ▷ 3 Ihr könnt ihn mit der Hand weiter auseinanderziehen, bevor die Masse erstarrt.

3

9
Herstellung des Kunststoffs Bakelit® (Lehrerversuch; Abzug!)

In einem großen Reagenzglas werden zu 3 mL Wasser 1,5 mL Phenol◇ gegeben. Hinzu kommen 5 Tropfen Methanallösung◇ (37 %) und 1,5 mL konzentrierte Salzsäure◇.
Die Mischung wird kurz bis zum Sieden erhitzt.
Nach dem Abkühlen werden 15 mL Wasser hinzugefügt.

Vom Aufbau der Kunststoffe

Verschiedene Kunststoffe Unsere Versuche haben gezeigt, dass sich die Kunststoffe Polyethen (PE), Polypropen (PP), Polystyrol (PS) und Polyvinylchlorid (PVC) u. a. durch ihre Dichte und ihr Verhalten in der Flamme unterscheiden. ▷ 1

Kunststoff	Dichte in $\frac{g}{cm^3}$	Verhalten in der Flamme
Polyethen (PE) Polypropen (PP)	0,90– 0,96	Brennt hell, fast rauchlos, riecht nach Kerzenwachs.
Polystyrol (PS)	1,05	Brennt leuchtend gelb, stark rußend, süßlich riechend.
Polyvinylchlorid (PVC)	1,4	Brennt mit gelber, rußender Flamme und stechendem Geruch. Die Flamme erlischt, wenn man die Probe aus dem Feuer nimmt. Der Dampf reagiert sauer.

1 Eigenschaften verschiedener Kunststoffe

Riesenmoleküle Kunststoffe sind feste Stoffe, aber anders aufgebaut als viele andere Stoffe. *Hermann Staudinger* vermutete im Jahr 1920, die Moleküle der Kunststoffe seien sehr groß. Er bezeichnete sie als *Makromoleküle* (griech. *makro:* groß). ▷ 2
Kunststoffe bestehen aus Makromolekülen.

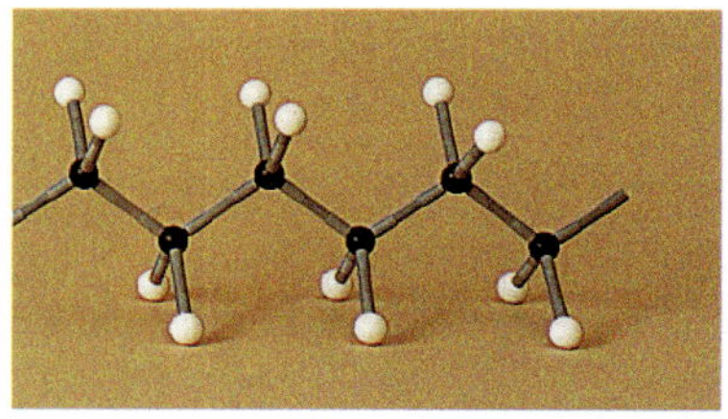

2 Modell eines Makromoleküls (Ausschnitt)

Brennprobe „*Umweltfreundlich. Verbrennt nur zu Wasser und Kohlenstoffdioxid*" ist auf manchen Kunststofftüten aus *Polyethen* zu lesen. Polyethen besteht wie die Alkane nur aus Kohlenstoff und Wasserstoff. Der Sauerstoff zum Verbrennen stammt aus der Luft.
Wenn man die Flamme eines Stückchens Polyethen ausbläst, riecht es wie beim Löschen einer Kerze, die aus Alkanen besteht. Alkane und Polyethen sind chemisch verwandt. Die Glieder des Polyethens gleichen den Alkanmolekülen. Makromoleküle wie Polyethen aber bestehen aus Tausenden CH_2-Gruppen. ▷ 3 Auch andere Kunststoffe geben durch die Brennprobe Hinweise auf ihre Zusammensetzung.

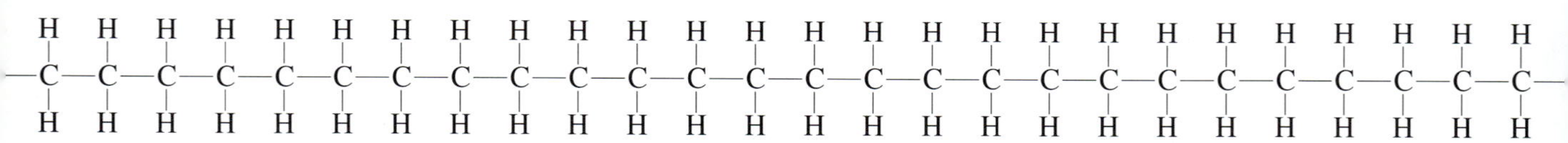

3 Polyethen

Aufgaben

1 □ Nenne drei Kunststoffe und ihre Abkürzungen. Gib jeweils Beispiele für ihre Verwendung an.

2 □ Wodurch unterscheiden sich die verschiedenen Kunststoffe?

3 ◪ Beschreibe die Ähnlichkeit zwischen den Molekülen eines Alkans und des Polyethens.

4 ◪ Polyethen verbrennt nur zu Kohlenstoffdioxid und Wasser. Warum ist das der Beweis dafür, dass es aus Kohlenstoff und Wasserstoff besteht?

5 □ Baue einen Ausschnitt eines Polyethenmoleküls.

6 ■ „Kunststofftüten aus Polyethen sind umweltfreundlich." Beurteile diese Aussage.

der Duroplast
das Elastomer
das Makromolekül
der Thermoplast

Dreierlei Kunststoffe Man teilt die Kunststoffe nach ihrem Verhalten bei vorsichtigem Erwärmen in drei Gruppen ein. ▷ 4 Ihre Molekülstruktur bestimmt das unterschiedliche Verhalten der Kunststoffe.

Thermoplaste (griech. *thermos:* warm, heiß; *plastos:* geformt)

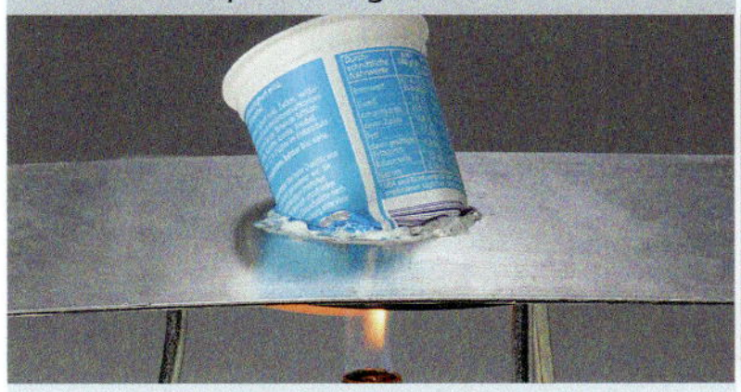

- werden weich, bevor sie schmelzen.
- lassen sich schmelzen, umformen und schweißen. Ihre Moleküle liegen locker nebeneinander.

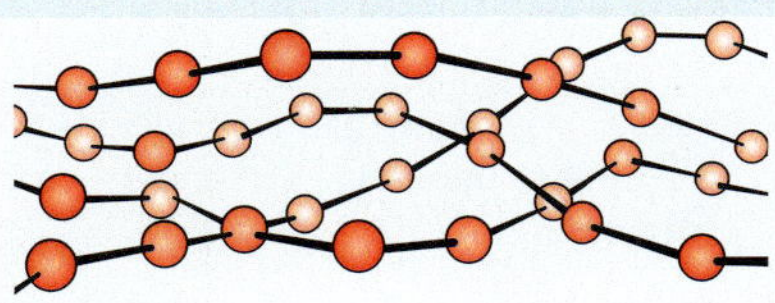

Duroplaste (griech. *duros:* hart)

- bleiben fest, bis sie sich zersetzen.
- lassen sich nicht schmelzen und weder umformen noch schweißen. Ihre Moleküle bilden ein starres Netzwerk.

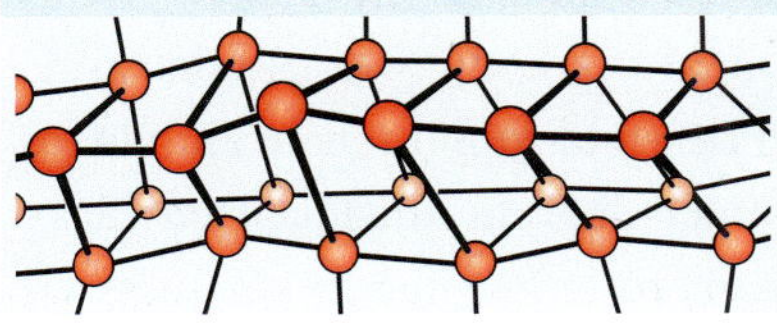

Elastomere

- sind gummiartig. Sie werden beim Erwärmen spröde, verlieren ihre Elastizität und schrumpfen.
- lassen sich weder schmelzen noch umformen noch schweißen. Ihre Moleküle bilden ein weitmaschiges Netzwerk.

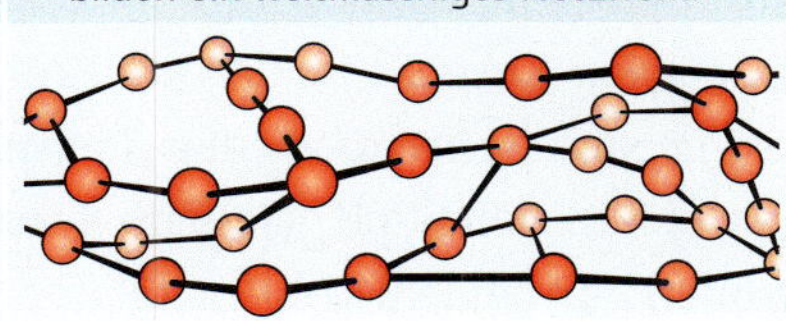

4

Mehr

Der erste Duroplast Im Jahr 1909 brachte *Leo Baekeland* Phenol aus Steinkohlenteer mit einer Lösung von Methanal in Wasser zusammen. Bei Zimmertemperatur geschah noch nichts, aber bei 100 °C bildeten beide Stoffe unter heftigem Sieden einen Klumpen. Er war zunächst weich, bei weiterem Erwärmen wurde er aber hart. Er ließ sich sägen, schleifen und polieren, hielt Hitze aus und war ein guter elektrischer Isolator. Sein Erfinder Baekeland nannte ihn voller Stolz „Bakelit". Später bürgerte sich auch der Name *Phenolharz* ein.
Sehr schnell entwickelte sich ein wahrer Phenolharzboom: ▷ 5 Radio- und Uhrengehäuse, Telefone, Knöpfe, Schalter, Lampen, Messergriffe, sogar der elegante Schaltknopf des zu dieser Zeit gebauten Rolls-Royce-Modells wurden aus Bakelit hergestellt. Noch heute werden Hartfaserplatten aus Phenolharz und Holzspänen gefertigt.

5

Aufgaben

7 □ PET ist ein Thermoplast. Was bedeutet das? Wähle die richtigen Antworten aus: „Thermoplaste sind stabil gegen Hitze." (1) „Thermoplaste sind schwer entflammbar und brennen nicht." (2) „Thermoplaste werden bei Hitze weich und verformbar." (3) „Thermoplaste sind elastisch und erhitzen sich beim Verformen." (4)

8 ◪ Ein Kunststoffgefäß wird aus Versehen auf eine heiße Herdplatte gesetzt. Dabei verliert es seine Form.
Suche dafür nach einer Erklärung.

9 ■ Erkläre die Eigenschaften der Thermoplaste, Duroplaste und Elastomere anhand der Beschaffenheit ihrer Moleküle.

Ethen – Grundstoff für die Kunststoffherstellung

Aus Ethan wird Ethen Du kennst bereits *Ethan*, einen *Kohlenwasserstoff*. In seinem Molekül sind die 2 Kohlenstoffatome mit 6 Wasserstoffatomen verbunden. ▷ 1 Weil alle Bindungsmöglichkeiten ausgeschöpft sind, nennt man das Ethanmolekül *gesättigt*. Das Ethan gehört also wie alle *Alkane* zu den *gesättigten Kohlenwasserstoffen*. Daneben gibt es auch *ungesättigte Kohlenwasserstoffe*, z. B. das *Ethen*.
Das *Ethenmolekül* nennt man *ungesättigt*, weil es zwei Wasserstoffatome weniger hat als das Ethanmolekül. Die Summenformel von Ethen lautet C_2H_4.

Die Doppelbindung Jeder Bindungsstrich in der Strukturformel des Ethanmoleküls steht für ein *Elektronenpaar*. ▷ 2
Wenn man von jedem Kohlenstoffatom (C) ein Wasserstoffatom (H) abspaltet, wird das Elektronenpaar getrennt. ▷ 3 Jedem Kohlenstoffatom verbleibt auf der Außenschale ein *ungepaartes* Elektron.
In diesem Zustand ist das Molekül nicht beständig. Die Kohlenstoffatome sind bestrebt, wieder eine voll besetzte Außenschale zu bilden, ein Elektronenoktett. Deshalb vereinigen sich die ungepaarten Elektronen der beiden Kohlenstoffatome zu einem weiteren, einem *zweiten* gemeinsamen Elektronenpaar. ▷ 4 Aus dem *Ethanmolekül* ist ein *Ethenmolekül* mit einer *Doppelbindung* entstanden.
Eine Bindung mit zwei gemeinsamen Elektronenpaaren wird als Doppelbindung bezeichnet.

Die Alkene Nicht nur zum Ethan, zu jedem *Alkan* (außer dem Methan) gibt es ein entsprechendes *Alken*. Die Anzahl der Kohlenstoffatome im Alkenmolekül entspricht dem jeweiligen Alkan. Im Alkenmolekül gibt es zwei Wasserstoffatome weniger, dafür aber eine Doppelbindung.
Die Namen der Alkene haben die gemeinsame Endung *-en*.
Die Alkene bilden eine homologe Reihe. ▷ 5
Alkene haben etwa die gleichen physikalischen Eigenschaften wie die entsprechenden Alkane, z. B.: Sie sind unlöslich in Wasser. Ihre Siedetemperaturen steigen für jedes weitere Kohlenstoffatom um 20–30 °C.

1 Ethan

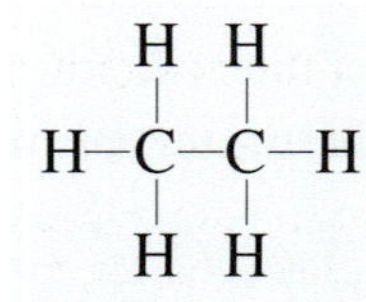

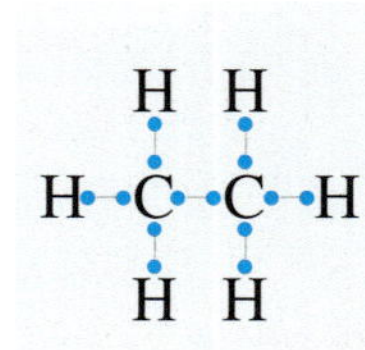

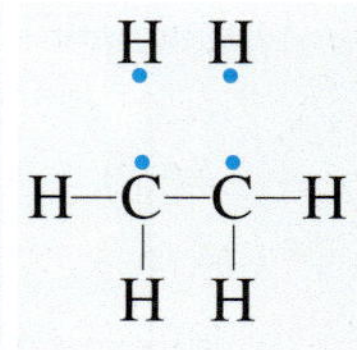

2 3

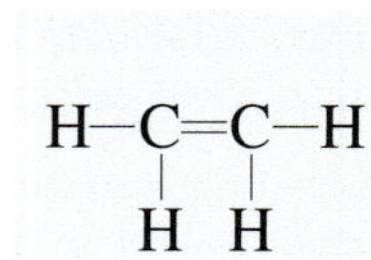

4 Ethen

Name, Summenformel	Molekülmodell	Strukturformel
Ethen C_2H_4	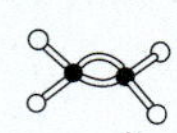	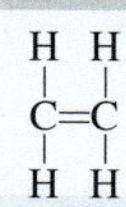
Propen C_3H_6	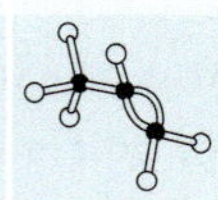	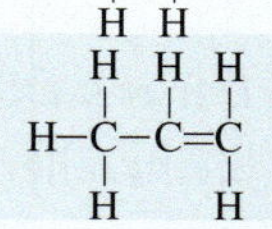
Buten C_4H_8	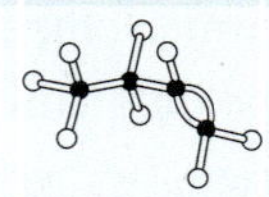	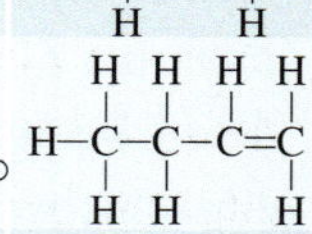
…		

5 Die ersten Glieder der homologen Reihe der Alkene

Aufgaben

1 ◪ Stelle zusammen, wozu Ethen verwendet wird.
2 ◪ Baue die Moleküle von Ethan und Ethen. Zeichne die Strukturformeln. Erkläre den Unterschied zwischen den Molekülen.
3 ■ Beschreibe die Doppelbindung im Ethenmolekül.
4 ■ Baue die Molekülmodelle von Buten und Propen. Zeichne die Strukturformeln. Was fällt dir im Vergleich zum Ethenmolekül auf?
5 ■ Erkläre den Begriff *ungesättigte Kohlenwasserstoffe*.
6 ■ Gib die Gemeinsamkeiten von Alkanen und Alkenen an.

Makromoleküle

Polymerisation Wenn *Ethen* unter Druck und mit einem *Katalysator* erhitzt wird, brechen die Doppelbindungen der Ethenmoleküle auf. Es entstehen neue Einfachbindungen zwischen den Kohlenstoffatomen benachbarter Ethenmoleküle. Viele (griech. *polys:* viel) Ethenmoleküle werden so zu einem langen Molekül – genannt Makromolekül – verknüpft. ▷ 6–7 Man nennt es *Polyethen* (auch *Polyethylen*).
Polyethen ist einer der wichtigsten Kunststoffe. Je nach dem angewandten technischen Verfahren können sich pro Molekül zwischen einigen Tausend bis zu 200 000 Kohlenstoffatome aneinanderreihen.
Den Zusammenschluss vieler Einzelmoleküle mit Doppelbindungen zu großen Molekülen mit Einfachbindungen bezeichnet man als *Polymerisation*. Die Einzelmoleküle nennt man dabei *Monomere*, die großen Moleküle *Polymere*. Viele andere Kunststoffe werden durch Polymerisation hergestellt, z. B. *Polypropen*.

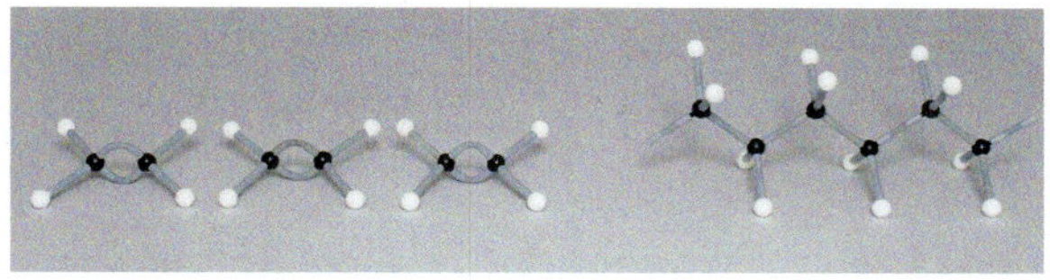

6 Polymerisation im Modell

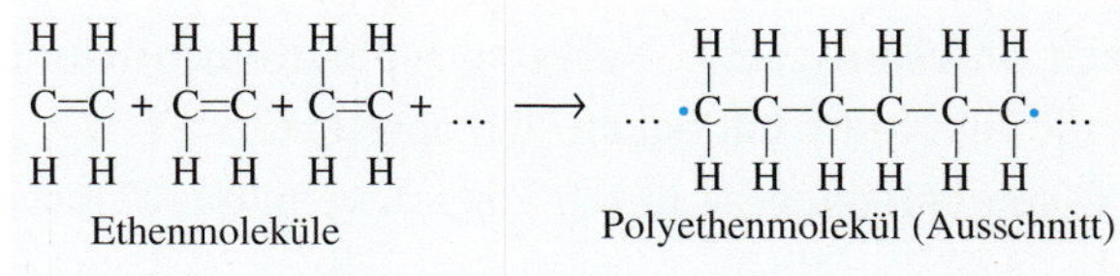

7 Polymerisation von Ethen

Mehr

Polykondensation Die Makromoleküle des *Nylons®* ▷ 8–9 entstehen durch *Polykondensation*.
Die Moleküle der Ausgangsstoffe ▷ 10–11 sind kettenförmig wie Alkanmoleküle – nur an ihren Enden unterscheiden sie sich von ihnen: Das Molekül ▷ 10 hat an beiden Enden ein Kohlenstoffatom mit zwei Sauerstoffatomen sowie einem Wasserstoffatom. Das Molekül ▷ 11 hat an beiden Enden ein Stickstoffatom mit zwei Wasserstoffatomen. Beim Zusammenschmelzen entsteht aus den beiden Molekülarten das Makromolekül des Nylons. ▷ 12 Wasser wird frei. Das Verbindungsglied zwischen beiden Molekülen ist die Atomgruppe –CO–NH–.

8 Nylon – dehnbar und …

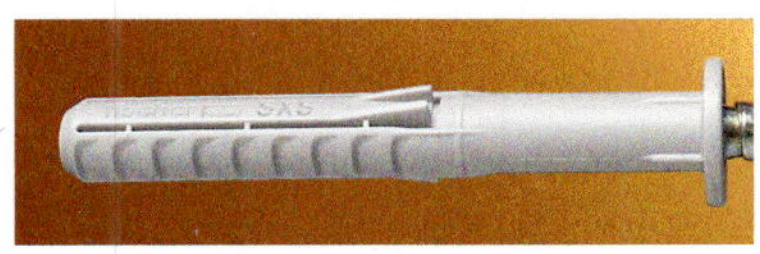

9 … zäh

10 Ausgangsstoff

11 Ausgangsstoff

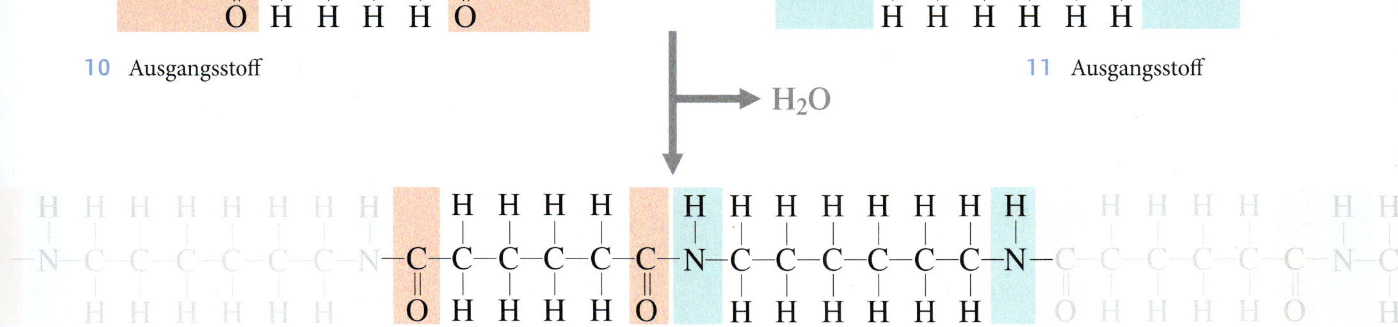

12 Ausschnitt aus dem Makromolekül (Nylon)

Maßgeschneidert für viele Zwecke

„Ersatzteile für den menschlichen Körper" Lange leben bei guter Gesundheit – durch den Einsatz moderner Kunststoffe ist man diesem Schritt schon ein Stück nähergekommen: Pflaster, Einwegspritzen, Infusionsgeräte, Katheter, Operationsinstrumente sowie Blutgefäße aus Kunststoff haben sich bewährt.
Vielen Patienten ist durch Herzklappen aus Kunststoff geholfen worden. Kunststoffherzen werden als Übergangslösung verwendet, bis ein Spenderherz zur Verfügung steht. ▷ 1
Auch Prothesen aus Kunststoff werden oft verwendet. Fast alltäglich ist das Einpflanzen künstlicher Hüftgelenke.
Sogar den Augen helfen Kunststoffe: in künstlichen Hornhautmembranen ▷ 2 und Augenlinsen, Kontaktlinsen und Brillen-„Gläsern".
Kunststofffüllungen für Zähne ersetzen die Amalgamfüllungen.

Kampf um den Puck Hart geht's zu im Eishockey – Checks gehören dazu. ▷ 3 Da ist eine gute Schutzausrüstung Bedingung. Sie muss sicher sein, darf aber die Spieler nicht zu sehr belasten. Kunststoffe ermöglichen diesen Schutz bei wenig Gewicht. Die gesamte Ausrüstung eines Spielers besteht aus hochwertigem Kunststoff, zumindest sind Kunststoffe im Spiel. Auch der Puck ist aus Kunststoff.
Eishockey ist durch die Kunststoffe auch farbiger geworden: Die Kunststofftrikots können mit bunten Designs bedruckt werden.

Fahren durch die Lüfte Dank der Kunststoffe sind ausgedehnte Fahrten im Heißluftballon möglich, die Ballonfahrer lassen sich im Weidenkorb durch die Luft treiben. ▷ 4
Eine Ballonhülle muss leicht, reißfest, luftundurchlässig, feuerfest und möglichst auch farbenfroh sein. Sie soll Temperauren von 100 °C aushalten, wenn der Ballon beim Start mit Tausenden Kubikmetern Heißluft gefüllt wird. Diese unterschiedlichen Anforderungen können nur Kunststoffe erfüllen.
Die dünne, jedoch extrem belastbare Hülle besteht aus zwei Schichten: Die obere Schicht lässt nur ganz wenig Heißluft entweichen. Zugleich wird der Ballon dadurch unempfindlich gegen Feuchtigkeit und gegen die UV-Strahlung der Sonne. Der gesamte Ballon wiegt trotz der 1000 m² großen Hülle nur 40 kg.

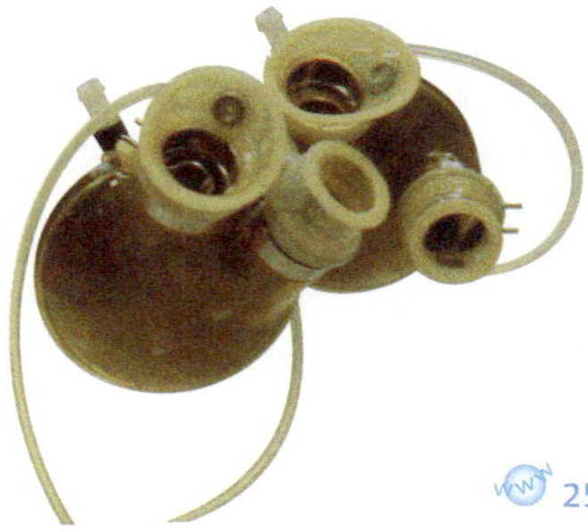

250-1

1 Ein Herz aus Kunststoff

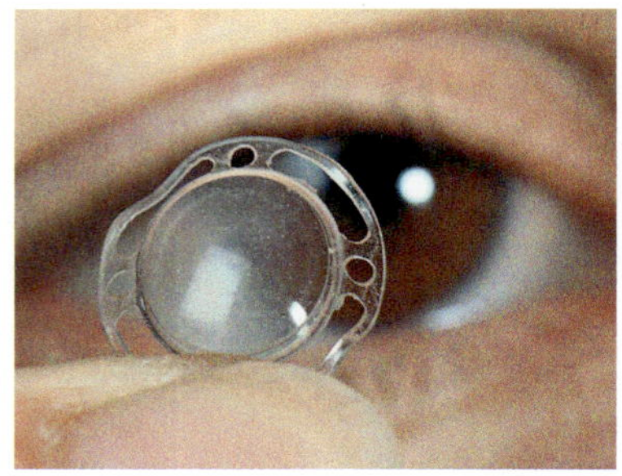

2 Künstliche Hornhaut (in Testphase)

3 Gut geschützt und dennoch leicht

4 Die Hülle: leicht, bunt und belastbar

1 □ Nenne Bereiche der Medizin, in denen Kunststoffe wertvolle Dienste leisten.

2 □ Benenne die Eigenschaften der Ballonhülle. Wähle aus:

a geruchlos, reißfest, feuerfest
b leicht, farblos, luftundurchlässig
c reißfest, feuerfest, leicht

Ein „überschäumender" Erfolg Polyurethan (abgekürzt: PUR) umgibt uns, wo man auch hinblickt: ▷ 5–13

Die Instrumententafel eines Autos, desgleichen das weiche „Innenleben" von Fahrzeugsesseln und Polstergarnituren werden aus PUR hergestellt. Aus Polyurethan bestehen auch die Gehäuse der Computer, moderne Möbel, Skier und Sportschuhe.

PUR kann nicht nur wie andere Kunststoffe geformt, versponnen, verstrichen und versprüht werden, es lässt sich auch *aufschäumen*. Auf diese Weise entstehen Weichschäume für Matratzen und Polstersessel, halbharte Schäume für den Aufprallschutz am Auto oder Hartschäume für die Wärmedämmung von Kühlgeräten und Häusern. Etwa 80 % des Polyurethans werden heute aufgeschäumt.

5 Armaturenbrett

6 Bahnschwellen

7 Karosserieteile von Landmaschinen

8 Dämmstoffe

9

10 Oberfläche eines Fußballs

11

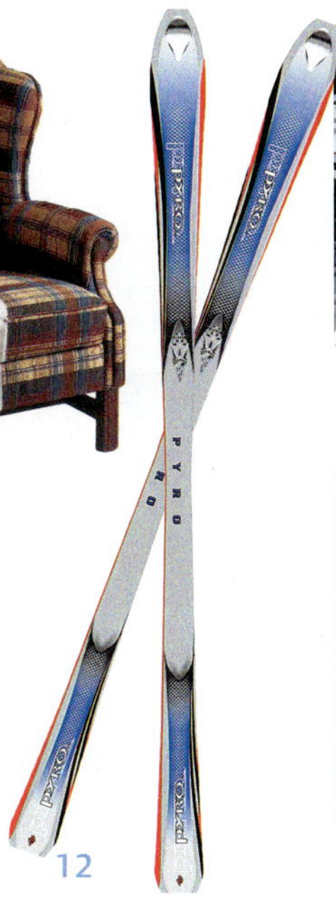

12

13 Laufbahn

Gore-Tex® – eine Teflonmembran Den Kunststoff *Polytetrafluorethan* kennst du als *Teflon®* von Pfannenbeschichtungen. Er reagiert kaum mit anderen Stoffen und besitzt abweisende Eigenschaften. Daher brennt in einer Teflonpfanne meistens nichts an.

Bei der Entwicklung von *Membranen* aus Teflon spielte der Zufall eine Rolle: Im Jahr 1969 versuchte *Bob Gore*, ein amerikanischer Chemiker, Teflonstäbe vorsichtig zu strecken. Doch diese zerbrachen immer wieder. Verärgert riss er ruckartig an einem erhitzten Teflonstab – und der Stab dehnte sich völlig überraschend zu einer dünnen Membran aus. Das „Gore-Tex" – ein wasser- und windundurchlässiges Material – war damit entdeckt. ▷ 14

14 Gore-Tex – undurchlässig für Wasser und Wind, außerdem „atmungsaktiv"

3 ◪ Recherchiere in verschiedenen Medien und finde mehr über Bob Gore und seine Entdeckung heraus. Berichte.

Berufsinformation: Verfahrensmechaniker/-in in der Kunststoff- und Kautschuktechnik[Z]

1 Die Lenksäule eines Autos – die Kunststoffteile werden im Spritzguss erzeugt.

Folien, Verpackungen, Fenster, Türen, Rohre, Spielzeuge, Einrichtungsgegenstände oder Gehäuse für technische Geräte – auf Kunststoffe kann man heute nicht mehr verzichten. ▷ 1

Kunststoffe – „Werkstoffe nach Maß" Kunststoffe lassen sich preisgünstig und in großen Mengen genau nach den geforderten Eigenschaften herstellen. Sie sind „Werkstoffe nach Maß", die mehr und mehr andere Werkstoffe ersetzen.
In Deutschland wurden im Jahr 2010 fast 12 Mio. Tonnen Kunststoffe verarbeitet. Die Kunststoff produzierende und verarbeitende Industrie stellt eine wichtige Wachstumsbranche dar.
Trotz weitgehender Automatisierung in Produktion und Verarbeitung bietet die Kunststoffindustrie Arbeits- und Ausbildungsplätze in verschiedenen Berufsfeldern. Hierzu gehört im Bereich des Kunststoff verarbeitenden Gewerbes der *Verfahrensmechaniker/die Verfahrensmechanikerin in der Kunststoff- und Kautschuktechnik.*

Aufgaben Bei der Herstellung der Kunststoffprodukte ergeben sich verschiedene Tätigkeiten für den Verfahrensmechaniker/die Verfahrensmechanikerin:
- Abwiegen und Mischen der als Granulat, Pulver oder Lösungen vorliegenden Rohstoffmassen ▷ 2
- Einbringen von Zusatzstoffen wie Farben oder Weichmacher sowie von anderen Hilfsstoffen
- Einrichten der Spritzgusswerkzeuge, Wartungs- und Reinigungsarbeiten an den Maschinen ▷ 3
- Überwachung des automatisierten Fertigungsprozesses ▷ 4
- Qualitätskontrolle

2 Kunststoffgranulat

3 Spritzgusswerkzeug für Spielzeugbausteine

4 Produktion von Spielzeugbausteinen mit der Spritzgussmaschine

Ausbilder erzählen Herr Perlowsky und Herr Kaiping sind für den Ausbildungsbereich bei einem namhaften Zulieferer für Auto- und Industrieelektrik und -elektronik zuständig: *Der Beruf ist vielseitig und abwechslungsreich, da unterschiedliche Tätigkeiten ausgeführt werden. So erfordert die Herstellung der von uns produzierten Spritzgussteile nicht nur den Umgang mit dem Rohstoffgranulat, sondern auch das Bedienen und Handhaben der hochmodernen Spritzgussmaschinen.* ▷ 5
Neben dem Umgang mit den benötigten Spritzgusswerkzeugen zählt u. a. auch die Roboterprogrammierung zu den Aufgaben. All dies erfolgt in enger Zusammenarbeit und Kommunikation mit anderen Abteilungen, z. B. dem Werkzeugbau. Der Verfahrensmechaniker/Die Verfahrensmechanikerin kontrolliert letztlich auch die Qualität anhand technischer Zeichnungen und prüft die vorhandenen Qualitätssysteme.

5 Einrichtung des Spritzgusswerkzeugs

Ausbildung Die Ausbildung dauert 3 Jahre mit wöchentlichem Berufsschulunterricht.
- Im *1. Ausbildungsjahr* werden Grundkenntnisse in Chemie, Kunststofftechnik, Maschinen- und Anlagentechnik sowie in allgemeinen Betriebsabläufen vermittelt. Für einen möglichst umfassenden Gesamteinblick in den Fertigungsprozess durchlaufen die Auszubildenden hierbei häufig verschiedene Abteilungen wie Werkzeugbau, Instandhaltung und Elektrotechnik.
- Ausbildungsgegenstand des *2. Ausbildungsjahrs* sind Grundkenntnisse der Metall- sowie Steuerungs- und Regelungstechnik.
  Am Ende des Ausbildungsjahrs erfolgt die Zwischenprüfung.
- Im *3. Ausbildungsjahr* wird die Ausbildung vertieft. Schwerpunkte sind: Halbzeuge, Bauteile, Faserverbundwerkstoffe, Formteile, Kunststofffenster oder Mehrschicht-Kautschukteile.

Zukunftsaussichten Aufgrund der großen und immer noch zunehmenden Bedeutung der Kunststoffe ergeben sich gute Perspektiven für diesen Berufszweig.
Zudem bietet der Beruf Aufstiegsmöglichkeiten durch Weiterqualifizierung zum/zur Industriemeister/-in Kunststofftechnik, Techniker/-in oder zum Bachelor/Master der Kunststofftechnik.

Erforderliche Qualifikationen
- Hauptschulabschluss nach Klasse 10 oder höher
- Interesse an Physik und Chemie
- Technisches Verständnis und Freude am Umgang mit Technik
- Gutes räumliches Vorstellungsvermögen für das Lesen technischer Zeichnungen
- Kontakt- und Teamfähigkeit

Kunststoffe im Überblick

Aufgaben

1 ☐ Suche weitere Beispiele aus deinem Umfeld.

2 ◪ Informiere dich über einen Kunststoff produzierenden oder verarbeitenden Betrieb in dem Ort, in dem du wohnst. Berichte z. B. darüber, welche Kunststoffe produziert oder zu welchen Produkten sie verarbeitet werden.

3 ◪ Was kann man (außer neuen PET-Flaschen) aus alten PET-Flaschen herstellen?

4 ■ Was haben ein Stückchen Styroporschaum und ein kleiner Joghurtbecher gemeinsam?

Einsatzgebiete der Kunststoffe Kunststoffe werden häufig zur Herstellung von Verpackungen eingesetzt. ▷ 29 Kunststofffolien halten die Nahrung frisch und keimfrei. Sie verursachen aber viel Plastikmüll, der große Umweltprobleme bereitet.
Kunststofftüten, CD-Hüllen, Zahnbürsten, Eimer, Feuerzeuge usw. gelangen in die Weltmeere. Dort werden sie in unzählige kleinste Teilchen zermahlen und von Plankton und Kleinstlebewesen aufgenommen. Giftstoffe gelangen so in die Nahrungskette.
Bau- und Dämmmaterialien aus Kunststoff (z. B. Styropor, Kunststoffschäume) halten mehr als 30 Jahre. Sie helfen, Energie einzusparen. Nur durch besondere Dämmung können Niedrig- oder Nullenergiehäuser gebaut werden. Der Dämmstoff für ein Einfamilienhaus lässt sich aus 300 Litern Erdöl herstellen. Jährlich werden aber 1250 Liter Heizöl gespart und 3300 kg Kohlenstoffdioxid vermieden. ▷ 30
Auch Möbel oder Spielzeuge aus Kunststoff werden länger gebraucht, sie haben zu ca. 60 % erst nach acht Jahren ausgedient.
In Kraftfahrzeugbau machen Kunststoffe das Fahrzeug leichter und helfen dadurch Sprit sparen.

Kunststoffrecycling ▷ 31

- *Der Werkstoff wird wiedergewonnen (Werkstoffrecycling).*
  Altes Styropor wird wieder zu neuen Platten oder Verpackungen oder z. B. zur Herstellung von Styroporbeton verwendet.
  Alte Fensterrahmen aus PVC werden zermahlen, mit dem Pulver lassen sich neue Fensterprofile herstellen.
  Computergehäuse werden zu Druckergehäusen verarbeitet. Das Sammeln und Sortieren verursacht allerdings hohe Kosten, denn für das Recycling müssen die Thermoplaste sortiert werden.
- *Der Rohstoff wird wiedergewonnen (Rohstoffrecycling).*
  Beispiel: Wenn unter hohem Druck Wasserstoff bei etwa 500 °C auf die Altkunststoffe einwirkt, erhält man sehr reine Öle und Gas. Daraus können neue Kunststoffe hergestellt werden.
- *Die Energie wird wiedergewonnen (Energierecycling).*
  1 kg Polyethen gibt bei der Verbrennung mehr Wärme ab als 1 kg Erdöl oder Steinkohle. Häufig werden Kunststoffe verbrannt und zur Wärmeerzeugung genutzt. Verschmutze und vermischte Altkunststoffe können so umweltfreundlich entsorgt werden. Allerdings müssen die Abgase von Giftstoffen gereinigt werden.

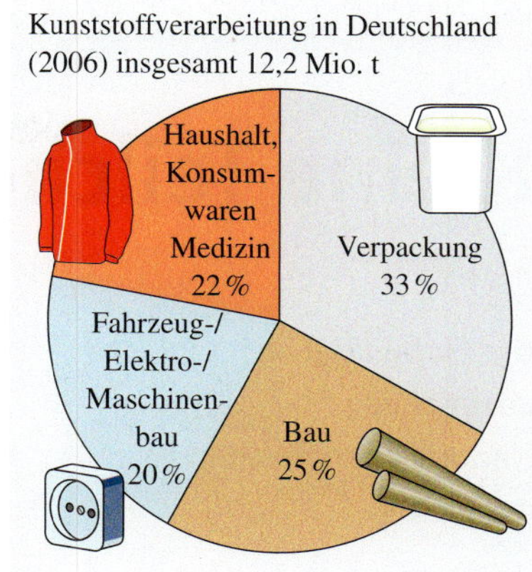

29

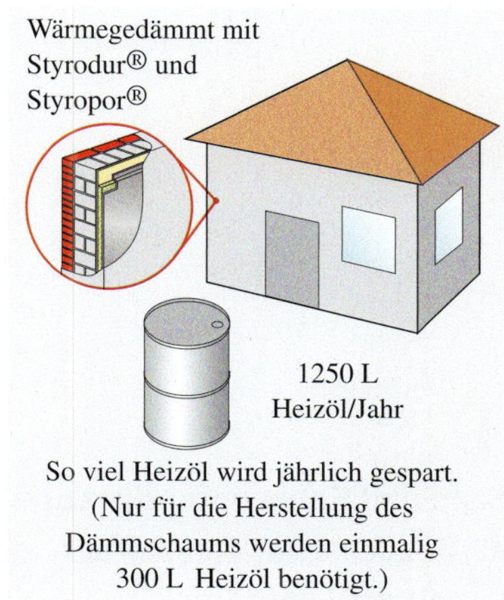

30

31 Am Scheideweg – wo geht's lang?

5 □ Mehrere ausgediente Kunststoffprodukte: ▷ 31
a Was geschieht jeweils mit den Kunststoffen, wenn sie Weg 1, Weg 2 oder Weg 3 einschlagen?
b Warum ist eine Wegangabe ausgestrichen?

6 ◪ Verpackungsmüll wird zunehmend zu einer Umweltbelastung. Erkläre!

7 ■ Die Energiebilanz von Dämmmaterial im Hausbau ist sehr günstig. Stelle die Energiebilanz für ein Einfamilienhaus auf.

8 ■ Ab 2015 sollen „Wertstofftonnen" die „Grünen Tonnen" ersetzen.
Begründe dies mithilfe des Textes.

Nanoteilchen und neue Werkstoffe

Kleine Teilchen – große Wirkung

Die Farbe lässt sich einfach abwaschen – Nanoteilchen machen es möglich. ▷ 1

1

1

Sand und Kohle unter der Lupe

a Betrachtet die Sandkörner mit der Lupe. Zerreibt die Sandkörner in einem Mörser in immer kleinere Teile. Betrachtet wieder mit der Lupe.

b Wiederholt den Versuch mit einem kleinen Stück Grillkohle.

2

Welcher Zucker löst sich am schnellsten?

Wiegt die gleichen Mengen Kandiszucker, Zucker und Puderzucker ab und gebt sie in jeweils ein Reagenzglas. ▷ 2–4 Füllt 5 mL Wasser hinzu und schüttelt kräftig durch. Stoppt die Zeit, bis sich der Zucker jeweils vollständig aufgelöst hat. Deutet eure Beobachtungen.

3 Kristallzucker

2 Kandiszucker

4 Puderzucker

3
Wie gut lassen sich Oberflächen mit Wasser benetzen?

a Tropft aus einer Pipette einige Tropfen destilliertes Wasser auf eine Teflonpfanne, eine gereinigte und entfettete Glasplatte und Wachspapier. Betrachtet die Form der Wassertropfen.

b Entzündet eine Erdnuss auf einem Aluminiumblech, bis sie brennt.
Haltet darüber mit einer Tiegelzange einen Objektträger. Gebt nach dem Abkühlen des Objektträgers vorsichtig einige Tropfen Wasser auf den Objektträger.

◇ verdünnte Salzsäure		Achtung
◇ Nagellack-entferner		Gefahr
◇ Nitroverdünnung		Gefahr

4
Der Lotuseffekt

Tropft Wasser auf die Blätter von Kapuzinerkresse, Kohlrabi und Pfefferminze. ▷ 5 Streut Mehl auf die Blätter und lasst einen Wassertropfen darüberlaufen.

5 Kapuzinerkresse – Kohlrabi – Pfefferminze

5
Freie Sicht auch bei Regen

Regentropfen perlen rückstandsfrei von besonders beschichteten Brillengläsern ab.
Zerkleinert ein kleines Stück von einer Styroporverpackung in einem Becherglas. Übergießt die Stückchen mit Nitroverdünnung◇ oder Nagellackentferner◇ und rührt mit einem Glasstab um.
Bestreicht mit der entstandenen Lösung eine Glasplatte.
Tragt nach dem Trocknen einige Tropfen destilliertes Wasser auf.

6
Imprägnierung

Beschafft euch 2 unbehandelte Buchenholzstücke. Sprüht eines mit einem Nanoimprägnierungsspray ein. ▷ 6 Stellt dann beide Holzstücke in eine Schale mit Wasser.
Vergleicht nach 20 min.

6 Imprägnierspray

7
Schwefel – fein verteilt

Füllt 10 mL 15 %ige Natriumthiosulfatlösung in einen kleinen Erlenmeyerkolben.
Gebt dann 5 Tropfen verdünnte Salzsäure◇ zu.

8
Graphen?

Zieht mit einem weichen Bleistift einen Strich auf ein weißes Blatt Papier.
Drückt vorsichtig einen Streifen Klebeband auf und löst ihn vorsichtig wieder ab.
Schaut euch den Streifen genau an.

Die Welt des Kleinen

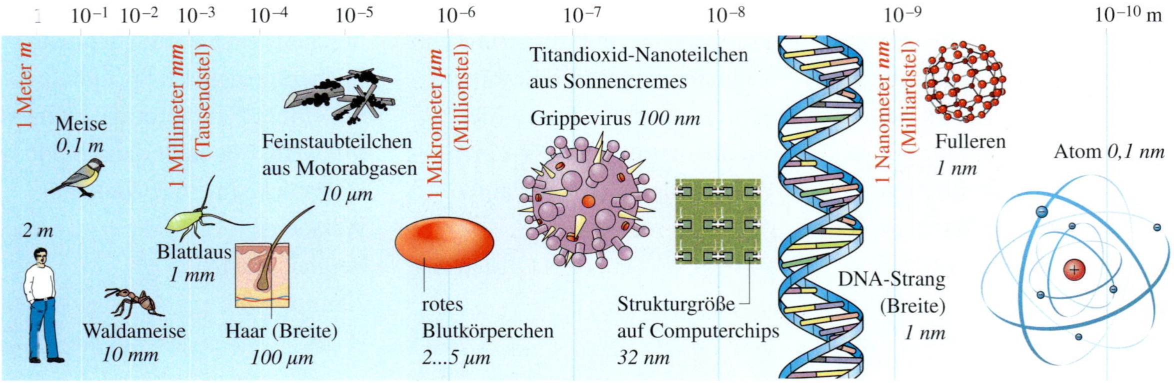

1 Vom Großen ins Kleine

Die Nanoteilchen Viele Stoffe lassen sich in immer kleinere Teilchen zerlegen. Aus Sand werden kleine Staubkörnchen, aus Holzkohle wird Kohlepulver. Wenn die Teilchen nur zwischen 1 und 100 Nanometern groß sind, so nennt man sie *Nanoteilchen*.
Ein Nanometer ist der millionste Teil eines Millimeters. In den Punkt auf dem „i" passen ca. 10 000 000 000 Teilchen mit dem Durchmesser von 1 Nanometer! Die Atome allerdings sind noch ungefähr 10-mal kleiner. ▷ 1
Die Größe eines Nanoteilchens verhält sich zur Größe eines Fußball so wie der Fußball zur Erdkugel. ▷ 2

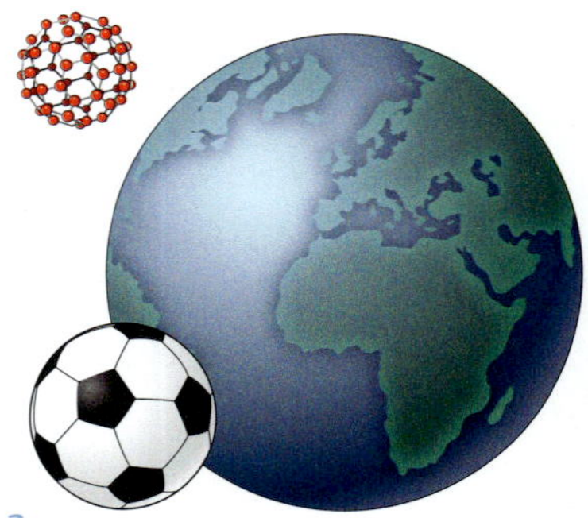

2

Die Teilchenzahl je Masse bestimmt die Stoffeigenschaften 1 kg eines Stoffs mit vielen kleinen Teilchen hat eine größere Oberfläche als 1 kg desselben Stoffs mit wenigen großen Teilchen. ▷ 3
Ändert sich die Größe der Oberfläche, so ändern sich auch die Stoffeigenschaften: So lösen sich 1 g Kandiszucker nur sehr langsam, 1 g Kristallzucker etwas schneller und 1 g Puderzucker am schnellsten in Wasser.

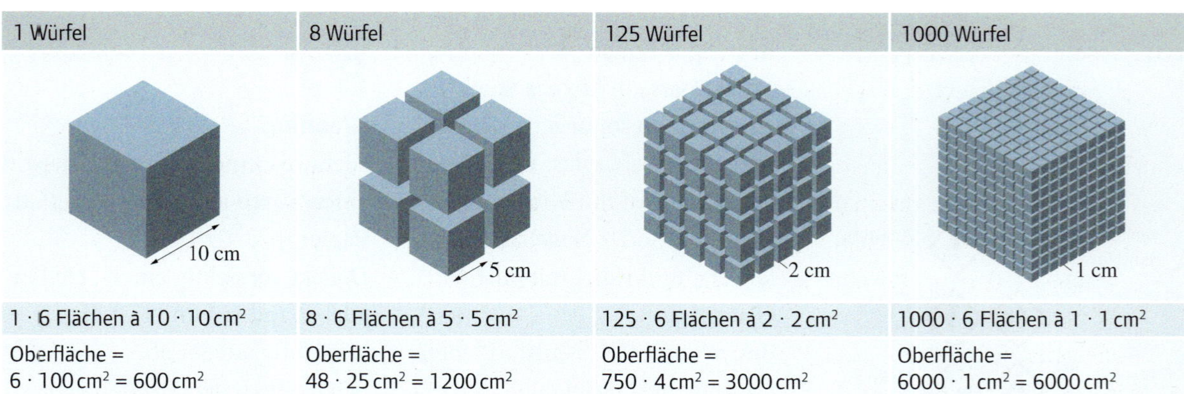

3 Gleiche Masse – je nach Teilchenzahl verschieden große Oberflächen

hydrophil
hydrophob
das Nanoteilchen

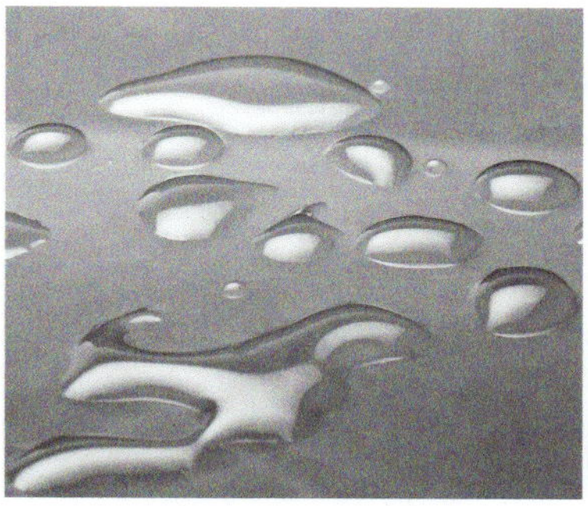

4 Wassertropfen benetzen Glas.

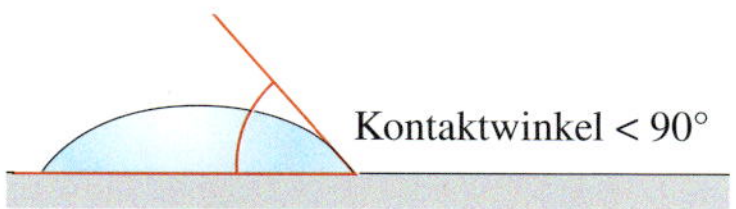

5 Hydrophile Oberfläche

6 Geringe Benetzung von Teflon®.

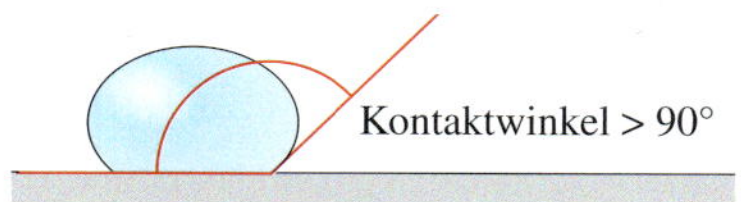

7 Hydrophobe Oberfläche

8 Die Blätter der Lotusblume werden fast nicht von Wasser benetzt.

9 Lotuseffekt – Kontaktwinkel: ca. 160°

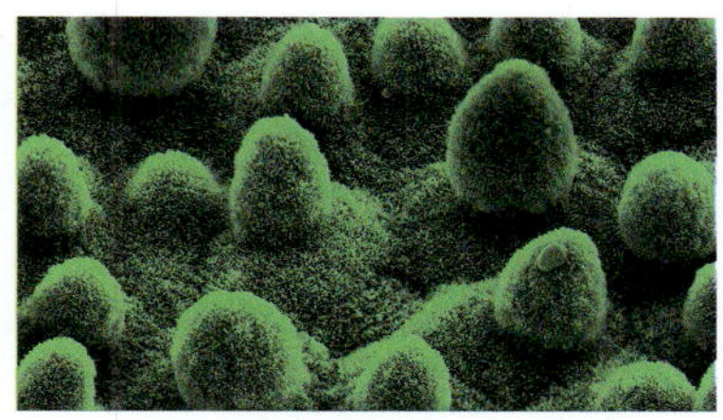

10 Mikroskopaufnahme des Lotusblatts

Benetzbarkeit von Oberflächen Auf einer sauberen, fettfreien Glasplatte werden Wassertropfen in die Breite gezogen. ▷ 4 Die vom Wassertropfen benetzte Fläche ist relativ groß. Ein Maß für die Benetzung ist der *Kontaktwinkel.* ▷ 5 Für Glas beträgt er zwischen 0 bis unter 90°. Man nennt die Glasoberfläche deshalb *hydrophil* (griech.: wasserliebend). Glas ist mit Wasser benetzbar, es wird nass.
Ist der Kontaktwinkel größer als 90°, nennt man das *hydrophob* (griech.: wasserabweisend). Beispielsweise beträgt für *Teflon* ▷ 6 der Kontaktwinkel 120°. ▷ 7 Die vom Wassertropfen benetzte Fläche ist relativ klein. Wasser benetzt Teflon kaum.
Von den Blättern einiger Pflanzen wie z. B. der *Lotusblume* perlen Wassertropfen ab. ▷ 8 Der Kontaktwinkel beträgt hier 160°. ▷ 9 Dieses Verhalten nennt man *Lotuseffekt.*
Hervorgerufen wird der Lotuseffekt durch Nanostrukturen der Blattoberfläche. ▷ 10

Aufgaben

1a □ Beschreibe die Größe der Nanoteilchen.
b Gib einen Vergleich für die Größe eines Nanoteilchens an.
c Vergleiche aus der Übersicht ▷ 1 eine Blattlaus mit der Dicke eines Haars, eine Blattlaus mit einem roten Blutkörperchen.

2 □ Nenne ein Beispiel für die Aussage: „ Mit der Größe der Oberfläche ändern sich die Stoffeigenschaften."

3 ◪ Frisch geputzte Fensterscheiben sind nach einem Regenguss wieder verschmutzt. Erkläre mit dem Begriff „hydrophil".

4 □ Beschreibe den Lotuseffekt in der Natur. Nenne Beispiele.

5 ◪ Erkläre die Bedeutung des Kontaktwinkels für die Verschmutzung einer Fensterscheibe.

6 ■ Mit einer Glasversiegelung mithilfe eines „Nanosprays" lässt sich die Oberfläche einer Fensterscheibe verändern. Beschreibe die Wirkung des Mittels.

Natürliche und künstliche Nanoteilchen

Nanoteilchen in der Natur Nanopartikel sind keine Erfindung des Menschen: Sie entstehen in der Natur immer neu.
Stürme wehen z. B. kleinste Teilchen aus Sand und Mineralien aus der Sahara über das Meer bis zu den Regenwäldern in Brasilien und sorgen dort für mineralische Düngung. Die im Saharastaub enthaltenen eisenhaltigen Verbindungen düngen auch ganze Meeresregionen, wodurch mehr pflanzliches Plankton wächst.
Eine vom Plankton freigesetzte Schwefelverbindung wird in der Atmosphäre schrittweise zu winzigen Sulfattröpfchen (200 nm) umgewandelt. An ihnen kondensieren in großer Höhe Wassertropfen, es bilden sich Wolken.

Künstliche Nanopartikel Nanoteilchen entstehen überall: bei Bränden, in Salzaerosolen, in Dieselabgasen, beim Schweißen, bei der Laserbearbeitung usw.
In der Nanotechnologie werden Teilchen zwischen 1 und 100 Nanometern zu Strukturen mit nützlichen Funktionen zusammengesetzt.

Nanoteilchen aus Kohlenstoff Ihr kennt bereits einige Nanoteilchen: Ruß, Graphit, Fullerene und Nanoröhrchen. Nanopartikel aus Kohlenstoff unterscheiden sich stark in ihrer geometrischen Form. ▷ 1 Bestehen sie aus nur einer Schicht von Kohlenstoffatomen, so spricht man von *Graphen*. Graphen hat ungewöhnliche Eigenschaften. Es ist z. B. viel zugfester als Stahl. Aus Graphenen sollen die technischen Geräte der Zukunft hergestellt werden.

Lithium-Ionen-Akkus Leistungsfähige Batterien sollen Elektroautos eine große Reichweite bei größtmöglicher Sicherheit ermöglichen.
Um eine Überhitzung und damit einen Brand der Batterien zu vermeiden, muss man die beiden unterschiedlich geladenen Elektroden voneinander trennen. Die Nanotechnologie ermöglicht es, hitzebeständige, beschichtete hauchdünne Polymervliese als Trennmaterial herzustellen. ▷ 2 Die Reichweite wird erhöht, weil die Batterieelemente nun dichter gepackt werden können.

Silber als Bakterienkiller Silbernanopartikel (< 10 nm) wirken antibakteriell: sie töten Bakterien auf der Oberfläche ab. ▷ 3 Mit Silber beschichtete Operationsgeräte können gefährliche Entzündungen und Blutvergiftungen verhindern.
Auch Textilfasern werden mit Nanosilber beschichtet.

Wasserabweisende Oberflächenbeschichtung Durch den Überzug mit Nanoteilchen können hydrophile Oberflächen hydrophob wer-

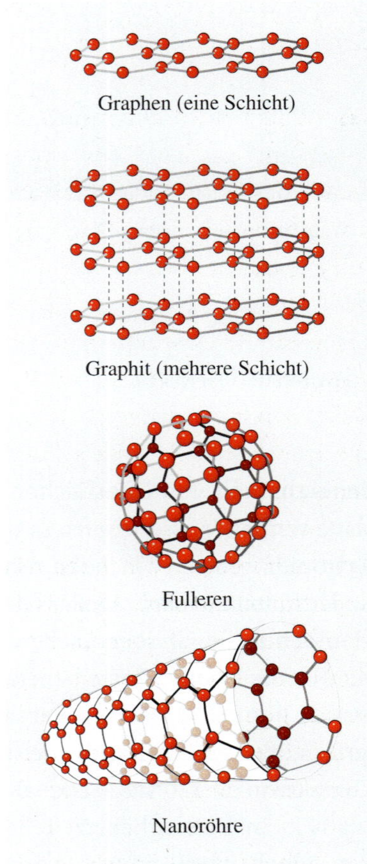

1 Nanoteilchen aus Kohlenstoff

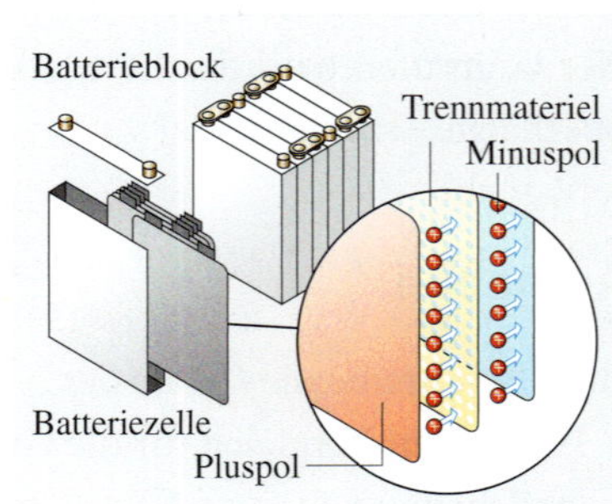

2 Aufbau einer Lithium-Ionenzelle

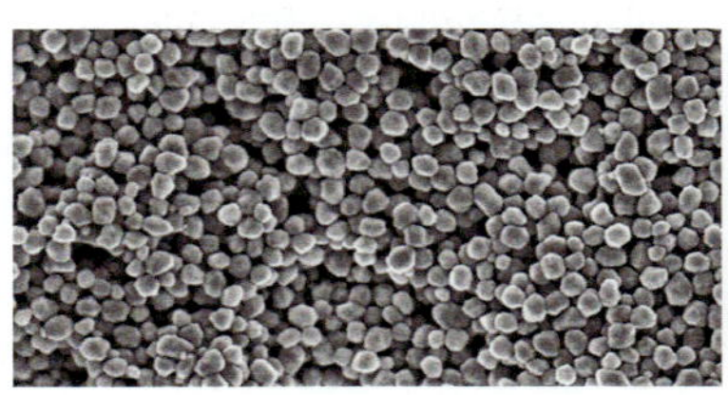

3 Nanosilber
(ca. 100000fache Vergrößerung)

den. Auf diesem Gebiet ist die Nanotechnik bereits sehr weit verbreitet. Brillengläser werden ebenso beschichtet wie Fensterscheiben, Hausfassaden, Fliesen usw. An ihnen perlen Wasser und Schmutzteilchen meist ab, ohne Spuren zu hinterlassen. ▷ 4

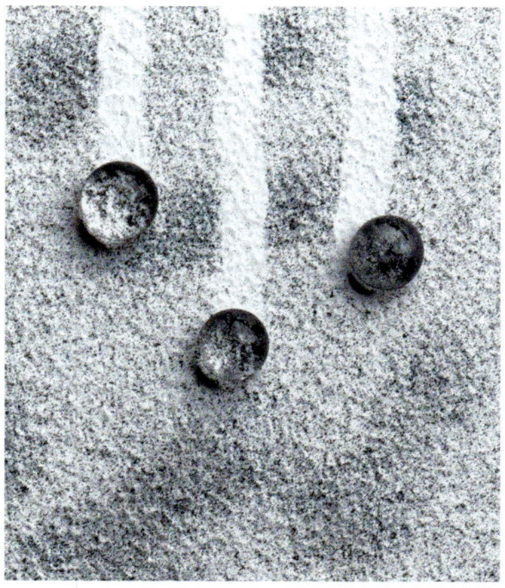

4 Versiegelte Hausfassade: Wassertropfen perlen ab und nehmen die Schmutzteilchen mit.

Gesundheit und Medizintechnik Sonnencremes enthalten häufig ca. 80–100 nm große Titandioxidnanoteilchen. Sie reflektieren und streuen das Sonnenlicht – im Gegensatz zu größeren Teilchen nur im unsichtbaren UV-Bereich. So können Cremereste auf der Haut keine weißen Streifen bilden.
Medikamente gelangen im Körper häufig nicht dahin, wo sie wirken sollen. Ein Trick schafft Abhilfe: Die Wirkstoffe werden zunächst in Nanopartikel zerlegt und mit Polymeren überzogen, gleichsam „verpackt“. Diese so zerlegten und „verpackten“ Medikamente erzielen eine größere Wirkung. Sie sollen in der Krebsbehandlung zum Einsatz kommen.

Nanotechnologie für Lebensmittel Momentan landen 40 % der Lebensmittel auf dem Müll. Nanosensoren könnten das verhindern. Sie sollen Auskunft über Alter und Zustand von Lebensmitteln geben. Mit Nanoteilchen lassen sich Filter mit Porengrößen im Nanometerbereich herstellen. Flüssigkeiten können so schonend entkeimt werden. Größere Mikroorganismen werden vom Filter zurückgehalten, die anderen Inhaltsstoffe wie z. B. Vitamine können passieren.

Gesundheitliche Wirkung von Nanopartikeln Viele Nanopartikel sind beständig genug, um sich im menschlichen Körper anzureichern. Über die Haut und die Lunge gelangen Nanopartikel in den Körper. Wie beim Rauchen oder beim Asbest könnten Nanoteilchen sich in der Lunge festsetzen oder in den Blutkreislauf gelangen und Schäden verursachen.
Gerade im Bereich der Nanoteilchen werden intensiv die Auswirkungen auf die Gesundheit erforscht.

1 □ Begründe, warum Nanoteilchen aus der Sahara für die Wolkenbildung wichtig sind.
2 □ Bei vielen technischen Verfahren entstehen unbeabsichtigt Nanoteilchen. Nenne Beispiele.
3 ◪ Nenne Nanoteilchen aus Kohlenstoff und ihre Anwendungen.
4 ■ Leistungsfähige Lithium-Ionen können sich leicht überhitzen und sich entzünden. Mit der Nanotechnologie kann das Problem gelöst werden. Erkläre das Verfahren.
5 ◪ Wozu werden fein verteilte Silberteilchen in der Medizintechnik und in der Textilindustrie eingesetzt?
6 ◪ Beschreibe die Wirkung von Nanoteilchen in Sonnencremes.
7 ■ Erstelle eine Übersicht der Gefahren von Nanoteichen für die menschliche Gesundheit.

Duft- und Aromastoffe

Wir gewinnen Duftstoffe

Die Natur hält eine Fülle von duftenden und aromatischen Pflanzen bereit. ▷ 1
Nicht nur Blüten, auch jeder andere Pflanzenteil kann duftende und aromatische Stoffe liefern. ▷ 2

1

Rohstofflieferant	Pflanze
Blüten	Jasmin, Rose, Kamille, Nelke …
Früchte	Vanille, Fenchel …
Samen	Gewürznelke, Anis, Kümmel …
Fruchtschalen	Orange, Zitrone
Wurzeln	Ingwer
Blätter, Stängel	Pfefferminze, Thymian
Hölzer	Sandel, Zeder
Rinden	Zimt
Kräuter, Gräser	Lavendel …

2

1

Wir pressen ätherische Öle aus den Schalen von Zitrusfrüchten

a Reibt die Schalen mehrerer ungespritzter, frischer Orangen oder Zitronen mit einer Küchenreibe ab.

b Zerstampft die abgeriebene Schale mit etwas 40%igem Ethanol◇ in einem Mörser zu Brei.

c Füllt den Brei in ein altes Küchenhandtuch und presst die alkoholische Lösung des Öls in ein Porzellangefäß oder in eine große Porzellanschale.

d Beschreibt den Geruch.

2

Wir gewinnen ätherische Öle durch Wasserdampfdestillation

a Baut die Versuchsapparatur auf. ▷ 3 Anstelle des Liebigkühlers kann auch ein entsprechend gebogenes Glasrohr verwendet werden. Kühlt dann mit einem nassen Tuch.

b Füllt Kolben A zu einem Drittel mit destilliertem Wasser und ein paar Siedesteinchen.

c Füllt Kolben B zu einem Viertel mit zermahlenen Gewürzen (z. B. Gewürznelken). Gießt das doppelte Volumen destilliertes Wasser hinzu.

d Erhitzt das Wasser in Kolben A bis zum Sieden. Leitet dann den Wasserdampf aus Kolben A in den Kolben B.

e Erwärmt auch Kolben B, bis der Inhalt gerade siedet.

f Nach ca. 30 min haben sich im Becherglas Öltröpfchen und Wasser angesammelt. Saugt die Öltröpfchen mit einer Sicherheitspipette ab.

g Hebt das gewonnene ätherische Öl in einem verschlossenen Reagenzglas auf.

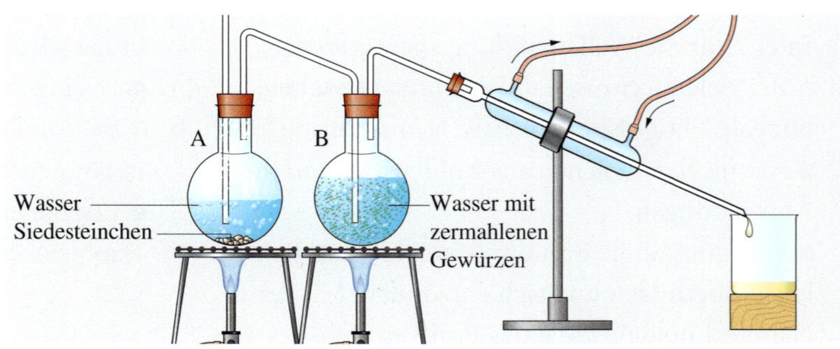

3

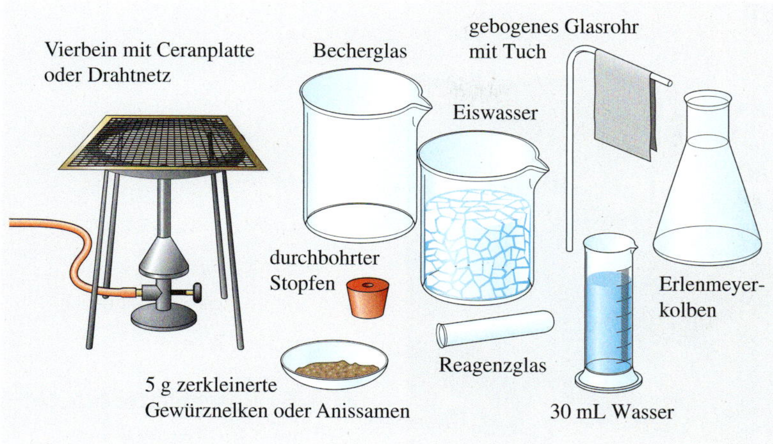

4

3

Wir gewinnen ätherische Öle durch Wasserdestillation

- **a** Baut den Versuch auf und destilliert ca. 5 min. ▷ 4
- **b** Beschreibt den Geruch des gewonnenen Destillats.
- **c** Vergleicht das Ergebnis mit denen anderer Schülergruppen, die Versuch 2 mit dem gleichen Gewürz durchgeführt haben.
- **d** Ihr könnt den Versuch auch mit Orangen- oder Zitronenschalen wiederholen.

◇ Ethanol — Gefahr

4

Langzeitversuch: Wir gewinnen ätherische Öle durch Fettextraktion

- **a** Bestreicht eine Glasplatte ca. 0,5 cm dick mit ungesalzenem, geruchsneutralem Schweineschmalz.
  Legt stark duftende Rosenblüten auf das Schmalz und drückt die Blütenblätter leicht an. Ersetzt alle 2 Tage die welken Blütenblätter durch frische. ▷ 5
- **b** Gebt nach 2 Wochen das Schmalz in ein Becherglas. Verrührt es mit etwas Ethanol◇.
  Gießt das Ethanol mit den Duftstoffen vorsichtig in ein Reagenzglas. Das Fett bleibt im Becherglas.
- **c** Beschreibt den Duft.

5

5

Ätherische Öle – fette Öle

Gebt auf ein Filterpapier einen Tropfen des gewonnenen oder gekauften ätherischen Öls. Gebt auf ein zweites Filterpapier einen Tropfen Salatöl.
Zeichnet den Rand der Tropfen mit einem Stift nach und wiederholt das nach einigen Minuten. Beschreibt eure Beobachtungen.

6

Wir verbrennen ätherische Öle

Zerdrückt die Schale einer Zitrone oder Orange so, dass der Saft in eine Kerzenflamme spritzt.
Schildert eure Beobachtungen.

7

Langzeitversuch Wir gewinnen ätherische Öle durch Extraktion mit einem Lösemittel

- **a** Zerteilt die Pflanzenteile (z. B. Gewürznelken, Kümmel, Kamille …) in kleine Stücke.
- **b** Gebt die Pflanzenteile in einen Erlenmeyerkolben und bedeckt sie mit Ethanol◇. Verschließt den Erlenmeyerkolben mit einem Stopfen.
- **c** Trennt durch Filtration nach einer Woche die Lösung von den Pflanzenteilen.
- **d** Lasst vorsichtig das Ethanol verdampfen. Es bleibt das ätherische Öl übrig.
- **e** Beschreibt den Geruch.

Die Natur als Rohstofflieferant

1 Rosenernte in Syrien

Bis zu 5 t Rosenblätter braucht man, um 1 kg Rosenöl zu gewinnen.
100 Pflücker müssen dafür 1 Tag lang arbeiten.

Ätherische Öle Bis zur Mitte des 19. Jahrhunderts dienten fast nur pflanzliche und tierische Stoffe als Rohstoffquellen für Duft- und Aromastoffe.
Was wir an Pflanzen riechen, sind ihre meist flüchtigen *ätherischen Öle*. Nur etwa 2000 der rund 100 000 Pflanzenarten der Erde eignen sich zur Gewinnung dieser Öle. ▷ 1 Ihren Namen erhalten die ätherischen Öle in der Regel von der Pflanze, in der sie gebildet werden.
Chemisch gesehen sind diese Öle komplizierte Gemische aus verschiedenen chemischen Verbindungen. Die Duft- und Aromastoffe werden mit verschiedenen Verfahren aus der Pflanze gewonnen. Dabei nutzt man die Stoffeigenschaften der jeweiligen Öle.

Die Destillation mit Wasserdampf Bei der Wasserdampfdestillation wird Wasserdampf über das zerkleinerte Pflanzenmaterial geleitet. Das Pflanzenmaterial liegt auf Rosten oder Siebböden. ▷ 2
Die ätherischen Öle bilden mit dem Wasserdampf ein flüchtiges Gemisch. Beim Abkühlen kondensiert der Dampf. Das Gemisch zerfällt wieder in seine Bestandteile: ätherisches Öl und Wasser.

2 Wasserdampfdestillation von Rosenblättern in der Türkei

Wasserdestillation Man kocht das zerkleinerte Pflanzenmaterial in Wasser aus. Das Verfahren wird wegen des hohen Energieaufwands und der geringen Ausbeute kaum noch angewandt.

Pressung Dieses Verfahren wird zur Gewinnung von Zitrusölen eingesetzt, da diese nicht erhitzt werden dürfen. Die Zitrusöle verlieren nämlich bei zu großer Wärme an Qualität. Vor der Pressung werden die Duftzellen in den Schalen durch Anstechen oder Abreiben zerstört.

Die Fettextraktion (Enfleurage) *Fleur* kommt aus dem Französischen und bedeutet Blume oder Blüte.
Bei der *Fettextraktion* wird eine Glasplatte in einem Holzrahmen auf beiden Seiten mit Schweineschmalz bestrichen. Frisch geerntete, besonders geruchsintensive Blüten werden leicht auf das Fett gedrückt. ▷ 3 Das Fett saugt die Duftanteile aus den Blüten. Nach einigen Tagen werden die welken Blüten durch frische ersetzt. Dieses Fett-Duft-Gemisch nennt man *Pomade*. Aus der Pomade werden die Duftstoffe mit Ethanol herausgelöst. Man erhält dann wieder das sogenannte *Absolue*. Das aufwendige Verfahren wird heute durchaus noch mit Rosenblüten und Jasminblüten durchgeführt.

3 Enfleurage

Die Extraktion mit Lösemitteln Zerkleinerte Pflanzenteile oder tierische Substanzen werden z. B. auf Gitterrosten in geschlossenen Behältern gelagert. Sie werden ständig von einem *Lösemittel*, z. B. *Petrolether* oder *Ethanol*, im Kreislauf durchströmt. ▷ 4 Das Lösemittel löst neben den ätherischen Ölen aber auch *Farbstoffe* und *Wachse* aus den Pflanzenteilen.
Nach einiger Zeit wird das Lösemittel ausgetauscht. Nach seiner *Destillation* erhält man ein *Duftstoff-Wachs-Gemisch*. Aus diesem wird dann der reine Duftstoff gewonnen.

4 Extraktion mit Lösemitteln

Düfte und Aromen aus der Retorte Der steigende Bedarf an Düften und Aromen führt zu einer Verknappung der natürlichen Rohstoffe. Immer mehr künstlich *(synthetisch)* hergestellte Duft- und Aromastoffe ersetzen die Naturstoffe. ▷ 5 Es werden aber auch ganz neue Duft- und Aromavarianten entwickelt. Rosenöl aus der Retorte kommt z. B. dem Original sehr nahe, kostet aber nur einen Bruchteil des aus Rosenblüten gewonnenen Rosenöls.

5 Herstellung synthetischer Düfte

Aufgaben

1 Bei der Gewinnung von ätherischen Ölen ist die Ausbeute sehr gering.
- 1000 kg (1 Tonne) Orangenblüten ergeben nur 1 kg Orangenblütenöl (*Neroliöl*).
- 1000 kg Jasminblüten ergeben 1 kg *Jasmin-Absolue*.
- 5000 kg Rosenblüten ergeben 1 kg Rosenöl.
- 250 kg Blätter und Zweige des Bitterorangenbaums ergeben 1 kg *Petitgrainöl*.

a ◪ Stellt die Mengenangaben einander in einem Säulendiagramm grafisch gegenüber.

b ◪ Welche Erkenntnis lässt sich aus dem Diagramm gewinnen?

c ■ Erkundige dich nach den Preisen ätherischer Öle aus natürlichen Rohstoffen. Vergleiche sie mit den Preisen für künstlich hergestellte ätherische Öle.

2 Bei der Extraktion mit Lösemitteln können auch aus tierischen Substanzen Duftstoffe gewonnen werden. Es sind nur vier Duftstoffe aus dem Tierreich für die Parfümherstellung von Bedeutung: Moschus, Ambra, Zibet und Castoreum (Bibergeil).

a ◪ Recherchiere, welche Tiere diese Duftstoffe produzieren.

b ■ Recherchiere, wie man den Duftstoff gewinnt.

Aromen und Zusatzstoffe – wir gestalten einen Flyer

Nicht nur in Parfümerien locken Düfte zum Kauf. Beim Einkauf in den Supermärkten lenken Duftstoffe unsere Aufmerksamkeit z. B. auf frische Backwaren oder Obst.
Der größte Teil unserer Lebensmittel enthält Aromen und weitere Zusatzstoffe.
Viele Menschen wollen wissen, was sie essen. Doch der Blick aufs Etikett hilft oft nicht weiter.
▷ 1

1

Was macht einen Joghurt zum Erdbeerjoghurt? Unser Erdbeerjoghurt hat häufig nicht eine einzige Erdbeere „gesehen". Für ein Erdbeeraroma werden ungefähr vierzig verschiedene einzelne Komponenten benötigt. Erst im Zusammenwirken vermitteln sie uns den Eindruck eines Erdbeeraromas. ▷ 2–3
Auch beim Ananas- oder Himbeergeschmack von Fruchtbonbons oder dem Waldmeisteraroma der grünen Götterspeise handelt es sich um chemisch hergestellte Nachbildungen. ▷ 4–5 Die künstlich hergestellten Stoffe sind in Geruch und Geschmack ihren Vorbildern aus der Natur oft täuschend ähnlich. Sie haben dieselbe chemische Struktur wie die natürlichen Stoffe.
Auf Verpackungen darf der Begriff natürlicher Aromastoff nur noch verwendet werden, wenn zur Herstellung ausschließlich natürliche Aromastoffe verwendet wurden.

2

D Erdbeerzubereitung
auf gesüßtem Joghurt mild
Zutaten: 62 % Joghurt mild, 33 % Fruchtzubereitung (Wasser, Zucker, Erdbeeren, Erdbeersaft aus Erdbeersaftkonzentrat, modifizierte Stärke, Traubenzucker, Speisegelatine, Aroma, Farbstoff Echtes Karmin, kupferhaltige Komplexe der Chlorophylline), Zucker, Traubenzucker, Speisegelatine, Aroma, Stickstoff.

3

4–5 Fruchtbonbons, Götterspeise

Andere Zusatzstoffe Unsere Lebensmittel enthalten neben den Aromastoffen noch viele andere Zusätze. Deren Verwendung wird durch Rechtsvorschriften der EU geregelt. Danach dürfen Zusatzstoffe nur dann in Lebensmitteln enthalten sein, wenn sie für die Gesundheit unbedenklich sind und das Lebensmittel ohne diesen Stoff z. B. nicht konserviert werden kann.

Welche Zusatzstoffe gibt es noch? Verbraucher haben diese und noch viel mehr Fragen. ▷ 6
Eure Aufgabe ist es, einen Flyer zu erstellen, der Verbrauchern auf einen Blick die wichtigsten Fragen beantwortet.

Tipps:
Beschäftigt euch im Team mit den folgenden (und weiteren) Punkten.
- An wen richtet sich euer Flyer? (Eltern mit Kleinkindern, Senioren, Jugendliche, Allergiker oder ganz allgemein …)
- Welche Fragen könnten für eure Zielgruppe interessant sein? ▷ 6
- Welche Experten sollen befragt werden?
- Könnt ihr den Ergebnissen von Internetrecherchen vertrauen? (Haltet die Quellen fest. Welche Quellen sind glaubwürdig? Versucht, die Information auch auf einem anderen Weg zu erlangen. So könnt ihr eure Rechercheergebnisse überprüfen.)
- Wie könnt ihr euren Flyer ansprechend gestalten? ▷ 7
  Eine Möglichkeit wäre es, beispielhaft Zusatzstoffe an ausgewählten Etiketten, z. B. Joghurt, Ketchup, Schokolade, Getränken … aufzuzeigen.

www 267-1

Mögliche weitere Fragen:
- Was sind Zusatzstoffe?
- Welche Funktionen haben Zusatzstoffe in Lebensmitteln?
- Gibt es Lebensmittel ohne Zusatzstoffe?
- Können Zusatzstoffe Krankheiten oder Allergien auslösen?
- Was sagen die E-Nummern aus?
- Was bedeutet das E bei den E-Nummern?
- Sind auch in Bioprodukten Zusatzstoffe enthalten?
- Was ist in nicht verpackten Lebensmitteln an Zusatzstoffen enthalten (z. B. Brötchen, Kuchen, Wurstwaren …)?
- …

6

7 Wie sieht dein Flyer aus?

Duftstoffe und Aromen – vom Altertum bis in die Neuzeit

4000 v. Chr. Die Chinesen verwendeten Gewürze wegen des Aromas und der heilenden Wirkung. Die Perser und die Ägypter opferten ihren Göttern duftende Hölzer, aromatische Gewürze und Harze. ▷ 1

2000 v. Chr. In Babylon handelte man mit Gewürzen, Kräutern und Hölzern aus dem Orient. Auf den Altären Babylons wurden jährlich mehr als 26 t Weihrauch verbrannt.

1200–800 v. Chr. Die Griechen stellten Auszüge aus Blüten her. Diese dienten nicht nur kultischen und religiösen Zwecken, sondern auch zur Körperpflege und Herstellung von Heilsalben. Später sendeten die Römer Düfte kostbarer Hölzer, Gewürze und Harze ihren Göttern – „per fumum" (durch den Rauch). So entstand wahrscheinlich die Bezeichnung *Parfüm*.

800 n. Chr. In Arabien und Persien wurden durch Extraktion und Destillation duftende Wässer und Öle gewonnen. Diese dienten medizinischen und kosmetischen Zwecken. ▷ 2–3

1100–1300 n. Chr. Durch die Kreuzzüge gelangten aromatische Gewürze, Salben und Essenzen aus dem Orient nach Europa. Zentren des schwungvollen Handels waren Venedig, Genua und Florenz. Durch Destillieren von Wein fand man den Weingeist – einen hochprozentigen Alkohol, der als Allheilmittel getrunken wurde.

1500–1600 wurde der Alkohol auch als Extraktionsmittel genutzt. Man stellte Auszüge aus verschiedenen Pflanzenteilen her und entwickelte ein Wunderöl. Durch vielfältige Abwandlungen wurde daraus im Laufe der Jahrhunderte ein Wunderwasser, eine Vorstufe des heutigen Kölnischwassers.

1 Rauchopfer vor Gottheit (Ägypten)

2 Destillation zur Duftherstellung in Persien

3 Destillationsgerät

Düfte und Aromen in der Neuzeit

Mönche und Parfümeure Bis ins 18. Jahrhundert wurden in Deutschland duftende und aromatische Öle und Wässer fast nur von Mönchen in Klöstern hergestellt – in erster Linie zu Heilzwecken.
In Italien und vor allem in Frankreich hingegen war es die Zunft der *Parfümeure*, die sich seit dem 15. Jahrhundert mit der Herstellung von Duftwässern aller Art befasste. ▷ 4

4 Parfümeur, 17. Jh.

Parfümieren statt waschen Die Duftwässer dienten der Parfümierung des Körpers. Eine Körperpflege mit Wasser und Seife kannte man zu jener Zeit in Europa nicht. Zur damaligen Zeit muss es in den Städten furchtbar gestunken haben. Aus vielen Überlieferungen ist nämlich bekannt, dass dies auch am Hof Ludwig XIV. (des „Sonnenkönigs") und bei seinen Nachfolgern so war. Um wenigstens die Nasen der feineren Gesellschaft zu versöhnen, wurde kräftig parfümiert und gepudert.
Der Königshof war dabei der beste Kunde der beginnenden Parfümindustrie. Außerdem glaubte man, mit stark duftenden Parfüms Seuchen bekämpfen zu können.

Eine Industrie entsteht Zunächst war Italien in der Parfümherstellung führend. Doch allmählich übernahm Frankreich die Rolle des Hauptlieferanten von Duft- und Aromastoffen in Europa. Schon vor der Französischen Revolution von 1789 entstanden in Frankreich zahlreiche Parfümfabriken. Zentrum der Riechstoffindustrie war damals das Städtchen *Grasse* in Südfrankreich. ▷ 5 Grasse wird heute als Weltzentrum der Parfümerie- und Riechstoffindustrie bezeichnet.

5 Grasse

1 a □ Haltet in einer Übersicht die wichtigsten Anwendungsgebiete wohlriechender und aromatischer Substanzen in Altertum, Mittelalter und Neuzeit fest.

b ◪ Vergleicht die gefundenen historischen Anwendungsgebiete mit den heutigen Anwendungsgebieten.

2 ■ Zu Beginn der Neuzeit war die Parfümierung oft die einzige Form der Körperpflege. Lest dazu z. B. den Beginn des Romans von Patrick Süskind „Das Parfum". Berichtet!

3 ■ Findet heraus, weshalb die Stadt Grasse zum Weltzentrum der Riechstoffindustrie wurde. (Schlagt in Reiseführern oder Reiseprospekten nach. Informiert euch im Internet.)

„Neuer Trend: blumig"

Der Kosmetikkonzern *Osmephora* möchte mit einem neuen Parfüm den Markt erobern. Die Parfümeure sollen zur romantischen, mädchenhaften Mode des kommenden Jahrs einen fruchtigen, blumigen Duft komponieren. In 6 Monaten soll das neue Produkt in der Parfümhauptstadt *Grasse* präsentiert werden.

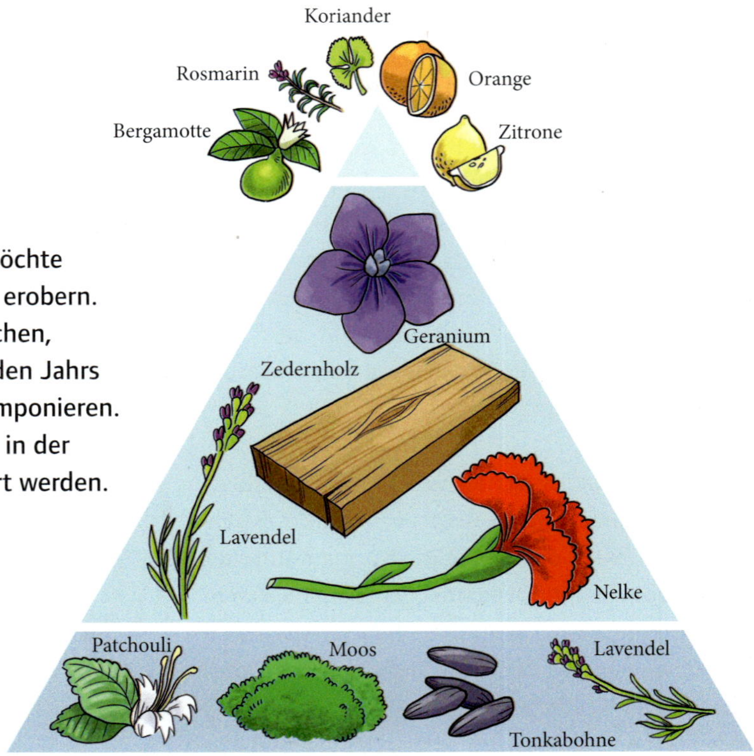

1 Duftpyramide

Der Geruch eines Parfüms ändert sich mit der Zeit – die Parfümeure unterscheiden zwischen Kopfnote, Herznote und Basis. ▷ 1

- Die Kopfnote ist sofort zu riechen und hält für ca. 2 Stunden. Sie bestimmt den ersten Eindruck des Parfüms.
- Die Herznote entfaltet sich nach ca. einer Viertelstunde und ist mehrere Stunden zu riechen.
- Erst nach 1 Stunde folgt der Geruch der Basis, der ungefähr 24 Stunden anhält. Die Basis besteht aus schweren, weniger flüchtigen Stoffen.

1

Duftpyramide – Duftfamilie

Bevor die Arbeit im Labor beginnen kann, müssen grundlegende Kenntnisse allen Parfümeuren noch einmal in Erinnerung gerufen werden.

a Erläutert die Duftpyramide ▷ 1 mithilfe des Textes oben.

b Jasmin, Rose, Orangenblüten zählen zur Duftfamilie der blumigen Düfte. Informiert euch über weitere Duftfamilien und ordnet ihnen Duftstoffe zu.

2

Die Mischung machts

Bei einem Parfüm handelt es sich um ein Gemisch aus Duftstoffen, Wasser und Alkohol. Je nach Konzentration der Duftstoffe werden verschiedene Produkte hergestellt.

Übertrage die Tabelle in dein Heft und ergänze sie. Berücksichtige die Mischungsverhältnisse der einzelnen Produkte bei der Herstellung des neuen Duftes in Versuch 5 b.

Produkt	Duftstoffe (Vol.-%)	Alkohol (Vol.-%)	Wasser (Vol.-%)
Eau de Cologne	3–5	70–85	10–27
Eau de Toilette	5–10	?	5–8
Eau de Parfum	8–15	80	?
Parfüm	15–20	?	10–12

3
Riechtraining
Bevor die Kreation des neuen Duftstoffs beginnen kann, sollen die Parfümeure ihren Geruchssinn trainieren.
Sammelt stark duftende Materialien der Umgebung und bewahrt sie einzeln in verschlossenen Behältern auf. Tauscht eure Behälter mit denen anderer. Versucht dann, mit verbundenen Augen die Gerüche zu beschreiben und die Materialien herauszufinden.
Tipp: Versucht einmal, auch die Geräusche durch Ohrstöpsel auszuschalten.

4
Herstellung von Rosenwasser
Materialien: Becherglas (500 mL), Gasbrenner, Vierbein, Ceranplatte, Glaswanne, Probenflaschen aus braunem Glas
Chemikalien:
frische Rosenblätter (20 g), Wasser (300 mL), Apfelessig (½ Esslöffel)
Durchführung:
Legt die Rosenblätter in eine Glaswanne (oder -schüssel) und übergießt sie mit dem kochenden Wasser.
Gebt dann den Apfelessig hinzu. Nach 2 Stunden könnt ihr die Flüssigkeit in ein oder mehrere Fläschchen abfüllen.

5
Wir ändern die Rezeptur
Bis zur Präsentation sind es nur 6 Monate – wenig Zeit für eine vollständige Neukomposition. Die Konzernleitung will daher den bereits erfolgreichen Duft *Cornel Nr. 5* zur Grundlage der Entwicklung nehmen.

a *Materialien:* Becherglas (50 mL), Messzylinder (10 mL), Probenfläschchen aus braunem Glas
Chemikalien: destilliertes Wasser, Ethanol, Bergamotteöl, Zitronenöl, Orangenöl, Orangenblütenöl (Neroliöl)
Durchführung:
Mischt in dem Becherglas 16 mL Ethanol◇ und 2 mL destilliertes Wasser.
Tropft anschließend die Duftöle hinzu: 23 Tropfen Bergamotteöl◇, 6 Tropfen Zitronenöl◇, 7 Tropfen Orangenöl◇, 5 Tropfen Orangenblütenöl◇. Schwenkt das Becherglas, um die Öle gleichmäßig zu verteilen.
Füllt eure Mischung in das Probenfläschchen und stellt es für mindestens eine Nacht in den Kühlschrank.

b Komponiert nun den neuen Duft, indem ihr z. B. die Anzahl der angegebenen Tropfen der hauseigenen Rezeptur verändert oder neue Öle hinzutropft.

◇ Bergamotteöl, Zitronenöl, Orangenöl  Gefahr

◇ Orangenblütenöl  Gefahr

6
Parfümhauptstadt Grasse
a Informiert euch über die Stadt Grasse und ihre Geschichte. Berichtet!

b In Grasse wurden verschiedene Verfahren zur Gewinnung von Duftölen eingesetzt. Benennt und erläutert drei der Verfahren.

c Stellt die Vor- und Nachteile der Verfahren gegenüber.

7
Parfümtest
Gebt einige Tropfen eures Parfüms auf den Handrücken.

a Beschreibt den Duft.

b Überprüft den Geruch nach einer Viertelstunde und nach 2 Stunden. Beschreibt die Geruchsveränderungen.

c Wer hat den Auftrag des Konzerns am besten umgesetzt? Begründet eure Bewertung.

8
Design, Werbung, Marketing
Die Messe rückt näher.

a Findet einen passenden Produktnamen.

b Entwerft einen Flakon und die Verpackung.

c Ein Werbefoto (Werbeplakat/Werbespot) soll erstellt werden. Überlegt euch, welche Aspekte bei der Umsetzung bedacht werden müssen (Farben, Motiv …).

◇ Ethanol  Gefahr

Berufsinformation: Kosmetiker/in[Z]

1 Entspannend – eine kosmetische Behandlung

Eine Kosmetikerin: *Auszubildende sollten Interesse für die Menschen mitbringen. Oft wird in der angenehmen Atmosphäre* ▷ 1 *des Kosmetikinstituts ein privates Wort gesprochen. Verschwiegenheit ist selbstverständlich! Außerdem sollte man sich ausdrücken und einen gepflegten Umgang mit dem Menschen führen können. Darüber hinaus ist es schön zu sehen, wie eine fachmännisch gepflegte Haut zum Strahlen gebracht wird.*
Wir können als Kosmetiker oder Kosmetikerin keine Falten verhindern – wir können aber dafür sorgen, dass sie so spät wie möglich erscheinen. Das macht uns und unsere Kunden gleichermaßen glücklich!

Berufsbild Der Natur „nachzuhelfen" und die „Schokoladenseite" des Menschen hervorzuheben – das ist die gestalterische Aufgabe des Kosmetikers/der Kosmetikerin.
Stilsicherheit und Geschick bei der Verschönerung des Erscheinungsbilds sind dazu erforderlich. Interessieren sollte man sich in diesem Beruf aber auch für den Menschen im Allgemeinen, denn nicht selten wird man Kunden beraten – zum Kauf kosmetischer Produkte oder auch in Wellness- und Ernährungsfragen. Im Fall einer Existenzgründung ist kaufmännisches Wissen wichtig – in der Ausbildung werden auch Kenntnisse der Betriebswirtschaft vermittelt.
Neben den dekorativen Veränderungen kümmert sich der Kosmetiker/die Kosmetikerin auch um die Gesunderhaltung unseres größten Organs: der Haut. Hierzu sind medizinische Kenntnisse erforderlich.

Hautbehandlung Nach der Analyse des Hauttyps und des Hautzustands erstellt der Kosmetiker/ die Kosmetikerin zunächst einen Plan, der verschiedene Behandlungen umfasst.
Nach einem Dampfbad entfernt man Hautunreinheiten und störende Gesichtsbehaarung. Anschließend wird ein Peeling durchgeführt, um überschüssiges Hautmaterial zu entfernen. Eine Gesichtsmassage beruhigt die behandelte Haut, eine Gesichtsmaske schließt die Behandlung ab. ▷ 2

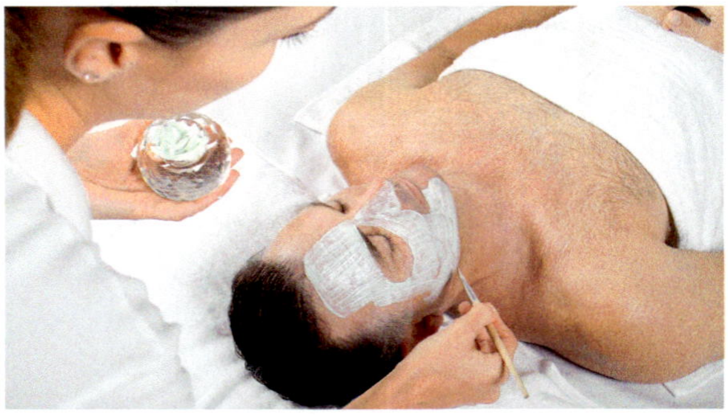

2 Auftragen einer Gesichtsmaske

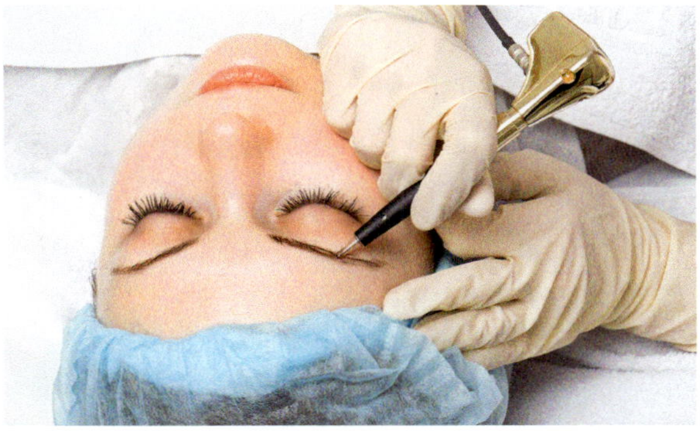

3 Permanent-Make-up

Weitere Tätigkeiten Der Kosmetiker/die Kosmetikerin hilft auch bei Problemen des unerwünschten Haarwuchses. Die Behaarung wird durch verschiedene Methoden entfernt, etwa durch die traditionelle Warmwachsmethode oder auch durch eine neue Lasermethode.

Mit Permanent-Make-ups färbt der Kosmetiker/die Kosmetikerin Augenkonturen, Lippenkonturen oder auch Augenbrauen dauerhaft. ▷ 3 Ein sehr wichtiger Arbeitsbereich ist seit einigen Jahren das Anbringen von Gel- oder Acrylnägeln.

Ausbildungsgang Insgesamt ist die Ausbildung in Lernfelder gegliedert, die sowohl praktische als auch theoretische Inhalte umfassen. ▷ 4

Die staatlich anerkannte Ausbildung dauert 3 Jahre und erfolgt nach dem dualen System in Berufsschule und Betrieb. Hinzu kommt noch eine überbetriebliche Ausbildung in einer Berufsbildungsstätte. Nach einer Zwischenprüfung vor Ablauf des 2. Ausbildungsjahrs erfolgt die Abschlussprüfung am Ende des 3. Jahrs.

Berufsaussichten Die Arbeit des Kosmetikers/der Kosmetikerin ist als individuelle Dienstleistung unersetzbar. Immer mehr Menschen legen Wert auf ein gepflegtes Äußeres und suchen eine kompetente Beratung.

Gearbeitet wird überwiegend in Kosmetikstudios. Aber auch in Arztpraxen, Wellnesshotels, Bädern, Solarien oder großen Saunalandschaften sind Kosmetiker und Kosmetikerinnen gefragt, ebenso wie in Drogerien oder Parfümerien. Diese vielfältigen Einsatzmöglichkeiten bieten interessante berufliche Perspektiven. Aufstiegsmöglichkeiten liegen in einer Existenzgründung.

4 Ausbildung in der Berufsschule

Erforderliche Qualifikationen

- Unabhängig von einem Schulabschluss
- Interesse und gute Leistungen in Chemie und Biologie
- Freude an einer gestalterischen Tätigkeit
- Ein gepflegtes Äußeres
- Gute Umgangsformen
- Aufgeschlossenheit und Kommunikationsfähigkeit

Wichtige Experimentierregeln

Beim Experimentieren müsst ihr die folgenden Regeln unbedingt beachten, damit es nicht zu Unfällen kommt.

Vor dem Experimentieren
Bringt keine Lebensmittel und Getränke in den Chemieraum. Essen und Trinken sind hier verboten!
Räumt zunächst den Tisch leer.
Lest aufmerksam die Versuchsanleitung. ▷ 1
Lasst den Versuchsaufbau von eurem Lehrer bzw. eurer Lehrerin kontrollieren!

Beim Umgang mit offenen Flammen und heißen Gegenständen
Immer eine Schutzbrille aufsetzen und – wenn nötig – die Haare zusammenbinden!
Legt heiße Gegenstände (z. B. Tauchsieder und Metallteile) nur auf der dafür vorgesehenen feuerfesten und hitzebeständigen Unterlage ab. ▷ 2

Beim Umgang mit unbekannten Stoffen
Haltet bei Geruchsproben nie die Nase direkt über den Stoff, dessen Geruch ihr feststellen wollt! Fächelt euch aufsteigende Dämpfe zu! ▷ 3

Verhalten bei Unfällen
Falls trotz aller Vorsicht doch einmal etwas schiefgeht, sagt sofort dem Lehrer oder der Lehrerin Bescheid.
Im Raum für naturwissenschaftlichen Unterricht gibt es verschiedene Sicherheitseinrichtungen, z. B. den Not-AUS-Schalter, den Feuerlöscher und die Löschdecke. ▷ 4

1

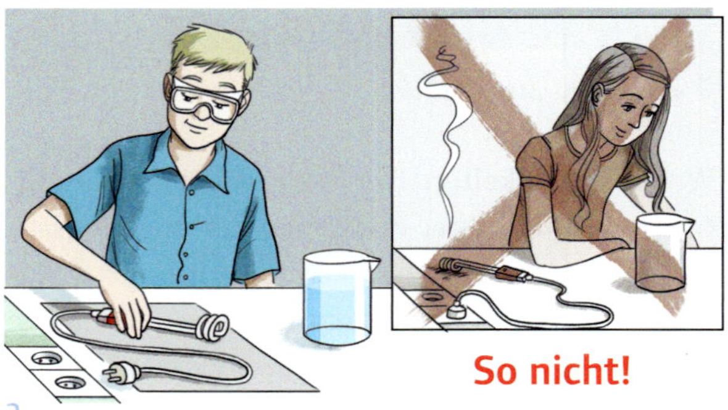

2

3

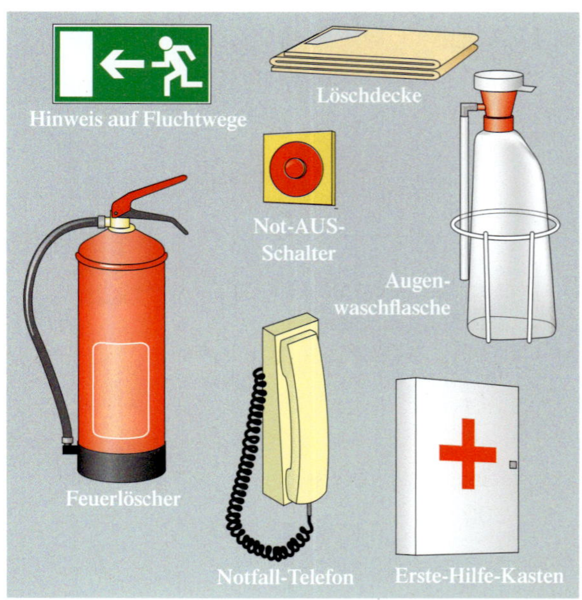

4

Kennzeichnung von Gefahrstoffen

Gefahren-piktogramm	Mit dem Gefahrenpiktogramm gekennzeichnete Stoffe und Gemische	Signalwort
	– können sich selbst zersetzen – können explodieren	Gefahr *oder* Achtung
	– sind entzündbar – können sich selbst erhitzen – entwickeln bei Berührung mit Wasser entzündbare Gase	Gefahr *oder* Achtung
	– haben eine brandfördernde Wirkung	Gefahr *oder* Achtung
	– stehen unter Druck (gilt für Gase)	Achtung
	– verursachen schwere Verätzungen der Haut – verursachen schwere Augenschäden – greifen Metalle an	Gefahr *oder* Achtung
	– sind giftig, bereits in geringen Mengen lebensgefährlich	Gefahr
	– sind gesundheitsschädlich – verursachen Haut- und/oder Augenreizungen – verursachen allergische Hautreaktionen – verursachen Reizungen der Atemwege – verursachen Schläfrigkeit und Benommenheit	Achtung
	– können bei Verschlucken und Eindringen in die Atemwege tödlich sein – können Organe schädigen – können Krebs erzeugen – können die Fruchtbarkeit beeinträchtigen – können das Kind im Mutterleib schädigen – können das Erbgut schädigen – können beim Einatmen Allergien, asthmaartige Symptome oder Atembeschwerden verursachen	Gefahr *oder* Achtung
	– sind giftig für Wasserorganismen	Achtung

Die folgenden Symbole sind durch die obigen abgelöst worden.
Für Gemische sind sie aber noch bis 2015 gültig.

	T+ T	sehr giftig giftig		F+ F	hochentzündlich leicht entzündlich		N	umweltgefährlich
	Xn Xi	gesundheitsschädlich reizend		C	ätzend			
	E	explosionsgefährlich		O	brandfördernd			

Teste dich! – Musterlösungen

Stoffe und ihre Eigenschaften (S. 24)

1 Keine Schutzbrille, Haare nicht zusammengebunden

2 a Flamme Nr. 3

b Lösung 3 (C)

3 a *Körper:* Hose, Kiste, Fenster, Stuhl, Bleistift, Fahrrad, Radiergummi, Luftballon;
Stoff: Kupfer, Holz, Baumwolle, Aluminium, Styropor, Papier, Öl, Gummi, Luft

b *Körper:* Blech, Kunststoffbecher, Draht, Goldring, Glas; *Stoff:* Glas

4 Das Paket hat eine Masse von 1 kg.
Die Tüte hat eine Masse von 1 kg.
Der Wagen hat eine Masse von 20 t.

5 a Fest – flüssig – gasförmig

b 0 °C, 100 °C

c a = flüssig; b = fest; c = gasförmig

d Satz 1: gasförmig; Satz 2: fest; Satz 3: gasförmig; Satz 4: flüssig

6 a Wenn (der Reinstoff) Zucker in Wasser aufgelöst wird, entsteht ein (Gemisch).

b

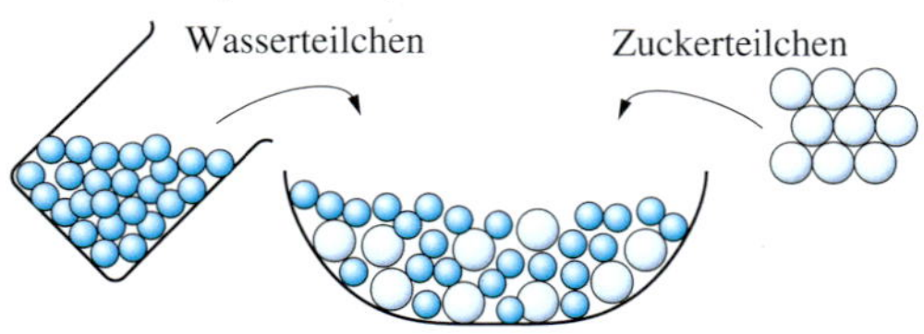

c

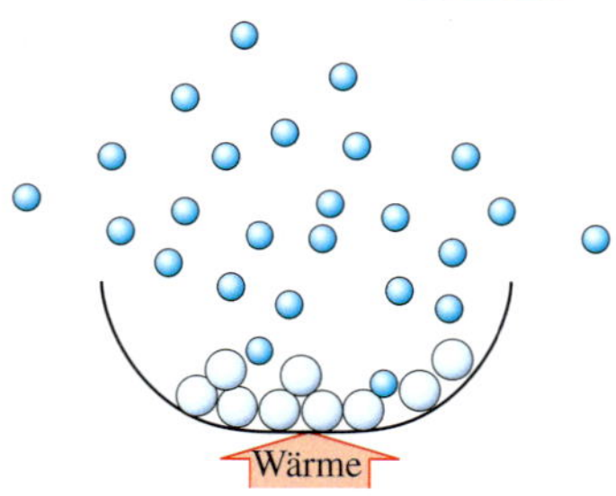

7 Voraussetzungen für die Verbrennung: brennbarer Stoff, Sauerstoff, ausreichend hohe Temperatur

8 a Nach einiger Zeit geht die Flamme aus.

b Zu Beginn enthält 1 Liter Luft 0,2 Liter Sauerstoff und praktisch kein Kohlenstoffdioxid. Am Ende des Versuchs ist kein Sauerstoff mehr vorhanden, dafür ist Kohlenstoffdioxid entstanden.

9 Es handelt sich um Kalkwasser, das durch Kohlenstoffdioxid der brennenden Kerze trübe wird.

10 Beim Feuerzeug mischt sich das gasförmige Benzin mit Luft und ist daher leicht entzündlich. Damit Holz sich entzündet, müsste eine Entzündungstemperatur von ca. 300 °C erreicht werden. Das ist mit einem Funken nicht möglich.

11 Brennbare Flüsigkeiten verdunsten schon bei recht niedrigen Temperaturen. Die Entzündungstemperatur ist niedrig.

12 Die Luftzufuhr zur Flamme wird unterbrochen und die Feuchtigkeit schützt die Haut gegen Verbrennung.

13 a Eisen wird entzündet, es verbrennt. Dabei reagiert es mit Sauerstoff.

b Es entsteht Eisenoxid.

c Das entstehende Reaktionsprodukt ist schwerer als das Eisen vor dem Verbrennen, denn es kommt zu dem Eisen Sauerstoff hinzu.

d Eisen + Sauerstoff ⟶ Eisenoxid

e Es entsteht ein neuer Stoff.

f Die Reaktion ist eine Oxidbildung (Oxidation).

14 a Es entstehen neue Stoffe.

b Mögliche Beispiele sind alle Verbrennungen.
Muster: Die Verbrennung von Magnesium ist eine chemische Reaktion, da aus den Ausgangsstoffen Magnesium und Sauerstoff ein neuer Stoff entsteht: Magnesiumoxid.

c – Ja, das Gas verbrennt zu neuen Stoffen.
– Ja, aus der Milch entstehen andere, saure Stoffe.
– Nein, das gefrorene Wasser verdampft nach und nach, ohne dass neue Stoffe entstehen.
– Nein, die Beschädigung ist keine chemische Reaktion. Aus dem Eisen entsteht dadurch kein neuer Stoff.
– Ja, durch das Rosten entsteht ein neuer Stoff: Eisenoxid.

Metalle und Metallgewinnung (S. 62)

1 a Das Silberkettchen ist schwerer als das gleich große Alumiumkettchen.

b Silber hat eine größere Dichte als Aluminium.
Zuerst bestimmt man die Masse und das Volumen des Kettchens. Die Dichte errechnet man dann, indem man die Masse durch das Volumen teilt (dividiert).
Die errechnete Dichte kann man mit dem Wert in der Dichtetabelle vergleichen.

2 a Metalle sind aus Atomen aufgebaut.

b

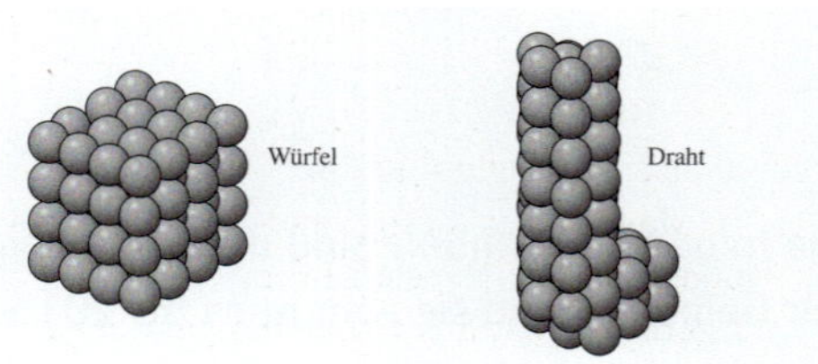

c

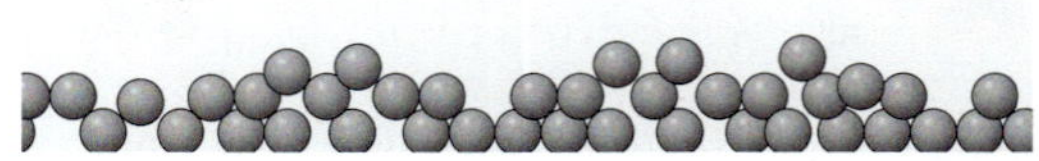

d

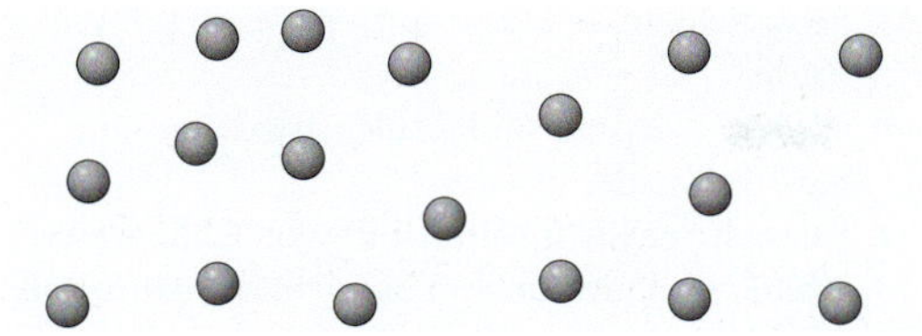

3 a Zink reagiert mit Sauerstoff und wird zu Zinkoxid oxidiert.

b Zink + Sauerstoff ⟶ Zinkoxid

c Es ist schwerer, weil der Sauerstoff hinzukommt.

4 Bei exothermen Reaktionen wird chemische Energie in Wärme umgewandelt. Diese wird an die Umgebung abgegeben.

5 a Kupfer und Sauerstoff sind sehr fest miteinander verbunden.

b Man braucht einen Stoff, der sich noch leichter mit dem Sauerstoff der Luft verbinden kann, als es das Kupfer im Kupferoxid tut.

6 Bei der Oxidation von Eisen verbindet sich Eisen mit Sauerstoff zu Eisenoxid (Oxidbildung).
Bei der Reduktion von Eisenoxid wird das Eisenoxid in Eisen und Sauerstoff zerlegt (Oxidspaltung).

7 Der Kohlenstoff entreißt dem Metalloxid den Sauerstoff. Es hat nämlich ein größeres Bestreben, sich mit dem Sauerstoff zu verbinden, als das Metall im Oxid.

8

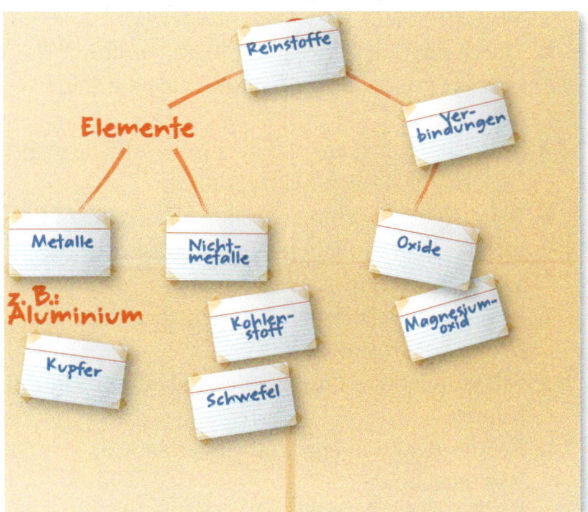

9a Typische Metalle sind Eisen, Kupfer, Aluminium, Zink … Man erkennt sie an mehreren gemeinsamen Eigenschaften, die gleichzeitig vorhanden sind: am Aggregatzustand bei Raumtemperatur (außer beim Quecksilber), am metallischen Glanz, an der elektrischen Leitfähigkeit, an der Wärmeleitfähigkeit und an der guten Verformbarkeit.

b Typische Nichtmetalle sind Kohlenstoff, Schwefel, Sauerstoff, Stickstoff … Sie haben nie mehrere typische Metalleigenschaften.

c Kupfer und Schwefel sind chemische Elemente.

d Holz ist kein chemisches Element, sondern eine chemische Verbindung.

10a *Eisengewinnung*: Redoxreaktion von Eisenoxid mit Kohlenstoff
Eisenoxid + Kohlenstoff ⟶ Eisen + Kohlenstoffdioxid
Rosten: Oxidation von Eisen

b Eisen + Sauerstoff ⟶ Eisenoxid (Rost)

11a Im Jahr 2002 wurden weltweit etwa 900 Mio. Tonnen Rohstahl produziert. Im Jahr 2004 waren es bereits 1080 Mio. Tonnen und zwei Jahre später 1250 Mio. Tonnen. Es ist erkennbar, dass die Weltjahresproduktion weiter steigt.
Der Einsatz von Stahlschrott zur Stahlerzeugung beträgt in Deutschland etwa 45 %.

b Die Aussage kann man bestätigen, weil …
… durch den hohen Einsatz von Stahlschrott bei der Stahlerzeugung wertvolle Rohstoffe wie Eisenerze und Kohle sowie bei der Edelstahlerzeugnung auch Metalle wie Chrom und Nickel eingespart werden
… durch den Einsatz von Stahlschrott Energie gespart wird
… weniger Kohle verbrannt wird und somit auch weniger Kohlenstoffdioxid entsteht
… jedes Stahlprodukt, das dem Recycling zugeführt wird, auch recycelt werden kann

12a Bei exothermen Reaktionen wird Energie an die Umgebung abgegeben. Bei endothermen Reaktionen wird Energie aus der Umgebung aufgenommen.

b Bei einer endothermen Reaktion wird Energie ständig aus der Umgebung aufgenommen und in chemische Energie der Reaktionsprodukte umgewandelt.
Bei der Zufuhr von Aktivierungsenergie werden die Ausgangsstoffe nur aktiviert, damit sie miteinander reagieren.

13a Kupfer reagiert mit Sauerstoff zu Kupferoxid. Kupferatome reagieren mit Sauerstoffatomen im Verhältnis 1 : 1 zu Kupferoxid. Dabei verbinden sich jeweils 2 Kupferatome mit 1 Sauerstoffmolekül.

b Kohlenstoff reagiert mit Sauerstoff zu Kohlenstoffdioxid. Je 1 Atom Kohlenstoff reagiert mit 1 Molekül Sauerstoff zu 1 Kohlenstoffdioxidmolekül.

Luft und Wasser (S. 96)

1 Stickstoff – 78 %, Sauerstoff – 21 %, Edelgase – 1 %, Kohlenstoffdioxid – 0,04 %

2

Verwendung	Bestandteil der Luft	Eigenschaft
Löschmittel	Kohlenstoffdioxid	wirkt erstickend
Lampenfüllung	Edelgase	reaktionsträge
Tiefkühlung	Flüssiger Stickstoff	Verdunstungskälte
Beatmung	Sauerstoff	unterhält Oxidationen

3 Wasserstoff – Knallgasprobe, Sauerstoff – Spanprobe, Kohlenstoffdioxid – Kalkwassertrübung, Wasser – Blaufärbung von Kupfersulfat

4 Sauerstoff dient Tieren und Menschen als Atemgas. Stickstoff verhindert, dass Verbrennungen explosionsartig verlaufen. Kohlenstoffdioxid brauchen Pflanzen bei der Assimilation. Wirkt als Treibhausgas.

5 Wasserstoff befindet sich noch im unten offenen Reagenzglas, weil Wasserstoff leichter ist als Luft. Sauerstoff verbleibt im oben offenen Reagenzglas, weil Sauerstoff etwas schwerer als Luft ist. Kohlenstoffdioxid verbleibt im oben offenen Reagenzglas, weil Kohlenstoffdioxid schwerer als Luft ist.

6

Luftschadstoff	Herkunft	Maßnahme zur Verminderung
Kohlenstoffdioxid	Verbrennung	Energie sparen
Rußpartikel (Feinstaub)	Dieselmotoren	Filter
Stickoxide	Verbrennungsmotoren	Katalysator

7 A – umfassende Begründung
B, C, D, E – Die Aussagen treffen zu, sind aber keine umfassende Begründung.

8 Löslich: Kochsalz, Zucker, Luft, Essig;
nicht löslich: Sand, Glas, Öl, Kupfer, Eisen

9 Richtig – A, C, D; falsch – B

10 Wasser ist das Oxid des Wasserstoffs. Es kann durch elektrischen Strom in Wasserstoff und Sauerstoff zerlegt werden. Es entsteht bei der Reaktion (Verbrennung, Oxidation) von Wasserstoff mit Sauerstoff.

11 A, C, D – Die Aussage trifft zu, aber es ist nicht die Begründung.
B – Richtige Begründung

12 Einerseits wird bei der Reaktion von Wasserstoff mit Sauerstoff viel Energie frei, andererseits wird viel Energie für die Herstellung des Wasserstoffs durch Wasserspaltung benötigt.

13 Zur Zersetzung von Wasser (Elektrolyse) muss Energie zugeführt werden. Sie wird z. T. als chemische Energie im Wasserstoff gespeichert. Bei der Verbrennung von Wasserstoff wird die in ihm gespeicherte Energie als Wärme abgegeben.

Säuren, Laugen und Salze im Alltag (S. 142)

1a Beispiele:

Name	Verwendung	Inhalt
Drano®	Rohrreiniger	Natriumhydroxid (Natronlauge)
Viss®	Badreiniger	Citronensäure

b Natronlauge zersetzt Haare, Citronensäure entfernt Kalkflecke.

2a Schwefeldioxid reagiert mit Wasser zu schwefliger Säure.
b Weitere Beispiele sind Kohlenstoffdioxid und Stickstoffoxide.
c Salzsäure entsteht beim Lösen von Chlorwasserstoff in Wasser und nicht beim Lösen eines Nichtmetalloxids.

3a Säuren (z. B. saurer Regen) zersetzen Kalk.
b Man kann solche Figuren durch einen Überzug schützen oder aus Steinen, die nicht kalkhaltig sind, anfertigen.
c Säuren ätzen unedle Metalle. (Dabei entsteht Wasserstoff.)

4 Konzentrierte Schwefelsäure entzieht den Stoffen Wasser, zurück bleibt Kohlenstoff.

5a Calciumoxid reagiert mit Wasser zu Calciumhydroxid (Kalkwasser).
b Kalkwasser reagiert mit Kohlenstoffdioxid (= Nachweis für Kohlenstoffdioxid).
c Andere Laugen entstehen entweder bei der Reaktion eines Metalls oder eines Metalloxids mit Wasser.

6a Das Zeichen bedeutet: „Vorsicht, ätzend!“
b Keine Spritzer auf die Haut kommen lassen! Beim Umgang mit Säuren oder Laugen Gummihandschuhe und Schutzbrille tragen!
c Durch Verdünnen wird die Wirkung der Säure oder Lauge abgeschwächt. (Verätzung bedeutet auch Wasserentzug.)
d Durch das Wasser wird die Säure verdünnt. Der Kalk reagiert mit der Säure – damit wird die Säure verbraucht.

7a Man sammelt saure und alkalische Abfälle gemeinsam, damit sie sich neutralisieren.
b Beim Neutralisieren entstehen Salzlösungen (nicht nur das unschädliche Kochsalz). Die entstehenden Salze können giftig sein.
c Beispiele: Fischsterben in Gewässern oder Verseuchung des Grundwassers

8a Salzsäure reagiert mit Kupferoxid, aber nicht mit Kupfer.
b Bei der Reaktion entsteht Kupferchlorid.
Wortgleichung:
Kupferoxid + Salzsäure ⟶ Kupferchlorid + Wasser
Reaktionsgleichung:
$CuO + 2\,HCl \longrightarrow CuCl_2 + H_2O$

9a Salze entstehen …
… bei der Reaktion von Säuren mit unedlen Metallen, z. B.: Salzsäure reagiert mit Zink zu Zinkchlorid und Wasserstoff.
… bei der Reaktion von Säuren mit Metalloxiden, z. B.: Salzsäure reagiert mit Kupferoxid zu Kupferchlorid und Wasser.
… bei der Reaktion von Säuren mit Laugen (Neutralisation), z. B.: Salzsäure reagiert mit Natronlauge; dabei entstehen Natriumchlorid und Wasser.
b Gemeinsamkeit: Aus einer Säure und einem Stoff, der ein Metall enthält, entsteht ein Salz.
Unterschiede: Je nachdem, mit welchem Stoff die

Säure reagiert, entsteht als zweites Reaktionsprodukt Wasserstoff oder Wasser.

Elemente und ihre Ordnung (S. 164)

1 a

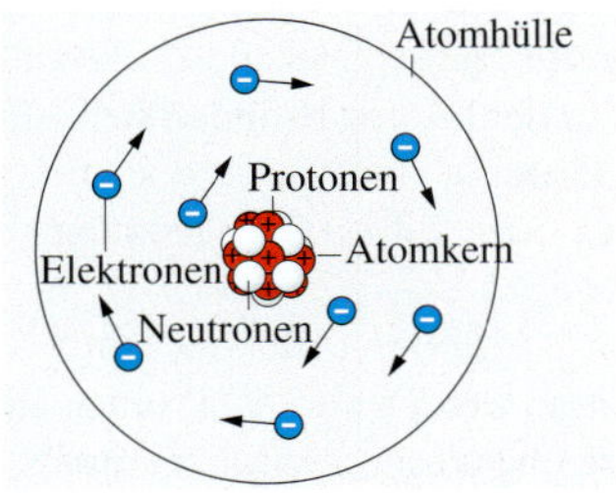

b Protonen: positiv; Neutronen: neutral; Elektronen: negativ

2 a Die Atomhülle des Kaliumatoms besteht aus vier Schalen mit insgesamt 19 Elektronen. Davon befinden sich 2 auf der ersten und jeweils 8 auf der zweiten und dritten Schale. Auf der vierten Schale (der „Außenschale") befindet sich 1 Elektron („Außenelektron").

b Die ersten drei Schalen sind mit 2 bzw. 8 Elektronen jeweils voll besetzt (Edelgaszustand).

3 a Beispiele: Halogene, Edelgase, Alkalimetalle, Erdalkalimetalle

b Es gehört vermutlich zu den Alkalimetallen.

c Es ist wahrscheinlich ein Edelgas.

4 a Von den genannten Metallen sind Natrium und Lithium Alkalimetalle.

b Von den drei Alkalimetallen ist Kalium das reaktionsfreudigste. In der Hauptgruppe nimmt die Reaktionsfreudigkeit der Elemente von oben nach unten ab.

5 a Halogene sind: Fluor, Chlor, Brom, Iod.

b Chlor, Brom und Iod sind farbige Elemente. Sie reagieren mit Metallen; dabei entstehen Salze. Sie unterscheiden sich in ihrem Aggregatzustand (bei Raumtemperatur) und in der Heftigkeit ihrer Reaktion mit Metallen. Chlor reagiert am heftigsten.

6 a

Stellung im Periodensystem	Atombau
Ordnungszahl	Anzahl der Protonen Anzahl der Elektronen
Atommasse	Anzahl Protonen + Anzahl Neutronen
Nummer der Periode	Anzahl der Schalen
Hauptgruppennummer	Anzahl der Außenelektronen

b Phosphor

Stellung im Periodensystem	Atombau
Ordnungszahl: 15	15 Protonen 15 Elektronen
Atommasse: 31	15 Protonen + 16 Neutronen
Nummer der Periode: 3	3 Schalen
Hauptgruppennummer: V	5 Außenelektronen

c Schwefel

Stellung im Periodensystem	Atombau
Ordnungszahl: 16	16 Protonen 16 Elektronen
Atommasse: 32	16 Protonen + 16 Neutronen
Nummer der Periode: 3	3 Schalen
Hauptgruppennummer: VI	6 Außenelektronen

d

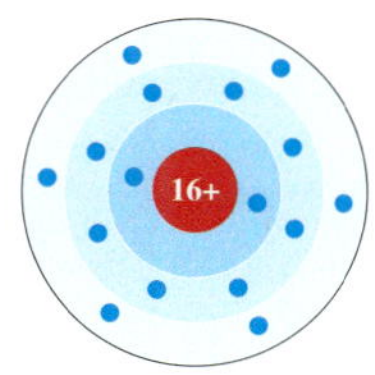

7 a Aluminium

b Hauptgruppe: III; Periode: 3

c 13 Protonen; 14 Neutronen; 13 Elektronen; 3 Schalen; 3 Außenelektronen

d

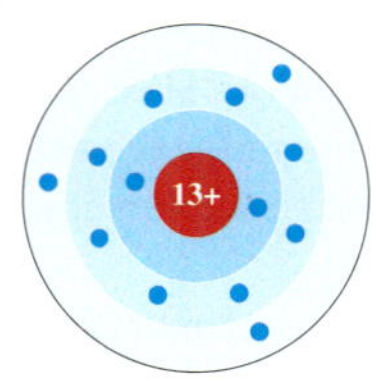

8 a Metalle stehen in den Perioden links und in den Hauptgruppe unten.

b Barium steht in der II. Hauptgruppe und in der 6. Periode. Damit ist es vermutlich ein Metall. Schwefel steht in der VI. Hauptgruppe und in der 3. Periode. Es ist somit ein Nichtmetall.

Ionen und chemische Bindungen (S. 186)

1 a

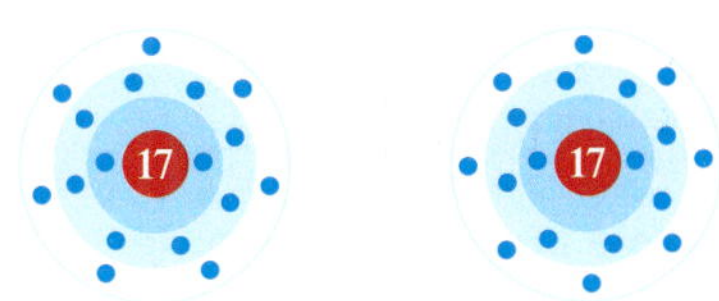

Cl Chloratom — Cl^- Chlorid-Ion

b Gleiche Anzahl Protonen, unterschiedliche Anzahl Elektronen (Außenelektronen)
Atom: elektrisch neutral; Ion: einfach negativ geladen

2 a $2\,Zn + O_2 \longrightarrow 2\,ZnO$
$2\,Zn + I_2 \longrightarrow 2\,ZnI_2$

b Jedes Zinkatom gibt 2 Elektronen ab – an ein Sauerstoffatom bzw. an 2 Iodatome.

3 $Mg + Cl_2 \longrightarrow MgCl_2$

4a Die Ionen werden schichtweise gegeneinander verschoben und stoßen sich gegenseitig ab.

b In Lösungen und Schmelzen sind die Ionen frei beweglich. Im Salzkristall befinden sie sich fest an ihren Plätzen.

5a Atome sind durch gemeinsame Elektronenpaare miteinander verbunden.

b Im Wasserstoffmolekül sind zwei Wasserstoffatome durch ein gemeinsames Elektronenpaar miteinander verbunden.

c Im Sauerstoffmolekül sind zwei Sauerstoffatome durch zwei gemeinsame Elektronenpaare miteinander verbunden.

6a Das Wassermolekül besteht aus einem Sauerstoffatom und zwei Wasserstoffatomen. Zwischen ihnen bestehen polare Atombindungen. Das Molekül ist gewinkelt gebaut.

b – Zwischen den Wassermolekülen bestehen zwischenmolekulare Kräfte. Sie halten die Wassermoleküle zusammen.
– Wenn Wasser gefriert, dehnt es sich aus.
– Die Sätze 2 und 3 sind richtig (geringere Dichte des Wassers in gefrorenem Zustand).

7a Kochsalz enthält Ionen. Die Wassermoleküle lagern sich an die Ionen an und drängen sie auseinander.

b Kochsalzkristalle sind aus positiv geladenen Natrium-Ionen und negativ geladenen Chlorid-Ionen aufgebaut. Die Wassermoleküle sind Dipole. Sie lagern sich immer mit einem Pol an die entgegengesetzt geladenen Ionen an und drängen sie auseinander. Die Ionen werden hydratisiert.

8 Chlorwasserstoffmoleküle und Wassermoleküle reagieren miteinander. Dabei gibt das Chlorwasserstoffmolekül ein Proton an das Wassermolekül ab.
$HCl + H_2O \longrightarrow H_3O+ + Cl$

9 Ammoniakmoleküle und Wassermoleküle reagieren miteinander. Dabei gibt das Wassermolekül ein Proton an das Ammoniakmolekül ab.
$H_2O + NH_3 \longrightarrow NH_4^+ + OH^-$

10 Natronlauge enthält Hydroxid-Ionen. Salzsäure enthält Wasserstoff-Ionen (Protonen). Bei der Neutralisation vereinigen sich diese zu Wassermolekülen.
$NaOH + HCl \longrightarrow NaCl + H_2O$
$H_3O^+ + OH^- \longrightarrow 2\,H_2O$

Elektrische Energie aus chemischen Reaktionen

(S. 202)

1 *Trockenes Kupferchlorid* leitet den elektrischen Strom nicht, weil sich die Ionen fest an ihrem Platz befinden.
Kupferchloridlösung leitet den elektrischen Strom, weil sich die Ionen zwischen den Wassermolekülen frei bewegen können.
Kupferchloridschmelze leitet den elektrischen Strom, weil sich die Ionen in der Schmelze bewegen können.

2 *Gemeinsamkeit:* Sowohl in der Schmelze als auch in der Lösung befinden sich Kupfer-Ionen und Chlorid-Ionen, die sich frei bewegen.
Die Ionen wandern zu den Polen und werden dort entladen. So scheidet sich am Minuspol Kupfer ab und am Pluspol Chlor.
Unterschied: Nur in der Lösung befinden sich außerdem Wassermoleküle.

3a $Zn + O \longrightarrow ZnO$ oder $2\,Zn + O_2 \longrightarrow 2\,ZnO$
$Zn + Cl_2 \longrightarrow ZnCl_2$
$Zn + I_2 \longrightarrow ZnI_2$

b Von einem Zinkatom werden zwei Elektronen auf ein Sauerstoffatom übertragen. Dadurch entstehen ein Zink-Ion und ein Sauerstoff-Ion (Oxid-Ionen).
Von einem Zinkatom werden zwei Elektronen auf zwei Chloratome übertragen. Es entstehen ein Zink-Ion und zwei Chlorid-Ionen.
Von einem Zinkatom werden zwei Elektronen auf zwei Iodatome übertragen. Es entstehen ein Zink-Ion und zwei Iodid-Ionen.

4 $Mg + Cl_2 \longrightarrow MgCl_2$

5a Kupferchloridlösung: Positiv geladene Kupfer-Ionen wandern zum Minuspol. Dort nehmen sie Elektronen auf und werden entladen. Sie werden zu Kupferatomen. Die Elektronenaufnahme ist eine Reduktion.

b Negativ geladene Chlorid-Ionen wandern zum Pluspol. Dort geben sie Elektronen ab und werden entladen. Sie werden zu Chloratomen. Die Elektronenabgabe ist eine Oxidation.

6a Mit Kartoffeln, Bananen und Äpfeln kann der Versuch gelingen.

b Diese Lebensmittel enthalten leitende Flüssigkeiten (Elektrolyte).

7a Die beiden Stoffe müssen ein unterschiedliches Bestreben haben, ihre Elektronen abzugeben.

b Die Pole des Ladegeräts müssen mit den gleichen Polen des Akkus verbunden werden.

c Akkus enthalten giftige, umweltschädliche Stoffe (z. B. Blei und Schwefelsäure).

d Beim Entladen eines Akkus laufen an den Polen chemische Reaktionen ab, die sich beim Laden wieder umkehren lassen.
Beim Entladen einer Batterie wird der Minuspol (meist Zink) verbraucht.

8a Der Akku liefert Spannung für den Start und für die Beleuchtung, bis die Lichtmaschine eine elektrische Spannung liefert.

b Mehrere Zellen werden beim Akku hintereinandergeschaltet.

c Die Starthilfebatterie soll die entladene Batterie ersetzen. Deshalb den Pluspol der Hilfsbatterie mit dem Pluspol der „leeren“ Batterie verbinden und den Minuspol der Hilfsbatterie mit der „Masse“ des Empfängerfahrzeugs.

9 Bei der Elektrolyse von Wasser durch elektrischen Strom wird die zugeführte elektrische Energie in chemische Energie des Wasserstoffs umgewandelt.

In der Brennstoffzelle wird die chemische Energie des Wasserstoffs wieder in elektrische Energie umgewandelt.

Energieträger und Produkte der Chemie (S. 240)

1 Kohlenstoff ist ein Bestandteil aller Lebewesen, kommt in Holz, Leder, Kerzenwachs usw. vor. Man findet Kohlenstoff in Form von Diamant, Ruß und Graphit.

2 Fullerene bilden mit 60 Kohlenstoffatomen einen Käfig aus Sechsecken und Fünfecken. Bei Nanoröhrchen mit der Größe unter 1 nm wird eine Lage Kohlenstoffatome zu verschiedenen röhrenförmigen Gebilden geformt.

3 a Bei uns kommen Braunkohle und Steinkohle vor. Die Braunkohle hat einen Kohlenstoffanteil von 58 % bis 73 %, die Steinkohle einen Kohlenstoffanteil von 74 % bis 94 %. Braunkohle enthält mehr Wasser als Steinkohle.

b Braunkohle wird im Tagebau gefördert. Das Deckgebirge wird abgeschoben. Mit riesigen Baggern werden die Kohleschichten abgetragen und meist direkt zum Kraftwerk transportiert.
Steinkohle kommt bei uns Flözen mit bis zu 1000 m Tiefe vor. Sie wird bergmännisch in Zechen mit großem technischem Aufwand unter hohen Kosten gefördert.

c Deutsche Steinkohle ist wegen der aufwendigen Förderung zu teuer. Billiger ist es, Importkohle in Kraftwerken zu Elektrizität umzuwandeln.

d Die abgebauten Flöze in den Zechen der Steinkohlenreviere stürzen nach einiger Zeit ein, das Deckgebirge sinkt ab. An der Erdoberfläche bilden sich Risse, Gebäude und Straßen sinken ab.
Die riesigen Löcher, die der Braunkohlenbergbau hinterlassen hat, werden mit den abgetragenen Erdschichten wieder aufgefüllt und zu neuen Landschaften gestaltet, d. h., sie werden rekultiviert.

4 a Die unterschiedlichen Bestandsteile des Gemischs Erdöl sollen gewonnen werden.

b Das Stoffgemisch Erdöl wird zunächst auf über 350 °C erhitzt. Der Dampf strömt als Gasgemisch nach oben in den Destillationsturm ein und kühlt dabei ab. Die Stoffe mit hohem Siedebereich werden zuerst wieder flüssig, die mit einem niedrigen zuletzt. Auf den Glockenböden sammeln sich entsprechend dem Siedebereich die Fraktionen des Erdöls: Rückstand, Gasöl, Petroleum, Rohbenzin, Leichtbenzin, Gase.

c In einem Stoffgemisch sind die Stoffe unverändert erhalten, die einzelnen Stoffe können durch Trennverfahren wiedergewonnen werden. Bei einer chemischen Verbindung sind aus Elementen neue Produkte entstanden, die nur sehr schwer wieder getrennt werden können.

5 a Heizgase, Benzin, Diesel, Heizöl, Schmieröl, Paraffin, Bitumen

b Die Hauptbestandteile der Erdölfraktionen sind Kohlenwasserstoffe, die sich durch ihre Siedebereiche unterscheiden. Die Kohlenwasserstoffe der Fraktionen unterscheiden sich durch die Größe ihrer Moleküle. Je größer diese sind, desto höher ist die Siedetemperatur.

6 a Die Gase Methan, Propan, Butan werden zu Heizzwecken genutzt, die Flüssigkeiten Benzin, Kerosin und Diesel als Brennstoffe.

b Alkane sind Kohlenwasserstoffe. Sie verbrennen zu Kohlenstoffdioxid und Wasser; dabei wird Wärme frei.

c Je größer die Moleküle eines Alkans sind, desto höher ist dessen Siedetemperatur.

7 Brennspiritus wird durch Zusatz eines Vergällungsmittels ungenießbar gemacht. Man nutzt es als Reinigungsmittel oder zur Verbrennung.
Alkoholische Getränke sind mit hoher Alkoholsteuer belegt, um den Verbrauch geringer zu halten. Alkohol ist für Jugendliche besonders gesundheitsschädlich.

8 Methanol ist ein gefährliches Gift. Es wird als Treibstoffzusatz genutzt.
Die ersten Glieder der Alkanole lösen sich gut in Wasser, die längeren Alkohole lösen sich besser in Benzin.

9 Glykol (Ethandiol) wird als Frostschutzmittel und zur Herstellung von Kunststoffen genutzt, es hat zwei OH-Gruppen.
Glycerin (Propantriol) hat drei OH-Gruppen. Je mehr OH-Gruppen im Alkoholmolekül sind, desto süßer ist der Alkohol.

10 a Pflanzen nehmen das Kohlenstoffdioxid aus der Luft auf und stellen durch Fotosynthese Zucker und größere Moleküle (Holz u. Ä.) her. Durch die Verbrennung von Kohle und Erdöl wird mehr Kohlenstoffdioxid frei, als die Pflanzen verbrauchen; der Kohlenstoffdioxidgehalt der Luft steigt also an.

b Biotreibstoffe werden aus nachwachsenden Rohstoffen hergestellt. Dadurch werden die fossilen Energiequellen geschont. Ihre Ökobilanz ist allerdings kaum besser als die der fossilen Energieträger. Die für ihre Erzeugung benötigten Flächen fehlen für die Produktion von Nahrungsmitteln.

c Wenn eine Pflanze so viel Kohlenstoffdioxid zum Wachsen braucht, wie bei seiner Verbrennung entsteht, spricht man von CO_2-neutral.

d Biotreibstoffe aus Ernterückständen, Abfällen und Gülle beanspruchen keine zusätzlichen Ackerflächen. Bei ihrer natürlichen Zersetzung wird auch CO_2 frei, Gülle in Biogasanlagen belastet die Umwelt weniger.

e Nachhaltige Biotreibstoffe müssen aus Holzabfällen, Stroh, organischen Abfällen und von Flächen, die für die Landwirtschaft nicht zur Verfügung stehen, gewonnen werden. Sie weisen eine positive CO_2-Bilanz auf und beanspruchen keine landwirtschaftlichen Nutzflächen.

Tabellen und Übersichten

Eigenschaften einiger Metalle und Nichtmetalle

Name	Aussehen	Härte	Elektrischer Leiter	1 Kubikzentimeter wiegt	Schmelztemperatur	Siedetemperatur
Aluminium	weiß glänzend	weich	ja	2,70 g	660 °C	2467 °C
Blei	bläulich weiß glänzend	sehr weich	ja	11,34 g	327 °C	1751 °C
Eisen	grauweiß glänzend	hart	ja	7,87 g	1535 °C	2750 °C
Gold	hellgelb glänzend	weich	ja	19,32 g	1063 °C	2807 °C
Kupfer	braunrot glänzend	weich, aber härter als Gold	ja	8,92 g	1083 °C	2567 °C
Magnesium	weiß glänzend	mittelhart	ja	1,74 g	649 °C	1107 °C
Quecksilber	weiß glänzend	flüssig	ja	13,55 g	−39 °C	357 °C
Zink	grauweiß glänzend	hart und spröde	ja	7,14 g	420 °C	907 °C
Zinn	weiß glänzend	sehr weich, aber härter als Blei	ja	7,29 g	232 °C	2260 °C

Name	Aussehen	Geruch	Löslich in Wasser	Löslich in Alkohol (96 %)	Elektrischer Leiter	1 Kubikzentimeter wiegt	Schmelztemperatur	Siedetemperatur
Kohlenstoff (Diamant)	farblos, durchsichtige Kristalle	geruchlos	nein	nein	nein	3,52 g	3550 °C	4827 °C
Kohlenstoff (Graphit)	grauschwarz; glänzende Schuppen	geruchlos	nein	nein	ja	2,24 g	ca. 4000 °C	4827 °C
Schwefel	gelb glänzende Kristalle	geruchlos	nein	etwas	nein	1,96 g	119 °C	445 °C
Iod	blauschwarze Kristalle	stechend	etwas	gut	nein	4,93 g	114 °C	184 °C
Phosphor (rot)	weinrotes Pulver	geruchlos	nein	nein	nein	2,20 g	590 °C	—

Gebräuchliche Legierungen

Name	Bestandteile	Verwendung
Edelstahl	71 % Eisen, 20 % Chrom, Rest Nickel u. a.	harter Spezialstahl
Weißgold	ca. 70 % Gold, bis 20 % Silber, Rest Nickel	Schmuck, Münzen
Bronze	86–94 % Kupfer, Rest Zinn	Glocken, Münzen, Maschinenlager
Messing	63–72 % Kupfer, Rest Zink	Schrauben, Beschläge, Griffe, Maschinenteile
Konstantan	60 % Kupfer, 40 % Nickel	elektrische Widerstände
Münzmetall	ca. 55 % Kupfer, Rest Zinn	Münzen
Lötzinn	ca. 60 % Zinn, ca. 37 % Blei, Rest Antimon	Löten

Chemische Formeln und was sie verraten

Begriff		steht für		Erläuterung
Ein **Symbol**		– ein Element – ein Atom des Elements		
Beispiele:	**C**	– das Element Kohlenstoff – ein Kohlenstoffatom		
	Mg	– das Element Magnesium – ein Magnesiumatom		
Eine **Formel**		– eine Verbindung – ein Molekül der Verbindung		Bei den meisten flüssigen und gasförmigen Stoffen (z. B. Oxiden des Kohlenstoffs und Wasser) liegen Moleküle vor. Hier steht die Formel auch für 1 Molekül des betreffenden Stoffs. Die tiefgestellte „2" (der Index) in der Formel CO_2 weist auf die Anzahl der Sauerstoffatome hin. Die Ziffer „1", die beim Kohlenstoffatom stehen müsste, wird nicht geschrieben.
Beispiele:	**CO**	– Kohlenstoffmonooxid – 1 Molekül Kohlenstoffmonooxid		
	CO_2	– Kohlenstoffdioxid – 1 Molekül Kohlenstoffdioxid, bestehend aus 1 Kohlenstoffatom und 2 Sauerstoffatomen	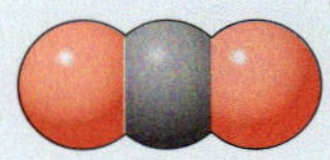	
Eine **Formel**		die kleinste Anzahl Atome, die das Zahlenverhältnis in der Verbindung *(Formeleinheit)* angibt.		Bei den meisten festen Stoffen (z. B. Metalloxiden) liegen keine Moleküle vor. Die Formel gibt hier das Zahlenverhältnis der Atome an. Man spricht dabei von einer *Verhältnisformel*.
Beispiele:	**MgO**	– Magnesiumoxid – Magnesiumoxid, bestehend aus Magnesiumatomen und Sauerstoffatomen im Verhälnis 1 : 1	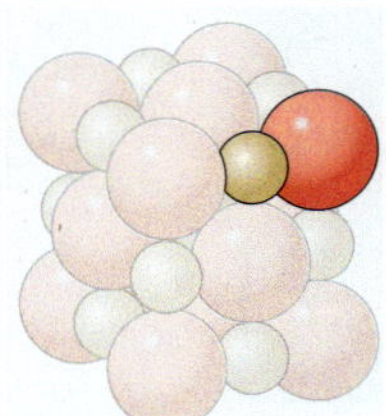	
	O_2	– ein Molekül eines gasförmigen Elements – 1 Molekül Sauerstoff, bestehend aus 2 Sauerstoffatomen	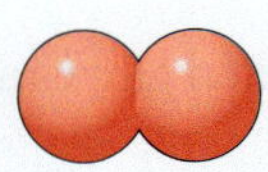	
Eine **Reaktionsgleichung**		die kleinste Anzahl an Atomen und Molekülen, die miteinander reagieren oder entstehen		

Grenzwerte für einige Schadstoffe in der Luft

Gas	Langzeitwert (Jahresmittel) in $\frac{\mu g}{m^3}$	Kurzzeitwert in $\frac{\mu g}{m^3}$
Kohlenstoffmonooxid	–	10 000 (8-Stunden-Mittel)
Schwefeldioxid	50	350 (Tagesmittel) 125 (Stundenmittel)
Stickstoffdioxid	40 (krebserzeugend)	200 (Stundenmittel)
Feinstaub (Partikeldurchmesser ca. 10 µm)	40	50 (Tagesmittel)

Stoffe und chemische Reaktionen – ein Überblick

Reinstoffe So können wir die *Reinstoffe* in *Stoffgruppen* einteilen und uns den Bau einiger Stoffe aus *Teilchen* vorstellen:

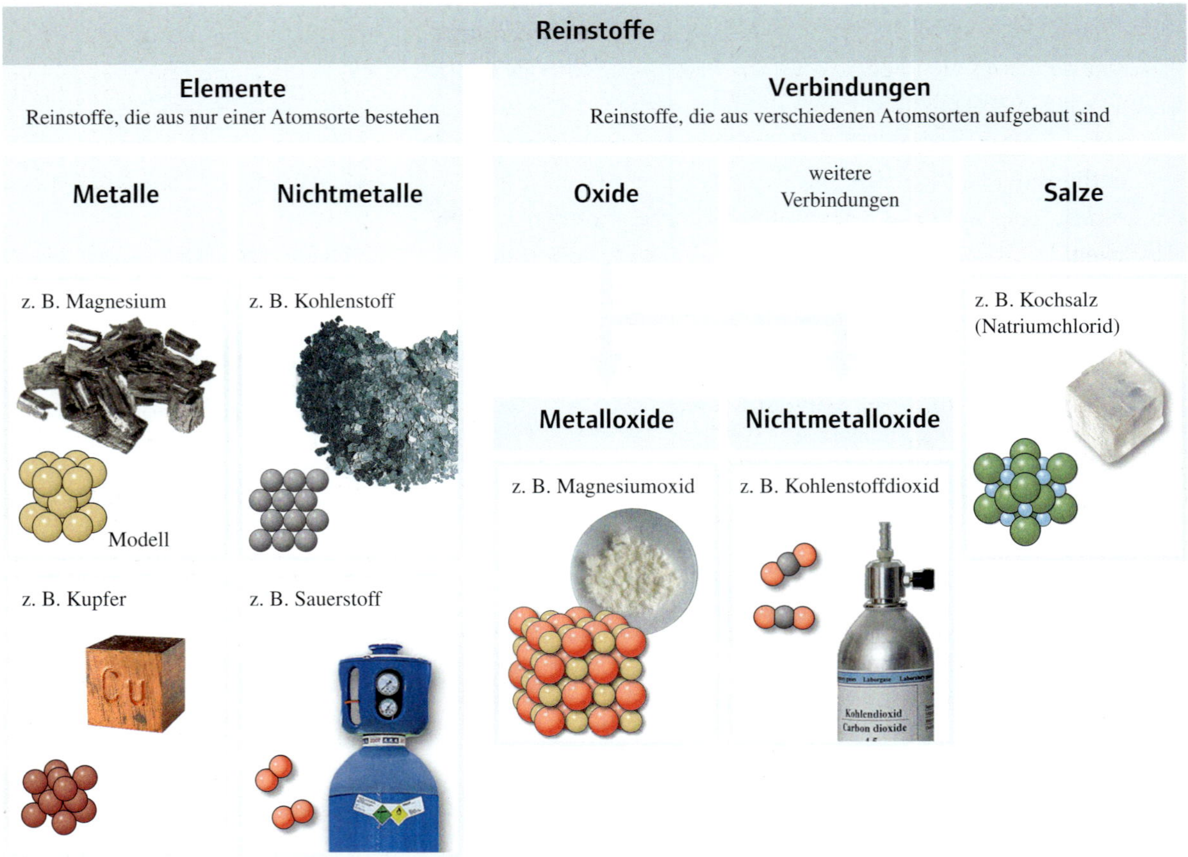

Stoffgemische Neben den Reinstoffen gibt es auch *Gemische* aus verschiedenen Reinstoffen:

- *Gemische* bestehen aus zwei oder mehr Reinstoffen. Die Teilchen der Reinstoffe sind miteinander vermischt. *Beispiel:* Luft – ein Gemisch aus Stickstoff, Sauerstoff und anderen Gasen
- *Lösungen* sind Gemische aus einem Lösemittel und dem gelösten Stoff. *Beispiel:* Zuckerlösung aus Wasser und Zucker
- *Legierungen* sind Gemische aus mindestens zwei Metallen. *Beispiel:* Messing, aus Kupfer und Zink

Aufgaben zur Wiederholung

1 □ Beschreibe den Unterschied zwischen Metallen und Nichtmetallen.

2 □ Wähle dir ein Beispiel aus der obigen Übersicht aus. Beschreibe den Stoff und dessen Bau aus Teilchen.

Merkmale chemischer Reaktionen

- *Stoffumwandlung:* Die Ausgangsstoffe werden zu Reaktionsprodukten, die andere Eigenschaften haben als die Ausgangsstoffe. Das kann man durch Wortgleichungen oder durch Reaktionsgleichungen beschreiben.
- *Energieumwandlung:* Bei chemischen Reaktionen wird fast immer Wärme aufgenommen oder abgegeben. Chemische Energie der Stoffe wird in Wärme umgewandelt oder umgekehrt. Wir unterscheiden energieabgebende (exotherme) und energieaufnehmende (endotherme) Reaktionen.
- *Umordnung der Atome:* Bei der Stoffumwandlung werden aus den Teilchen der Ausgangsstoffe die Teilchen der Reaktionsprodukte. Dabei werden die Atome der Ausgangsstoffe neu angeordnet. Mit Modellen können wir uns diese Umordnung vorstellen.

Beispiel 1: Bildung von Magnesiumoxid MgO durch *Oxidation* ▷ 1
Magnesium + Sauerstoff ⟶ Magnesiumoxid

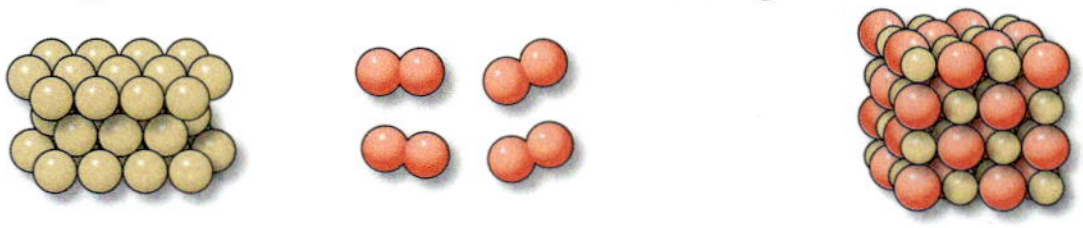

$2\,Mg \quad + \quad O_2 \quad \longrightarrow \quad 2\,MgO$ (Energieabgabe)

Beispiel 2: Bildung von Kohlenstoffdioxid CO_2 durch *Oxidation* ▷ 2
Kohlenstoff + Sauerstoff ⟶ Kohlenstoffdioxid

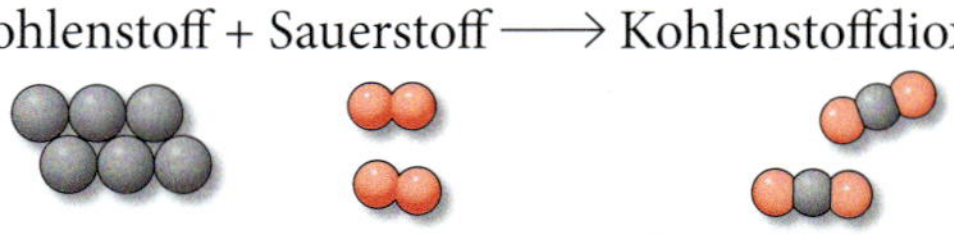

$C \quad + \quad O_2 \quad \longrightarrow \quad CO_2$ (Energieabgabe)

Beispiel 3: Redoxreaktion zwischen Kohlenstoffdioxid CO_2 und Magnesium Mg ▷ 3
Magnesium + Kohlenstoffdioxid ⟶ Magnesiumoxid + Kohlenstoff

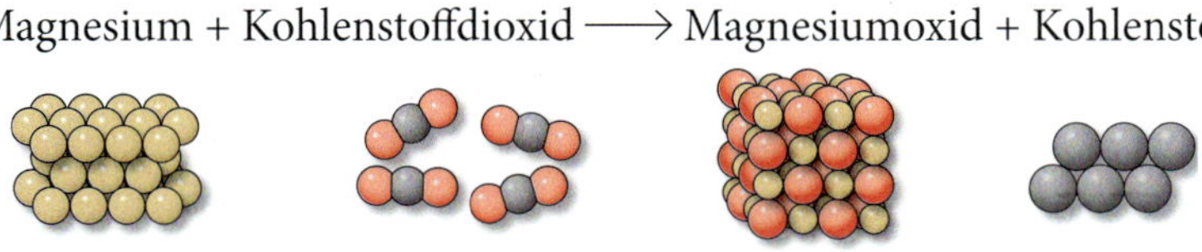

$2\,Mg \quad + \quad CO_2 \quad \longrightarrow \quad 2\,MgO + C$ (Energieabgabe)

1

2

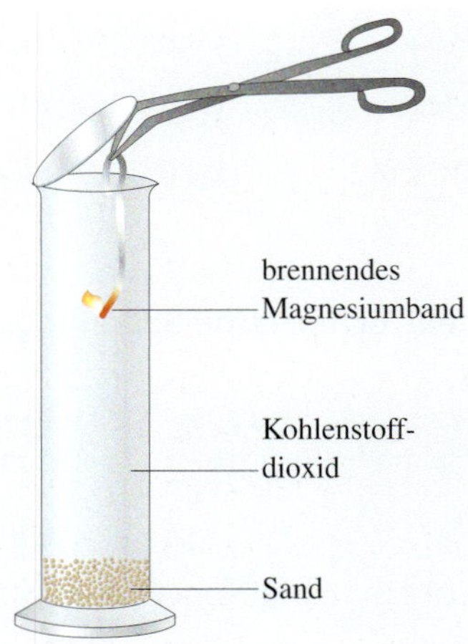

3

Aufgaben

3 Die Reaktion von Magnesium mit Sauerstoff
a □ Vergleiche die Eigenschaften der Ausgangsstoffe mit denen des Reaktionsprodukts.
b □ Beschreibe, woran du die Energieumwandlung bei dieser Reaktion erkennst.
c ◪ Erläutere auch die Umordnung der Teilchen.

4 □ Beschreibe die drei Merkmale einer Reaktion an der Reaktion von Kohlenstoff mit Sauerstoff.

5 □ Beschreibe die Stoffumwandlung und die Umordnung der Atome bei der Redoxreaktion zwischen Magnesium und Kohlenstoffdioxid.

6 ◪ Erläutere die Merkmale einer Reaktion an der Reaktion von Kupfer mit Sauerstoff.

7 ■ Bei der Verbrennung von Magnesium an der Luft und in Kohlenstoffdioxid entsteht Magnesiumoxid. Erläutere den Unterschied.

Die homologe Reihe der Alkanole

Name	Formel	Siedetemperatur	Löslichkeit in Wasser	Löslichkeit in Benzin
Methanol	H | H – C – OH | H CH_3OH	64,5 °C	↑ nimmt zu	↓ nimmt zu
Ethanol	H H | | H – C – C – OH | | H H CH_3CH_2OH (C_2H_5OH)	78,4 °C		
Propanol	H H H | | | H – C – C – C – OH | | | H H H $CH_3(CH_2)_2OH$ (C_3H_7OH)	97 °C		
Butanol	$CH_3(CH_2)_3OH$ (C_4H_9OH)	118 °C		
Pentanol	$CH_3(CH_2)_4OH$ ($C_5H_{11}OH$)	138 °C		
Hexanol	$CH_3(CH_2)_5OH$ ($C_6H_{13}OH$)	156 °C		
Heptanol	$CH_3(CH_2)_6OH$ ($C_7H_{15}OH$)	176 °C		
Octanol	$CH_3(CH_2)_7OH$ ($C_8H_{17}OH$)	195 °C		

Elektrochemische Spannungsreihe

Metall/Metall-Ionen-Elektrode (Redoxpaar)	Standardpotenzial E^0/V; T = 298 K
Li/Li^+	–3,04
K/K^+	–2,93
Ba/Ba^{2+}	–2,92
Ca/Ca^{2+}	–2,84
Na/Na^+	–2,71
Mg/Mg^{2+}	–2,36
Al/Al^{3+}	–1,68
Zn/Zn^{2+}	–0,76
Cr/Cr^{3+}	–0,74
Fe/Fe^{2+}	–0,44
Cd/Cd^{2+}	–0,40
Ni/Ni^{2+}	–0,26
Sn/Sn^{2+}	–0,14
Pb/Pb^{2+}	–0,13
Fe/Fe^{3+}	–0,04
$H_2/2\,H_3O+$	0,00
Cu/Cu^{2+}	+0,34
Ag/Ag^+	+0,80
Hg/Hg^{2+}	+0,86
Au/Au^{3+}	+1,40

Sach- und Namenverzeichnis

Bild-und Textquellen

A1PIX: NTH: 35/5 (Amethyst), Your Photo Today: 265/3 | agrarfoto.com: 237/7 | Air Liquide: 68/2, 71/6, 145/Stickstoff, 284/Sauerstoff | Airbus: 27/5 | Aker MTW, Wismar: 26/3 | akg-images: 52/1, 158/1, 269/4, British Library: 268/2 | alimdi.net: 16/4 (Streichholz) | Anthony, München: 64/3 | aprithan, Abtsgmünd: 251/8 | Archiv Hoyer/Fiedler, W.: 99/12 | Arco Digital Images: Jorens-Belde: 65/15, 86/2, Straesser, H.: 131/7 | argus: 55/6 | Aventis Research & Technologies GmbH & Co KG, Frankfurt/M: 209/3, 226/3 | BASF, Ludwigshafen: 141/5, 249/9, 251/13 | Bayer MaterialScience AG: 251/6, 251/9, 251/10 | BIOS/Georges Lopez: 35/5 (Rubin) | Blickwinkel: McPHOTO: 232/2, Wisshak: 139/6 | Blohm + Voss, Hamburg: 44/3 | BMW, München: 88/1, 93/3, 93/4 | Bridgeman Art Library: 128/4 | Buckau-Walther, Köln: 79/5 | Bundesverband der deutschen Gas- und Wasserwirtschaft: 64/2 | Busch & Müller KG, Meinerzhagen: 254/17 | Caro: Robert Seeberg: 273/4, Teich: 65/8 | Claas KGaA mbH: 251/7 | Corbis: D. Madison: 214/1, Bianchetti, S.: 189/3, Huey, George H. H. : 86/3, zefa: 34/3 | Corel Photos: 134/3, 243/5, 250/4 | Cornelsen Experimenta: 228/3, 228/4 | Cornelsen Schulverlage GmbH: 7/3, 10/1, 10/2, 10/3, 11/6, 28/2, 29/4, 34/2, 38/1, 38/2, 40/1, 42/1, 45/5, 55/7, 61/7, 62/2, 62/3, 67/4, 67/7, 95/6 rechts, 98/2, 98/6, 99/7, 99/8, 102/1, 102/2, 102/3, 103/5, 103/4 ph0, 103/4 ph2, 103/4 ph3, 103/4 ph4, 103/4 ph5, 103/4 ph6, 103/4 ph11, 103/4 ph14, 104/4, 106/1, 106/3, 107/5, 107/6, 108/1, 108/2, 110/2, 110/3, 112/1, 112/2, 115/4, 118/2, 118/3, 130/3, 135/8, 142/4, 142/5, 142/Abflussreiniger, 142/Citronensäure, 145/3, 145/4, 145/ Kohlenstoff, 159/6, 172/2, 182/1, 186/1, 196/1, 197/5, 203/3, 205/8, 208/ Diamant, 209/4, 223/5, 226/2, 242/2, 242/4, 254/1, 254/3, 254/4, 254/5, 254/8, 254/11, 254/16, 254/18, 254/19, 254/23, 284/Kochsalz, 284/ Kohlenstoff, 284/Kohlenstoffdioxid, 284/Kupfer | D. Oetker: 103/4 ph9 | Daimler AG: 93/6, 98/3, 151/11, 188/2, 197/8, 203/4, 220/1 | DB AG: 28/1, Peter-Michael Petsch: 204/3 | Dennerle: 127/6 | Deutsches Museum, München: 268/3 | Diehl Metall, Hemer: 48/1, 48/2, 49/3, 49/4 | DLR: 71/9, Slowak: 155/5 | Dombauarchiv, Köln: 108/4, 108/5 | Döring, V., Hohen Neuendorf: 6/2, 23/14, 25/4, 25/5, 35/6, 43/6, 45/4, 52/2, 53/6, 62/4, 65/6, 66/1, 101/6, 109/7, 113/4, 113/5, 114/1, 118/1, 120/1, 120/2, 154/2, 154/3, 167/5, 169/7, 169/8, 178/1, 183/3, 189/4, 189/5, 189/6, 190/1, 190/4, 193/2, 194/1, 200/5, 202/2, 220/3, 225/2, 228/1, 243/7, 244/1, 244/2, 247/ Duroplaste, 247/Thermplaste, 256/2, 256/3, 256/4, 257/6, 259/4, 259/6, 262/5, 266/2, 285/1 | Dräger AG, Lübeck: 70/2, 70/3 | Drägerwerk AG: 254/20 | Dussmann Gruppe: 123/4, André Wirsig: 123/5, Kay Herschelmann: 122/1, 122/3, Martin Foddanu Photography: 122/2 | DVA, Stuttgart: 42/2 | Enertrag/Tom Baerwald: 188/1 | esa/DLR/FU Berlin: 72/1 | Esso, Paris: 216/2, 216/3 | Fenster Schueco International KG: 254/2 | Focus: 159/7, N. N.-Science Photo Library: 158/3, SPL/Javier Trueba/ MSF: 137/5, SPL/Lawry, L.: 32/3, SPL/Moulds, S.: 32/1 | Fotoatelier Mock : 52/3 | Fotolia: DeVille : 221/8, Bernd Leitner: 223/7, fuxart: 60/1 (Karabiner), Jeff Monroe : 189/7 | Josef Binsteiner: 205/12, Kristijan Caprdja: 199/4, Marc Dietrich: 223/6, michaeljung: 272/2 | Fraunhofer/ Volker Steger: 250/2 | Gattermann, T., Berlin: 27/7 | Geologische Forschung und Erkundung, Halle: 33/6 | Gesamtverband des deutschen Steinkohlenbergbaus: 213/5, 213/6 | Getty Images: Aurora/Peter McBride: 153/8, Bongarts: 250/3, DeAgostini: 35/5 (Smaragd) | Glowimages/ Michael Peuckert: 264/1 | Graphitwerk Kropfmühl, Hauzenbach: 208/ Graphit, 226/1 | Haarmann + Reimer, Holzminden: 265/4, 265/5 | Helga Lade Fotoagentur, Frankfurt M.: 97/4 | Hella KGaA Hueck & Co., Lippstadt: 71/12, 155/8 | Hoppecke, Brilon : 196/3 | IFA, München: 33/7, 114/2 | Intel: 34/4, 144/Silicium | iStockphoto: 71/10, Andraž Cerar: 284/ Magnesium, Andreas Reh: 98/1, Ann Murie : 153/7, AVTG: 64/5, Christian Carroll: 116/2, christine balderas: 137/7, ckron: 58/1, clu: 134/1, Dave Hughes: 134/2, 167/6, Dianne Maire : 62/1, Dmitry Mordvintsev: 103/4 ph7, Don Wilkie: 76/3, Elena Schweitzer: 262/Zimt, Elke Dennis : 206/1, Erlend Kvalsvik : 167/8, Eyüp Alp Ermis: 30/1, Feng Yu: 155/4, Florea Marius Catalin: 128/2, George Peters: 137/9, Gilles Glod: 27/11, Gler Cetinkaya : 136/2, Gordon Ball: 30/3, Gordon Ball: 60/1 (Kupferrohr), Hilary Brodey: 206/2, ictor: 216/4, imagestock: 99/10, immelstorm: 128/3, Jasmin Awad : 58/3, John Leung: 138/1, 98/4, 103/4 ph12, Johnny Lye: 30/2, Jon Larson : 232/3, José María Bouza: 60/2, Kevin Eaves: 97/3, Long Ha: 26/1, Lya Cattel: 249/8, Mark Mortensen: 76/5 | Martin Kawalski : 251/14, Michael Fernahl: 58/6, Natasha Litova: 27/9, Nicholas Belton : 59/11, Olga Utlyakova : 220/2, Paul Kazmercyk: 58/7, Pavlenko Evgeniy: 137/8, Peter Mlekuz: 228/2, RMAX: 142/3, Rosen Dukov: 27/6, Sam Aronov : 155/6, Sascha Burkard: 58/2, Sascha Burkard: 144/Gold, Sebastian Santa: 205/11, Sergei Sverdelov : 61/6, soMeth : 77/9, Steve Mcsweeny : 132/1, studiovespa: 243/8, Susan Daniels: 27/10, Susanne Karlsson: 137/6, Sven Hoppe: 72/3 | K+S KALI GmbH: 99/14, 130/2, 131/5, 131/8, 166/4 | Keystone: Ecken, Dominique/232/4, J. Zick: 236/5 | Klopfer, K., Potsdam: 205/9 | kulkafoto: 197/6 | Kunert AG, Immenstadt: 254/10 | KZ, Penzberg: 251/12 | LEGO Group: 252/2, 252/3, 252/4, 254/14 | Leopold Kostal GmbH & Co. KG /Uwe Perlowsky : 252/1, 253/5 | LOWA: 251/11 | Ludwig Preiß Industrie- und Pressebilddienst GmbH, Berlin: 60/4 | Lufthansa: 70/5 | Mahler, Fotograf, Berlin: 7/7, 18/1, 18/2, 19/4, 19/5, 19/6, 23/13, 24/2, 25/6, 32/2, 40/2, 65/7, 70/4, 71/11, 85/3, 85/4, 88/3, 89/7, 95/6 links, 98/5, 100/1, 100/2, 109/6, 111/4, 121/7, 126/1, 129/5, 130/1 ,136/1, 136/3, 136/4, 150/1, 150/2, 150/3, 151/5, 151/6, 151/7, 151/8, 151/9, 151/10, 152/1, 152/2, 152/3, 152/4, 152/5, 152/6, 155/7, 164/3, 164/4, 164/5, 164/6, 164/7, 170/1, 170/2, 170/3, 171/4, 171/6, 171/7, 176/3, 176/4, 182/2, 198/2, 199/3, 225/3, 230/1, 231/6, 238/1, 245/2, 245/3, 246/2, 247/5, 247/Elastomere, 249/6, 266/4, 266/5, 285/2 | Malzahn, H., Berlin: 33/5 (Rohdiamanten) | Melitta: 254/6, 254/7 | Messer Griesheim, Düsseldorf: 70/1, 71/8 | NanoDynamics: 260/3 | NASA: 86/1 | Nokia: 26/2 | Nord Stream AG: 204/5 | Offermann, Arlesheim: 33/4, 54/1, 54/2, 54/3, 54/4 | Okapia: Biophoto: 103/4 ph1, Helga Lade: 187/5, Hermann Gehlken: 99/13, NAS R.Purse: 35/5 (Aquamarin), NAS/Charles D. Winters: 128/1, Nigel Cattlin/Holt Studios/OKAPIA: 236/2, 238/2, Richard Packwood: 99/11, Scimat/NAS: 230/2, Stamme, H.: 50/2 | panthermedia/E. Krone: 259/9 | Peter Arnold: 50/1 | Philips: 151/12 | Photoobjects: 60/1 (Schraube), 254/9, 254/12, 254/13, 254/15, 254/21, 254/22, 254/24, 254/25, 254/26, 254/27 | photothek/Koehler, T.: 58/4 | picture alliance: dpa: 27/8, 44/1, 58/5, 65/11, 69/5, 69/5, 74/3, 117/3, 131/4, 133/5, 137/10, 214/2, 250/1, dpa/Ingo Wagner: 79/7, dpa/Ingo Wagner: 204/4, empics: 204/1, Pascal Deloche/GODONG: 264/2, Robert Harding World Imagery: 269/5, ZB: 114/3 | pixelio: Angelina S: 257/ Kresse, H. Apel: 257/Kohlrabi, sigrid rossmann: 257/Pfefferminze | Poseidon Tauchproduktion GmbH, Kiel: 145/Sauerstoff | pressedienstfahrrad: 242/1 | Prof. W. Barthlott, Nees-Institut, Universität Bonn: 259/10 | Project Photos: 65/9, 65/10, 72/2, 99/9, 103/4 ph8, 204/2, 204/6, 236/1 | Rheinbraun, Köln: 205/7, 212/1, 212/2 | Rust-Oleum : 256/1 | Schapowalow: 71/7, 232/1, Atlantide: 42/3 | Schuchardt, W. Göttingen: 284/Magnesiumoxid | Scymanska, F., Hamburg: 42/3 (Dach) | shutterstock: 262/Thymian, Angorius : 262/Vanille, brinkstock: 254/28, d13: 266/1, Inga Ivanova: 272/1, 273/3, lsantilli : 243/6, Mariyana Misaleva: 6/1 (Eisen), nito: 262/Lavendel | photosync: 6/1 (rot), r.martens : 259/8, Sever180: 6/1 (grün), SOMMAI : 262/Ingwer, Thitirut Jenwanathanakij : 262/Jasmin, V. Volkov: 262/Nelken, Veniamin Kraskov : 6/1 (Holz) | Simeon: 134/4, 167/7 | Stille, Joana: 267/7 | Sto AG: 261/4 | Superbild: 33/5 (Brilliant) | TDK : 242/3 | ThyssenKrupp Steel: 27/12, 59/8, 59/9, 59/10 | UFOP e. V.: 236/4, 237/6 | ullstein: 90/1 | Uni-Dia-Verlag, Großhesselohe: 268/1 | USIS, Bonn: 65/13 | vario images: Baumgarten, U.: 82/1, Classen: 64/1, Design Pics: 7/6, Oed: 65/12, 77/7, Ulrich Baumgarten: 205/10 | Vincent Farben GmbH: 43/7 | VISUM: Günter Beer: 64/4, 94/3, Löwa: 116/1, Meichsner: 115/5, Thomas Pflaum: 65/14 | VW, Wolfsburg: 251/5 | Werner Bachmeier - www.wernerbachmeier.de: 45/6 | WILDLIFE/Freund, J.: 43/5 | Wolfgang Deuter: 16/4 (Holz) | Wortmann, Michael: 138/2

Titelbild: istockphoto/Sergei Sverdelov

Für hilfreiche Unterstützung danken wir außerdem: Herrn Frank Cupial, Ausbildungsleiter bei Momentive Specialty Chemicals GmbH, Iserlohn-Letmathe; Herrn Rüdiger Elias, Bochum, Gebäudereinigungsmeister und Lehrlingswart der Gebäudereinigungsinnung Südwestfalen und mittleres Ruhrgebiet; Herrn Martin Heesemann, Kraftwerk Elverlingsen, Werdohl; Herrn Uwe Perlowsky (Personalwesen Ausbildung/Qualifizierung) und Herrn Norbert Kaiping (Abteilungsmeister Thermoplast – Technikum), Leopold Kostal GmbH & Co KG, Lüdenscheid; Frau Ute Renford, Iserlohn, Frisörmeisterin, Fachkosmetikerin und Dozentin am Berufsbildungszentrum Iserlohn.

Periodensystem der Elemente

Ordnungszahl	Atommasse in u	Symbol (radioaktives Element)	Name
88	226,03	Ra*	Radium

Farbe des Symbols:
- Xy = Feststoff
- Xy = Flüssigkeit
- Xy = Gas
- Xy = künstliches Element

- Metall
- Halbmetall
- Nichtmetall

Die Atommassen in eckigen Klammern beziehen sich auf das längstlebige gegenwärtig bekannte Isotop des betreffenden Elements.
Die Elemente 113-118 sind vorläufig benannt.

Periode	I. Hauptgruppe	II. Hauptgruppe	III. Nebengruppe	IV. Nebengruppe	V. Nebengruppe	VI. Nebengruppe	VII. Nebengruppe	VIII. Nebengruppe	
1	1 1,008 H Wasserstoff								
2	3 6,94 Li Lithium	4 9,01 Be Beryllium							
3	11 22,99 Na Natrium	12 24,31 Mg Magnesium							
4	19 39,10 K Kalium	20 40,08 Ca Calcium	21 44,96 Sc Scandium	22 47,88 Ti Titan	23 50,94 V Vanadium	24 51,996 Cr Chrom	25 54,94 Mn Mangan	26 55,85 Fe Eisen	27 58,93 Co Cobalt
5	37 85,47 Rb Rubidium	38 87,62 Sr Strontium	39 88,91 Y Yttrium	40 91,22 Zr Zirconium	41 92,91 Nb Niob	42 95,94 Mo Molybdän	43 [98] Tc* Technetium	44 101,07 Ru Ruthenium	45 102,91 Rh Rhodium
6	55 132,91 Cs Caesium	56 137,33 Ba Barium	57...71 Lanthanreihe	72 178,49 Hf Hafnium	73 180,95 Ta Tantal	74 183,84 W Wolfram	75 186,21 Re Rhenium	76 190,23 Os Osmium	77 192,22 Ir Iridium
7	87 [223] Fr* Francium	88 226,03 Ra* Radium	89...103 Actinium-reihe	104 [261] Rf Rutherfordium	105 [262] Db Dubnium	106 [266] Sg Seaborgium	107 [264] Bh Bohrium	108 [267] Hs Hassium	109 [268] Mt Meitnerium

Elemente der Lanthanreihe

57 138,91 La Lanthan	58 140,12 Ce Cer	59 140,91 Pr Praseodym	60 144,24 Nd Neodym	61 [145] Pm* Promethium	62 150,36 Sm Samarium

Elemente der Actiniumreihe

89 227 Ac* Actinium	90 232,04 Th* Thorium	91 231,04 Pa* Protactinium	92 238,03 U* Uran	93 [237] Np* Neptunium	94 [244] Pu* Plutonium